浙江省普通高校"十三五"新形态教材

高职高专土建专业"互联网+"创新规划教材

第二版

建筑工程计量与计价

主　编◎吴育萍　　王艳红　　彭德红
副主编◎刘国平　　阮雪琴　　卢海燕
　　　　范小明　　胡群英
参　编◎王建军　　王　瑶　　王恬依

内容简介

本书内容共分两篇，系统讲述了建筑工程计量与计价基础知识及建筑工程的工程量清单、清单计价文件的编制。第一篇主要介绍工程造价和基本建设概述、建筑安装工程造价的组成、建筑工程造价的计价依据和计价方法，以及建筑面积的计算；第二篇主要介绍房屋建筑工程、装饰工程和措施项目的计量与计价。本书每个单元又细分了教学任务，每个任务根据学习内容设置了丰富的案例，在任务后还设置了同步测试，以加深学生对知识点的掌握。此外，书后还附有案例图纸及实际工程案例。全书从实用性出发，通俗易懂，难度适宜，便于学习。

本书可作为高职高专院校建筑工程技术专业、工程造价专业、工程监理等相关专业的教学用书，也可作为本科、中专、成人学院等相关专业的教学用书，以及工程技术人员的自学用书。

图书在版编目(CIP)数据

建筑工程计量与计价/吴育萍，王艳红，彭德红主编. —2版. —北京：北京大学出版社，2022.1

高职高专土建专业"互联网+"创新规划教材

ISBN 978-7-301-32398-4

Ⅰ.①建… Ⅱ.①吴… ②王… ③彭… Ⅲ.①建筑工程—计量—高等职业教育—教材 ②建筑造价—高等职业教育—教材 Ⅳ.①TU723.3

中国版本图书馆CIP数据核字(2021)第158145号

书　　　名	建筑工程计量与计价（第二版） JIANZHU GONGCHENG JILIANG YU JIJIA （DI-ER BAN）
著作责任者	吴育萍　王艳红　彭德红　主编
策 划 编 辑	刘健军
责 任 编 辑	伍大维
数 字 编 辑	蒙俞材
标 准 书 号	ISBN 978-7-301-32398-4
出 版 发 行	北京大学出版社
地　　　址	北京市海淀区成府路205号　100871
网　　　址	http://www.pup.cn　新浪微博：@北京大学出版社
电 子 邮 箱	编辑部 pup6@pup.cn　总编室 zpup@pup.cn
电　　　话	邮购部 010-62752015　发行部 010-62750672　编辑部 010-62750667
印 刷 者	北京鑫海金澳胶印有限公司
经 销 者	新华书店
	787毫米×1092毫米　16开本　22印张　528千字 2017年1月第1版 2022年1月第2版　2025年6月第5次印刷
定　　　价	59.00元　（附案例图纸）

未经许可，不得以任何方式复制或抄袭本书之部分或全部内容。
版权所有，侵权必究
举报电话：010-62752024　电子邮箱：fd@pup.cn
图书如有印装质量问题，请与出版部联系，电话：010-62756370

第二版 前言

本书以造价岗位职业标准和职业能力为依据，按照实际工作任务、工作过程和教学情境来组织编写，主要适合浙江省的建筑工程计量与计价情况。全书以建筑工程计量与计价的工作过程为主线，围绕建筑工程计量与计价过程所需的能力，按照学生们的学习习惯设置教学模块；在每个教学单元中，按照基础知识、必须掌握的内容和知识拓展内容来层层展开、步步深入，同时在教学单元后设置了同步测试，以强化学生的职业能力和素质培养。

本书主要根据《建设工程工程量清单计价规范》（GB 50500—2013）、《房屋建筑与装饰工程工程量计算规范》（GB 50854—2013）、《建筑工程建筑面积计算规范》（GB/T 50353—2013）、《浙江省房屋建筑与装饰工程预算定额（2018版）》《浙江省建设工程计价规则（2018版）》《建设工程工程量清单计算规范（2013）浙江省补充规定（二）》及浙江省住房和城乡建设厅发布的相关文件进行编写。

为了使学生更加直观、形象地学习建筑工程计量与计价课程，也为了方便教师教学，我们以"互联网＋"教材的模式设计了本书，在书中相关知识点的旁边，以二维码的形式添加了作者多年来积累和整理的视频、动画、图片等案例资源，学生可以在课堂内外通过扫描二维码来拓展更多的学习资源，节约了搜集、整理资料的时间。同时，在书中所附案例图纸封面处附有案例对应的计量与计价表格的二维码，学生可以通过手机扫描下载使用。此外，作者也会根据行业发展情况，不定期更新二维码所链接资源，以便教材内容与行业发展结合更为紧密。

本书由金华职业技术学院吴育萍、金华职业技术学院王艳红、义乌工商职业技术学院彭德红担任主编，由金华职业技术学院刘国平、嘉兴职业技术学院阮雪琴、义乌工商职业技术学院卢海燕、浙江华正项目管理有限公司范小明、金华广播电视大学胡群英担任副主编，金华职业技术学院王建军、广联达科技股份有限公司王瑶、金华职业技术学院王恬依参编。本书具体编写分工如下：单元1、单元2、单元5由吴育萍和范小明共同编写，单元3任务3.1～任务3.4由彭德红和卢海燕共同编写，单元3任务3.5和单元4任务4.1由刘国平和王恬依共同编写，单元3任务3.6由胡群英编写，单元3任务3.7、任务3.8由阮雪琴编写，单元3任务3.9、任务3.10和单元4任务4.2～任务4.5由王艳红和王建军共同编写,案例图纸由金华职业技术学院建筑工程学院提供,吴育萍进行审图和修改,实际工程案例由王瑶编写。全书由吴育萍、王艳红、彭德红统稿和修改。

本书在编写、修订过程中得到了金华职业技术学院领导和有关同人的大力支持,也感谢洪俊杨和陈婉婷同学在本书编写过程中帮助整理资料,在此向他们深表感谢。

由于编者水平有限,加之时间仓促,书中难免存在不妥之处,敬请广大读者批评指正。

编 者
2021 年 3 月

资源索引

目 录

第一篇 建筑工程计量与计价基础知识

单元1 绪论 ······ 2
  任务1.1 工程造价概述 ······ 3
  任务1.2 基本建设概述 ······ 6
  任务1.3 建筑安装工程费的组成 ······ 10
  任务1.4 建筑工程造价的计价依据 ······ 17
  任务1.5 建筑工程造价的计价方法 ······ 26
  单元小结 ······ 38
  同步测试 ······ 38

单元2 建筑面积计算 ······ 43
  任务2.1 概述 ······ 44
  任务2.2 基本概念 ······ 45
  任务2.3 建筑面积计算规则 ······ 47
  单元小结 ······ 67
  同步测试 ······ 67

第二篇 建筑工程的工程量清单、清单计价文件的编制

单元3 房屋建筑工程计量与计价 ······ 73
  任务3.1 土石方工程 ······ 74
  任务3.2 地基处理与边坡支护工程 ······ 95
  任务3.3 桩基础工程 ······ 108
  任务3.4 砌筑工程 ······ 125
  任务3.5 混凝土与钢筋混凝土工程 ······ 146
  任务3.6 金属结构工程 ······ 179

任务 3.7	木结构工程	192
任务 3.8	门窗工程	197
任务 3.9	屋面及防水工程	207
任务 3.10	保温、隔热、防腐工程	215

单元小结 224

同步测试 225

单元 4　装饰工程计量与计价　235

任务 4.1	楼地面装饰工程	236
任务 4.2	墙、柱面装饰与隔断、幕墙工程	248
任务 4.3	天棚工程	258
任务 4.4	油漆、涂料、裱糊工程	264
任务 4.5	其他装饰工程及拆除工程	270

单元小结 277

同步测试 278

单元 5　措施项目计量与计价　284

任务 5.1	脚手架工程	285
任务 5.2	混凝土模板及支架(撑)	294
任务 5.3	其他施工技术措施项目	300
任务 5.4	安全文明施工及其他措施项目	305

单元小结 308

同步测试 308

附录　AI 伴学内容及提示词　310

参考文献　312

第一篇

建筑工程计量与计价基础知识

单元 1　绪　　论

知识目标

1. 了解工程造价的含义及工程造价与计价的特点，理解课程研究的对象和任务；
2. 了解基本建设的概念和内容，掌握基本建设程序及基本建设项目的划分；
3. 掌握建筑安装工程费的组成；
4. 熟悉建筑工程造价的计价依据；
5. 掌握建筑工程造价的计价方法，了解建筑工程计量的概念和工程量计算方法。

能力目标

1. 能熟练应用基本建设程序和基本建设项目的划分；
2. 能解释建筑安装工程费的组成；
3. 能应用建筑工程造价的计价依据；
4. 能写出建筑工程造价的计价方法及其基本思路；
5. 能应用工程量计算方法。

引入案例

未来房价走势如何?究竟该不该买房?对这些问题,一千个人有一千种看法。中国指数研究院根据中国房地产指数系统百城价格指数对100个城市新建住宅的全样本调查数据统计得出,2020年5月,全国100个城市(新建)住宅平均价格为15280元/m²,环比上涨0.31%。从涨跌城市个数来看,66个城市环比上涨,34个城市环比下跌。主要城市住宅均价见表1-1。

表1-1 主要城市住宅均价

城市	住宅均价/(元/m²)	城市	住宅均价/(元/m²)
北京	42559	武汉	12505
上海	42000	杭州	26743
广州	21943	南京	22760
深圳	54558	成都	11355
天津	14833	重庆	10881

请思考:房价是怎样形成的?其主要组成是什么?为什么不同的地方会出现不同的价格?房价与工程造价之间有什么关系呢?

任务1.1 工程造价概述

1.1.1 工程造价的含义

建筑业是国民经济中一个独立的生产部门,建设工程项目是建筑业生产的产品,其本身具有地点固定、体积庞大、建设周期长等一些特点,使得完成一项建设工程项目涉及的主体多,因此工程造价从不同角度看有不同的含义,通常包括如下两种。

(1)从投资者即业主的角度看,工程造价是指建设一项工程预期开支或实际开支的全部固定资产投资费用。从这个意义上讲,工程造价就是工程投资费用,建设项目工程造价就是建设项目固定资产投资,其内容包括建筑安装工程费、设备及工器具购置费、工程建设其他费、预备费、建设期贷款利息等。

(2)从市场的角度看,工程造价是指工程价格。即为建成一项工程,预计或实际在土地市场、设备市场、技术劳务市场及承包市场的交易活动中所形成的建筑安装工程的价格和建设工程总价格。

工程造价的两种含义,是从不同角度把握同一事物的本质。对建设工程的投资者来说,市场经济条件下的工程造价就是项目投资,是"购买"项目要付出的价格,同时也是投资者作为市场供给主体"出售"项目时定价的基础；对于承包商、供应商和规划、设计等机构来说，工程造价是他们作为市场供给主体出售商品和劳务价格的总和，或是特指范围内的工程造价，如建筑安装工程造价。

建筑安装工程费是指承建建筑安装工程所发生的全部费用，也就是通常所说的工程造价。

1.1.2　工程造价与计价的特点

1. 工程造价的特点

1) 工程造价的大额性

任何一个建设项目跟其他商品相比都具有体形大、造价高的特点，造价动辄数百万、数千万、数亿、数十亿元人民币，特大型工程的造价甚至可达上千亿元人民币。工程造价的大额性使其关系到有关各方面的重大经济效益，同时也会对宏观经济产生重大影响，这就决定了工程造价的特殊地位。

2) 工程造价的差异性

每个建设项目的建设地点、地质特性，以及建筑物的用途、功能、规模、地理位置、建设时间等都不相同，这就意味着产品具有个别性，通常没有一模一样的建筑物。产品的个别性决定了工程造价的差异性。

3) 工程造价的动态性

建设工程由于工期较长，影响因素较多，在预计工期内可能出现很多的动态影响因素，如工程变更，设备材料价格、工资标准及费率、利率发生变化，以及一些不可预知的自然灾害等。这些因素必然会影响造价的变动。因此，工程造价在整个建设期中处于不确定状态，直到竣工决算后才能最终确定工程的实际价格。

4) 工程造价的层次性

每个建设项目往往都含有多个能够独立发挥设计效能的单项工程（如教学楼、宿舍楼、食堂等）。一个单项工程又是由能够各自发挥专业效能的多个单位工程（如土建工程、安装工程等）组成。由于造价的层次性与工程的层次性相关，因此一个建设项目也相应地分为建设项目总造价、单项工程造价和单位工程造价三个层次。如果专业分工更细，则单位工程还可继续细分为分部工程（如土建工程还可继续分为土石方工程、桩基础工程、砌体工程、钢筋混凝土工程、幕墙工程等分部工程），分部工程还可继续细分为分项工程。与此同时，工程造价也可细分至分部工程造价和分项工程造价。即使从造价的计算和工程管理的角度看，工程造价的层次性也是非常突出的。

5) 工程造价的兼容性

工程造价的兼容性表现为工程造价的构成因素具有广泛性和复杂性。首先成本因素非常复杂，其中为获得建设工程用地所支出的费用、项目可行性研究和规划设计的费用、与政府一定时期政策（特别是产业政策和税收政策）相关的费用占有相当的份额，其次盈利构成也较为复杂，资金成本很大。

2. 工程计价的特点

1）工程计价的单件性

由于每个建设项目都需要按照建设单位的特殊要求和工程项目的个体性进行单独设计和施工，而不能批量生产，也不能按整个建设项目确定造价，因此，每个建设项目都必须单独进行计价。

2）工程计价的多次性

建设项目建设周期长、规模大、造价高，这就要求在工程建设的各个阶段多次计价，并对其进行监督和控制，以保证工程造价计算的准确性和控制的有效性。多次性计价的特点决定了相关造价不是固定的、唯一的，而是随着工程的进行逐步深化、细化和接近实际造价的，如图1.1所示。

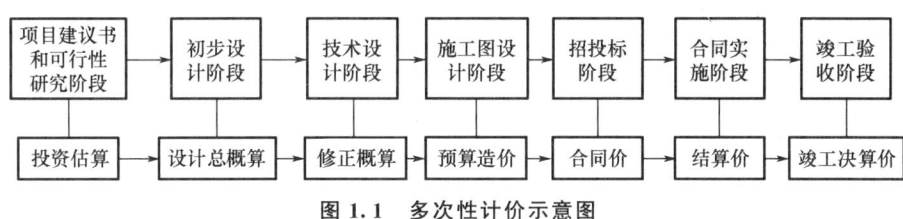

图1.1 多次性计价示意图

工程计价的过程是一个由粗到细、由浅入深、由粗略到精确，多次计价后最后达到实际造价的过程。各计价过程之间是相互联系、相互补充、相互制约的关系，前者制约后者，后者补充前者。

3）工程计价的组合性

每一个建设项目都是由各个单项工程组成的，因此其总造价也是由各个单项工程造价组成的。同理，一个单项工程造价是由各个单位工程造价组成的，一个单位工程造价又是由多个分部分项工程造价计算得出的。这充分体现了计价的组合性，即工程造价的计算过程和计算顺序为：分部分项工程造价→单位工程造价→单项工程造价→建设项目总造价。

4）工程计价方法的多样性

工程计价具有多次性的特点，而每个阶段计价的依据及计算精度和深度要求各不相同，因而工程计价方法也必然具有多样性。如可行性研究阶段的投资估算，可以采用设备系数法和生产能力指数法等；在设计阶段特别是施工图设计阶段，设计图纸完整，则多采用定额法和实物法进行计算。

5）工程计价依据的复杂性

由于工程造价构成复杂，计价方法多样，因此其计价依据种类繁多，具有复杂性，主要涉及：设备和工程量的计算依据；计算人工、材料、机械等实物消耗量的依据，包括各种定额；计算人工单价、材料单价、施工机械台班单价等的依据；计算各种费用的依据；计算设备单价的依据；政府规定的税费依据；还有物价指数、工程造价指数等各种调整工程造价的文件。

1.1.3 本课程研究的对象

"建筑工程计量与计价"是建筑工程技术、工程造价及经济管理等专业的主要专业课程之一，是建筑企业进行现代化管理的基础，它从研究建筑安装产品的生产成果与生产消耗之间的数量关系着手，合理地确定完成单位产品的消耗数量标准，从而达到合理确定建筑工程造价的目的。

建筑产品的生产需要消耗一定的人力、物力、财力，其生产过程受到管理体制、管理水平、社会生产力、上层建筑等诸多因素的影响。在一定生产力水平的条件下，完成一项合格的建筑安装产品与所消耗的人力、物力、财力之间存在着一种比例关系，这是本课程中工程造价计价依据的定额部分所研究的主要内容。

1.1.4 本课程研究的任务

本课程研究的任务是运用马克思主义的再生产理论，遵循经济规律，研究建筑产品生产过程中其数量和资源消耗之间的关系，积极探索提高劳动生产率、减少物资消耗的途径，合理地确定和控制工程造价；同时通过研究达到减少资源消耗，降低工程成本，提高投资效益、企业经济效益和社会效益的目的。

本课程涉及的知识面很广，是一门技术性、专业性和实践性都很强的综合性课程。它是以宏观经济学、微观经济学、投资管理学等作为理论基础，以建筑构造与识图、建筑材料、建筑力学与结构、施工技术、建筑施工组织与管理、建筑企业经营管理、项目管理、工程招投标与合同管理等作为专业基础，同时又与国家的方针政策、分配制度、工资制度等有着密切的联系。

本课程的学习内容很多，在学习过程中应把重点放在掌握建筑工程造价计价依据的概念和计价方法上，熟悉并能使用计价依据的各类定额，最终熟练使用计价方法编制施工图预算和工程量清单。在学习过程中应坚持理论联系实际，以应用为重点，注重培养动手能力，勤学勤练，达到独立完成工程量清单编制与工程量清单计价任务的目的。

任务 1.2 基本建设概述

1.2.1 基本建设的概念

基本建设是指为扩大固定资产再生产能力和工程效益而进行的新建、扩建、改建、恢复工程及与之相关的其他工作，如工厂、矿井、铁路、公路、水利、商店、住宅、医院、学校等工程的建设和各种设备的购置。基本建设是固定资产再生产的重要手段，是国民经济发展的重要物质基础。

基本建设是一个物质资料生产的动态过程，这个过程概括起来，就是将一定的建筑材料、机器设备等通过购置、建造和安装等活动转化为固定资产，形成新的生产能力或使用效益的建设工作。与此相关的其他工作，如征用土地、勘察设计、筹建机构和生产职工的培训等，也都属于基本建设工作的组成部分。

1.2.2 基本建设的内容及其与建筑业的关系

1. 基本建设的内容

基本建设的内容包括以下五个方面。

（1）建筑工程：包括永久性和临时性的建筑物、构筑物及基础设备的建造，给排水、电气照明、暖通等设备的安装，建筑场地的清理、平整、排水，竣工后的园林、绿化等，以及水利、铁道、公路、桥梁、电力线路、防空设施等工程的建设。

（2）设备安装工程：包括动力、电信、运输、医疗等机械设备和电气设备的安装工程，与设备相连的工作台、梯子等的装设工程，附属于被安装设备的管线敷设，被安装设备的绝缘、保温、油漆，以及为测定安装质量对单个设备进行的各种试运行工作。

（3）设备购置：包括各种机械设备、电气设备、工具和器具的购置，即一切需要安装与不需要安装设备的购置。

（4）勘察与设计：包括地质勘察、地形测量和工程设计方面的工作。

（5）其他基本建设工作：除上述内容以外的其他基本建设工作及生产准备工作，如征用土地、培训工人、生产准备等。

2. 建筑业和基本建设的区别与关系

建筑业是国民经济的一个重要物质生产部门，从事建筑物和构筑物的建造等生产经营活动，包括与之相关的勘察、设计、施工、安装、维修等若干环节。其与基本建设的区别在于：建筑业是一个物质生产部门，是工程项目的承包方（乙方），而基本建设是一项投资活动，基本建设部门是工程项目的建设方（业主或甲方）；建筑业的任务是为业主或甲方提供建筑产品，而基本建设的任务是控制工程投资，进行工程项目可行性研究，组织勘察、设计、施工和监理的发包等工作。

当然除无须安装的设备购置工作外，任何基本建设都离不开建筑业；反之，建筑业的生产活动也都是为了进行基本建设。因此，两者是相互依存、相互制约和相互影响的。

1.2.3 基本建设的程序

基本建设的程序是指基本建设的整个过程中，包括了从项目策划、评估、决策、设计、施工到竣工验收直至投入生产或交付使用的各项工作，而这些工作有严格的先后次序，可以进行合理的交叉，但绝不能任意颠倒，如图1.2所示。

1.2.4 基本建设项目的划分

基本建设项目按照合理确定工程造价和管理工作的需要，划分为以下五个层次。

1. 建设项目

建设项目指在一个或几个场地上，按一个设计意图，在一个总体设计或初步设计范围

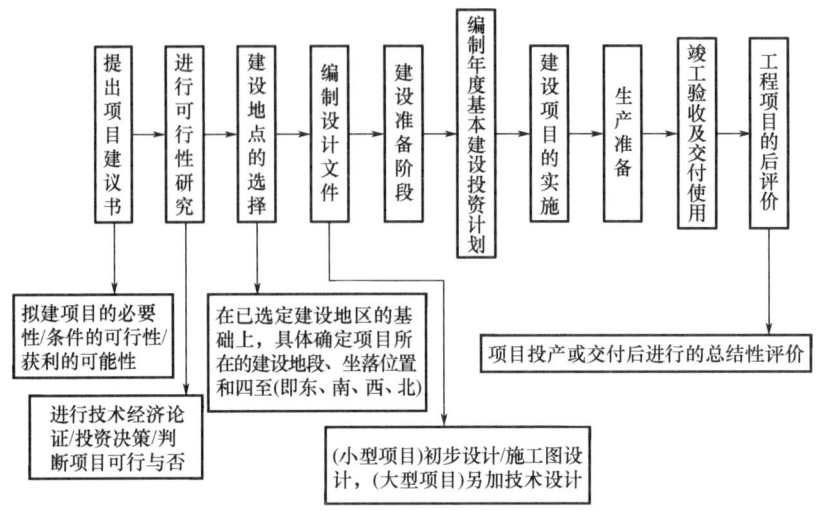

图 1.2 基本建设的程序

内进行施工的各个项目的总和,形成一个在经济上实行独立核算、行政上实行独立管理并且具有法人资格的建设单位。

在我国,通常把建设一个企业、事业单位或一个独立工程项目作为一个建设项目。凡属于一个总体设计中分期分批建设的主体工程、水电供应工程、配套或综合利用工程都应合并为一个建设项目。不能把不属于一个总体设计的几个工程归算为一个建设项目,也不能把同一个总体设计内的工程按地区或施工单位分为几个建设项目。

2. 单项工程

单项工程又称工程项目,是指一个建设项目中,具有独立设计文件,竣工后可独立发挥生产能力或使用效益的工程,如一所学校的教学楼、办公楼等。

3. 单位工程

单位工程是单项工程的组成部分,是指具有独立设计文件,可以独立组织施工,但竣工后不能独立发挥生产能力或使用效益的工程,如一幢办公楼的土建工程、给排水工程、电气照明工程等,均各属一个单位工程。

4. 分部工程

分部工程指在一个单位工程中,按照工程部位、工种及使用的材料进一步划分的工程,如土建工程一般又可分为土石方工程、桩基础与地基加固工程、砌筑工程、混凝土和钢筋混凝土工程、金属结构工程、屋面及防水工程、楼地面工程、墙柱面工程、天棚工程等。

5. 分项工程

分项工程指在一个分部工程中,按照不同的施工方法、不同的材料和规格进一步划分的工程,如砌筑工程又分为砖基础、空斗墙、空心砖墙等分项工程。分项工程没有独立存在的意义,它只是为了便于计算建筑工程造价而分解出来的"假定产品"。

基本建设项目的层次划分如图 1.3 所示。

上述五个层次是由整体到局部的分解过程,而工程量和造价则是由局部到整体的分部组

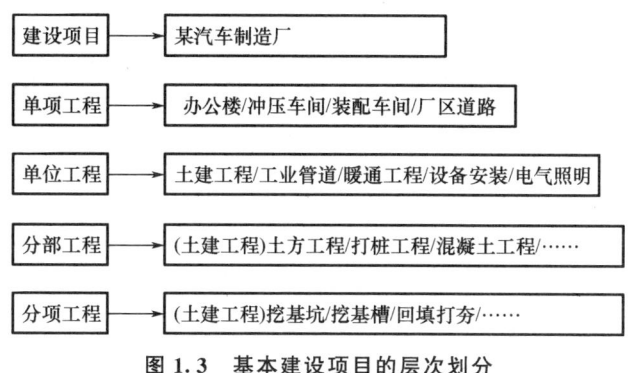

图 1.3 基本建设项目的层次划分

合计算的过程,即分项工程的造价计算组合为分部工程的造价,分部工程的造价计算组合为单位工程的造价,单位工程的造价计算组合最终得到整个建设项目的造价。因此,理解基本建设项目的层次划分,对研究工程计量和确定与控制工程造价具有十分重要的作用。

1.2.5 基本建设项目费用组成

我国的基本建设项目费用主要包括建筑安装工程费、设备及工器具购置费、工程建设其他费、预备费、建设期利息、流动资金等,见表1-2。

表 1-2 基本建设项目费用组成

基本建设项目费用	固定资产投资	建设投资	工程费用	建筑安装工程费	分部分项工程费
					措施项目费
					其他项目费
					规费税金
				设备及工器具购置费	
			工程建设其他费	建设管理费	
				可行性研究费	
				研究试验费	
				勘察设计费	
				建设用地费	
				……	
			预备费	基本预备费	
				价差预备费	
		建设期利息			
	流动资金				

任务 1.3 建筑安装工程费的组成

1.3.1 按费用构成要素划分

我国现行建筑安装工程费按照费用构成要素划分,由人工费、材料费(包含工程设备费,下同)、机械费(施工机械使用费和仪器仪表使用费)、企业管理费、利润、规费和税金等组成,其中人工费、材料费、机械费、企业管理费和利润包含在分部分项工程费、措施项目费、其他项目费中,具体构成如图 1.4 所示。

1. 人工费

人工费是指按工资总额构成规定,支付给从事建筑安装工程施工的生产工人和附属生产单位工人的各项费用(包含个人缴纳的社会保险与住房公积金)。它具体包括以下几部分。

(1) 计时工资或计件工资:指按计时工资标准和工作时间或对已做工作按计件单价支付给个人的劳动报酬。

(2) 奖金:指对超额劳动和增收节支所支付给个人的劳动报酬,如节约奖、劳动竞赛奖等。

(3) 津贴补贴:指为了补偿职工特殊或额外的劳动消耗和因其他特殊原因支付给个人的津贴,以及为了保证职工工资水平不受物价影响而支付给个人的物价补贴,如流动施工津贴、特殊地区施工津贴、高温(寒)作业临时津贴、高空津贴等。

(4) 加班加点工资:指按规定支付的在法定节假日工作的加班工资和在法定日工作时间外延时工作的加点工资。

(5) 特殊情况下支付的工资:指根据国家法律、法规和政策规定,由于生病、工伤、产假、计划生育假、婚丧假、事假、探亲假、定期休假、停工学习、执行国家或社会义务等原因,按计时工资标准或其一定比例支付的工资。

(6) 职工福利费:指企业按规定标准计提并支付给生产工人的集体福利费、夏季防暑降温费、冬季取暖补贴、上下班交通补贴等。

(7) 劳动保护费:指企业按规定标准发放的生产工人劳动保护用品的支出,如工作服、手套、防暑降温饮料及在有碍身体健康的环境中施工的保健费用等。

人工费的基本计算公式为

$$人工费 = \Sigma(人工工日消耗量 \times 人工日工资单价)$$

2. 材料费

材料费是指施工过程中耗费的原材料、辅助材料、构配件、零件、半成品或成品、工程设备的费用等,以及周转材料的摊销费用。它具体包括以下几部分。

(1) 材料及工程设备原价:指材料、工程设备的出厂价格或商家供应价格,原价包括为了方便材料、工程设备的运输和保护而进行的必要的包装所需要的费用。

(2) 运杂费:指材料、工程设备自来源地运至工地仓库或指定堆放地点所发生的全部

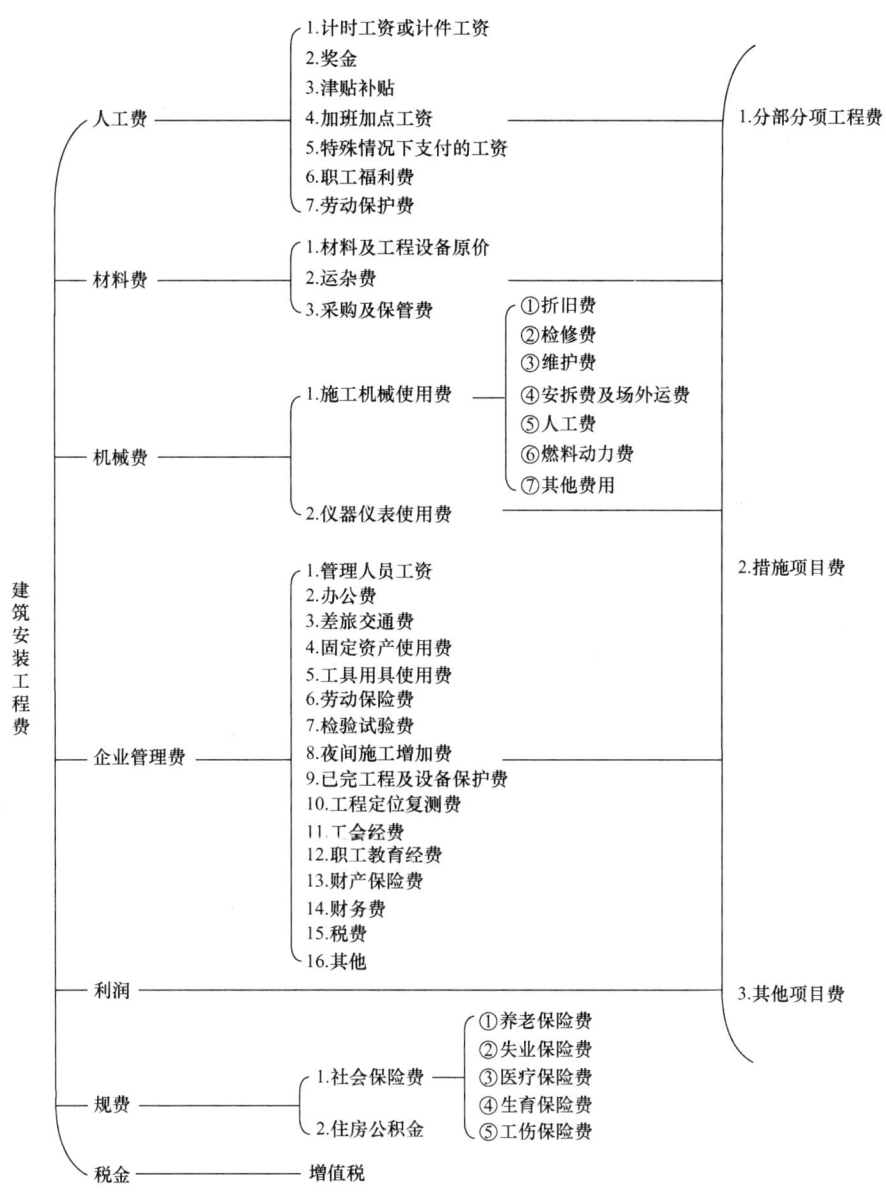

图 1.4 建筑安装工程费的构成（按费用构成要素划分）

费用，包括装卸费、运输费、运输损耗及其他附加费等费用。

（3）采购及保管费：指为组织采购、供应和在保管材料、工程设备的过程中所需要的各项费用，包括采购费、仓储费、工地保管费、仓储损耗等。

工程设备是指构成或计划构成永久工程一部分的机电设备、金属结构设备、仪器装置及其他类似的设备和装置。

相关费用的基本计算公式如下。

① 材料费。

$$材料费 = \sum (材料消耗量 \times 材料单价)$$

$$材料单价 = (材料原价 + 运杂费) \times (1 + 运输损耗率) \times (1 + 采购及保管费率)$$

② 工程设备费。

$$工程设备费 = \Sigma(工程设备量 \times 工程设备单价)$$

$$工程设备单价 = (设备原价 + 运杂费) \times (1 + 采购及保管费率)$$

3. 机械费

机械费是指施工作业所发生的施工机械、仪器仪表使用费或其租赁费，包括施工机械使用费和仪器仪表使用费。

1) 施工机械使用费

施工机械使用费是指施工机械作业所发生的费用，以施工机械台班消耗量与施工机械台班单价的乘积表示。施工机械使用费应由下列七项费用组成。

（1）折旧费：指施工机械在规定的使用年限内，陆续收回其原值的费用。

（2）检修费：指施工机械在规定的耐用总台班内，按规定的检修间隔进行必要的检修，以恢复其正常功能所需的费用。

（3）维护费：指施工机械在规定的耐用总台班内，按规定的维护间隔进行各级维护和临时故障排除所需的费用，包括为保障机械正常运转所需替换设备与随机配备工具附具的摊销费用、机械运转和日常维护所需润滑与擦拭的材料费用及机械停滞期间的维护费用等。

（4）安拆费及场外运费：安拆费指施工机械（大型机械除外）在现场进行安装与拆卸所需的人工、材料、机械和试运转费用，以及机械辅助设施的折旧、搭设、拆除等费用；场外运费指施工机械（大型机械除外）整体或分体自停放地点运至施工现场或由一施工地点运至另一施工地点的运输、装卸、添置辅助材料及架线等费用。

（5）人工费：指机上司机（司炉）和其他操作人员的人工费。

（6）燃料动力费：指施工机械在运转作业中所消耗的各种燃料及水、电等费用。

（7）其他费用：指施工机械按照国家和有关部门规定应缴纳的车船使用税、保险费及年检费用等。

施工机械使用费的基本计算公式如下。

$$施工机械使用费 = \Sigma(施工机械台班消耗量 \times 施工机械台班单价)$$

$$施工机械台班单价 = 台班折旧费 + 台班检修费 + 台班维护费 + 台班安拆费及场外运费 + 台班人工费 + 台班燃料动力费 + 台班其他费用$$

拓展提高

工程造价管理机构在确定计价定额中的施工机械使用费时，应根据《建设工程施工机械台班费用编制规则》（建标〔2015〕34号）结合市场调查编制施工机械台班单价。施工企业可以参考工程造价管理机构发布的台班单价，自主确定施工机械使用费的报价，如租赁施工机械，其费用计算公式为

$$施工机械使用费 = \Sigma(施工机械台班消耗量 \times 机械台班租赁单价)$$

2) 仪器仪表使用费

仪器仪表使用费是指工程施工所需仪器仪表的摊销及维修费用。仪器仪表使用费以仪

器仪表台班消耗量与仪器仪表台班单价的乘积表示，其中仪器仪表台班单价由折旧费、维护费、校验费和动力费组成。

$$仪器仪表使用费 = \Sigma（仪器仪表台班消耗量 \times 仪器仪表台班单价）$$

4. 企业管理费

企业管理费是指建筑安装企业组织施工生产和经营管理所需的费用。它具体包括以下几部分。

（1）管理人员工资：指按规定支付给管理人员的计时工资、奖金、津贴补贴、加班加点工资、特殊情况下支付的工资及相应的职工福利费、劳动保护费等。

（2）办公费：指企业管理办公用的文具、纸张、账表、印刷、邮电、书报、办公软件、现场监控、会议、水电、烧水和集体取暖降温（包括现场临时宿舍取暖降温）等所需的费用。

（3）差旅交通费：指职工因公出差、调动工作的差旅费、住勤补助费、市内交通费和误餐补助费，职工探亲路费，劳动力招募费，职工退休、退职一次性路费，工伤人员就医路费，工地转移费，以及管理部门使用的交通工具的油料、燃料等费用。

（4）固定资产使用费：指管理和试验部门及附属生产单位使用的属于固定资产的房屋、设备、仪器（包括现场出入管理及考勤设备、仪器）等的折旧、大修、维修或租赁等所需的费用。

（5）工具用具使用费：指企业施工生产和管理使用的不属于固定资产的工具、器具、家具、交通工具和检验、试验、测绘、消防用具等的购置、维修和摊销费。

（6）劳动保险费：指由企业支付的离退休职工易地安家补助费、职工退职金、六个月以上的病假人员工资、职工死亡丧葬补助费、抚恤费、按规定支付给离休干部的各项经费等。

（7）检验试验费：指施工企业按照有关标准规定，对建筑及材料、构件和建筑安装物进行一般鉴定、检查所发生的费用，包括自设试验室进行试验所耗用的材料等费用，不包括新结构、新材料的试验费，对构件做破坏性试验及其他特殊要求检验试验的费用和建设单位委托检测机构进行检测的费用，对此类检测发生的费用，由建设单位在工程建设其他费中列支。但对施工企业提供的具有合格证明的材料进行检测却不合格的，该检测费用由施工企业支付。

（8）夜间施工增加费：指因施工工艺要求必须持续作业而不可避免的夜间施工所增加的费用，包括夜班补助费、夜间施工降效、夜间施工照明设备摊销及照明用电等费用。

（9）已完工程及设备保护费：指竣工验收前，对已完工程及工程设备采取的必要保护措施所发生的费用。

（10）工程定位复测费：指工程施工过程中进行全部施工测量放线和复测工作的费用。

（11）工会经费：指企业按《中华人民共和国工会法》规定的全部职工工资总额比例计提的工会经费。

（12）职工教育经费：指按职工工资总额的规定比例计提，企业为职工进行专业技术和职业技能培训、专业技术人员继续教育、职工职业技能鉴定、职工职业资格认定及根据需要对职工进行各类文化教育所发生的费用。

（13）财产保险费：指施工管理用财产、车辆等的保险费用。

（14）财务费：指企业为施工生产筹集资金或提供预付款担保、履约担保、职工工资支付担保等所发生的各种费用。

（15）税费：指根据国家税法规定的应计入建筑安装工程费内的城市维护建设税、教育费附加和地方教育附加，以及企业按规定缴纳的房产税、车船使用税、土地使用税、印花税、环保税等。

（16）其他：包括技术转让费、技术开发费、投标费、业务招待费、绿化费、广告费、公证费、法律顾问费、审计费、咨询费、危险作业意外伤害保险费等。

5. 利润

利润是指施工企业完成所承包工程获得的盈利。

6. 规费

规费是指按国家法律、法规要求，由省级政府和省级有关权力部门规定必须缴纳或计取的费用。它包括以下各项。

（1）社会保险费。具体组成如下。

① 养老保险费：指企业按照规定标准为职工缴纳的基本养老保险费。

② 失业保险费：指企业按照规定标准为职工缴纳的失业保险费。

③ 医疗保险费：指企业按照规定标准为职工缴纳的基本医疗保险费。

④ 生育保险费：指企业按照规定标准为职工缴纳的生育保险费。

⑤ 工伤保险费：指企业按照规定标准为职工缴纳的工伤保险费。

（2）住房公积金：指企业按照规定标准为职工缴纳的住房公积金。

其他应列而未列入的规费，按实际发生计取。

7. 税金

税金是指国家税法规定的应计入建筑安装工程费内的建筑服务增值税。

学习时注重费用包含内容的变化，人工费、企业管理费及税金包含的内容都有调整和整合，如职工福利费和劳动保护费已从企业管理费调到人工费。

1.3.2 按造价形式内容划分

按照造价形成内容划分，建筑安装工程费由分部分项工程费、措施项目费、其他项目费、规费和税金组成，其中分部分项工程费、措施项目费、其他项目费包含人工费、材料费、机械费、企业管理费和利润，其构成如图1.5所示。

（1）分部分项工程费。分部分项工程费是指根据设计规定，按照施工验收规范、质量评定标准的要求，完成构成工程实体所耗费或发生的各项费用。

（2）措施项目费。措施项目费是指为完成建筑安装工程施工，按照安全操作规程、文明施工规定的要求，发生于该工程施工前和施工过程中用作技术、生活、安全、环境保护等方面的各项费用,由施工技术措施项目费和施工组织措施项目费构成(详见单元5)。

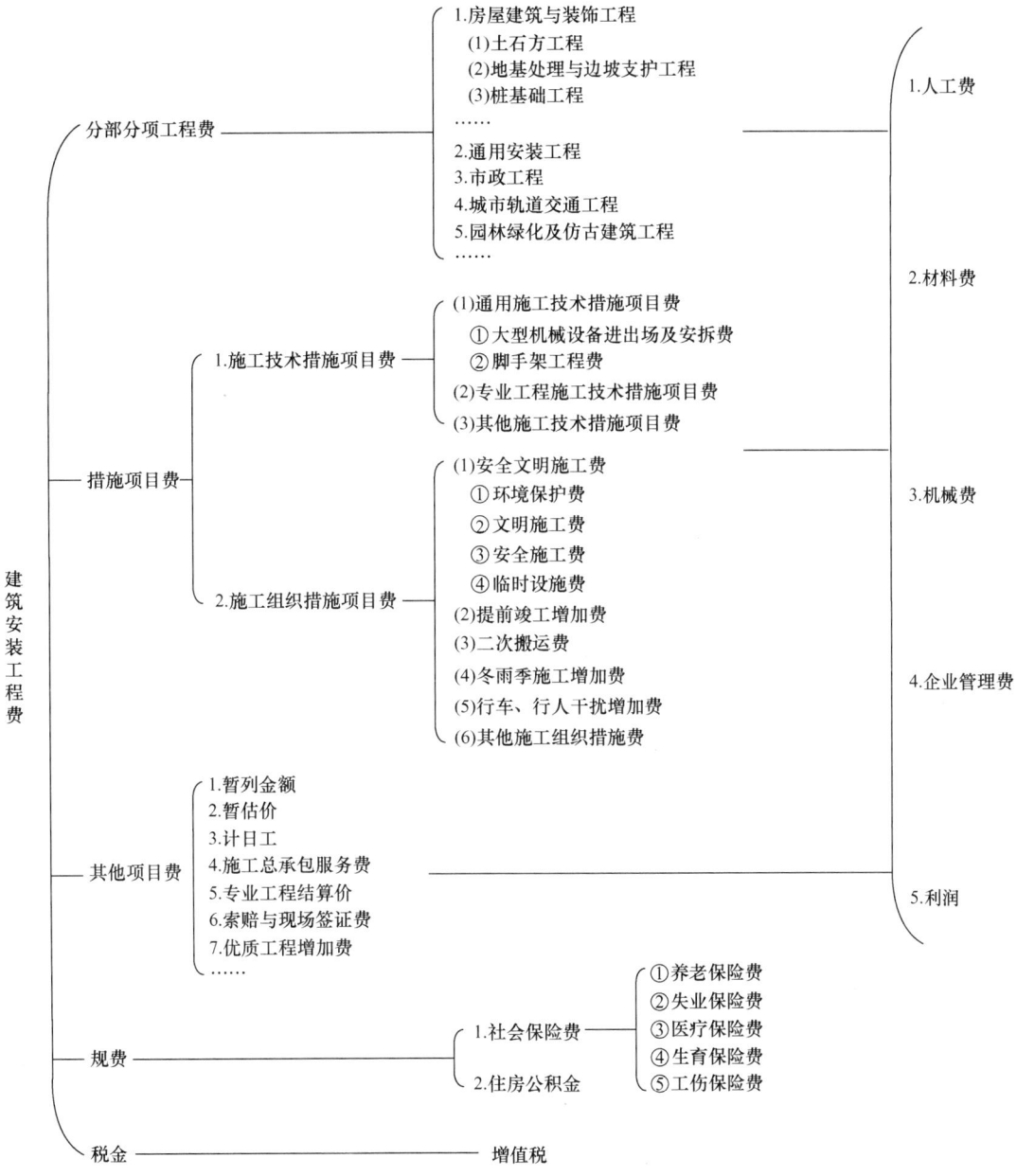

图 1.5 建筑安装工程费的构成(按造价形成内容划分)

(3)其他项目费。其他项目费的构成内容应视工程实际情况,按照不同阶段的计价需要进行列项。其中,编制招标控制价和投标报价时,由暂列金额、暂估价、计日工、施工总承包服务费构成;编制竣工结算时,由专业工程结算价、计日工、施工总承包服务费、索赔与现场签证费及优质工程增加费构成。

① 暂列金额：指招标人在工程量清单中暂定并包括在合同价款中的一笔款项，用于工程合同签订时尚未确定或者不可预见的所需材料、工程设备、服务的采购，施工中可能发生的工程变更、合同约定调整因素出现时的合同价款调整，以及发生的索赔、现场签证确认等的费用和标化工地、优质工程等费用的追加，包括标化工地暂列金额、优质工程暂列金额和其他暂列金额。

② 暂估价：指招标人在工程量清单中提供的用于支付必然发生但暂时不能确定价格的材料、工程设备的单价，以及施工技术专项措施项目、专业工程等的金额，具体包括以下几个部分。

a. 材料及工程设备暂估价：指发包阶段已经确认发生的材料、工程设备，由于设计标准未明确等原因造成无法当时确定准确价格，或者设计标准虽已明确，但一时无法取得合理询价，由招标人在工程量清单中给定的若干暂估单价。

b. 专业工程暂估价：指发包阶段已经确认发生的专业工程，由于设计未详尽、标准未明确或者需要由专业承包人完成等原因造成无法当时确定准确价格，由招标人在工程量清单中给定的一个暂估总价。

c. 施工技术专项措施项目暂估价（以下简称"专项措施暂估价"）：指发包阶段已经确认发生的施工技术措施项目，由于需要在签约后由承包人提出专项方案并经论证、批准方能实施等原因造成无法当时准确计价，由招标人在工程量清单中给定的一个暂估总价。

③ 计日工：指在施工过程中，承包人完成发包人提出的工程合同范围以外的零星项目或工作所需的费用。

④ 施工总承包服务费：指施工总承包人为配合、协调发包人进行的专业工程发包，对发包人自行采购的材料、工程设备等进行保管，以及施工现场管理、竣工资料汇总整理等服务所需的费用，包括发包人发包专业工程管理费（以下简称"专业发包工程管理费"）和发包人提供材料及工程设备保管费（以下简称"甲供材料设备保管费"）。

⑤ 专业工程结算价：指发包阶段招标人在工程量清单中以暂估价给定的专业工程，竣工结算时承发包双方按照合同约定计算并确定的最终金额。

⑥ 索赔与现场签证费。

a. 索赔费用：指在工程合同履行过程中，合同当事人一方因非己方的原因而遭受损失，按合同约定或法律法规规定应由对方承担责任，从而向对方提出补偿的要求，经双方共同确认需补偿的各项费用。

b. 现场签证费用（以下简称"签证费用"）：指发包人现场代表（或其授权的监理人、工程造价咨询人）与承包人现场代表就施工过程中涉及的责任事件所做的签认证明中的各项费用。

⑦ 优质工程增加费：指建筑施工企业在生产合格建筑产品的基础上，为生产优质工程而增加的费用。

(4) 规费（见1.3.2节）。

(5) 税金（见1.3.2节）。

任务1.4 建筑工程造价的计价依据

1.4.1 计价依据

建筑工程造价的计价依据,是指运用科学、合理的调查统计和分析测算方法,从工程建设经济技术活动和市场交易活动中获取的可用于预测、评估、计算工程造价的参数、量值、方法等,具体包括由政府设立的有关机构编制的工程定额和指标等指导性计价依据、建筑市场价格信息依据、企业(行业)自行编制的经验性计价依据,以及其他能够用于科学、合理地确定工程造价的计价依据。

1.4.2 建筑工程计价依据的主要内容

浙江省现行建筑工程造价的计价依据,主要包括《建设工程工程量清单计价规范》(GB 50500—2013)、《房屋建筑与装饰工程工程量计算规范》(GB 50854—2013)、《浙江省房屋建筑与装饰工程预算定额(2018版)》《浙江省建设工程计价规则(2018版)》,以及施工图纸、企业定额、建筑市场价格信息、施工方案等。

建设工程工程量清单计价规范

1.4.3 "13规范"

《建设工程工程量清单计价规范》及《房屋建筑与装饰工程工程量计算规范》等9本工程量计算规范经住房和城乡建设部批准作为国家标准(以下简称"13规范"),于2013年7月1日正式实施。

《建设工程工程量清单计价规范》和9本工程量计算规范是在原《建设工程工程量清单计价规范》(GB 50500—2008)的基础上进行修订的,它不仅对工程招投标中的工程量清单计价进行了详细阐述,而且对工程合同签订、工程量计量与价款支付、工程变更、工程价款调整、工程索赔和工程结算等工程实施全过程中如何规范工程量清单计价行为进行了指导,内容更加全面、系统,操作性更强,更贴近我国国情,对推进和完善市场形成工程造价机制的改革目标发挥了重要的作用。

1. "13规范"的定义

《建设工程工程量清单计价规范》和9本工程量计算规范是根据《中华人民共和国建筑法》《中华人民共和国招标投标法》及住房和城乡建设部《关于印发〈2009年工程建设标准规范制订、修订计划〉的通知》(建标〔2009〕88号)等的要求,并遵循国家宏观调控、市场形成价格的原则,结合我国当前实际情况制定的。

"13规范"是统一工程量清单编制、规范工程量清单计价的国家标准,是调整建设工程工程量清单计价活动中发包人与承包人各种关系的规范性文件，适用于建设工程承发包及实施阶段的相关计价活动。

2. "13规范"修编的原则和目的

"13规范"修编的原则：依法原则、权责对等原则、公平交易原则、可操作性原则、从约原则。同时按照政府宏观控制思路，推动市场形成价格，创造公平、公正、公开竞争的环境，进一步建设全国统一的、有序的建筑市场，既要与国际接轨，又要考虑我国的实际情况。

"13规范"修编的目的：更加广泛深入地推行工程量清单；规范建设工程双方的计量计价行为；与当前国家的相关法律、法规和政策性变化相适应，使其能够正确贯彻执行；适应新技术、新工艺、新材料日益发展的需要，使规范的内容不断更新完善；总结实践经验，进一步建立健全我国统一的建设工程计价、计量规范标准体系。

3. "13规范"的组成

"13规范"包括《建设工程工程量清单计价规范》及《房屋建筑与装饰工程工程量计算规范》《通用安装工程工程量计算规范》《市政工程工程量计算规范》《园林绿化工程工程量计算规范》《矿山工程工程量计算规范》《构筑物工程工程量计算规范》《仿古建筑工程工程量计算规范》《城市轨道交通工程工程量计算规范》《爆破工程工程量计算规范》共9本计算规范。

《建设工程工程量清单计价规范》包括总则、术语、一般规定、工程量清单编制、招标控制价、投标报价、合同价款约定、工程计量、合同价款调整、合同价款期中支付、竣工结算与支付、合同解除的价款结算与支付、合同价款争议的解决、工程造价鉴定、工程计价资料与档案、工程计价表格共16部分，以及附录A～附录L共12个附录。其中分别就《建设工程工程量清单计价规范》的适用范围、遵循原则、编制工程量清单应遵循的规则、工程量清单计价活动的规则、工程量清单及其计价格式等做了明确的规定。

9本计算规范包含了总则、术语、工程计量、工程量清单编制，以及项目编码、项目名称、项目特征、计量单位、工程量计算规则和工程内容等，其中项目编码、项目名称、项目特征、计量单位、工程量计算规则作为"五统一"的内容，要求招标人在编制工程量清单时必须执行。

1.4.4 浙江省建设工程计价规则（2018版）

《浙江省建设工程计价规则（2018版）》是浙江省建设工程计价的一个统领性的文件，其内容涵盖建设工程计价活动的全过程，以《建设工程工程量清单计价规范》等国标文件为依据进行编制，倡导实行工程计价全过程管理，并倡导工程计价按工程进度款结算期（如按月）实行即时结清的做法。

该规则共设十章。第一章总则，第二章术语，第三章工程造价组成及计价方法，第四章建筑安装工程施工取费费率，第五章建设工程计价要素动态管理，第六章设计概算，第七章工程量清单及计价，第八章合同价款调整与工程结算，第九章工程计价纠纷处理，第十章标准（示范）格式。

请注意:《浙江省建设工程计价规则(2018版)》包含了取费规则,因此不单设浙江省取费定额。

1.4.5 浙江省房屋建筑与装饰工程预算定额(2018版)

1. 建筑工程预算定额的概念

建筑工程预算定额简称预算定额,是指在正常合理的施工条件下,规定完成一定计量单位分项工程或结构构件所必需的人工、材料、机械台班的消耗数量标准。

预算定额作为一种数量标准,规定完成的一定计量单位分项工程或结构构件必须符合相应的质量标准及安全等要求。预算定额是由国家主管机关或被授权单位组织编制并颁发执行的一种技术经济指标,是工程建设中一项重要的技术经济文件,它的各项指标反映了国家对承包商和业主在完成施工承包任务中消耗的活化劳动和物化劳动的限度,这种限度体现了业主与承包商的一种经济关系。

2. 本定额水平、编制原则及编制依据

1) 本定额水平

定额水平是指定额消耗的高低程度。定额是在一定社会制度下的生产力水平的反映。定额水平高,表明生产力水平高,完成规定内容所需要的人工、材料、机械台班消耗低,反映为工程造价低;反之亦然。

本定额是按照正常的施工条件、多数施工企业采用的施工方法、机械化装备程度和合理的劳动组织及工期为基础,并参考了有关地区和行业标准、定额,以及典型工程设计、施工和其他资料编制的,反映了浙江省区域的社会平均消耗量水平。

2) 本定额编制原则

为保证本定额的质量,充分发挥本定额的作用,在本定额编制工作中遵循了以下原则。

(1) 按社会平均必要劳动确定预算定额水平的原则。社会平均必要劳动即社会水平,本原则是指在社会正常生产条件、合理施工组织和工艺条件下,以社会平均劳动强度、平均劳动熟练程度、平均技术装备水平确定完成每一分项工程或结构构件所需的劳动消耗来作为确定预算定额水平的主要原则。

(2) 简明适用、通俗易懂原则。预算定额的内容和形式,既要满足对各方面的适应性,又要便于使用,做到定额项目设置齐全,项目划分合理,定额步距适当,文字说明清楚、简练、易懂。

(3) 坚持统一性和差别性相结合的原则。所谓统一性,是指从培育全国统一市场、规范计价行为出发,计价定额的制定规划和组织实施由国务院建设行政主管部门归口,并负责全国统一定额的制定或修订,颁发有关工程造价管理的规章制度、办法等。这样就有利于通过定额和工程造价的管理实现建筑安装工程价格的宏观调控;通过编制全国统一

额,使建筑安装工程具有一个统一的计价依据,也使考核设计和施工的经济效果具有一个统一的尺度。所谓差别性,是指在统一性的基础上,各部门和省、自治区、直辖市主管部门可以在一定范围内,根据本部门和地区的具体情况,制定部门和地区性定额、补充制度和管理办法,以适应我国幅员辽阔、地区和部门间发展不平衡及差异大的实际情况。

3) 本定额编制依据

(1)《全国统一建筑工程基础定额(土建工程)》(GJD—101—1995);

(2)《全国统一建筑装饰装修工程消耗量定额》(GYD—901—2002);

(3)《建设工程工程量清单计价规范》(GB 50500—2013);

(4)《全国建筑安装工程统一劳动定额》;

(5)《全国统一施工机械台班费用定额》;

(6)《浙江省建筑工程预算定额(2003版)》和有关补充定额;

(7)《浙江省建筑工程预算定额(2010版)》和有关补充定额;

(8) 各市提供的补充定额和有关资料及现场实地调查资料;

(9) 各省市现行建筑工程预算定额;

(10) 人工、材料及施工机械台班单价的确定原则;

(11) 国家及浙江省有关行业和劳动安全标准、规范和规定;

(12)《浙江省建设工程计价规则(2010版)》及相应的"编制方案"。

3. **本定额的作用及适用范围**

1) 本定额的作用

(1) 本定额是完成规定计量单位分项工程计价的人工、材料、机械台班的消耗量标准,反映了浙江省的社会平均消耗量水平。

(2) 本定额是统一浙江省建筑工程预算工程量计算规则、项目划分、计量单位的依据。

(3) 本定额是浙江省编制施工图预算、招标控制价的依据,是确定合同价和结算价、调解价款争议、鉴定工程造价,以及编制浙江省建设工程概算定额、估算指标与技术经济指标的基础,也是企业投标报价或编制企业定额的参考依据。

2) 本定额的适用范围

本定额适用于浙江省区域内工业与民用建筑的新建、扩建、改建房屋建筑与装饰工程;不适用于修建和其他专业工程,也不适用于国防、科研等有特殊要求的工程及实行产品出厂价格的各类建筑构配件。

全部使用国有资金或国有资金投资为主的工程建设项目,编制招标控制价应执行本定额。

4. **本定额的组成**

本定额由上、下册组成。上册是以10个分部工程定额为主体,加上总说明、建筑面积计算规范等组成;下册是以10个分部工程定额为主体,加上总说明、建筑面积计算规则和有关附录等组成。

1）总说明

总说明是针对定额的使用方法及上、下两册共同性的问题所做的综合说明和规定，并对定额编制的原则和依据、作用和适用范围、定额所代表的水平、工料机消耗量的确定原则、定额的使用及有关问题等都做了说明。使用定额必须熟悉和掌握总说明的内容，以便对定额有全面的了解。以下几点是对本定额中共性问题的说明。

（1）人工费的说明。

① 人工消耗量反映了浙江省社会平均消耗量水平，已考虑了各项目施工操作的直接用工、其他用工（材料超运距、工种搭接、安全和质量检查，以及临时停水、停电等）及人工幅度差。企业可以根据工程的特点并结合自身的技术力量和管理水平进行合理的调整和换算。

② 每工日按 8 小时工作制计算。

③ 本定额日工资单价按三类划分：土石方工程按一类人工日工资单价 125 元计算；装配式混凝土构件安装工程，木结构工程，金属结构工程，门窗工程，楼地面装饰工程，墙柱面装饰与隔断、幕墙工程，天棚工程，油漆、涂料、裱糊工程，其他装饰工程按三类人工日工资单价 155 元计算；保温、隔热、防腐工程根据子目性质不同分别按二类人工或三类人工日工资单价计算；其余工程均按二类人工日工资单价 135 元计算。

④ 机械土、石方，桩基础，构件运输及安装等工程，人工随机械产量计算的，人工幅度差按机械幅度差计算。

（2）材料费的说明。

① 本定额的材料（包括构配件、零件、半成品、成品）均为符合国家质量标准和相应设计要求的合格产品。

② 本定额的材料、成品、半成品取定价格，包括市场供应价、运杂费、运输损耗（包括场内运输损耗和施工操作损耗）及采购保管费。

材料、成品、半成品的定额消耗量包括场内运输损耗和施工操作损耗。场内运输指的是从工地仓库、现场堆放地点或现场加工地点至操作地点的场内水平运输。而垂直运输未包括在内，发生时要套相应定额计算。如现场搅拌的混凝土，其定额的消耗量包括混凝土在搅拌过程中的损耗、搅拌好后运至所要浇捣部位的损耗、浇捣过程中的损耗。

③ 本定额中除了特殊说明外，大理石和花岗岩均按工程成品石材考虑，定额消耗量中仅包括了场内运输、施工及零星切割的损耗。

④ 混凝土、砂浆及各种胶泥等均按半成品考虑，消耗量以体积"m³"表示。

⑤ 本定额中使用的混凝土除另有注明外均按商品混凝土编制，实际使用现场搅拌混凝土时，按本定额第五章"混凝土及钢筋混凝土工程"定额说明的相关条款进行调整。

第五章"混凝土及钢筋混凝土工程"有关规定如下：本章定额中混凝土除另有注明外均按泵送商品混凝土，现场搅拌混凝土时套用泵送定额，混凝土价格按实际使用的种类换算，混凝土浇捣人工乘以表 1-3 的相应系数，其余不变。现场搅拌的混凝土还应按混凝土消耗量执行现场搅拌调整费定额。

表1-3 混凝土浇捣人工调整系数

序 号	项目名称	人工调整系数	序 号	项目名称	人工调整系数
1	基础	1.50	3	墙、板	1.30
2	柱	1.05	4	楼梯、雨篷、阳台、栏板及其他	1.05

⑥ 本定额中使用的砂浆除另有注明外均按干混预拌砂浆编制，若实际使用现拌砂浆或湿拌预拌砂浆时，按以下方法调整。

a. 使用现拌砂浆的，除将定额中的干混预拌砂浆调换为现拌砂浆外，另按相应定额中每立方米砂浆增加：人工0.382工日、200L灰浆搅拌机0.167台班，并扣除定额中干混砂浆罐式搅拌机台班的数量。

b. 使用湿拌预拌砂浆的，除将定额中的干混预拌砂浆调换为湿拌预拌砂浆外，另按相应定额中的每立方米砂浆扣除人工0.20工日，并扣除定额中干混砂浆罐式搅拌机台班数量。

实例分析1-1

实例分析1-1所用定额

某工程采用混凝土实心砖1砖厚外墙，采用M7.5现拌砂浆砌筑，假设M7.5现拌砂浆价格为395元/m³。试计算该项目套用定额的基价。

分析：该工程采用混凝土实心砖1砖厚外墙，应套用定额4-6。由于设计要求采用M7.5现拌砂浆砌筑，因此按上述规定，除将定额中的干混预拌砂浆调换为现拌砂浆外，另在相应定额中每立方米砂浆增加人工0.382工日，则得$10.34+2.36\times0.382\approx11.242$（工日），增加200L灰浆搅拌机台班数量0.167台班，则搅拌机台班数量为$2.36\times0.167\approx0.394$（台班），同时应扣除定额中干混砂浆罐式搅拌机台班的数量。

因此按定额4-6换算后，每10m³混凝土实心砖1砖厚外墙的基价为：$4464.06+(395-413.73)\times2.36+(11.242-10.34)\times135+2.36\times0.167\times154.97-193.83\times0.055\approx4592.04$(元)。

⑦ 本定额中木材不分板材与方材，均以××（指硬木、杉木或松木）板材取定。木种分类如下。

一类、二类：红松、水桐木、樟子松、白松（云杉、冷杉）、杉木、杨木、柳木、椴木等。

三类、四类：青松、黄花松、秋子木、马尾松、东北榆木、柏木、苦楝木、梓木、黄菠萝、椿木、楠木、柚木、樟木、栎木（柞木）、檀木、色木、槐木、荔木、麻栗木（麻栎、青冈）、桦木、荷木、水曲柳、华北榆木、桦木、橡木、枫木、核桃木、樱桃木。

设计采用木材种类与本定额的取定不同时，按各章有关规定计算。

⑧ 本定额周转材料按摊销量编制，且已包括回库维修消耗量及相关费用。

基础模板定额子目见表1-4。

单元 1 绪论

表 1-4 基础模板定额子目

工作内容：模板制作、安装、拆除、维护、整理、堆放及场外运输；模板黏结物及模内杂物清理、刷隔离剂等。

计量单位：100m²

	定额编号			5-97
	项目名称			垫层
	基价/元			3801.89
其中	人工费/元			2616.98
	材料费/元			1093.70
	机械费/元			91.21
	名称	单位	单价/元	消耗量
人工	二类人工	工日	135.00	19.385
材料	复合模板综合	m²	32.33	0.799
	木模	m³	1445.00	0.270
	圆钉	kg	4.74	17.310
	隔离剂	kg	10.00	10.000
	镀锌铁丝 22#	kg	0.180	0.180
	复合硅酸盐水泥 P·C32.5R 综合	kg	0.32	7.000
	黄砂（净砂）	t	92.23	0.017
机械	木工圆锯机 φ500	台班	27.50	1.531
	载重汽车 4t	台班	369.21	0.133

注：此表中"复合硅酸盐水泥 P·C32.5R"，自 2019 年 10 月 1 日起正式"全面取消"，因此在实际项目中应按实际水泥类型进行换算。

⑨ 对于用量少、低值易耗的零星材料，列为其他材料费。

（3）机械费的说明。

① 本定额中的机械按常用机械、合理机械配备和施工企业的机械化装备程度，并结合浙江省工程实际编制的，台班价格按《浙江省建设工程施工机械台班费用定额（2018版）》计算。本定额的机械台班消耗量是按正常机械施工工效考虑，每一台班按 8 小时工作制计算，并考虑了其他直接生产使用的机械幅度差。

② 挖掘机械、打桩机械、吊装机械、运输机械（包括推土机、铲运机及构件运输机械等）分别按机械、容量或性能及工作物对象，按单机或主机与配合辅助机械，分别以台班消耗量表示。

③ 凡单位价值 2000 元以内、使用年限在一年以内的不构成固定资产的施工机械，不列入机械台班消耗量，而作为工具用具在建筑安装工程费的企业管理费中考虑，其消耗的燃料动力等已列入材料内。

④ 本定额未包括大型施工机械场外运输及安拆费用，以及塔式起重机、施工电梯的基础费用，发生时，应根据经批准的施工组织设计方案选用的实际机械种类及规格，按附

录二及机械台班费用定额有关规定计算。

(4) 其他有关说明。

① 本定额的垂直运输按不同檐高的建筑物和构筑物单独编制,应根据具体工程内容按垂直运输工程定额执行。本定额按面积计算的综合脚手架、垂直运输等,是按一个整体工程考虑的。如遇结构与装饰分别发包,则应根据工程具体情况确定划分比例。

② 建筑物的地下室及外围采光面积小于室内平面面积 2.5% 的库房、暗室等,可以其所涉及部位的结构外围水平面积之和,按每平方米 20 元(其中二类人工 0.05 工日)计算洞库照明费。

③ 本定额除注明高度的以外,均按建筑物檐高 20m 以内编制,檐高在 20m 以上的工程,其降效应增加的人工、机械台班及有关费用,按建筑物超高施工增加费定额执行。

定额中的建筑物檐高是指设计室外地坪至檐口底高度。

外檐沟檐高算至檐口底高度,内檐沟檐高算至与檐沟相连的屋面板板底高度,平屋面檐高算至屋面板板底高度,凸出主体建筑物屋顶的电梯机房、楼梯间、有围护结构的水箱间、瞭望塔、排烟机房等不计入檐口高度。

④ 本定额结合浙江省建筑工业化的推广,根据现行浙江省《工业化建筑评价导则》(建设发〔2016〕32号),新增装配整体式混凝土结构、钢结构、钢-混凝土混合结构三种浙江省主导推广的工业化建筑结构类型的综合脚手架和垂直运输定额,其定义如下:

a. 装配整体式混凝土结构:包括装配整体式混凝土框架结构、装配整体式混凝土框架-剪力墙结构、装配整体式混凝土剪力墙结构、预制预应力混凝土装配整体式框架结构等。

b. 钢结构:包括普通钢结构和轻型钢结构,梁、柱和支撑应采用钢结构,柱可采用钢管混凝土柱。

c. 钢-混凝土混合结构:包括钢框架、钢支撑框架或钢管混凝土框架与钢筋混凝土核心筒(剪力墙)组成的框架-核心筒(剪力墙)结构,以及由外围钢框筒或钢管混凝土筒与钢筋混凝土核心筒组成的筒中筒结构,梁、柱和支撑应采用钢构件,柱可采用钢管混凝土柱。

⑤ 本定额中的工作内容已说明了主要的施工工序,次要工序虽未说明,但均已包括在内。

⑥ 施工与生产同时进行、在有害身体健康的环境中施工时的降效增加费,本定额未考虑,发生时另行计算。

⑦ 本定额中遇有两个或两个以上系数时,按连乘法计算。

⑧ 除《建筑工程建筑面积计算规范》(GB/T 50353—2013)及各章有规定外,定额中凡注明"××以内"或"××以下"及"小于"者,均包括××本身;"××以外"或"××以上"及"大于"者,则不包括××本身。

定额说明中未注明(或省略)尺寸单位的宽度、厚度、断面等,均以"mm"为单位。

2) 建筑面积计算规范

浙江省建筑面积计算规范的编制依据是国家标准《建筑工程建筑面积计算规范》(GB/T 50353—2013)。

3）分部分项工程定额

浙江省执行的现行建筑工程预算定额分为上、下两册。

上册按工程结构类型结合形象部位划分为10个分部工程，各分部工程内容见表1-5。

表1-5 预算定额上册内容

章 号	标 题	章 号	标 题	章 号	标 题
第一章	土石方工程	第四章	砌筑工程	第八章	门窗工程
第二章	地基处理与边坡支护工程	第五章	混凝土及钢筋混凝土工程	第九章	屋面及防水工程
第三章	桩基础工程	第六章	金属结构工程	第十章	保温、隔热、防腐工程
		第七章	木结构工程		

下册按工程结构类型结合形象部位划分为10个分部工程，分部工程内容见表1-6。

表1-6 预算定额下册内容

章 号	标 题	章 号	标 题	章 号	标 题
第十一章	楼地面装饰工程	第十四章	油漆、涂料、裱糊工程	第十八章	脚手架工程
第十二章	墙、柱面装饰与隔断、幕墙工程	第十五章	其他装饰工程	第十九章	垂直运输工程
		第十六章	拆除工程		
第十三章	天棚工程	第十七章	构筑物、附属工程	第二十章	建筑物超高施工增加费

上、下两册每一分部工程，均列有说明、工程量计算规则、定额节和定额表等。

（1）说明：是对本分部工程的编制内容、编制依据、适用范围、使用方法和共性问题的说明及规定。

（2）工程量计算规则：是对本分部工程各分项工程量的计算规则和定额节所做的统一规定。

（3）定额节：是对本分部工程中技术因素相同的分项工程的集合，是定额最基本的表达单位。例如，混凝土及钢筋混凝土工程是按混凝土、钢筋、现浇混凝土模板、装配式混凝土构件进行定额节划分的。

（4）定额表：是定额的基本表现形式。每个定额表列有工作内容、计量单位、定额编号、定额基价，以及人工、材料、机械等的消耗量定额。有时在定额表下还列有附注，说明设计有特殊要求时怎样使用定额，以及说明其他应做必要解释的问题。

4）附录

附录是定额的有机组成部分，《浙江省房屋建筑与装饰工程预算定额（2018版）》附录由以下四个部分组成。

（1）附录一：砂浆、混凝土强度等级配合比。

（2）附录二：单独计算的台班费用。

（3）附录三：建筑工程主要材料损耗率取定表。

(4) 附录四：人工、材料、施工机械台班单价取定表。

任务 1.5 建筑工程造价的计价方法

1.5.1 建筑工程计价方法

建筑工程计价方法，主要包括工料单价法和综合单价法。

1. 工料单价法

1）工料单价法的概念

工料单价法是我国长期以来在工程价格形成中采用的计价模式，是国家通过颁布统一的估价指标、概算定额、预算定额和相应的费用定额，对建筑产品价格有计划管理的一种方式。工料单价法在工程造价计价中以定额为依据，按定额规定的分部分项子目逐项计算工程量，套用定额单价（或单位估价表）确定直接工程费，然后按规定的施工费用定额确定构成工程价格的其他费用和利税，最后获得建筑工程造价。它是项目单价采用分部分项工程的不完全价格（即仅包括人工费、材料费、机械费）的一种计价方法。

相关计算公式为：

$$工料单价 = 规定计量单位的人工费 + 规定计量单位的材料费 + 规定计量单位的机械费$$

2）工料单价法的计价步骤

(1) 熟悉工程概况、设计图纸、施工组织设计和施工现场情况，并准备有关资料。

(2) 计算分项工程量。

(3) 工程量汇总。

(4) 套用定额基价，并结合当时当地的人工、材料、机械台班市场单价计算单位工程直接工程费和施工技术措施费。

(5) 计算各项费用。

(6) 校核。

(7) 编制说明，填写封面，装订成册。

3）工料单价法计价的计算程序

工料单价法计价的计算程序见表 1-7。

表 1-7 工料单价法计价的计算程序

序 号	费用项目		计算方法
一	分部分项工程费		Σ（分部分项工程量×工料单价）
	其中	1. 人工费+机械费	

续表

序 号	费用项目		计算方法
二	施工技术措施费		∑（措施项目工程量×工料单价）
	其中	2. 人工费＋机械费	
三	施工组织措施费		∑[(1＋2)×相应费率]
四	企业管理费		(1＋2)×相应费率
五	规费		(1＋2)×相应费率
六	利润		(1＋2)×相应利润率
七	施工总承包服务费		分包项目工程造价×相应费率
八	风险费用		(一＋二＋三＋四＋五＋六＋七)×相应费率
九	暂列金额		(一＋二＋三＋四＋五＋六＋七＋八)×相应费率
十	税金		(一＋二＋三＋四＋五＋六＋七＋八＋九)×相应税率
十一	建筑工程造价		一＋二＋三＋四＋五＋六＋七＋八＋九＋十

1. 其中施工组织措施费中的其他施工组织措施费按相关规定计算。
2. 规费中危险作业意外伤害保险费按各市有关规定计算。
3. 施工总承包服务费中，若有甲供材料费、设备管理服务费，则按甲供材料费、设备管理服务费乘以相应费率。

2. 综合单价法

建筑安装工程统一按照综合单价法进行计价。综合单价法计价包括国标工程量清单计价（以下简称"国标清单计价"）和定额项目清单计价（以下简称"定额清单计价"）两种。采用国标清单计价和定额清单计价时，除分部分项工程费、施工技术措施费分别依据计量规范规定的清单项目和专业定额规定的定额项目列项计算外，其余费用的计算原则及方法应当一致。本教材按国标清单计价来进行学习。

综合单价法是建设工程招投标中，按照国家统一的工程量清单计价规范，招标人或其委托的有资格的咨询机构编制反映工程实体消耗和措施消耗的工程量清单，并作为招标文件的一部分提供给投标人，由投标人依据工程量清单，根据各种渠道所获得的工程造价信息和经验数据，结合企业定额自主报价的一种计价方式。

综合单价是指完成一个规定计量单位的分部分项工程量清单项目或措施项目所需的人工费、材料费、机械费、企业管理费和利润，以及一定范围内的风险费用。

相应计算公式如下。

综合单价＝规定计量单位的人工费＋规定计量单位的材料费＋规定计量单位的机械费＋
取费基数×(企业管理费费率＋利润率)＋一定范围内的风险费用

式中，"取费基数"一般为规定计量单位项目的人工费和机械费之和。

1) 工程量清单编制

工程量清单是载明建设工程分部分项工程项目、措施项目、其他项目名称和相应数量，以及规费、税金等内容的明细清单。它由具有编制招标文件能力的招标人或受其委托具有相应资质的工程造价咨询人，按照"13规范"的计算规范中统一的项目编码、项目名称、计量单位和工程量计算规则来进行编制，主要由分部分项工程量清单、措施项目清单、其他项目清单、规费和税金组成。

说明：以下工程量清单编制主要依据为《建设工程工程量清单计价规范》（以下简称《计价规范》）和《房屋建筑与装饰工程工程量计算规范》（以下简称《计算规范》）。

（1）清单封面与说明。

"13规范"清单封面应注明招标人和由招标人委托的工程造价咨询人，以及与上面内容相关的签字与专用章。

工程量清单说明应从招标人角度编写，基本内容如下。

① 工程概况，如建设地址、建设规模、工程特征、交通状况、环保要求等。

② 工程发包、分包范围。

③ 工程量清单编制依据，如采用的标准、施工图纸、标准图集等。

④ 使用材料设备、施工的特殊要求等。

⑤ 其他需要说明的问题。

（2）分部分项工程量清单编制。

分部分项工程量清单项目的设置以形成工程实体为原则，它是计量的前提。清单项目名称均以工程实体即工程项目的主要部分命名，而对附属或次要部分不设置项目。工程量清单项目设置规则是为了统一工程量清单项目名称、项目编码、项目特征、计量单位和工程量计算规则而制定的，是编制工程量清单的依据。清单编制人必须严格按《计算规范》的规定执行，不得任意变动。在设置清单项目时，以《计算规范》附录中的项目名称为主体，考虑该项目的规格、型号、材质等项目特征要求，结合拟建工程的实际情况，在清单中详细地反映出影响工程造价的主要因素。

① 项目编码。项目编码应采用十二位阿拉伯数字表示，一至九位按《计算规范》附录的规定设置，不得变动；十至十二位应由清单编制人根据拟建工程的工程量清单项目名称和项目特征自行编制，且应从001开始。同一招标工程的项目编码不得有重码。

项目编码代表的含义如图1.6所示。

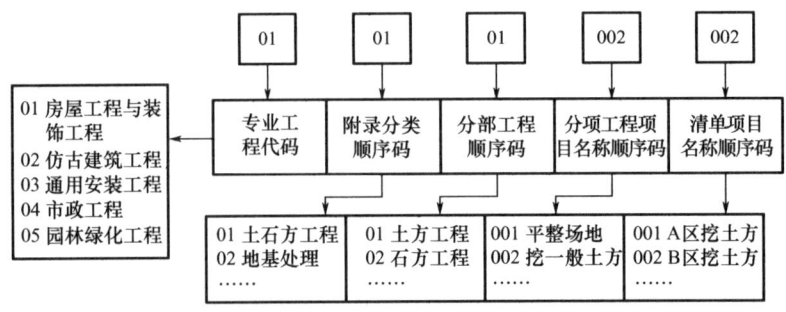

图1.6　项目编码代表的含义

由于工程建设中新结构、新工艺、新技术的发展，《计算规范》会出现缺项内容，因此编制人应进行项目补充，补充的工程量清单编码由专业工程代码与B和三位阿拉伯数字组成，并应从×B001起编，如房屋建筑与装饰工程代码为01B001。同一招标工程的项目不得有重码。

② 项目名称与项目特征。分部分项工程量清单的项目名称应采用《计算规范》附录中的项目名称，同时依据拟建工程的实际确定。

项目特征的描述是工程量清单编制中的核心内容，因项目特征是确定一个清单项目综合单价的重要依据，是进行工程量清单计价的重要环节，项目特征描述不具体、界限不清，将直接造成拟建项目工程造价的不准确，造成承发包双方的争执与纠纷，同时影响到整个项目投资计划的实施，所以项目特征的表述尤其重要。主要应注意以下两点。

a. 分析工程项目中哪些是与"计价"有关的内容，再进行项目特征的编写。如"砖砌体"清单项目，必须注明砖的品种与强度要求，因砖的材料价格与综合单价组价有关；必须注明砌体类型与厚度，这与项目人工、机械费用有关；必须注明砂浆配合比、品种及强度，这与材料价格有关；等等。

b. 项目特征表述应简明、完整，避免词不达意与重复累赘。简明主要体现在与计价无关的内容不要写，如工程常见施工工艺、操作过程等；与计价有关的要简洁明了地表达清楚，如墙面抹灰的砂浆品种、配合比、质量要求、厚度等，而如何进行墙面抹灰则无须描述。

工程量清单项目特征，应按附录中规定的项目特征结合拟建工程项目的实际予以描述。

例如建筑工程挖基础土方，可能发生的具体内容包括排水、土方开挖、挡土及支拆、截桩头、基底钎探、运输等，则项目特征可表达如下。

挖基础土方

一、二类土，1—1有梁式钢筋混凝土带形基础，基底垫层宽度1.4m，开挖深度1.15m，弃土运距5km。

但有些项目特征用文字往往又难以准确且全面描述，为达到规范、简洁、准确、全面描述项目特征的要求，在描述工程量清单项目特征时应按以下原则进行。

a. 项目特征描述的内容，应按附录中的规定并结合拟建工程的实际，以满足确定综合单价的需要。

b. 若采用标准图集或施工图纸能够全部或部分满足项目特征描述的要求，项目特征描述还可直接采用详见××图集或××图号的方式。对不能满足项目特征描述要求的部分，仍应用文字描述。

③ 计量单位。分部分项工程量清单计量单位，应按《计算规范》中要求的计量单位确定（除各专业另有特殊规定外）。常见计量单位如下。

a. 以质量计算的项目——t或kg。

b. 以体积计算的项目——m^3。

c. 以面积计算的项目——m^2。

d. 以长度计算的项目——m。

e. 以自然计量单位计算的项目——个、套、块、樘、组、台等。

f. 没有具体数量的项目——系统、项等。

g. 当《计算规范》中的计量单位出现两个或两个以上时,应依据工程量清单项目特征要求,选择最适合项目特征并便于计量的单位。如预应力钢筋混凝土管桩在清单项目列项时,计量单位可选择"m"或"根",通常选"m"更恰当。同一工程项目的计量单位应一致。

计量单位及工程数量的有效位数规定如下。
计算质量以"t"为单位,结果应保留小数点后三位数字,第四位四舍五入。
计算体积以"m³"为单位,结果应保留小数点后两位数字,第三位四舍五入。
计算面积以"m²"为单位,结果应保留小数点后两位数字,第三位四舍五入。
计算长度以"m"为单位,结果应保留小数点后两位数字,第三位四舍五入。
其他以"个""套""块""樘""组""台"等为单位时,结果应取整数。

④ 工程量的计算。工程量清单中分部分项工程量的计算,应严格执行《计算规范》附录中规定的工程量计算规则。

除另有说明外,所有清单项目的工程量应以实体工程量为准,并以完成后的净值计算;投标人投标报价时,应在单价中考虑施工中的各种损耗和需要增加的工程量。

如在挖地槽工程的计价工程量计算中,就应考虑放坡因素,因为与清单提供的工程量相比其值偏大。

分部分项工程量清单编制程序如图1.7所示。

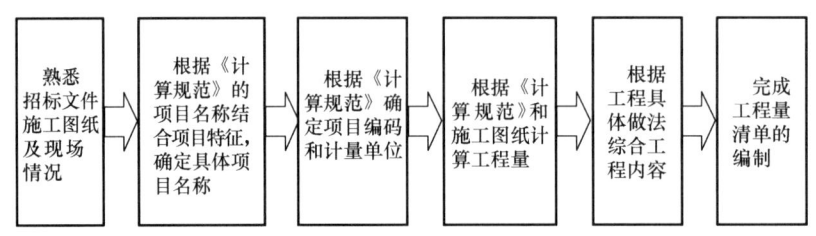

图1.7 分部分项工程量清单编制程序

(3)措施项目清单。

措施项目清单是针对工程实体项目实施过程中,发生在项目施工准备和施工过程中的技术、生活、安全、环境保护等方面的非工程实体项目的明细清单,如为形成混凝土与钢筋混凝土实体工程所需的模板、脚手架、文明施工要求等。

措施项目清单编制时应考虑多种因素,除工程本身的因素外,还涉及水文、气象、环境、安全等,以及施工企业的实际情况(如施工降水、冬雨季施工等),编制时需考虑周全,内容力求全面。

措施项目清单的编制有以下两种表现形式。

一是措施内容可以计算工程量,则其清单编制按《计算规范》的编制形式。如混凝土梁模板措施项目清单,编写内容必须包括项目编码、项目名称、项目特征、计量单位与工程量。

二是措施内容不易计算工程量，《计算规范》中列出了项目编码、项目名称，但未列出项目特征、计量单位和工程量计算规则，则在编制工程量清单时，应按《计算规范》规定的项目编码、项目名称确定清单项目，如安全文明施工费、二次搬运费等。

由于影响措施项目设置的因素太多，在编制措施项目清单时，对实际出现而《计算规范》中未列的措施项目可做补充。补充项目应列在清单项目最后，并在"序号"栏中以"补"字表示。

1. "13规范"中对于现浇混凝土模板工程采用两种方式进行编制：一是在现浇混凝土工程项目的"工作内容"中包括模板工程的内容，以立方米计量，与现浇混凝土工程项目一起组成综合单价；二是在措施项目中单列现浇混凝土模板工程项目，以平方米计量，单独组成综合单价。招标人应根据工程实际情况选用。若招标人在措施项目清单中未编列现浇混凝土模板工程项目清单，即表示现浇混凝土模板工程项目不单列，则现浇混凝土工程项目的综合单价中应包括模板工程费。

2. 预制混凝土构件按现场制作编制项目，"工作内容"中包括模板工程，不再另列。

（4）其他项目清单。

其他项目清单是指除分部分项工程量清单、措施项目清单外，由于招标人的特殊要求而设置的项目清单，内容主要取决于工程建设标准的高低、工程复杂程度、工程的工期长短、工程的组成内容、发包人对工程管理的要求等因素，通常包括下列内容。

第一部分为招标人部分。

① 暂列金额。暂列金额是由招标人在工程量清单中暂定并包括在合同价款中的一笔价款，用于施工合同签定时尚未确定或不可预见的所需材料、设备、服务的采购，施工中可能发生的工程变更、合同约定调整因素出现时的工程价款调整，以及发生的索赔、现场签证确认等的费用。该部分内容只有在工程实施中实际发生才能成为中标人的应得金额。

② 暂估价。暂估价是由招标人在工程量清单中提供的用于支付必然发生但暂时不能确定价格的材料的单价及专业工程的金额。暂估价有纯粹暂估价和综合暂估价两种：纯粹暂估价指的是使用材料的单纯的暂估价；综合暂估价指的是包括人工费、材料费、机械费、企业管理费、利润等在内的综合的暂估价。因此，编制时应详细注明暂估价包括的内容，避免工程结算时的纠纷。

暂列金额和暂估价都属于不可竞争费用。

总承包招标时，独立的专业工程设计往往深度不够且施工工艺要求高，出于提高可建造性考虑，一般由专业承包人负责设计和施工，以发挥其专业技能和施工经验的优势。因此，公开透明地合理确定这类暂估价的实际开支金额的最佳途径，就是通过施工总承包人与工程建设项目招标人共同组织的招标。

第二部分为投标人部分。

① 计日工。计日工是为现场发生的零星工程的计价而设立的，在施工过程中完成发包人提出的施工图以外的零星项目或工作，按合同中约定的综合单价计价。

② 施工总承包服务费。施工总承包服务费是指总承包人为配合协调发包人进行的工程分包，对自行采购的设备、材料等进行管理、服务，以及进行施工现场管理、竣工资料汇总整理等服务所需的费用。施工总承包服务费由招标人向总承包人支付。

（5）规费和税金项目清单。

规费和税金是国家和有关各级政府收取的费用，是建设工程的工程造价组成中的一部分主要内容，该清单项目内容不得调整。

① 规费项目清单内容如下。

a. 社会保险费，包括养老保险、失业保险、医疗保险、生育保险、工伤保险等。

b. 住房公积金。

② 税金项目清单内容如下。

增值税。

工程量清单的编制程序如图 1.8 所示。

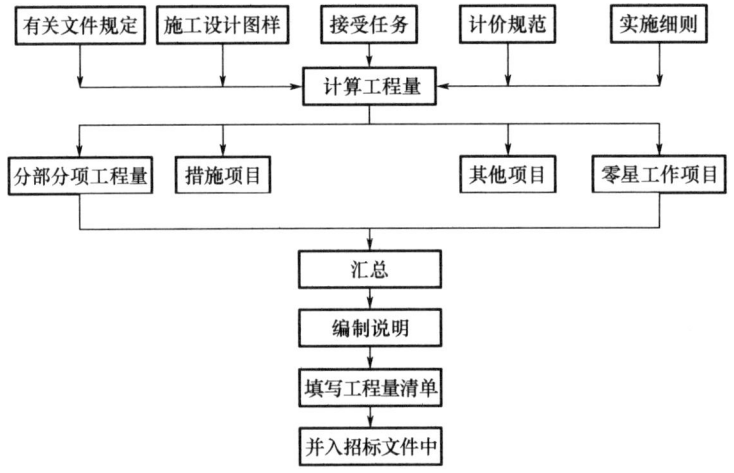

图 1.8　工程量清单的编制程序

规费和税金必须按浙江省计价依据规定计算，不得作为竞争性费用。

2）工程量清单计价

采用工程量清单计价，建设工程造价由分部分项工程费、措施项目费、其他项目费、规费和税金组成。

相关计算公式为

单位工程造价＝分部分项工程清单计价表合计＋措施项目清单计价表合计＋
其他项目清单计价表合计＋规费＋税金

工程量清单计价的项目编码、项目名称、项目特征、计量单位、工程量等必须与工程量清单一致。因此，工程量清单具有的表格与内容，工程量清单计价均有，工程量清单计价是在清单提供"量"的基础上进行的"计价"，所以是在工程量清单的基础上增加了有关"价"后形成的表格。

（1）工程量清单计价封面、说明与汇总表。

依据工程建设不同阶段的要求及服务对象的不同，应填写不同要求的封面，以及对应的说明和计价汇编总表。在工程招投标阶段，有招标控制价与投标总价封面。

工程量清单计价的编制说明应从招标人或投标人"计价"的角度去编写，主要内容如下。

① 工程概况（工程计价范围与主要内容）。

② 工程量清单计价的编制依据。

③ 采用的施工组织设计。

④ 采用的材料价格来源。

⑤ 综合单价中的风险因素、风险范围（幅度）。

⑥ 措施项目的依据（此项一般是在投标报价的说明里列出）。

⑦ 其他有关问题的说明等。

（2）分部分项工程费。

分部分项工程费是指完成分部分项工程量清单所需的费用。

$$分部分项工程费 = \sum(分项工程的工程量 \times 对应的综合单价)$$

① 分项工程的工程量。依据招标人提供工程量清单中的工程量，进行分部分项工程费的计算。投标人在投标时，应注意必须按招标人提供的工程数量与项目特征要求进行投标报价，不得任意修改与遗漏。

② 综合单价的计算方法。

a. 根据工程量清单项目名称和拟建工程的具体情况，按照投标人的企业定额或参照行业及建设管理部门发布的计价定额，分析确定该清单项目的各项可组合的主要工程内容，并据此选择对应的定额子目。

b. 计算一个规定计量单位清单项目所对应定额子目的工程量。

c. 依据投标人的企业定额或参照浙江省的计价依据，并结合工程实际情况，确定各对应定额子目的人工、材料、施工机械使用台班消耗量。

d. 依据投标人自行采集的市场价格或参照省、市工程造价管理机构发布的价格信息，结合工程实际分析确定人工、材料、施工机械使用台班价格。

e. 依据投标人的企业定额或参照省、市建设行政主管部门颁发的"计价依据"，并结合工程实际、市场竞争情况，分析确定企业管理费费率与利润率。

f. 风险费用按照工程施工招标文件（包括主要合同条款）约定的风险分担原则，结合自身实际情况，投标人防范、化解、处理应由其承担的、施工过程中可能出现的人工、材料、施工机械台班价格上涨，人员伤亡，质量缺陷，工期拖延等不利事件所需要的费用。

（3）措施项目费。

① 措施项目表中的序号、项目名称应按招标人提供的"措施项目清单"中的相应内容填写。投标人可根据自己编制的施工组织设计增加措施项目，但不得删除不发生的措施

项目。投标人增加的措施项目，应填写在相应的措施项目之后，并在"措施项目清单计价表"序号栏中以"增××"示之，"××"为增加的措施序号，自01起按顺序编制。

② 计量单位与金额。

a. 可计算工程量的措施项目清单费用。可计算工程量的措施项目清单金额如混凝土和钢筋混凝土模板及支架费、脚手架费等，可按分部分项工程量清单的综合单价计算方法确定。其计算公式为

$$措施项目清单费 = \sum (措施项目清单工程量 \times 措施项目综合单价)$$

措施项目综合单价的计算，同分部分项工程综合单价的计算。

b. 不可计算工程量的措施项目清单费用。此类费用包括安全文明施工费、大型机械设备进场及安拆费、夜间施工增加费、缩短工期增加费、二次搬运费、已完工程及设备保护费等，按"项"为单位计价。

其中安全文明施工费应按国家或省级、行业建设主管部门的规定计价，不得作为竞争性费用，其余项目可按施工组织方案结合企业实际进行报价。

c. 措施项目计价时，对于不发生的措施项目，金额一律以"0"计价。

（4）其他项目费。

其他项目费根据其他项目清单进行计价。

① 暂列金额与暂估价已由招标人在"其他项目清单"中列取，投标人应将上述内容与规定加以考虑，计入投标总价。

暂列金额应按招标工程量清单中列出的金额填写；暂估价中的材料、工程设备单价应按招标工程量清单中列出的单价计入综合单价；专业工程暂估价应按招标工程量清单中列出的金额填写。

② 计日工依据招标人"其他项目清单"列取的工程量，投标人以综合单价形式进行报价。其计算公式为

$$人工费（或材料费或机械费） = \sum [人工（或材料或机械） \times 对应的综合单价]$$

综合单价计算，同分部分项工程综合单价的计算。

③ 施工总承包服务费，以招标人清单中列取的费用为基数，投标人一般按1%~3%的费率计取。

（5）规费与税金。

规费与税金必须按省级、行业建设主管部门的有关规定计取，不得作为竞争性费用。

（6）索赔与施工签证。

由于索赔与施工签证发生在工程实施过程中，因此该费用的计算出现在竣工结算时，一般依据合同双方确认的索赔与现场签证表内容进行费用计算。

清单计价编制程序如图1.9所示。

1.5.2 建筑工程量

1. 工程量的概念和作用

1）工程量的概念

工程量是以规定的物理计量单位或自然计量单位所表示的建筑各个分部分项工程或结

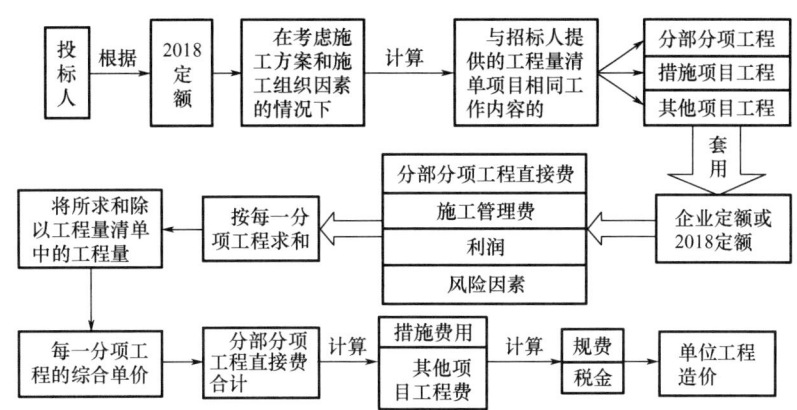

图 1.9 清单计价编制程序

构构件实物数量的多少。在计价过程中,工程量计算是既费力又费时的工作,其计算快慢和准确程度直接影响计价速度和质量。

2) 工程量的作用

工程造价人员必须在工程量计算上狠下功夫,以确保工程造价编制的质量。

(1) 工程量是计算工程直接费、确定工程造价的重要依据。

(2) 工程量是编制建设工程投标文件的依据。

(3) 工程量是进行工料分析、编制材料需用量计划和半成品加工计划的依据。

(4) 工程量是编制施工组织设计、施工进度计划及进行统计分析的依据。

(5) 工程量是进行工程成本核算和财务管理的重要依据。

(6) 工程量是编制基本建设计划和基本建设管理的重要依据。

2. 工程量计算的原则、依据和方法

1) 工程量计算的原则

(1) 工程量计算必须严格执行现行规定的相关工程量计算规则。

(2) 工程量计算时,依据施工图列出的分项工程的工作内容和施工方法,必须与定额中相应分项工程的工作内容一致。

(3) 工程量计算必须遵循一定的顺序和要求,避免漏算或重复计算。

(4) 工程量计算时,计量单位必须与现行相关规定的计量单位一致。

(5) 工程量计算的精度要统一。

(6) 计算底稿要整齐、数字清楚、数值准确,切忌草率零乱、辨认不清。

2) 工程量计算的依据

(1) 施工图纸、设计说明、相关图集、设计变更等。

(2) 工程招投标文件、施工合同。

(3) 建筑安装工程消耗量定额。

(4) 建筑工程工程量清单计价规范。

(5) 建筑安装工程工程量计算规则。

(6) 造价工程手册。

3) 工程量计算的方法

(1) 按工程量计算依据的编排顺序列项计算。可以根据图纸排列的先后顺序，如由建筑施工图到结构施工图，先算基本图再算详图；也可以根据消耗量定额的章、节、子目顺序计算工程量。使用这种方法要求熟悉图纸，熟练掌握定额和消耗量定额，适用于初学者，但是也容易漏项。

(2) 按施工顺序列项计算。如按平整场地、挖基础土方、钎探、基础算起，直到装饰工程等全部施工内容结束为止。使用这种方法计算工程量时，要求编制人具有一定的施工经验，能掌握组织施工的全过程，并且要求对定额及图纸内容十分熟悉，否则容易漏项。

(3) 按顺时针方向列项计算，或按先横后纵、从上而下、从左到右的顺序列项计算，或按构件的分类和编号顺序计算。使用这种方法计算工程量时，可以结合其他工程量计算方法，避免少算工程量。

(4) 按统筹法计算工程量。

① 运用统筹法的目的——快速准确地计算工程量。

统筹法是一种计划和管理方法，是运筹学的一个分支，于20世纪50年代由我国著名数学家华罗庚教授首创。显然，一个单位工程的施工图预算能列出几十甚至上百个分项工程。编制预算时，一般是按施工顺序或定额顺序计算各分项工程的工程量，因而计算工作量很大，极易出现漏算、错算和重复计算。而运用统筹法计算工程量，就是分析工程量计算中各个分项工程量之间在数字上和数学逻辑上的相互联系，采用统筹兼顾的思路，将后面计算中需要用到的数据事先算出来，后续工程量的计算尽量采用前面已经算出来的结果，从而达到快速、准确计算工程量的目的。

② 统筹法的基本原理。

三线一面

由于"三线一面"[$L_中$、$L_内$、$L_外$、S（见下文的解释）]在计算工程量时重复使用较多，一般将其称为基数。统筹法的基本原理就是：利用基数计算工程量，即计算分项工程量前，先计算出基数，将与此基数相关的所有分项工程量连续地算完。

③ 各个分项工程量间的相互联系。

在挖地槽、基础垫层、砖基础、基础防潮层、地圈梁、墙体等分项工程量的计算中，外墙用到外墙的中心线长度 $L_中$，内墙用到内墙的净长线长度 $L_内$（$L_内槽$）；平整场地、楼地面、天棚、屋面等分项工程量的计算，均与底层建筑面积 S 相关；外墙装饰、散水、挑檐等分项工程量的计算，又都与外墙的外边线长度 $L_外$ 相关。各分项工程量之间的相互联系即"三线一面"，虽然各分项工程量计算规则各不相同，但从数字计算的规律分析，它们通过 $L_中$、$L_内$、$L_外$、S 这"三线一面"相互联系在了一起。

④ 统筹法计算工程量的基本要点。

a. 统筹计算程序，合理安排计算顺序。即在工程量计算时，应遵循数学逻辑关系，后面计算需用到的数据应提前计算出，后面的计算尽量使用前面已经算出的结果。

如室内地面工程包括房心回填土、地面垫层和地面面层三道工序，如按施工顺序或定额顺序计算工程量，则为：按数学规律计算工程量→统筹计算程序、合理安排计算顺序。如图1.10所示为按统筹法与传统方法计算工程量示意图。

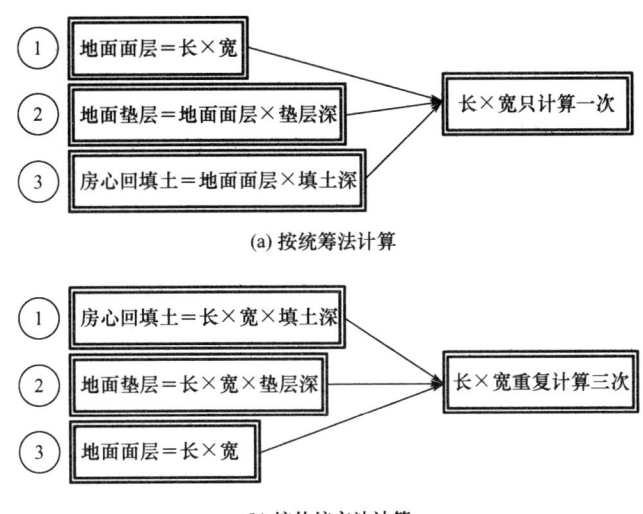

图 1.10 按统筹法与传统方法计算工程量示意图

除分项工程量计算中应统筹计算程序、合理安排计算顺序外，在分部工程量的计算安排上也应如此。

如在砌筑工程量的计算中，应扣除门窗洞口和嵌入墙内的钢筋混凝土构件所占体积，因此，从数学逻辑关系出发，应先计算出门窗工程量、混凝土及钢筋混凝土工程量，再计算砌筑分部工程的工程量。

b. 利用基数，连续计算。即在计算出"三线一面"四种基数后，分别以它们为主线，将与各基数相关的分项工程量分别算出，一气呵成，连续计算完毕。

c. 一次算出，多次使用。即将那些不能利用基数进行连续计算的分项工程，事先组织力量计算出（平时积累），并汇编成手册，以备后用。其一般包含的内容有：本地区常用门窗表、钢筋混凝土预制构件体积和钢筋质量表、大放脚折加高度表、屋面坡度系数表、常用材料质量和体积等。

d. 联系实际，灵活机动。由于建筑设计和场地地质的可变性，不可能利用"三线一面"计算出所有分项工程量，因此必须联系施工图实际，灵活机动地计算工程量。

（5）利用统筹法的原理，一个单位工程中，各分部工程工程量计算可按图 1.11 所示顺序进行；图 1.12 所示为按施工顺序或定额顺序计算工程量。

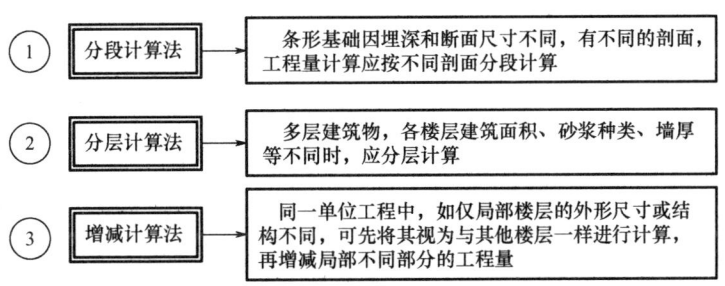

图 1.11 利用统筹法计算工程量示意图

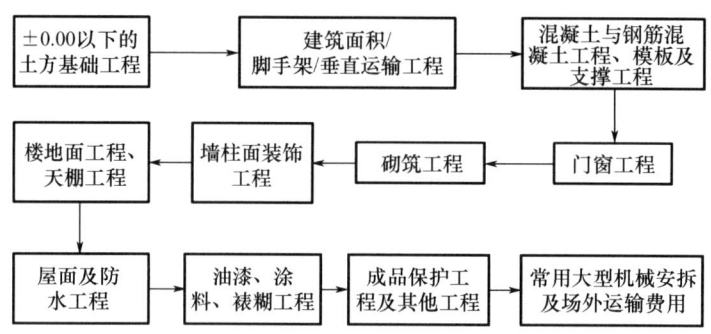

图 1.12 按施工顺序或定额顺序计算工程量示意图

单元小结

本单元分别从投资者和承发包商的角度介绍了工程造价的含义,并阐述了基本建设、基本建设程序的概念及其包含的内容。从投资者的角度看,工程造价即基本建设项目总造价,由建筑安装工程费、设备及工器具购置费、工程建设其他费、预备费、建设期利息等组成;从市场的角度看,工程造价即承发包价格,由分部分项工程费、措施项目费、其他项目费、规费、税金等组成。

建筑工程计价方法,主要包括工料单价法和综合单价法。

建筑工程计量是以规定的物理计量单位或自然计量单位所表示的建筑各个分部分项工程或结构构件实物数量的多少。在计价过程中,工程量计算是既费力又费时的工作,其计算快慢和准确程度,会直接影响计价速度和质量。

同步测试

一、单项选择题

1. 工程造价的含义包括两种,从业主和承包商的角度可以理解为（   ）。

A. 建设工程固定资产投资和建设工程发包价格

B. 建设工程总投资和建设工程承发包价格

C. 建设工程总投资和建设工程固定资产投资

D. 建设工程动态投资和建设工程静态投资

2. 以下属于单位工程的是（   ）。

A. 一幢教学楼　　　　　　　　　B. 教学楼中的土建工程

C. 某学校项目　　　　　　　　　D. 土方工程

3. 以"人工费＋机械费"为计费基础的工程,在综合单价计价时,规费的计算基数为（   ）。

A. 直接工程费＋措施费＋综合费用

B. 分部分项工程清单项目费＋措施项目清单费

C. 人工费＋机械费

D. 分部分项工程清单项目费＋施工技术措施项目清单

4. 按照现行规定，下列哪项费用不属于材料费的组成内容？（   ）

A. 运输损耗费　　　　　　　　B. 检验试验费

C. 材料及工程设备原价　　　　D. 采购及保管费

5. 以下属于施工技术措施费的是（   ）。

A. 安全文明施工费　　　　　　B. 临时设施费

C. 脚手架费　　　　　　　　　D. 文明施工费

6. 以下不属于施工组织措施费的是（   ）。

A. 安全文明施工费　　　　　　B. 车辆行人干扰增加费

C. 冬雨季施工增加费　　　　　D. 优质工程增加费

7. 在清单计价中，施工单位报价依据首选的是（   ）。

A. 企业定额　　　　　　　　　B. 地区补充定额

C. 省计价依据　　　　　　　　D. 国家基础定额

8. 下列不属于浙江省现行计价依据的是（   ）。

A. 施工方案　　　　　　　　　B. 监理合同

C. 施工合同　　　　　　　　　D. 价格信息

9. 下列选项正确的是（   ）。

A. 招标人提供的分部分项工程量清单项目漏项，若合同中没有类似项目综合单价，招标人应提出适当的综合单价

B. 招标人提供的分部分项工程量清单数量有误，调整的工程数量由发包人重新计算，作为结算依据

C. 招标人提供的分部分项工程量数量有误，其增加部分工程量单价一律执行原有的综合单价

D. 清单项目中项目特征或工程内容发生变更的，以原综合单价为基础，仅就变更部分相应定额子目调整综合单价

10. 关于工程量清单计价模式与定额计价模式，下列正确的是（   ）。

A. 工程量清单计价模式采用工料单价法，定额计价模式采用综合单价计价

B. 工程量清单计价与定额计价工程量计算规则不同

C. 工程量清单由招标人提供，工程量计算和单价风险由招标人承担

D. 定额计价模式仅适用于非招投标的建设工程

11. 以下不属于总包服务费的是（   ）。

A. 涉及分包工程的施工组织设计费用　B. 涉及分包工程的现场管理费用

C. 涉及分包工程的竣工资料整理费　　D. 分包单位的现场管理费

12. 以下不属于综合单价组成的是（   ）。

A. 企业管理费　　　　　　　　　B. 规费

C. 利润　　　　　　　　　　　　D. 风险费用

13. 工程造价多次性计价有各不相同的计价依据，对造价的精度要求也不相同，这就决定了计价方法具有（　　）。

A. 组合性　　　B. 多样性　　　C. 多次性　　　D. 单件性

14. 按基本建设程序，编制完设计文件后，应进行的工作是（　　）。

A. 编制设计任务书　　　　　　　B. 进行施工准备

C. 工程招投标　　　　　　　　　D. 全面施工，生产准备

15. 工程之间千差万别，在用途、结构、造型、坐落位置等方面都有较大的不同，这体现了工程造价（　　）特点。

A. 动态性　　　B. 个别性和差异性　　C. 层次性　　　D. 兼容性

16. 工程实际造价是在（　　）阶段确定的。

A. 招投标　　　B. 合同签订　　　C. 竣工验收　　　D. 施工图设计

17. 预算造价是在（　　）阶段编制的。

A. 初步设计　　　B. 技术设计　　　C. 施工图设计　　　D. 招投标

二、多项选择题

1. 下列项目属于分项工程的有（　　）。

A. 土石方工程　　　　　　　　　B. C20 混凝土梁的制作

C. 水磨石地面　　　　　　　　　D. 人工挖地槽土方　　　E. 天棚工程

2. 下列选项属于单位工程的有（　　）。

A. 一座发电厂　　　　　　　　　B. 一幢宾馆

C. 一幢写字楼的土建工程　　　　D. 一幢教学楼的基础工程

E. 一幢办公楼的给排水工程

3. 建设项目总投资中的固定资产投资包括（　　）。

A. 建设期贷款利息　　　　　　　B. 流动资产投资

C. 工程建设其他费　　　　　　　D. 建筑安装工程费　　　E. 预备费

4. 属于间接费组成部分的是（　　）。

A. 施工技术措施费　　　　　　　B. 规费

C. 施工组织措施费　　　　　　　D. 施工管理费

E. 夜间施工增加费

5. 在建筑安装工程费用中，下列说法正确的是（　　）。

A. 直接费由直接工程费和措施费构成

B. 间接费由规费和企业管理费构成

C. 间接费由规费和企业财务费构成

D. 规费是政府和有关权力部门规定必须缴纳的费用

E. 措施费是用于工程实体项目的费用

6. 浙江省建筑工程预算定额适用于一般工业与民用建筑的（   ）。

A. 修建工程   B. 其他专业工程

C. 新建工程   D. 扩建工程

E. 国防、科研等有特殊要求的工程

7. 工程量清单应由（   ）组成。

A. 分部分项工程量清单   B. 措施项目清单

C. 其他项目清单   D. 建设单位配合项目清单

E. 主要材料设备供货清单

8. 分部分项工程量清单应根据附录 A、B、C、D、E 规定的统一（   ）进行编制。

A. 项目编码   B. 项目名称

C. 工程量计算规则   D. 计量单位

E. 施工工艺流程

9. 下列项目费用中（   ）属于其他项目清单中的内容。

A. 预留金   B. 材料购置费

C. 总承包服务费   D. 零星工作项目费

E. 赶工措施费

10. 以下关于工程量清单项目编码说法准确的是（   ）。

A. 项目编码前四级国家统一   B. 具体清单项目码由清单编制确定

C. 项目编码第三级为节顺序码   D. 清单项目编码共分六级

E. 第五级编码表示具体清单项目编码，即清单名称顺序码，该编码由清单编制人在全国统一的九位编码基础上自行设置

三、简答题

1. 简述工程造价的含义及特点。

2. 什么是基本建设项目？并简述建设项目的分解过程。

3. 建筑工程计价依据有哪些？

4. 简述建筑工程两种计价方法的步骤。

5. 工程量计算的一般方法有哪些？

四、案例分析题

某工程底层平面如图 1.13 所示，墙厚均为 240mm，试计算有关基数。

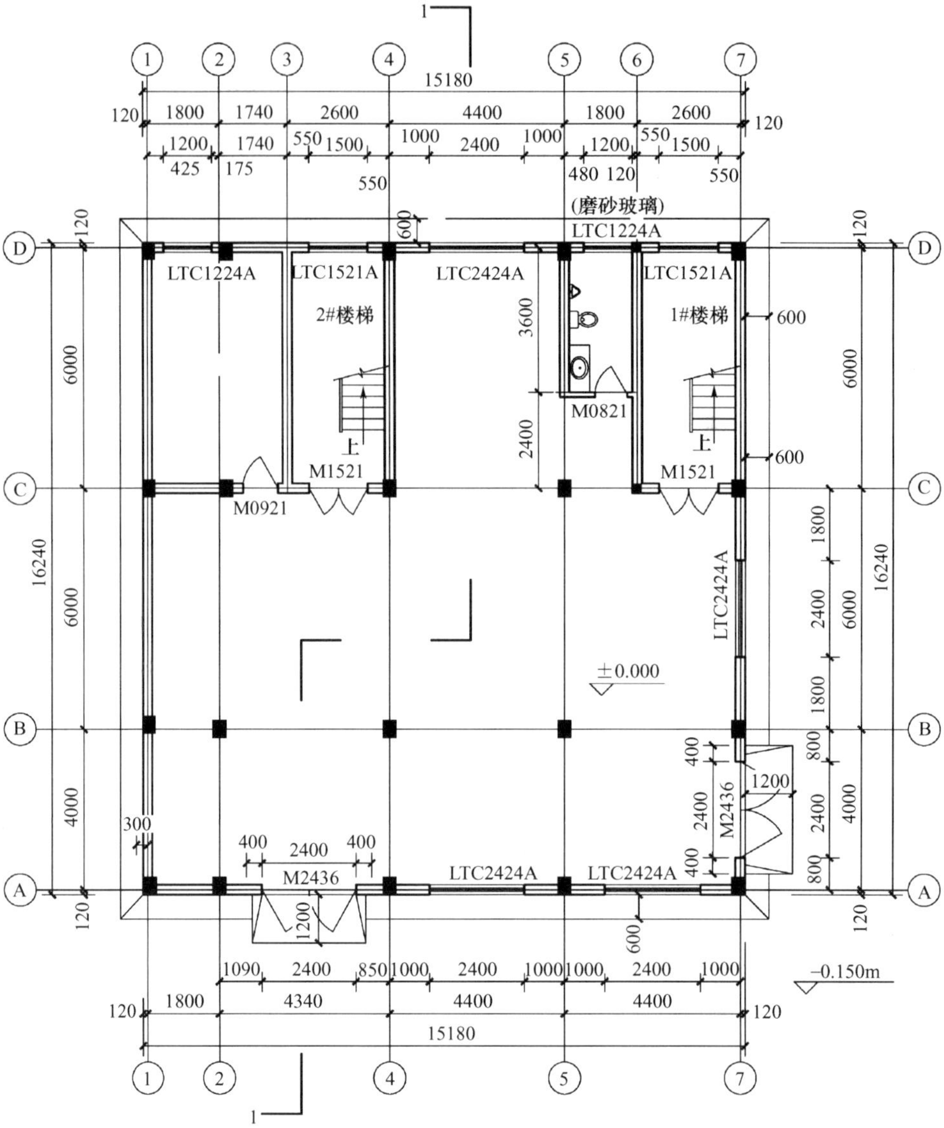

图 1.13 某工程底层平面（单位：mm）

单元 2　建筑面积计算

知识目标

1. 建筑面积相关的基本概念；
2. 建筑面积的计算规则。

能力目标

1. 理解计算建筑面积的意义；
2. 掌握和理解建筑面积计算的基本概念；
3. 掌握建筑面积的计算规则；
4. 具有正确计算工业与民用建筑建筑面积的能力。

引入案例

2020年9月陈先生向某房地产开发商购买了一套别墅,该别墅造型精美、豪华气派,尤其在外观设计上有独特之处,它的阳台设计为弧形,且有古朴典雅的花边式护栏,凸出于墙面。在销售合同中这个阳台的面积是按整个阳台面积计算的,约有16m² (未封闭阳台),购房时,陈先生对所购买房屋面积的具体计算方法没有加以了解,房地产开发商也没有就面积所含项目进行详细说明。现在通过对商品房销售规定的了解,陈先生才得知房地产开发商多算了阳台面积。

思考:在该购房过程中陈先生犯了什么错误?商品房的建筑面积是如何计算的?建筑面积与造价指标有何关联?

任务 2.1 概述

建筑面积是指建筑物根据有关规则计算的各层水平面积之和,是以"m²"为单位反映房屋建筑规模的实物量指标,广泛应用于基本建设规划、设计、施工和竣工结算等建设全过程的各个方面。本单元按《建筑工程建筑面积计算规范》(GB/T 50353—2013)的要求进行建筑面积计算。

拓展提高

《建筑工程建筑面积计算规范》(GB/T 50353—2013)并不适用于房屋产权面积。

2.1.1 建筑面积的概念

单层建筑物的建筑面积,是指外墙勒脚以上的外围水平面积;多层建筑物的建筑面积,则是指各层外墙外围面积之和。两者均包括结构面积、使用面积和辅助面积。

(1)结构面积是指建筑物各层平面布置中的墙、柱等结构所占的面积总和。

(2)使用面积是指可直接为生产或生活使用(即具有生产和生活使用效益)的净面积总和,其在民用建筑中也称"居住面积"。

(3)辅助面积是指建筑物各层平面布置中为辅助生产或生活所占净面积的总和,如楼梯等。

使用面积和辅助面积的总和称为"有效面积"。

2.1.2 建筑面积的作用

(1)建筑面积是编制设计概算的依据。设计概算是指设计单位在初步设计阶段或扩大初步设计阶段,根据设计图样及说明书、设备清单、概算定额或概算指标、各项费用取费标准等资料及类似的工程预（决）算文件等资料，用科学的方法计算和确定建筑安装工程全部建设费用的经济文件。根据项目立项批准文件所核准的建筑面积，是初步设计的重要控制指标。对于国家投资的项目，施工图的建筑面积不得超过初步设计面积的5%，否则必须重新报批。

（2）建筑面积是计算工程量的基础资料。应用统筹计算方法，根据底层建筑面积，就可以很方便地推算出室内回填土体积、平整场地面积、楼地面面积和天棚面积等。另外，建筑面积也是脚手架、垂直运输机械费用的计算依据。

（3）建筑面积是计算土地利用系数的基础。土地利用系数的计算公式为

$$土地利用系数 = 建筑面积/建筑占地面积$$

（4）建筑面积是计算住宅平面系数的基础。住宅平面系数的计算公式为

$$住宅平面系数 = 房间使用面积/建筑面积$$

（5）建筑面积是计算单位面积工程造价、单位面积人工及材料消耗量的基础。相关计算公式为

$$单位面积工程造价 = 工程造价/建筑面积$$
$$单位面积人工消耗量 = 建筑工程人工总消耗量/建筑面积$$
$$单位面积材料消耗量 = 建筑工程材料总消耗量/建筑面积$$

（6）建筑面积是选择概算指标和编制概算的主要依据。概算指标通常以建筑面积为计量单位，因此用概算指标编制概算时，要以建筑面积为基础。

任务2.2　基本概念

（1）建筑面积：建筑物（包括墙体）所形成的楼地面面积。

（2）自然层：按楼地面结构分层的楼层。

（3）结构层高：楼面或地面结构层上表面至上部结构层上表面之间的垂直距离。

（4）结构层：整体结构体系中承重的楼板层。

（5）主体结构：接受、承担和传递建设工程所有上部荷载，维持上部结构整体性、稳定性和安全性的有机联系的构造。

（6）围护结构：围合建筑空间的墙体、门、窗。

（7）建筑空间：以建筑界面限定的、供人们生活和活动的场所。

（8）地下室：室内地平面低于室外地平面的高度超过室内净高的1/2的房间。

（9）半地下室：室内地平面低于室外地平面的高度超过室内净高的1/3，且不超过1/2的房间。

（10）结构净高：楼面或地面结构层上表面至上部结构层下表面之间的垂直距离。

（11）层高：上下两层楼面或楼面与地面之间的垂直距离。建筑物最底层的层高，有基础底板的指基础底板上表面结构标高至上层楼面的结构标高之间的垂直距离，没有基础

底板的指地面标高至上层楼面的结构标高之间的垂直距离；最上一层的层高是其楼面结构标高至屋面板结构标高之间的垂直距离，遇有以屋面板找坡的屋面，是指楼面结构标高至屋面板最低处板面结构标高之间的垂直距离。

（12）围护设施：为保障安全而设置的栏杆、栏板等围挡。

（13）架空层：仅有结构支撑而无外围护结构的开敞空间层。

（14）架空走廊：专门设置在建筑物的二层或二层以上，作为不同建筑物之间水平交通的空间。图 2.1 和图 2.2 所示分别为无围护结构而有围护设施的架空走廊及有顶盖和围护结构的架空走廊。

图 2.1　无围护结构而有围护设施的架空走廊

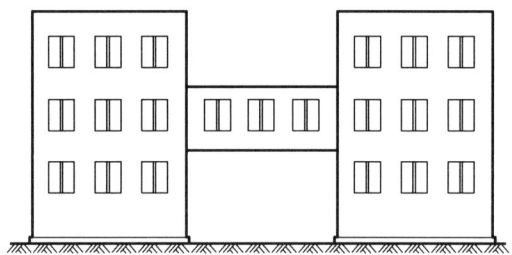

图 2.2　有顶盖和围护结构的架空走廊

（15）落地橱窗：凸出外墙面且根基落地的橱窗。

（16）凸窗（飘窗）：凸出建筑物外墙面的窗户。凸窗（飘窗）的窗台应只是墙面的一部分，且距楼（地）面应有一定的高度。

（17）挑廊：挑出建筑物外墙的水平交通空间。

（18）走廊：建筑物中的水平交通空间。

（19）檐廊：建筑物挑檐下的水平交通空间。挑檐一般附属于建筑物底层外墙，有屋檐作为顶盖，其下部一般有柱或栏杆、栏板等。

（20）门斗：建筑物入口处设置的起分隔、挡风、御寒等作用的两道门之间的空间。

（21）雨篷：建筑物出入口上方为遮挡雨水而设置的部件。

（22）门廊：建筑物入口前有顶棚的半围合空间，是在建筑物出入口设置，无门、三面或两面有墙、上部有板（或借用上部楼板）围护的部位。

（23）回廊：在建筑物门厅、大厅内，设置在二层或二层以上的回形走廊。

（24）骑楼：建筑底层沿街面后退且留出公共人行空间的建筑物。

（25）过街楼：跨越道路上空并与两边建筑物相连接的建筑物。

幕墙安装

变形缝

勒脚

(26) 建筑物通道：为穿过建筑物而设置的空间。

(27) 围护性幕墙：直接作为外墙起围护作用的幕墙。

(28) 装饰性幕墙：设置在建筑物墙体外起装饰作用的幕墙。

(29) 楼梯：由连续行走的梯级、休息平台和维护安全的栏杆（或栏板）、扶手以及相应的支托结构组成的作为楼层之间垂直交通使用的建筑部件。

(30) 阳台：附设于建筑物外墙，设有栏杆或栏板，可供人活动的室外空间。

(31) 眺望间：设置在建筑物顶层或挑出房间的供人们远眺或观察周围情况的建筑空间。

(32) 变形缝：防止建筑物在某些因素作用下引起开裂甚至破坏而预留的构造缝，是伸缩缝（温度缝）、沉降缝和抗震缝的总称。

(33) 露台：设置在屋面、首层地面或雨篷上的供人室外活动的有围护设施的平台。

(34) 勒脚：在房屋外墙接近地面部位设置的饰面保护构造。

(35) 台阶：联系室内外地坪或同楼层不同标高而设置的阶梯形踏步。

(36) 永久性顶盖：经规划批准设计的永久使用的顶盖。

任务 2.3　建筑面积计算规则

2.3.1　应计算建筑面积的范围

1. 建筑物主体空间建筑面积计算

1) 一般计算规定

建筑物的建筑面积应按自然层外墙结构外围水平面积之和计算。结构层高在 2.20m 及以上的，应计算全面积；结构层高在 2.20m 以下的，应计算 1/2 面积。建筑物首层应按其外墙勒脚以上结构外围水平面积计算，二层及以上楼层应按其外墙结构外围水平面积计算。图 2.3 所示为结构层高示意图。

拓展提高

1. 上下均为楼面时，结构层高是指相邻两层楼板结构层上表面之间的垂直距离。
2. 建筑物最底层的结构层高应从"混凝土构造"的上表面算至上层楼板结构层上表面，一般分两种情况：一种情况是有混凝土底板的，从底板上表面算起（如底板上有上反梁，则应从上反梁上表面算起）；另一种情况是无混凝土底板、有地面构造的，从地

面构造中最上一层混凝土垫层或混凝土找平层上表面算起。

3. 建筑物顶层的结构层高应从楼板结构层上表面算至屋面板结构层上表面。

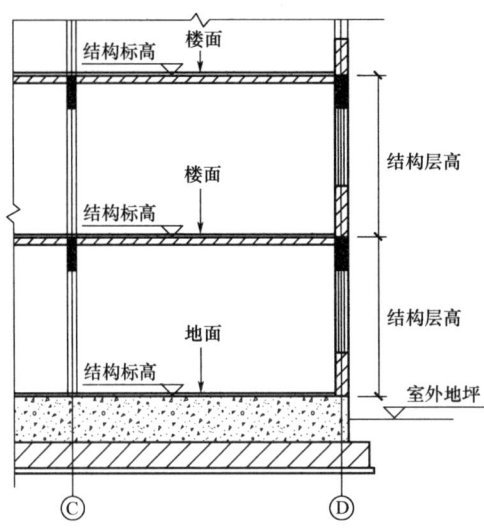

图 2.3　结构层高示意图

（1）当外墙结构本身在一个层高范围内不等厚时（不包括勒脚，外墙结构在该层高范围内材质不变），按楼地面结构标高处的外围水平面积计算，如图 2.4 所示。

（2）下部为砌体（高度为 h），上部为彩钢板围护的建筑物（俗称轻钢厂房），其建筑面积的计算方法如下。

① 当 h 在 0.45m 以下时，按彩钢板外围水平面积计算。

② 当 h 在 0.45m 及以上时，按下部砌体外围水平面积计算。

图 2.5 所示为轻钢厂房示意图。

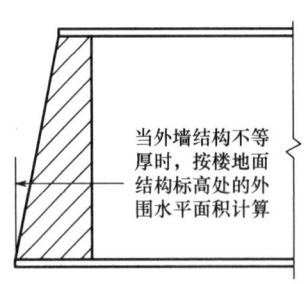

图 2.4　外墙结构不等厚示意图

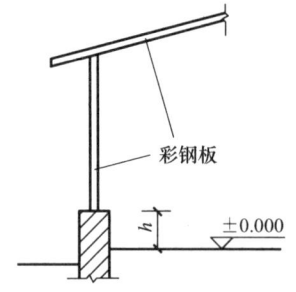

图 2.5　轻钢厂房示意图

实例分析 2—1

求图 2.6 所示单层建筑物的建筑面积。

分析：单层建筑物的墙厚 240mm，结构层高 3.950m，超过 2.20m，则建筑面积为

$$S=(15+0.24)\times(5+0.24)=79.86(m^2)$$

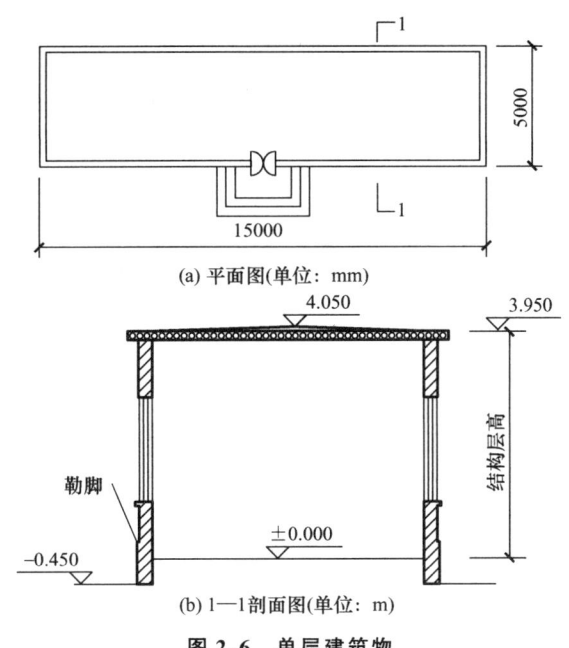

图 2.6 单层建筑物

（3）围护结构不垂直于水平面的楼层（图 2.7），应按其底板面的外墙外围水平面积计算。结构净高在 2.10m 及以上的部位，应计算全面积；结构净高在 1.20m 及以上至 2.10m 以下的部位，应计算 1/2 面积；结构净高在 1.20m 以下的部位，不应计算建筑面积。

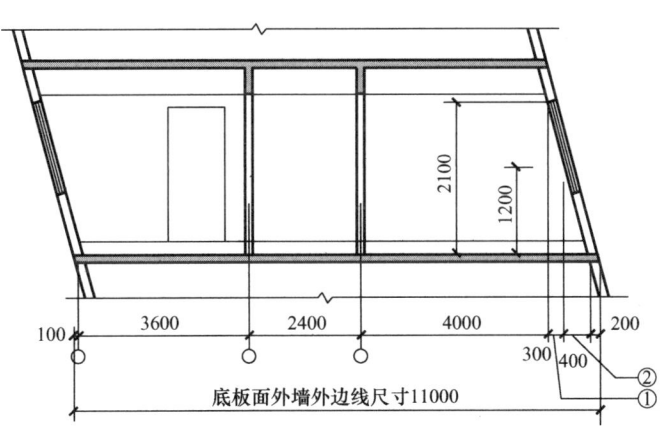

①—计算 1/2 面积；②—不计算建筑面积

图 2.7 围护结构不垂直于水平面的楼层示意图（单位：mm）

1．多（高）层建筑物其他层，倾斜部位均视为围护结构，底板面处的围护结构应计算全面积。

2．当为单层建筑物时，计算原则同多（高）层建筑物其他层。

2) 同楼层内有局部二层及以上的楼层建筑面积计算规定

建筑物内设有局部楼层时，对于局部楼层的二层及以上楼层，有围护结构的应按其围护结构外围水平面积计算，无围护结构的应按其结构底板水平面积计算，且结构层高在2.20m及以上的应计算全面积，结构层高在2.20m以下的应计算1/2面积。图2.8所示为单层建筑物有局部楼层示意图，其建筑面积计算公式为

$$建筑面积\ S = AB + ab$$

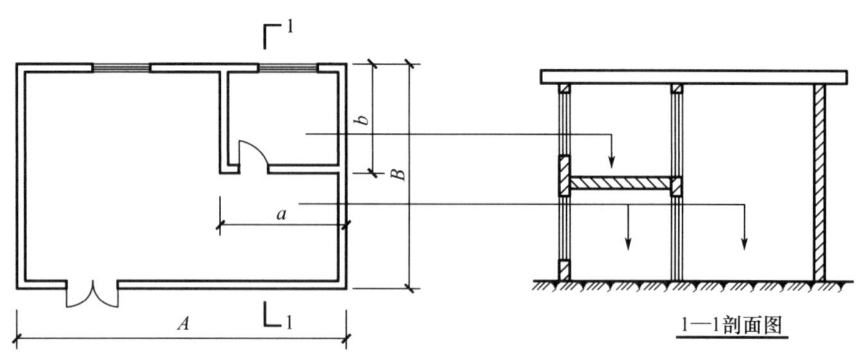

图 2.8 单层建筑物有局部楼层示意图

实例分析 2-2

如图2.9所示，单层建筑物有局部楼层，假设局部楼层①、②、③的结构层高均超过2.20m，试计算该单层建筑物的建筑面积。

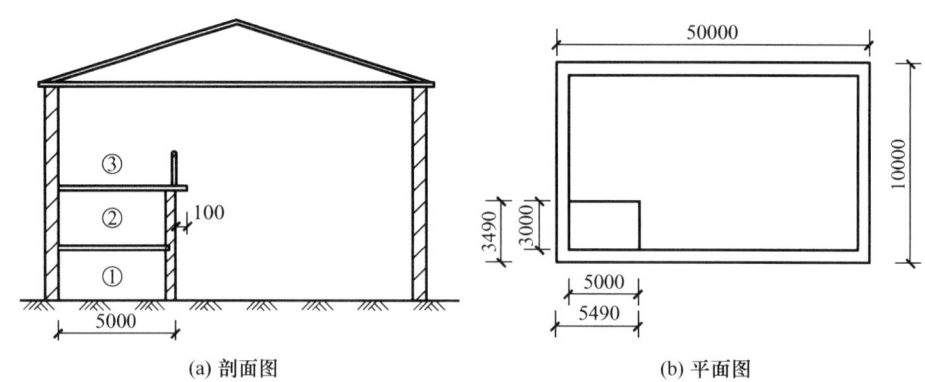

(a) 剖面图　　　　　　　　　　(b) 平面图

图 2.9 单层建筑物有局部楼层（单位：mm）

分析：局部有楼层的部分，局部楼层按结构层高要求计算建筑面积，计算如下。

$$S = 50 \times 10 + 5.49 \times 3.49 + 5.59 \times 3.59 \approx 539.23 (m^2)$$

实例分析 2-3

试求如图2.10所示设有局部楼层的单层平屋顶建筑物的建筑面积。

分析：设有局部楼层的部分，该局部楼层按结构层高要求计算建筑面积，计算如下。

$$S = (20 + 0.24) \times (10 + 0.24) + (5 + 0.24) \times (10 + 0.24) \approx 260.92 (m^2)$$

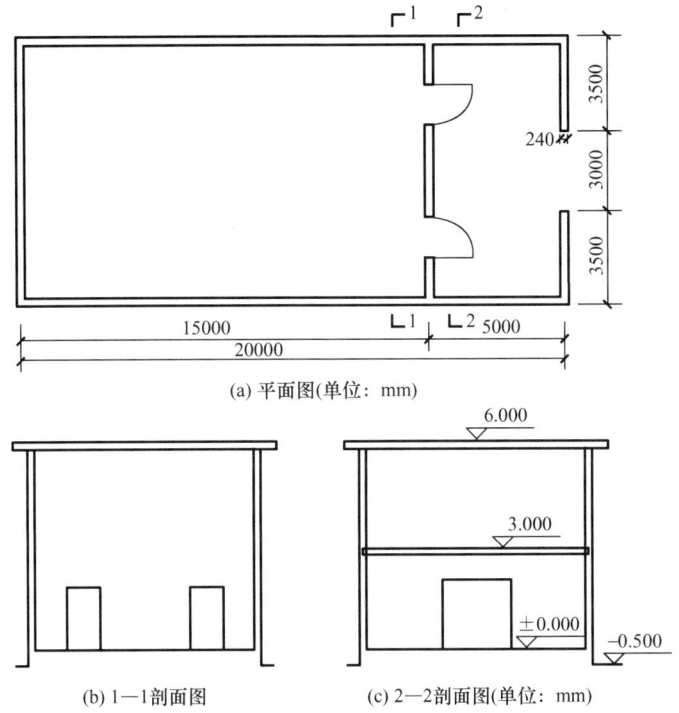

(a) 平面图(单位：mm)

(b) 1—1剖面图　　(c) 2—2剖面图(单位：mm)

图 2.10　设有局部楼层的单层平屋顶建筑物

3）坡屋顶建筑面积计算

形成建筑空间的坡屋顶，结构净高在 2.10m 及以上的部位应计算全面积；结构净高在 1.20m 及以上至 2.10m 以下的部位应计算 1/2 面积；结构净高在 1.20m 以下的部位不应计算建筑面积。图 2.11 所示为单层建筑物斜屋顶示意图。

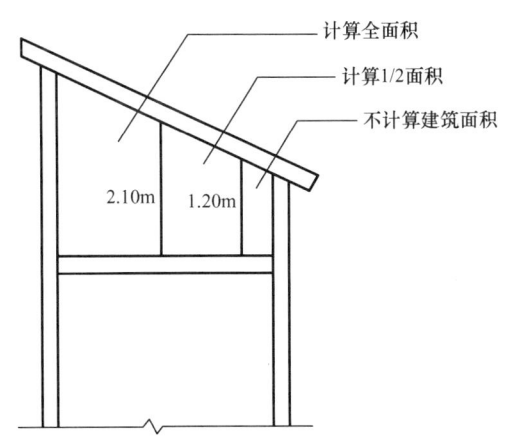

图 2.11　单层建筑物斜屋顶示意图

实例分析 2-4

某坡屋顶下建筑空间的尺寸如图 2.12 所示，建筑物长 50m，试计算其建筑面积。

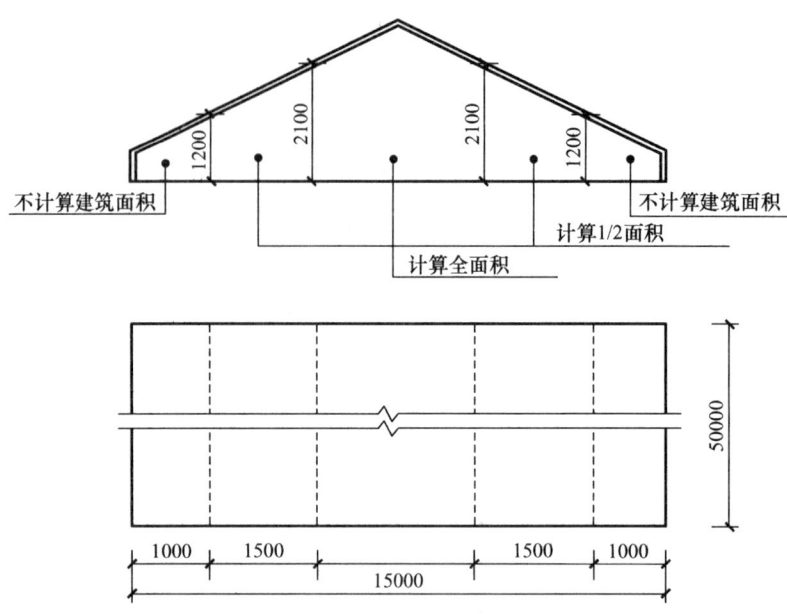

图 2.12 某坡屋顶下建筑空间的尺寸（单位：mm）

分析：计算全面积部分为

$$S=50\times(15-1.5\times2-1.0\times2)=500(m^2)$$

计算 1/2 面积部分为

$$S=50\times1.5\times2\times1/2=75(m^2)$$

合计建筑面积为

$$S=500+75=575(m^2)$$

实例分析 2-5

求图 2.13 所示单层建筑物的建筑面积。

分析：单层建筑物坡屋顶，建筑面积按结构净高 2.10m、1.20m 划分为计算全面积、计算 1/2 面积、不计算建筑面积。由图 2.13 计算可得

$$S=5.4\times(6.9+0.24)+2.7\times(6.9+0.24)\times0.5\times2\approx57.83(m^2)$$

实例分析 2-6

求图 2.14 所示有吊顶单层建筑物的建筑面积。

分析：单层建筑物有吊顶，则结构净高按吊顶高度进行考虑，因此建筑面积计算如下。

$$S=(4.2+0.24)\times(6+0.24)\approx27.71(m^2)$$

4）架空层建筑面积计算

建筑物架空层及坡地建筑物吊脚架空层，应按其顶板水平投影计算建筑面积。结构层高在 2.20m 及以上的，应计算全面积；结构层高在 2.20m 以下的，应计算 1/2 面积。

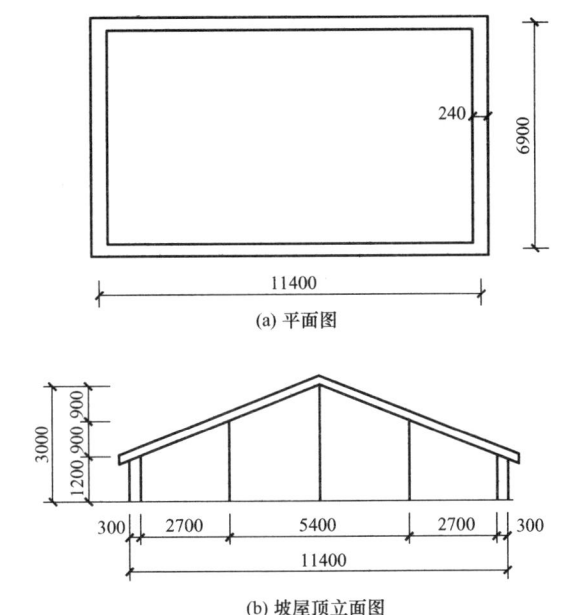

(a) 平面图

(b) 坡屋顶立面图

图 2.13 单层建筑物尺寸（单位：mm）

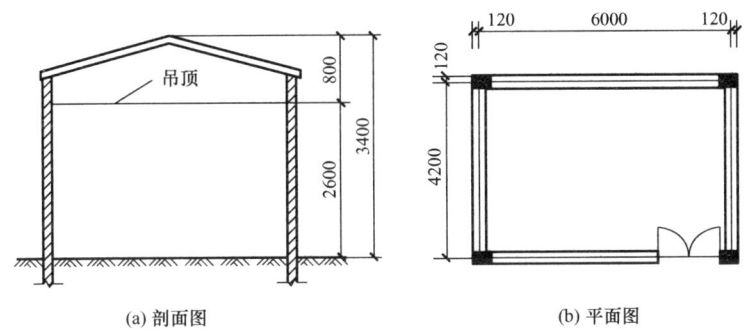

(a) 剖面图　　　　　　　　　　　(b) 平面图

图 2.14 有吊顶单层建筑物斜屋面的尺寸（单位：mm）

1. 架空层常见的是学校教学楼、住宅等工程在底层设置的架空层，有的建筑物在二层或以上某个甚至多个楼层设置了架空层，有的建筑物设置深基础架空层或利用斜坡设置吊脚架空层，作为公共活动、停车、绿化等的空间。

2. 架空层是指"仅有结构支撑而无外围护结构的开敞空间层"。只要具备可利用状态，架空层均计算建筑面积。

3. 现行规范将2005年规范仅适用于坡地建筑物吊脚架空层、深基础架空层，扩大为建筑物架空层及坡地建筑物吊脚架空层，同时对计算规则做了调整，将建筑物架空层建筑面积改为按顶板水平投影面积计算，结构层高在2.20m及以上的部位应计算全面积，结构层高不足2.20m的部位应计算1/2面积。

4. 顶板水平投影面积是指架空层结构顶板的水平投影面积，不包括架空层主体结构外的阳台、空调板、通长水平挑板等外挑部分。

实例分析 2-7

计算如图 2.15 所示教学楼底层架空层的建筑面积。

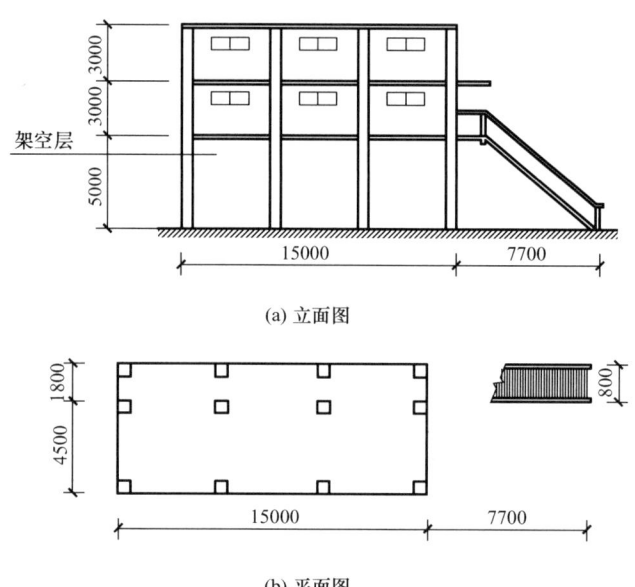

图 2.15 教学楼底层架空层尺寸（单位：mm）

分析：由图计算得

$$S = 15 \times (4.5 + 1.8) = 94.5 (m^2)$$

实例分析 2-8

计算如图 2.16 所示吊脚架空层的建筑面积。

分析：由图计算得

$$S = 5.44 \times 2.8 \approx 15.23 (m^2)$$

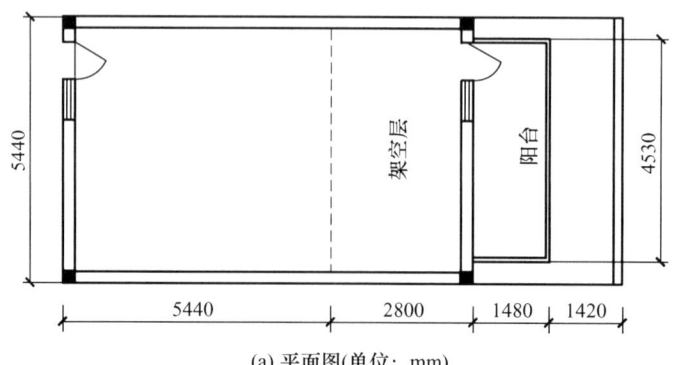

图 2.16 吊脚架空层尺寸

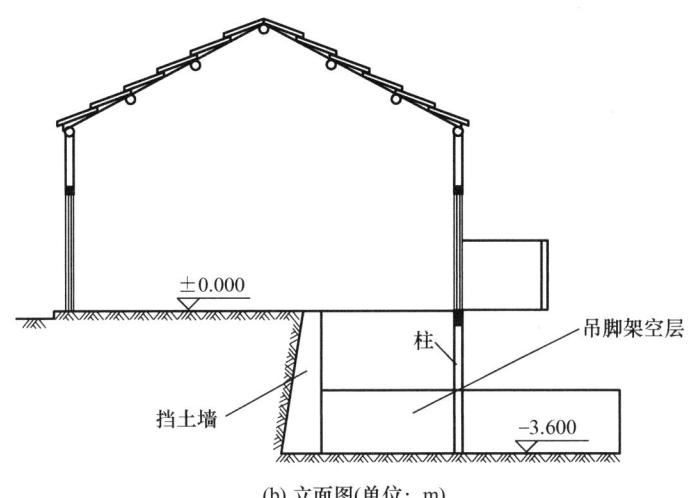

(b) 立面图(单位: m)

图 2.16　吊脚架空层尺寸（续）

5）设备层建筑面积计算

对于建筑物内的设备层、管道层、避难层等有结构层的楼层，结构层高在 2.20m 及以上的应计算全面积，结构层高在 2.20m 以下的应计算 1/2 面积。

在吊顶空间内设置管道及检修马道的，吊顶空间部分不能被视为设备层、管道层，不计算建筑面积。

6）地下室建筑面积计算

地下室、半地下室应按其结构外围水平面积计算。结构层高在 2.20m 及以上的应计算全面积，结构层高在 2.20m 以下的应计算 1/2 面积。

1. 由于地下室、半地下室与正常楼层的计算原则相一致，故实际在计算建筑面积时，无须对地下室、半地下室进行严格意义的划分。
2. 地下室、半地下室按"结构外围水平面积"计算，不再按"外墙上口"取定。当外墙为变截面时，按地下室、半地下室楼地面结构标高处的外围水平面积计算。

7）建筑物顶部建筑面积计算

建筑物顶部有围护结构的楼梯间、水箱间、电梯机房（图 2.17）等，结构层高在 2.20m 及以上的应计算全面积，结构层高在 2.20m 以下的应计算 1/2 面积。

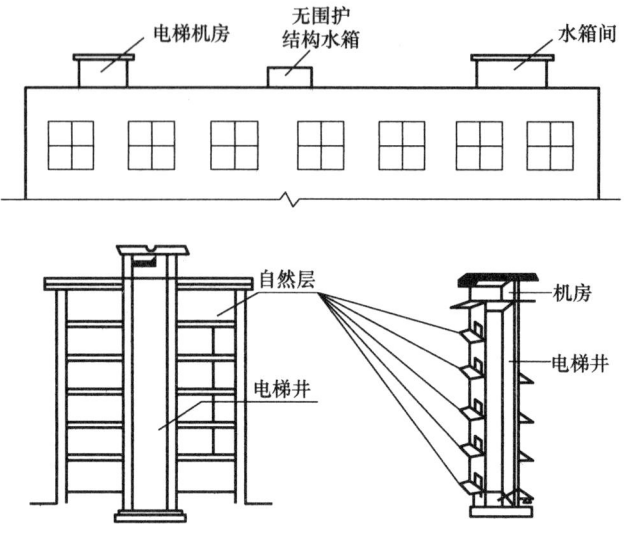

图 2.17 电梯机房及水箱间示意图

2. 建筑物通道建筑面积计算

1) 门厅建筑面积计算

建筑物的门厅、大厅应按一层计算建筑面积,门厅、大厅内设置的回廊应按回廊结构底板水平投影面积计算建筑面积。结构层高在 2.20m 及以上的应计算全面积,结构层高在 2.20m 以下的应计算 1/2 面积。

实例分析 2-9

求图 2.18 中建筑物内回廊的建筑面积。

分析: 若结构层高不小于 2.20m,则回廊的建筑面积为

$S = (15-0.24) \times (1.5+0.1) \times 2 + [10-0.24-(1.5+0.1) \times 2] \times (1.5+0.1) \times 2$
$\approx 68.22 (m^2)$

若结构层高小于 2.20m,则回廊的建筑面积为

$S = \{(15-0.24) \times (1.5+0.1) \times 2 + [10-0.24-(1.5+0.1) \times 2] \times$
$(1.5+0.1) \times 2\} \times 0.5 \approx 34.11 (m^2)$

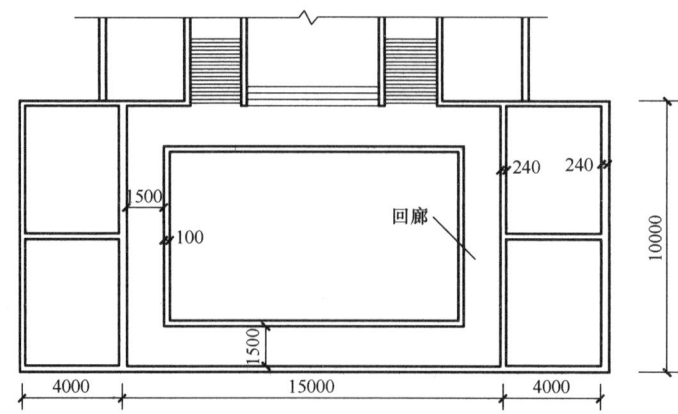

图 2.18 建筑物内回廊尺寸(单位:mm)

2）门斗建筑面积计算

门斗应按其围护结构外围水平面积计算建筑面积，且结构层高在 2.20m 及以上的应计算全面积，结构层高在 2.20m 以下的应计算 1/2 面积。门廊应按其顶板的水平投影面积的 1/2 计算建筑面积。

1. 门斗是"建筑物出入口两道门之间的空间"，是有顶盖和围护结构的全围合空间。
2. 门斗是全围合的，而门廊、雨篷至少有一面不围合。

3）架空走廊建筑面积计算

建筑物间的架空走廊，有顶盖和围护结构的，应按其围护结构外围水平面积计算全面积；无围护结构、有围护设施的，应按其结构底板水平投影面积计算 1/2 面积。

1. 架空走廊建筑面积计算分为两种情况：一种是有围护结构且有顶盖的，计算全面积；另一种是无围护结构、有围护设施的，无论是否有顶盖，均计算 1/2 面积。有围护结构的，按围护结构计算建筑面积；无围护结构的，按底板计算建筑面积。
2. 由于架空走廊存在无顶盖的情况，有时无法计算结构层高，故规范中不考虑结构层高的因素。

4）走廊（挑廊）、檐廊建筑面积计算

有围护设施的室外走廊（挑廊），应按其结构底板水平投影面积计算 1/2 面积；有围护设施（或柱）的檐廊，应按其围护设施（或柱）外围水平面积计算 1/2 面积。

1. 室外走廊（挑廊）、檐廊都是室外水平交通空间。其中挑廊是悬挑的水平交通空间；檐廊是底层的水平交通空间，由屋檐或挑檐作为顶盖，且一般有柱或栏杆、栏板等。底层无围护设施但有柱的室外走廊可参照檐廊的规则计算建筑面积。
2. 无论哪一种廊，除了必须有地面结构外，还必须有栏杆、栏板等围护设施或柱，这两个条件缺一不可，缺少任何一个条件都不应计算建筑面积。
3. 室外走廊（挑廊）、檐廊虽然都算 1/2 面积，但取定的计算部位不同：室外走廊（挑廊）按结构底板计算，檐廊按围护设施（或柱）外围计算。

5）橱窗建筑面积计算

附属在建筑物外墙的落地橱窗，应按其围护结构外围水平面积计算。结构层高在 2.20m 及以上的应计算全面积，结构层高在 2.20m 以下的应计算 1/2 面积。

> 1. 在建筑物主体结构内的橱窗，其建筑面积随自然层一起计算，不执行上述条款。
> 2. 在建筑物主体结构外的橱窗，属于建筑物的附属结构。
> 3. "落地"是指该橱窗下设置有基础。由于"附属在建筑物外墙的落地橱窗"的顶板、底板标高不一定与自然层的划分相一致，故此条单列，未随自然层一起规定。
> 4. 本条规范仅适用于"落地橱窗"，如橱窗无基础，为悬挑式时，按凸（飘）窗的规则计算建筑面积。

6）楼梯建筑面积计算

建筑物的室内楼梯、电梯井、提物井、管道井、通风排气竖井、附墙烟道应并入建筑物的自然层计算建筑面积。

室外楼梯应并入所依附建筑物的自然层，并应按其水平投影面积的1/2计算建筑面积。

> 1. 上述规范的"室内楼梯"，包括了形成井道的楼梯（即室内楼梯间）和没有形成井道的楼梯（即室内楼梯），明确了没有形成井道的室内楼梯也应该计算建筑面积。例如建筑物大堂内的楼梯、跃层（或复式）住宅的室内楼梯等应计算建筑面积。
> 2. 室内楼梯计算建筑面积时应注意：如图纸中画出了楼梯，无论楼梯的装饰是否用户自理，均按楼梯水平投影面积计算建筑面积；如图纸中未画出楼梯，仅以洞口符号表示，则计算建筑面积时不扣除该洞口面积。
> 3. 跃层和复式住宅的室内公共楼梯间，对跃层住宅，按两个自然层计算；对复式住宅，按一个自然层计算。
> 4. 当室内公共楼梯间两侧自然层数不同时，以楼层多的层数计算。
> 5. 设备管道层，尽管通常在设计描述的层数中不包括，但在计算楼梯间建筑面积时，应算一个自然层。
> 6. 利用室内楼梯下部的建筑空间，不重复计算建筑面积。例如，利用梯段下方做卫生间或库房时，该卫生间或库房不另计算建筑面积。

3. 建筑物其他构件建筑面积计算

1）阳台

在主体结构内的阳台，应按其结构外围水平面积计算全面积；在主体结构外的阳台，应按其结构底板水平投影面积计算1/2面积。

拓展提高

1. 阳台主要有三个属性：一是阳台是附设于建筑物外墙的建筑部件，二是阳台应有栏杆、栏板等围护设施或窗，三是阳台是室外空间。

2. 阳台在主体结构外时，按结构底板计算建筑面积，此时无论围护设施是否垂直于水平面，都按结构底板计算建筑面积，同时应包括底板处凸出的部分。

3. 主体结构按如下原则确定。

(1) 砖混结构：通常以外墙（即围护结构，包括墙、门、窗）来判断，外墙以内为主体结构内，外墙以外为主体结构外。

(2) 框架结构：柱梁体系之内为主体结构内，柱梁体系之外为主体结构外。

(3) 剪力墙结构：情况比较复杂，可分为以下四类。

① 如阳台在剪力墙包围之内，则属于主体结构内，应计算全面积；如阳台相对两侧均为剪力墙，则也属于主体结构内，应计算全面积。

② 如阳台相对两侧仅一侧为剪力墙，则属于主体结构外，计算1/2面积；如阳台相对两侧均无剪力墙，则也属于主体结构外，计算1/2面积。

③ 如阳台处剪力墙与框架混合，也分两种情况：如角柱为受力结构，根基落地，则阳台为主体结构内，计算全面积；如角柱仅为造型，无根基，则阳台为主体结构外，计算1/2面积。

实例分析 2-10

求图 2.19 中阳台的建筑面积。

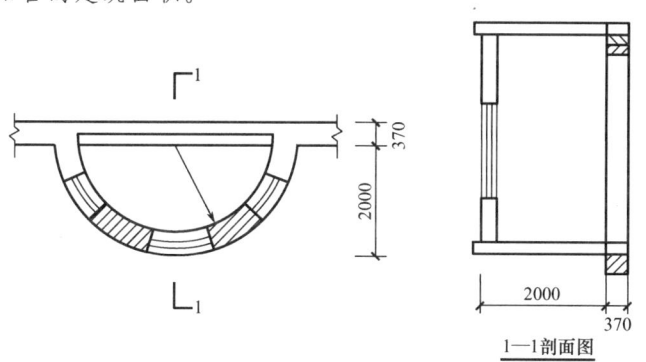

图 2.19　阳台尺寸（单位：mm）

分析： 由图计算得

$$S = 3.14 \times 2^2 / 2 = 6.28 (m^2)$$

2）雨篷

有柱雨篷应按其结构板水平投影面积的 1/2 计算建筑面积（不受挑出宽度的影响）；无柱雨篷的结构外边线至外墙结构外边线的宽度在 2.10m 及以上的，按雨篷结构板的水平投影面积的 1/2 计算建筑面积。

1. 有柱雨篷不受跨越层数的限制，均可计算建筑面积。
2. 无柱雨篷，其结构顶板不能跨层。如结构顶板跨层，则不计算建筑面积。

3) 室外坡道及台阶

出入口外墙外侧坡道有顶盖的部位，应按其外墙结构外围水平面积的1/2计算建筑面积。台阶可能利用下部空间的，按建筑物屋顶计算建筑面积。

1. 出入口坡道计算建筑面积应满足两个条件：一是有顶盖，二是有侧墙（即规范中所说的"外墙结构"，但侧墙不一定封闭）。计算建筑面积时，有顶盖的部位按外墙（侧墙）结构外围水平面积计算；无顶盖的部位，即使有侧墙，也不计算建筑面积。
2. 本条不仅适用于地下室、半地下室出入口，也适用于坡道向上的出入口。
3. 对出入口坡道，无论结构层高为多高，都只计算1/2面积。
4. 由于坡道是从建筑物内部一直延伸到建筑物外部的，建筑物内部的部分随建筑物正常计算建筑面积，建筑物外部的部分则按本条规定执行。建筑物内、外部的划分以建筑物外墙结构外边线为界。
5. 由于楼梯是"楼层之间垂直交通"的建筑部件，故由起点至终点的高度达到一个自然层及以上的称为楼梯。

4) 采光井

有顶盖的采光井包括建筑物中的采光井和地下室采光井，按一层计算建筑面积，且结构净高在2.10m及以上的应计算全面积，结构净高在2.10m以下的应计算1/2面积。无顶盖的采光井仍然不计算建筑面积。

有顶盖的采光井不论多深、采光多少层，均只计算一层建筑面积。

实例分析 2-11

求图2.20中地下室及出入口坡道的建筑面积。

分析：从图2.20可以看出，该地下室有采光井，根据规范应按结构外围水平面积计算，地下室以结构层高2.20m为分界，计算得

地下室建筑面积 $S=(5.1\times2+2.1+0.12\times2)\times(5\times2+0.12\times2)\approx128.41(\text{m}^2)$

出入口坡道按外墙结构外围水平面积的1/2计算建筑面积，计算可得

出入口坡道建筑面积 $S=6\times2\times\dfrac{1}{2}+0.68\times(2.1+0.12\times2)\times\dfrac{1}{2}\approx6.80(\text{m}^2)$

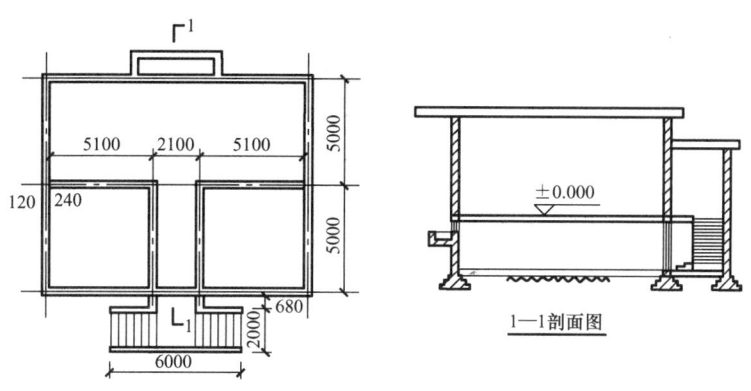

图 2.20 地下室及出入口坡道尺寸（单位：mm）

5）凸（飘）窗

窗台与室内楼地面高差在 0.45m 以下且结构净高在 2.10m 及以上的凸（飘）窗，应按其围护结构外围水平面积计算 1/2 面积。

6）变形缝

与室内相通的变形缝，应按其自然层合并在建筑物建筑面积内计算。对于高低联跨的建筑物（图 2.21），当高低跨内部连通时，其变形缝应计算在低跨面积内。

与室内不相通的变形缝不计算建筑面积，如图 2.22 所示。

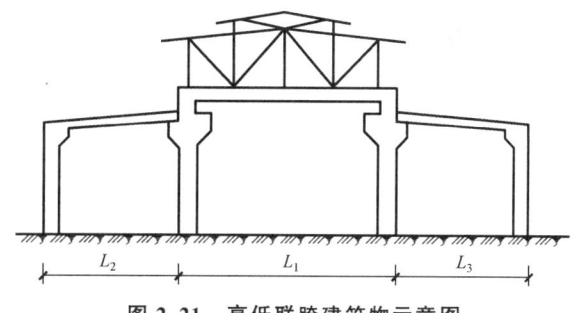

图 2.21 高低联跨建筑物示意图

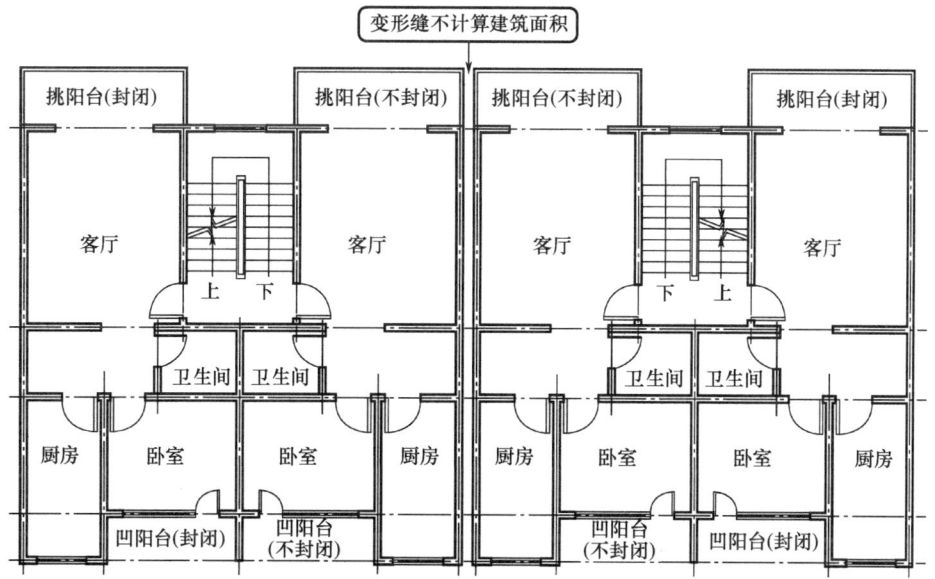

图 2.22 建筑物平面示意图

7) 有幕墙的外墙

（1）以幕墙作为围护结构的建筑物，应按幕墙外边线计算建筑面积。

（2）设置在建筑物墙体外起装饰作用的幕墙，不计算建筑面积。

8) 有保温层的外墙

建筑物的外墙外保温层，应按其保温材料的水平截面积计算，并入自然层建筑面积中，如图2.23所示。

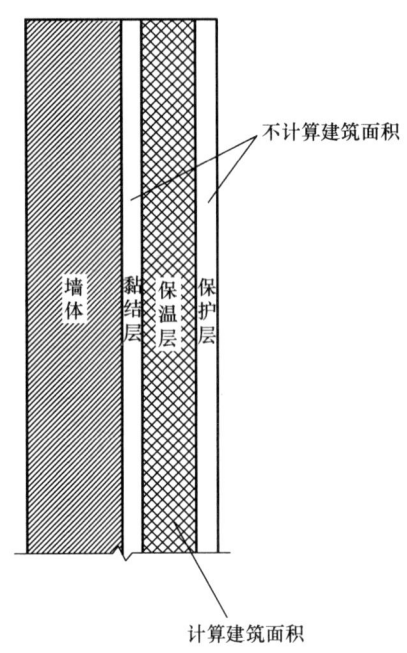

图 2.23 建筑物外墙外保温层示意图

1. 建筑物外墙外侧有保温隔热层的，保温隔热层以保温材料的净厚度乘以外墙结构外边线长度，按建筑物的自然层计算建筑面积。

2. 相应的外墙结构外边线长度不扣除门窗和建筑物外已计算建筑面积的构件（如阳台、室外走廊、门斗、落地橱窗等部件）所占长度。

3. 当建筑物外已计算建筑面积的构件（如阳台、室外走廊、门斗、落地橱窗等部件）有保温隔热层时，其保温隔热层不再计算建筑面积。

4. 保温材料的水平截面积是针对保温材料垂直放置的状态而言的，即是按照保温材料本身厚度计算的。当围护结构不垂直于水平面时，仍应按保温材料本身厚度计算，而不采用斜厚度，如图2.24所示。

5. 外保温层计算建筑面积，以沿高度方向满铺为准。当地下室等外保温层铺设高度未达到楼层全部高度时，保温层不计算建筑面积。

6. 复合墙体不属于外墙外保温层，整体视为外墙结构，如图2.25所示。

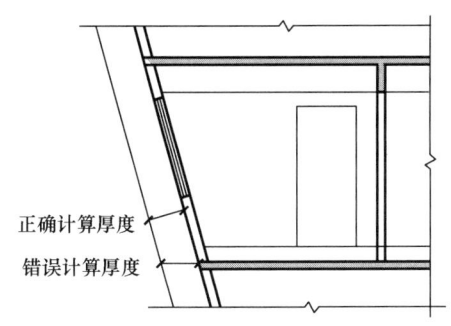
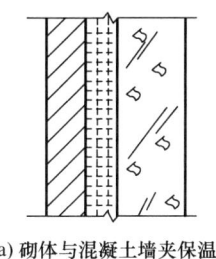
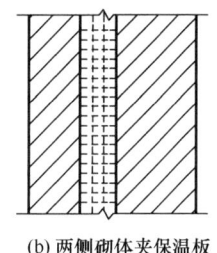

图 2.24　围护结构不垂直于水平面时
保温材料厚度计算示意图

(a) 砌体与混凝土墙夹保温板　　(b) 两侧砌体夹保温板

图 2.25　复合墙体示意图

4. 其他建（构）筑物建筑面积计算

1）场馆看台建筑面积计算

场馆看台下的建筑空间，结构净高在 2.10m 及以上的部位应计算全面积，结构净高在 1.20m 及以上至 2.10m 以下的部位应计算 1/2 面积，结构净高在 1.20m 以下的部位不应计算建筑面积。室内单独设置的有围护设施的悬挑看台，应按看台结构底板水平投影面积计算建筑面积。有顶盖无围护结构的场馆看台，应按其顶盖水平投影面积的 1/2 计算建筑面积。

室内单独设置的有围护设施的悬挑看台，无论是单层还是双层，都按各自的看台结构底板水平投影面积计算建筑面积。

1. 有顶盖无围护结构的看台，按顶盖水平投影面积的 1/2 计算建筑面积。计算建筑面积的范围应是看台与顶盖重叠部分的水平投影面积。
2. 有双层看台时，各层分别计算建筑面积，顶盖及上层看台均视为下层看台的顶盖。
3. 无顶盖的看台，不计算建筑面积（看台下的建筑空间按第 1 条计算建筑面积）。
4. "有顶盖无围护结构的场馆看台"所称的"场馆"为专业术语，指各种"场"类建筑，如体育场、足球场、网球场、带看台的风雨操场等。

实例分析 2-12

求图 2.26 所示某建筑物场馆看台下的建筑面积。

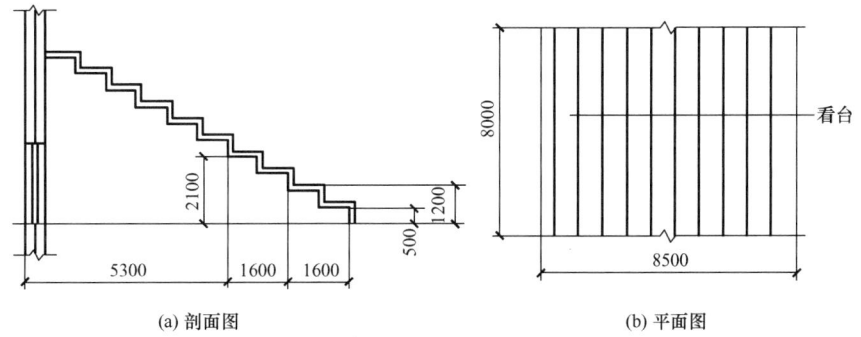

(a) 剖面图　　　　　　　　　　(b) 平面图

图 2.26　某建筑物场馆看台（单位：mm）

分析：建筑物场馆看台下加以利用的部分的建筑面积，按坡屋顶规则进行计算，其建筑面积计算如下。

$$S = 8 \times (5.3 + 1.6 \times 0.5) = 48.8(m^2)$$

2) 车棚等建筑物的建筑面积计算

有顶盖无围护结构的车棚、货棚、站台、加油站、收费站等，应按其顶盖水平投影面积的1/2计算建筑面积。

实例分析 2-13

求图2.27中某车棚的建筑面积。

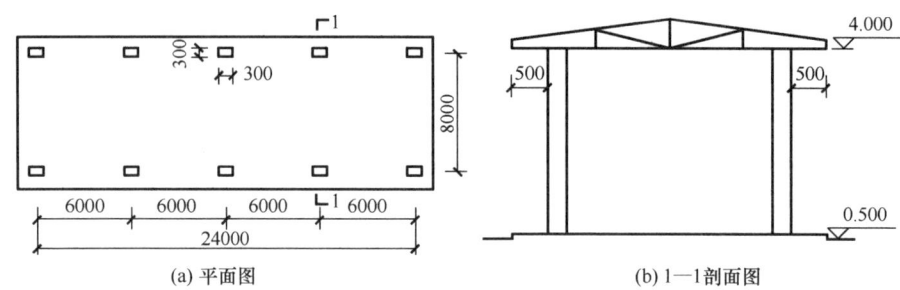

图2.27 某车棚的尺寸（单位：mm）

分析：按图计算得

$$S = (8 + 0.3 + 0.5 \times 2) \times (24 + 0.3 + 0.5 \times 2) \times 0.5 \approx 117.65(m^2)$$

顶盖下有其他能计算建筑面积的建筑物时，仍按顶盖水平投影面积计算1/2面积，顶盖下的建筑物另行计算建筑面积。

3) 有围护结构的舞台灯光控制室建筑面积计算

有围护结构的舞台灯光控制室，应按其围护结构外围水平面积计算。结构层高在2.20m及以上的应计算全面积，结构层高在2.20m以下的应计算1/2面积。

4) 立体书库、立体仓库、立体车库建筑面积计算

立体书库、立体仓库、立体车库，有围护结构的，应按其围护结构外围水平面积计算建筑面积；无围护结构、有围护设施的，应按其结构底板水平投影面积计算建筑面积。无结构层的应按一层计算，有结构层的应按其结构层面积分别计算。结构层高在2.20m及以上的应计算全面积，结构层高在2.20m以下的应计算1/2面积。

1. 立体车库中的升降设备，不属于结构层，不计算建筑面积。
2. 仓库中的立体货架、书库中的立体书架都不算结构层。

2.3.2 不应计算建筑面积的范围

下面的项目不应计算建筑面积。

(1) 与建筑物内不相连通的建筑部件。

"与建筑物内不相连通"是指没有正常的出入口。通过门进出的,视为"连通",通过窗或栏杆等翻出去的,视为"不连通",如装饰性阳台。

(2) 骑楼、过街楼底层的开放公共空间和建筑物通道。图 2.28 所示为骑楼、过街楼通道示意图。

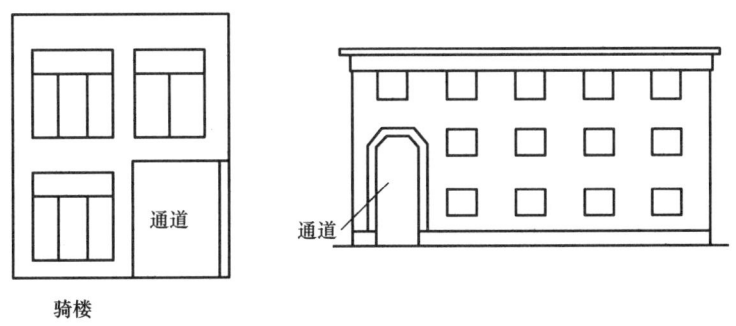

图 2.28 骑楼、过街楼通道示意图

(3) 舞台及后台悬挂幕布和布景的天桥、挑台等。图 2.29 所示为舞台和布景天桥示意图。

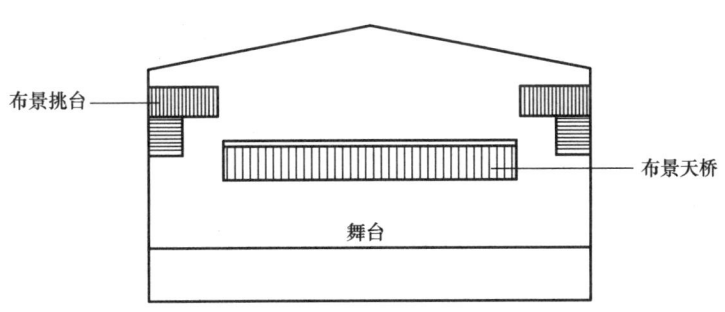

图 2.29 舞台和布景天桥示意图

(4) 露台、露天游泳池、花架、屋顶水箱(图 2.30)及装饰性结构构件。

(5) 建筑物内的操作平台、上料平台、安装箱和罐体的平台。

(6) 勒脚、附墙柱、垛、台阶、墙面抹灰、装饰面、镶贴块料面层、装饰性幕墙、主体结构外的空调室外机搁板(箱)、构件、配件、挑出宽度在 2.10m 以下的无柱雨篷和顶盖高度达到或超过两个楼层的无柱雨篷。附墙柱、垛、台阶示意图如图 2.31 所示。

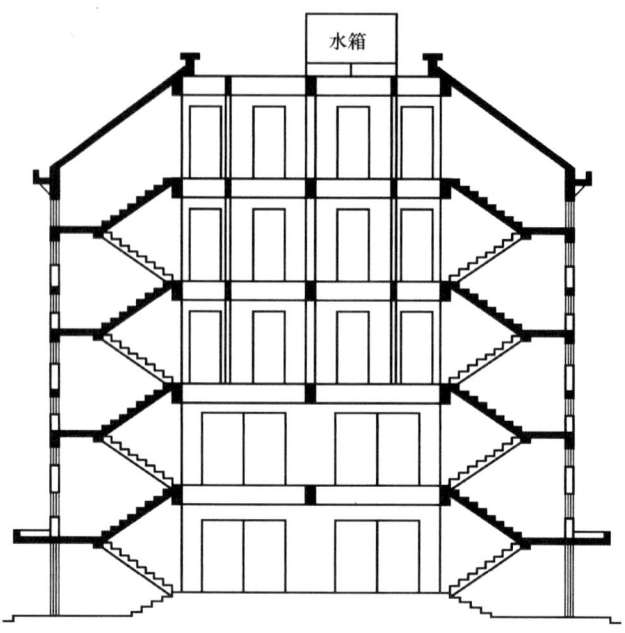

图 2.30 屋顶水箱示意图

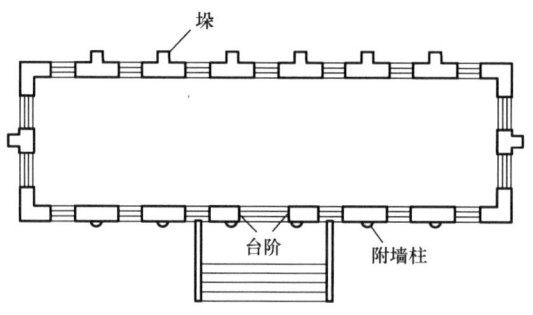

图 2.31 附墙柱、垛、台阶示意图

1. 结构柱应计算建筑面积。不计算建筑面积的"附墙柱"是指非结构性装饰柱。
2. 室外台阶还包括与建筑物出入口连接处的平台。

（7）窗台与室内楼地面高差在 0.45m 以下且结构净高在 2.10m 以下的凸（飘）窗，窗台与室内楼地面高差在 0.45m 及以上的凸（飘）窗。

（8）室外爬梯、室外专用消防钢楼梯。

（9）无围护结构的观光电梯。

当钢楼梯是建筑物通道，兼有消防用途时，则应计算建筑面积。

（10）建筑物以外的地下人防通道，独立烟囱、烟道、地沟、油（水）罐、气柜、水塔、贮油（水）池、贮仓、栈桥等构筑物。

《建筑工程建筑面积计算规范》中，一般的取定顺序是：有围护结构的，按围护结构计算建筑面积；有底板无围护结构（有围护设施）的，按底板计算建筑面积（如室外走廊、架空走廊）；底板也不利于计算的，则取顶盖计算建筑面积（如车棚、货棚等）。主体结构外的附属设施按结构底板计算建筑面积。

单元小结

本单元依据《建筑工程建筑面积计算规范》，对建筑面积的概念及其在建设项目中的作用等进行了介绍。学习建筑面积的计算，需要注意计算建筑面积与不计算建筑面积的分界，以及计算全面积与计算1/2面积的分界。

同步测试

一、单项选择题

1. 建筑面积计算规定层高（　　）作为计算全面积或计算1/2面积的划分界线。
   A. 1.20m   B. 2.10m   C. 2.20m   D. 3.00m

2. 主体结构外阳台的建筑面积按其水平投影面积的（　　）计算。
   A. 1/4   B. 1/2   C. 全面积   D. 不

3. 单层建筑物内有局部楼层时，其建筑面积计算正确的是（　　）。
   A. 有围护结构的按底板水平面积计算   B. 无围护结构的不计算建筑面积
   C. 层高超过2.10m的计算全面积   D. 层高不足2.20m的计算1/2面积

4. 半地下室车库建筑面积的计算，正确的是（　　）。
   A. 包括外墙防潮层及其保护墙
   B. 不包括采光井所占面积
   C. 层高在2.20m及以上者应按全面积计算
   D. 层高不足2.10m的应按1/2面积计算

5. 有永久性顶盖无围护结构的，按其结构底板水平面积的1/2计算建筑面积的是（　　）。
   A. 场馆看台   B. 收费站   C. 车棚   D. 架空走廊

6. 建筑物之间有围护结构架空走廊，按外围水平面积可全部计算建筑面积的，其规定的层高高度应在（　　）。

A. 1.20m 及以上 B. 2.10m 及以上
C. 2.20m 及以上 D. 不考虑层高因素

7. 设计加以利用并有围护结构的深基础架空层的建筑面积计算，正确的是（　　）。

A. 层高不足 2.20m 的部位应计算 1/2 面积

B. 层高在 2.10m 及以上的部位应计算全面积

C. 层高不足 2.10m 的部位不计算建筑面积

D. 各种深基础架空层均不计算建筑面积

8. 有围护结构的舞台灯光控制室的建筑面积应为（　　）。

A. 按围护结构外围水平面积计算

B. 按围护结构外围水平面积乘实际层数计算

C. 按围护结构外围水平面积乘实际层数的 1/2 计算

D. 不计算

9. 设有围护结构不垂直于水平面而超出底板外沿的建筑物的建筑面积应为（　　）。

A. 按其外墙结构外围水平面积计算 B. 按其顶盖水平投影面积计算
C. 按围护结构外边线计算 D. 按其底板面的外围水平面积计算

10. 关于建筑面积计算的说法，错误的是（　　）。

A. 室内楼梯间的建筑面积按自然层计算

B. 附墙烟囱按建筑物的自然层计算

C. 跃层建筑，其共用的室内楼梯按自然层计算

D. 上下两个错层户室共用的室内楼梯应按下一层的自然层计算

11. 上下两个错层户室共用的室内楼梯，建筑面积应按（　　）。

A. 上一层的自然层计算 B. 下一层的自然层计算
C. 上一层的结构层计算 D. 下一层的结构层计算

12. 按照建筑面积计算规则，不计算建筑面积的是（　　）。

A. 层高在 2.10m 以下的场馆看台下的空间

B. 不足 2.20m 高的单层建筑

C. 层高不足 2.20m 的立体仓库

D. 外挑宽度在 2.10m 以内的无柱雨篷

13. 下列关于建筑物雨篷结构的建筑面积计算，正确的是（　　）。

A. 有柱雨篷按结构外边线计算

B. 无柱雨篷按雨篷水平投影面积计算

C. 雨篷外边线至外墙结构外边线不足 2.10m 者不计算建筑面积

D. 雨篷外边线至外墙结构外边线超过 2.10m 者按投影面积的 1/2 计算建筑面积

14. 下列不应计算建筑面积的是（　　）。

A. 建筑物外墙外侧保温隔热层 B. 建筑物内的变形缝
C. 无永久性顶盖的架空走廊 D. 有围护结构的屋顶水箱间

15. 某无永久性顶盖的室外楼梯，建筑物自然层为 4 层，楼梯水平投影面积为 $6m^2$，则该室外楼梯的建筑面积为（　　）。

A. $9m^2$ B. $12m^2$ C. $18m^2$ D. $24m^2$

16. 内部连通的高低联跨建筑物内的变形缝应为（　　）。
   A. 计入高跨面积　　　　　　　　B. 高低跨平均计算
   C. 计入低跨面积　　　　　　　　D. 不计算建筑面积
17. 以下不应计算建筑面积的项目是（　　）。
   A. 建筑物内电梯井　　　　　　　B. 建筑物大厅内回廊
   C. 建筑物通道　　　　　　　　　D. 建筑物内变形缝
18. 根据《建筑工程建筑面积计算规则》，建筑物屋顶无围护结构的水箱建筑面积计算应为（　　）。
   A. 层高超过2.20m的应计算全面积　　B. 不计算建筑面积
   C. 层高不足2.20m的不计算建筑面积　　D. 层高不足2.20m的部分计算建筑面积

二、多项选择题

1. 坡屋顶内空间利用时，关于建筑面积的计算，说法正确的是（　　）。
   A. 净高大于2.10m时计算全面积　　B. 净高等于2.10m时计算1/2面积
   C. 净高等于2.00m时计算全面积　　D. 净高小于1.20m时不计算建筑面积
   E. 净高等于1.20m时不计算建筑面积
2. 计算建筑面积时，正确的计算规则是（　　）。
   A. 建筑物顶部有围护结构的楼梯间，层高不足2.20m的不计算
   B. 建筑物外有永久性顶盖的无围护结构走廊，层高超过2.20m的计算全面积
   C. 建筑物大厅内层高不足2.20m的回廊，按其结构底板水平面积的1/2计算
   D. 有永久性顶盖的室外楼梯，按自然层水平投影面积的1/2计算
   E. 建筑物内的变形缝，应按其自然层合并在建筑物面积内计算
3. 层高2.20m及以上者计算全面积，层高不足2.20m者计算1/2面积的项目有（　　）。
   A. 宾馆大厅内的回廊
   B. 单层建筑物内设有局部楼层，无围护结构的二层部分
   C. 多层建筑物坡屋顶内和场馆看台下的空间
   D. 设计加以利用的坡地吊脚架空层
   E. 建筑物间有围护结构的架空走廊
4. 下列内容中，不应计算建筑面积的是（　　）。
   A. 悬挑宽度为1.80m的雨篷
   B. 与建筑物不连通的装饰性阳台
   C. 用于检修的室外钢楼梯
   D. 层高不足1.20m的单层建筑坡屋顶空间
   E. 层高不足2.20m的地下室
5. 下列应计算建筑面积的项目有（　　）。
   A. 设计不利用的场馆看台下空间
   B. 建筑物的不封闭阳台
   C. 建筑物内自动人行道
   D. 有永久性顶盖无围护结构的加油站
   E. 装饰性幕墙

6. 不计算建筑面积的范围包括（　　）。

A. 建筑物内的设备管道夹层

B. 建筑物内分隔的单层房间

C. 建筑物内的操作平台

D. 有永久性顶盖无围护结构的车棚

E. 宽度在2.10m及以内的雨篷

7. 下列不应计算建筑面积的项目有（　　）。

A. 地下室的保护墙

B. 设计不利用的坡地吊脚架空层

C. 建筑物外墙的保温隔热层

D. 有围护结构的屋顶水箱间

E. 建筑物内的变形缝

8. 下列内容中，应计算建筑面积的是（　　）。

A. 坡地建筑设计利用但无围护结构的吊脚架空层

B. 建筑门厅内层高不足2.20m的回廊

C. 层高不足2.20m的立体仓库

D. 建筑物内的钢筋混凝土操作平台

E. 公共建筑物内的自动扶梯

9. 按其结构底板水平面积的1/2计算建筑面积的项目有（　　）。

A. 有永久性顶盖无围护结构的货棚

B. 有永久性顶盖无围护结构的挑廊

C. 有永久性顶盖无围护结构的场馆看台

D. 有永久性顶盖无围护结构的架空走廊

E. 有永久性顶盖无围护结构的檐廊

10. 下列不应计算建筑面积的项目有（　　）。

A. 建筑物内的钢筋混凝土上料平台

B. 建筑物内在50mm以内的沉降缝

C. 建筑物顶部有围护结构的水箱间

D. 2.10m宽的雨篷

E. 空调机外搁板

三、简答题

1. 正确计算建筑面积的意义是什么？
2. 试述不计算建筑面积的项目。

四、计算题

试计算图2.32所示某四层住宅楼的建筑面积。

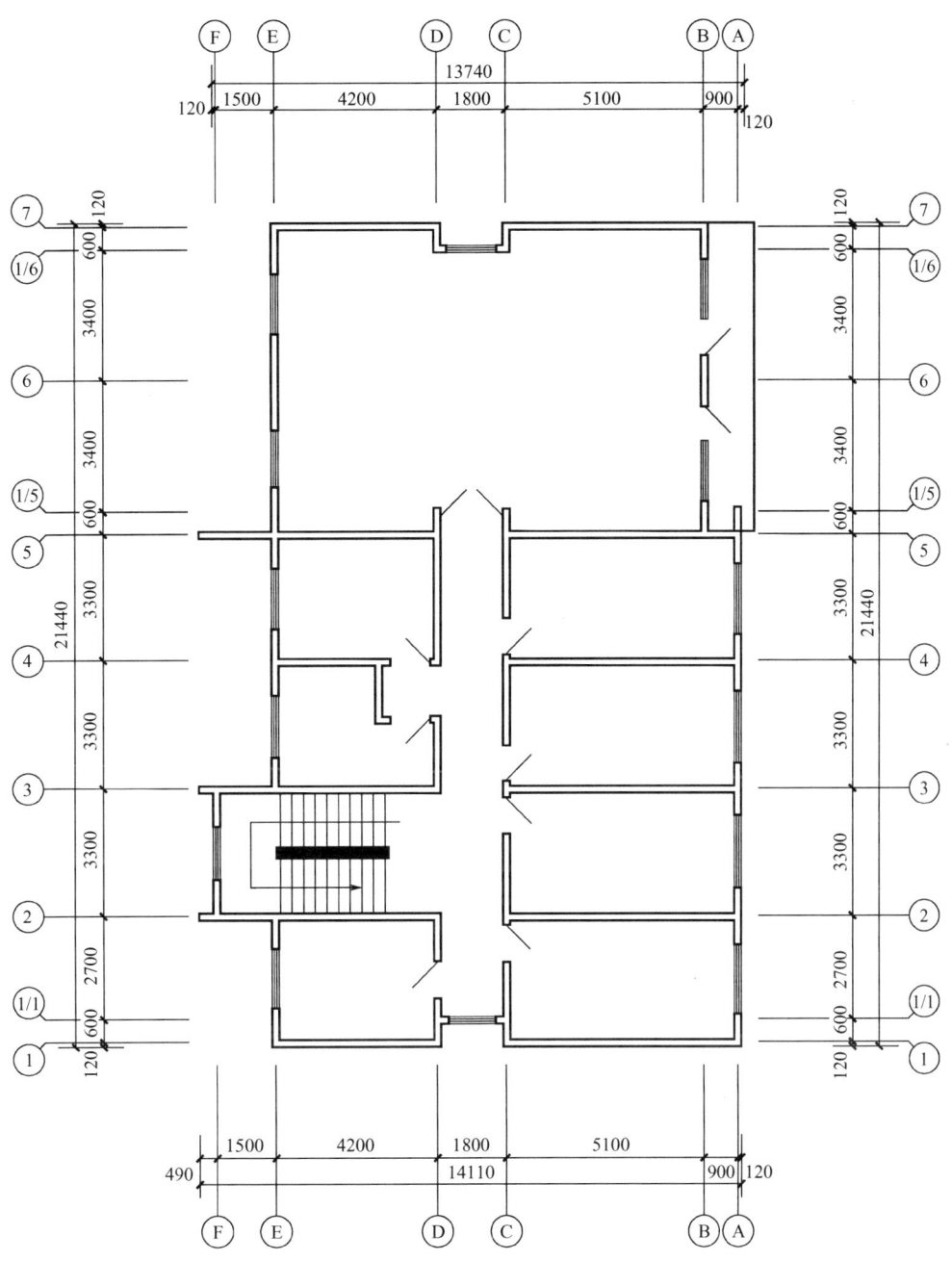

图 2.32 某四层住宅楼尺寸（单位：mm）

第二篇

建筑工程的工程量清单、清单计价文件的编制

单元 3　房屋建筑工程计量与计价

知识目标

1. 土石方工程，地基处理与边坡支护工程，桩基础工程，砌筑工程，混凝土与钢筋混凝土工程，金属结构工程，木结构工程，门窗工程，屋面及防水工程，保温、隔热、防腐工程的构造做法、施工工艺及常用材料等基础知识；

2. 房屋建筑工程各分部分项工程清单工程量计算规则及清单编制方法；

3. 房屋建筑工程各分部分项工程定额说明及定额应用；

4. 房屋建筑工程各分部分项工程计价工程量计算及定额应用。

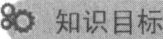
能力目标

1. 熟悉房屋建筑工程各分部分项工程的构造做法、施工工艺及常用材料；

2. 掌握房屋建筑工程各分部分项工程清单工程量计算规划并能够进行清单编制；

3. 能够计算土石方工程，地基处理与边坡支护工程，桩基础工程，砌筑工程，混凝土与钢筋混凝土工程，金属结构工程，木结构工程，门窗工程，屋面及防水工程，保温、隔热、防腐工程的定额工程量；

4. 能够正确套用相关定额项目并进行定额换算；

5. 能够进行房屋建筑工程的清单计价。

引入案例

某建筑工程建筑合同部分的条款如下:某建筑公司投标某房地产公司投资开发的位于浙江省某市新区的二期住宅工程,于 2018 年 7 月 23 日取得中标通知书。通知书载明该工程建筑面积 34245m^2,总造价 6221 万元,工期 260 天。该建筑公司于 2019 年请求甲方对其工程进行验收并将工程结算资料交于甲方,工程总造价为 5321 万元。

思考:为何合同价与结算价不同呢?合同价与招标控制价、投标报价之间有什么关系?招标控制价和投标报价是如何计算的?

任务 3.1 土石方工程

3.1.1 基础知识

平整场地

土石方工程的主要施工工艺,包括平整场地、开挖基槽基坑、回填土、运土等施工过程,在进行土石方工程计量与计价之前,应收集土壤及岩石类别、土方开挖的施工方法及运输距离(以下简称"运距")、岩石开凿及爆破方法、石渣清运方法及运距、地下水位标高及排水方法,以及其他资料。

1. 土壤及岩石类别

普氏分类按照土壤及岩石名称、天然湿度下的平均容重、极限压碎强度、用轻钻孔机钻进 1m 耗时、开挖方法及工具、紧固系数等,将土壤及岩石分为一、二类土壤,三类土壤,四类土壤,松石,次坚石,普坚石,特坚石七大类。具体分类可查预算定额中的土壤及岩石分类表。

2. 土(石)方开挖

挖掘机挖土

土(石)方工程按开挖方法不同,可分为人工土(石)方工程和机械土(石)方工程。

机械土(石)方工程,主要采用机械进行施工,常用的机械有挖掘机、推土机、铲运机、压路机、自卸汽车、岩石破碎机等,其中挖掘机有正铲挖掘机、反铲挖掘机之分。一般查找经批准的施工组织设计可获得相关机械的资料。

拓展提高

1. 根据基础类型不同,土方开挖有槽坑开挖、基坑开挖、人工挖孔桩开挖、桩间土开挖等。
2. 人工挖孔桩土方按桩基工程相关章节进行计算。

3. 预裂爆破

预裂爆破是指为降低爆震波对周围已有建(构)筑物的影响,按照设计的开挖边线,钻一排预裂炮眼，炮眼均需按设计规定的药量装炸药，在开挖区爆破前预先炸裂一条缝，以反射、阻隔开挖区爆破时产生的较强的爆震波。

1. 应根据不同土质、不同工程要求来选择基坑开挖方案，如有支护开挖、无支护开挖等。

2. 施工机械的选择应与施工内容相适应，如平整场地常由土方的开挖、运输、填筑和压实等工序完成；地势较平坦、含水量适中的大面积场地的平整，选用铲运机较适宜。

3.1.2 工程量清单编制

1. 清单编制说明

土石方工程工程量清单是按《房屋建筑与装饰工程工程量计算规范》（以下简称《计算规范》）附录 A 进行编制的，适用于建（构）筑物工程土石方项目列项。

本任务项目按上述规范附录 A 分为 A.1 土方工程、A.2 石方工程、A.3 回填 3 个部分，共 13 个项目。

土方体积应按挖掘前的天然密实体积计算。非天然密实土方应按表 3-1 的规定折算。

表 3-1 土方体积折算系数表

天然密实体积	虚方体积	夯实后体积	松填体积
0.77	1.00	0.67	0.83
1.00	1.30	0.87	1.08
1.15	1.50	1.00	1.25
0.92	1.20	0.80	1.00

注：1. 虚方是指未经碾压、堆积时间≤1年的土壤。

2. 设计密实度超过规定的，填方体积按工程设计要求执行；无设计要求的，按各省、自治区、直辖市或行业建设行政主管部门规定的系数执行。

3. 挖掘前的天然密实体积是指自然状态下依据图纸所计算的土方体积。

2. 土方工程工程量清单编制

土方工程包括平整场地，挖一般土方，挖沟槽土方，挖基坑土方，冻土开挖，挖淤泥、流砂，管沟土方 7 个项目，分别按 010101001×××～010101007×××编码列项。

1) 平整场地（010101001）

（1）适用于建筑场地±300mm 以内的挖、填、找平及其运输项目。

（2）工作内容：土方挖填，场地找平，运输。

（3）项目特征：应明确描述场地现有及平整以后需达到的特征，如土壤类别、弃土或取土的运距（或地点）。

例如：平整场地，三类土，弃土运距 200m。

(4) 工程量计算规则：按设计图示尺寸以建筑物首层面积（m²）计算。地下室和半地下室的采光井等不计算建筑面积的部位，也应计入平整场地的工程量；地上无建筑物的地下停车场按地下停车场外墙外边线计算建筑面积，包括出入口、通风竖井和采光井。

除特别说明外，本书工程量计算均指清单工程量计算，按清单工程量计算规则执行。

实例分析 3-1

某住宅工程首层的外墙外边线尺寸如图 3.1 所示，阳台为结构外阳台，该场地在 ±300mm 以内挖、填、找平，经计算弃土 7.5m³，运距为 150m。试计算人工平整场地工程量。

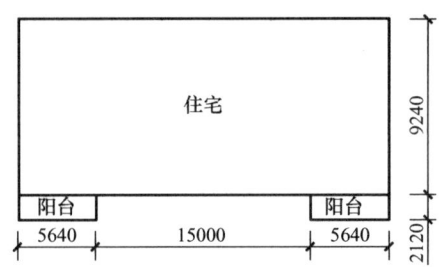

图 3.1 某住宅工程首层的外墙外边线尺寸（单位：mm）

分析：根据人工平整场地工程量计算规则可得

$$人工平整场地工程量 = (5.64 \times 2 + 15) \times 9.24 + 5.64 \times 2.12 \times 2 \times 0.5$$
$$\approx 254.79 (m^2)$$

据此可编制土方工程工程量清单，见表 3-2。

表 3-2 土方工程工程量清单

序号	项目编码	项目名称	项目特征描述	计量单位	工程量	综合单价/元	合价/元	其中/元		备注
								人工费	机械费	
			A.1 土方工程							
1	010101001001	平整场地	三类土，弃土运距150m	m²	254.79					

拓展提高

平整场地时，可能会遇到 ±300mm 以内全部是挖方或填方的情况，这时就应在项目特征中描述弃土或取土的内容和特征。

2）挖一般土方（010101002）

(1) 适用于建筑场地在 ±300mm 以上的场地挖土或山坡切土，包括指定范围内的土方运输。

(2) 工作内容：排地表水、土方开挖、围护（挡土板）支拆、基底钎探、运输。

(3) 项目特征：应对土壤类别、挖土深度、弃土运距予以描述。

(4) 工程量计算规则：按设计图示尺寸以体积（m³）计算。

1. "图示尺寸"也包括勘察设计图和招标人在地形起伏变化较大、不能明确提供挖土深度时需要提供的方格网或土方平面、断面图。

2. 挖土深度应按自然地面测量标高至设计地坪标高间的平均厚度确定。

3）挖沟槽土方（010101003）和挖基坑土方（010101004）

(1) 适用于建（构）筑物工程的基础沟槽、基坑的土方开挖项目列项，也适用于人工单独挖孔桩土方。

挖沟槽、基坑土方包括带形基础、独立基础、满堂基础（包括地下室基础）、设备基础、人工单独挖孔桩等土方开挖工程。

沟槽、基坑、一般土方的划分：底宽≤7m且底长>3倍底宽为沟槽，底长≤3倍底宽且底面积≤150m²为基坑，超出上述范围则为一般土方。

(2) 工作内容：排地表水、土方开挖、围护（挡土板）支拆、基底钎探、运输。

(3) 项目特征：应对土壤类别、挖土深度、弃土运距予以描述。

(4) 工程量计算规则：按设计图示尺寸以基础垫层底面积乘以挖土深度以体积（m³）计算。

浙江省在具体贯彻实施时，应按照《计算规范》的有关规定，将挖沟槽、基坑、一般土方因工作面和放坡增加的工程量并入各土石方工程量中计算。

1. 垫层底面积：外墙按中心线长度计算，内墙按垫层净长线长度计算。基础土方开挖深度应按基础垫层底表面标高至交付施工场地标高确定，无交付施工场地标高时，应按自然地面标高确定。

2. 挖土方如需截桩头，应按桩基工程相关项目列项。

3. 桩间挖土不扣除桩的体积，并在项目特征中加以描述。

4. 土方开挖的干湿土划分，应以地质资料提供的地下常水位为界，地下常水位以下为湿土。

5. 对于同类但不同基底尺寸、不同开挖深度的沟槽、基坑土石方工程，虽然计价人可能套用同一个定额子目进行计价，但由于规格尺寸不同，其因工作面和放坡增加的工程量也就不同，因而经组合确定的综合单价也必然不同。为避免局部工程变更造成土石方工程全部调整，应将不同规格尺寸的沟槽、基坑分别编码列项。

6. 关于弃土、取土运距，项目特征中可以不描述，但应注明"由投标人根据施工现场实际情况自行考虑，决定组价"。

7. 挖沟槽、基坑因工作面和放坡增加的工作量是否并入各土方工程量中，应按各省、自治区、直辖市或行业建设主管部门的规定实施。

4) 冻土开挖（010101005）

(1) 适用于在冬季施工期内，遇有一定深度的冻土开挖。

(2) 工作内容：爆破、开挖、清理、运输。

(3) 项目特征：应对冻土厚度、弃土运距予以描述。

(4) 工程量计算规则：按设计图示尺寸以开挖面积乘以厚度以体积（m³）计算。

5) 挖淤泥、流砂（010101006）

(1) 在工程地质资料中标有淤泥、流砂时，应将淤泥、流砂单独列项。

(2) 工作内容：开挖、运输。

(3) 项目特征：如按地质资料预先列项的，应在清单中描述挖掘深度和弃运淤泥、流砂的距离。在淤泥、流砂开挖过程中发生的处理措施，应在措施项目清单中列项。

(4) 工程量计算规则：按设计图示位置、界限以体积（m³）计算。

挖方出现淤泥、流砂时，如设计未明确，在编制工程量清单时其工程量可为暂估量，结算时应根据实际情况由发包人与承包人双方现场签证确认工程量。

6) 管沟土方（010101007）

(1) 除适用于建筑工程管道地沟土方开挖、回填以外，也适用于安装工程有关管沟土方的列项。

(2) 工作内容：排地表水、土方开挖、围护（挡土板）支撑、运输、回填。

(3) 项目特征：应对土壤类别、管外径、挖沟深度、回填要求予以描述。

(4) 工程量计算规则：按设计图示尺寸以管道中心线按长度（m）计算。

1. 采用多管同一管沟埋设时，管间距离应在项目特征中予以描述。
2. 管沟土方工程量是否包括其中的窨井所占位置的土方，应在项目特征中予以描述。

3. 石方工程工程量清单编制

石方工程包括挖一般石方、挖沟槽石方、挖基坑石方、挖管沟石方4个项目，分别按010102001×××～010102004×××编码。

1) 挖一般石方（010102001）

(1) 适用于人工凿石、人工打眼爆破、机械打眼爆破和厚度±300mm以外的竖向布置挖石或山坡凿石等，并包括指定范围内的石方清除运输。

(2) 工作内容：排地表水、凿石、运输。

(3) 项目特征：应对填方岩石类别、开凿深度、弃碴运距予以描述。

(4) 工程量计算规则：按设计图示尺寸以体积（m³）计算。

2）挖沟槽石方（010102002）和挖基坑石方（010102003）

(1) 适用于沟槽、基坑开挖，人工单独挖孔桩开挖时遇有石方也应按沟槽、基坑石方开挖列项。

沟槽、基坑、一般石方的划分：底宽≤7m且底长＞3倍底宽为沟槽，底长≤3倍底宽且底面积≤150m²为基坑，超出上述范围则为一般石方。

(2) 工作内容：排地表水、凿石、运输。
(3) 项目特征：应对岩石类别、开凿深度、弃碴运距予以描述。
(4) 工程量计算规则：按设计图示尺寸沟槽、基坑底面积乘以挖石深度以体积（m³）计算。

基础石方开挖深度应按基础垫层底表面标高至交付施工场地标高确定，无交付施工场地标高时，应按自然地面标高确定。

3）挖管沟石方（010102004）

(1) 适用于管道（给排水、工业、电力、通信）、光（电）缆沟［包括人（手）孔、接口坑］及连接井（检查井）等的开挖。
(2) 工作内容：排地表水、凿石、回填、运输。
(3) 项目特征：应对岩石类别、管外径、挖沟深度予以描述。
(4) 工程量计算规则：按设计图示以管道中心线长度（m）计算，或按设计图示截面积乘以长度以体积（m³）计算。

1. 土石方开挖，招标人编制工程量清单时可不列施工方法（有特殊要求的除外），确定工程量即可。如招标文件对土石方开挖有特殊要求，招标人在编制工程量清单时可规定施工方法。
2. 深基础土石方开挖，设计文件中可能提示或要求采用支护结构，但到底采用什么支护结构，是否做水平支撑等，招标人应在措施项目清单中予以列项明示。

4. 回填工程量清单编制

回填工程包括回填方、余方弃置2个项目，分别按010103001×××～010103002×××编码列项。

1）回填方（010103001）

(1) 适用于场地回填、室内回填和基槽（坑）回填，并包括指定范围内的运输、借土回填土方。

(2) 工作内容：运输、回填、压实。

(3) 项目特征：应对填方密实度要求，填方材料品种，填方粒径要求，填方来源、运距予以描述。

(4) 工程量计算规则：按设计图示尺寸以体积（m³）计算。

注意下述要求。

① 场地回填：以回填面积乘以平均回填厚度。

② 室内回填：以主墙间净面积乘以回填厚度，不扣除间隔墙。

③ 基础回填：以挖方清单项目工程量减去自然地坪以下埋设的基础体积（包括基础垫层及其他构筑物）。

④ 填方密实度要求，在无特殊要求的情况下，项目特征可描述为"满足设计和规范的要求"。

⑤ 填方材料品种可以不描述，但应注明"由投标人根据设计要求验方后方可填入，并符合相关工程的质量规范要求"。

⑥ 填方粒径要求，在无特殊要求的情况下，项目特征可以不描述。

拓展提高

1. 土方回填包括就地回填、场内土方回填、场外土方借土回填及场内余土回填或弃土，编制工程量清单时，应结合工程现场情况，考虑适当内容予以列项。

2. "指定范围内的运输"应按招标人指定的弃土点或取土点的距离，如招标文件规定由投标人自行确定弃土点或取土点，则此条件不必在项目特征中描述。

3. 如需买土回填，则应在项目特征的填方来源中描述，并注明买土方数量。

2) 余方弃置（010103002）

(1) 适用于需余土外运的项目。

(2) 工作内容：余方点装料运输至弃置点。

(3) 项目特征：应对废弃料品种、运距予以描述。

(4) 工程量计算规则：按挖方清单项目工程量减利用回填方体积（正数）以体积（m³）计算。

拓展提高

1. 挡土板支拆如非设计或招标人根据现场具体情况所要求，而属于投标人自行采用的施工方案，则应在清单项目特征中不予描述。

2. 根据地质资料确定有地下水的情况，编制工程量清单时，应在措施项目清单内考虑施工时基槽（坑）内的施工排水因素。

3. 因地质情况变化或设计变更引起的土石方工程量变更，应由发包人与承包人双方现场确认，依据合同条件进行调整。

4. 在"土方工程"和"石方工程"中，除"挖淤泥、流砂"清单项目（编码010101006）的"运输"包括场内外运输外，其余清单项目均为场内运输（浙江省补充规定）。

5."回填方"清单项目（编码010103001）中的"运输"包括场内外运输，具体是场内运输还是场外运输，应根据施工组织设计确定，并计入相应综合单价（浙江省补充规定）。

3.1.3 工程量清单计价

本部分的计价基本依据是《浙江省房屋建筑与装饰工程预算定额（2018版）》（以下简称《浙江省预算定额（2018版）》）第一章"土石方工程"分部。

1．一般规定

（1）土壤分一、二类土，三类土，四类土；岩石分极软岩、软岩、较软岩、较坚硬岩、坚硬岩，其具体分类详见"土壤分类表"和"岩石分类表"。同一工程的土石方类别不同，除另有规定外，应分别列项计算。

（2）土石方体积的计算，均以挖掘前的天然密实体积计算，如需在天然密实体积与虚方体积、夯实后体积或松填体积之间折算，可按表3-1计算。

（3）土石方、淤泥、流砂如发生外运（弃土外运或回填土外运），各市有规定的从其规定，无规定的按本章相关定额执行；弃土外运的处置费等其他费用，按各市有关规定执行。

2．土方工程清单计价

1）计价说明

（1）土方工程定额分人工土方和机械土方。人工挖土方的最大深度按3m考虑，如局部超过3m且仍采用人工挖土的，深度超过3m以上的土方，相应定额按每增加1m乘以系数1.15调整。

（2）存在地下水位的要计算干土和湿土。干土与湿土的划分以地质勘察资料的地下常水位为准，地下常水位以上为干土，地下常水位以下为湿土（或土壤含水率≥25%时为湿土）。本定额挖、运土方除淤泥、流砂为湿土外，均按干土编制（含水率＜25%）。湿土排水（包括淤泥、流砂）均应另列项目计算，如采用井点排水等措施降低地下水位施工时，土方开挖按干土计算，并按施工组织设计要求套用基础排水相应定额，不再套用湿土排水定额。

（3）定额调整换算方法见表3-3。

表3-3 定额调整换算方法

序　号	项　　目	定额调整换算方法
1	挖承台土方	定额乘以系数1.25（人工挖土方），定额乘以系数1.1（机械挖土方）
2	人工挖土方，局部挖土深度超过3m，每增加1m	定额乘以系数1.15
3	人工挖湿土、运湿土	定额人工乘以系数1.18
4	机械挖湿土	定额乘以系数1.15
5	运距超过50m的土方运输	按定额第一章第1节增加运距定额1-13计算
6	强夯后的地基上挖土方	相应定额人工、机械乘以系数1.15

注：借土回填按挖、运、回填夯实定额另行计算。

实例分析3-2所用定额

大开挖土方施工

实例分析3-3所用定额

铲运机施工

推土机施工

实例分析 3-2

人工开挖沟槽桩承台基础土方，已知所挖土方为三类土，含水率为30%，挖土深4m，求该挖土方基价。

分析：挖沟槽土方定额，定额编号为1-8，按规定计算得

换算后基价 = $3770.00 \times 1.25 \times 1.15 \times 1.18 \approx 6394.86$（元/$100m^3$）

（4）平整场地：系指建筑物所在现场厚度在±300mm以内的就地挖、填及平整，如图3.2所示。

（5）挖一般土方：超过沟槽、基坑相应范围的挖土、山坡切土及平整场地挖土厚度在300mm以上的，均按一般土方套用定额。

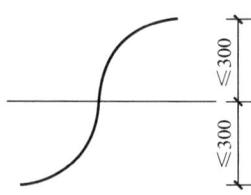

图 3.2 平整场地示意图（单位：mm）

实例分析 3-3

人工开挖一般土方，下有桩承台，已知三类土，含水率30%，挖土深度为5m，求该挖土方基价。

分析：挖一般土方定额，定额编号为1-2，按规定计算得

换算后基价 = $2000.00 \times 1.25 \times 1.15^2 \times 1.18 \approx 3901.38$（元/$100m^3$）

（6）挖淤泥、流砂：定额按湿土考虑；运距超过20m时，其超运距按运干土增加运距定额乘以系数1.9；湿土排水费用另列项目计算。

（7）原土打夯：适用于基础与垫层定额项目中未包括基底夯实内容的单独原土打夯两遍。

（8）运土：人力运土与人力车运土均套用同一定额。

（9）机械土方。

① 机械土方按挖掘机挖一般土方，挖掘机挖沟槽、基坑土方，挖淤泥、流砂，推土机推运土，装载机装运土方，装载机装车，挖掘机装车，机动翻斗车运土方，自卸汽车运土方分别列项。

② 机械土方定额已包括人机配合所需的人工，遇地下室底板下翻构件等部位的机械开挖时，下翻部分工程量套用相应定额乘以系数1.25。如下翻部分实际采用人工施工时，套用人工挖沟槽、基坑相应定额，下翻开挖深度从地下室底板垫层底开始计算。

③ 机械土方定额按天然湿度（25%以内）土壤为准，若含水率超过25%，定额乘以系数1.15，含水率40%以上另行按实际发生的计算。机械运湿土，相应定额不乘以系数。

④ 机械平整碾压指自然地面平均标高与设计场地标高相差300mm以内的原土填、挖、平整。

⑤ 挖掘机在垫板上作业时，相应定额的人工和机械乘以系数1.25，铺设垫板所增加的工料费用按每$100m^3$增加14元。

⑥ 挖掘机在有支撑的基坑内挖土，挖土深度在6m以内时，相应定额乘以系数1.2；挖土深度在6m以上时，相应定额乘以系数1.4；如发生土方翻运，另行计算。

⑦ 推土机、装载机负载上坡时，其降效因素按坡道斜长乘以表3-4中的相应系数计算。

表 3-4 重车上坡降效系数表

坡度/%	5～10	10～15	15～20	20～25
系数	1.75	2.00	2.25	2.50

⑧ 推土机推土，当土层平均厚度小于 0.3m 时，相应定额人工、机械乘以系数 1.25。

⑨ 挖掘机挖含石子的黏质砂土，按一、二类土定额计算；挖砂石，按三类土定额计算；挖松散、风化的片岩、页岩或砂岩，按四类土定额计算；推土机和铲运机推、铲未经压实的堆积土时，按推一、二类土定额乘以系数 0.77 计算。

⑩ 机械推土或铲运机运土方，凡土壤中含石量大于 30% 或多年沉积的砂砾及含泥砾层石质时，推土机套用机械明挖出渣定额，铲运机按四类土定额乘以系数 1.25。

2) 计价工程量计算规则

(1) 平整场地工程量计算：计量单位为 m^2。

平整场地工程量按设计图示尺寸以建筑物首层建筑面积（或架空层结构外围面积）的外边线每边各放 2m 计算，建筑物地下室结构外边线凸出首层结构外边线时，其凸出部分的面积合并计算。若场地如图 3.3 所示，则平整场地工程量的计算公式为

$$S_{平整场地} = (a+4)(b+4) = S_{底} + 2L_{外} + 16$$

式中　$S_{平整场地}$——平整场地工程量；

　　　a——建筑物长度方向外墙外边线长度；

　　　b——建筑物宽度方向外墙外边线长度；

　　　$S_{底}$——建筑物底层建筑面积；

　　　$L_{外}$——建筑物外墙外边线周长。

注：该公式适用于任何由矩形组成的建筑物或构筑物的平整场地工程量计算。

实例分析 3-4

某建筑物底层平面尺寸如图 3.4 所示，请计算该工程人工平整场地的工程量。

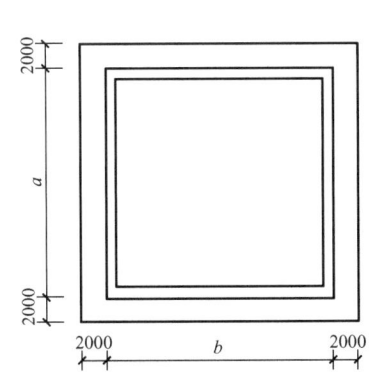
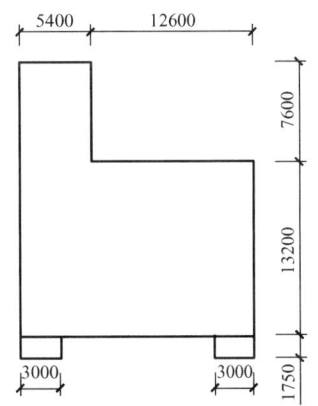

图 3.3　平整场地工程量计算示意图（单位：mm）　　图 3.4　某建筑物底层平面尺寸（单位：mm）

分析：分项计算得

$$S_{底} = 5.4 \times 20.8 + 12.6 \times 13.2 + 3 \times 1.75 \times 2 = 289.14 (m^2)$$

$$L_{外} = (5.4 + 12.6 + 7.6 + 13.2) \times 2 + 1.75 \times 4 = 84.6 (m)$$

由计算公式可得

$$S_{平整场地} = S_{底} + 2L_{外} + 16 = 289.14 + 2 \times 84.6 + 16 = 474.34 (m^2)$$

1. 平整场地包括有基础的底层阳台面积。
2. 围墙场地平整的工程量，按围墙中心线每边各增加1m计算。

(2) 人工土方工程量计算：计量单位为 m³。

① 沟槽工程量计算。其计算公式为

$$V = (B + KH + 2C)HL$$

有湿土时计算公式为

$$V_{湿} = (B + KH_{湿} + 2C)H_{湿}L$$

$$V_{干} = V - V_{湿}$$

② 基坑工程量计算。

基坑为方形时计算公式为

$$V = (B + KH + 2C)(L + KH + 2C)H + \frac{K^2 H^3}{3}$$

基坑为圆形时计算公式为

$$V = \frac{\pi H}{3}[(R+C)^2 + (R+C)(R+C+KH) + (R+C+KH)^2]$$

对有湿土的情形，基坑为方形时计算公式为

$$V_{湿} = (B + KH_{湿} + 2C)(L + KH_{湿} + 2C)H_{湿} + \frac{K^2 H_{湿}^3}{3}$$

对有湿土的情形，基坑为圆形时计算公式为

$$V_{湿} = \frac{\pi H_{湿}}{3}[(R+C)^2 + (R+C)(R+C+KH_{湿}) + (R+C+KH_{湿})^2]$$

$$V_{干} = V - V_{湿}$$

式中　V——挖土体积。

　　　H——沟槽、基坑深度，按沟槽、基坑底至交付施工场地标高确定，无交付施工场地标高时，应按自然地面标高确定。

　　　$H_{湿}$——沟槽、基坑湿土深度。

　　　B——沟槽、基坑（垫层）宽度。

　　　R——基坑坑底半径。

　　　C——工作面宽度，按施工组织设计规定计算，如施工组织设计未规定，则按表3-5的规定计算。

　　　L——沟槽、基坑长度。外墙按外墙中心线长度计算，内墙按基础底净长（有垫层时，按垫层底净长）计算，不扣除工作面及放坡重叠部分的长度，如图3.5所示；附墙砖垛凸出部分按砌筑工程规定的砖垛折加长度合并计算，不扣除搭接重叠部分的长度，垛的加深部分也不增加。

表 3-5 基础施工单面工作面宽度计算表

项　　目	每边各增加工作面宽度/mm
砖基础	200
浆砌毛石、条（块）石基础	150
混凝土基础（支模板）或垫层（支模板）	300
地下室、半地下室土方按垫层底宽	1000
基础垂直面做砂浆防潮层、防水层或防腐层	1000

注：1. 当地下构件采用砖模时，不考虑开挖工作面与放坡。
　　2. 烟囱、水（油）池、水塔埋入地下的基础，挖土方按地下室放工作面。

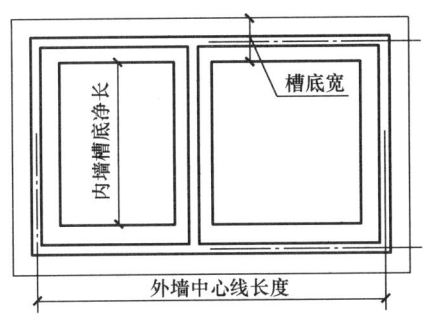

图 3.5　沟槽长度示意

K——沟槽、基坑放坡系数，按施工组织设计规定计算，如施工组织设计无规定，则按表 3-6 的方法计算。

表 3-6 人工挖土方放坡起点深度和放坡系数表

土壤类别	深度超过/m	放坡系数 K	说　　明
一、二类土	1.2	0.50	1. 同一沟槽、基坑内遇有不同土类时，分别按其放坡起点、放坡系数，依不同土类厚度加权平均计算；
三类土	1.5	0.33	2. 放坡起点均自沟槽、基坑底开始；
四类土	2.0	0.25	3. 如遇淤泥、流砂及海涂工程，放坡系数按施工组织设计的要求计算

实例分析 3-5

图 3.6 所示为某房屋工程基础施工图，基底土质均衡，为二类土，地下常水位标高为 −1.600m，土方含水率为 25%，室外地坪设计标高为 −0.120m，交付施工场地标高为 −0.300m，基坑回填后弃土运距为 5km。试计算该基础土方开挖工程量，编制工程量清单。

分析： 本工程基础沟槽、基坑开挖，按基础类型有 1—1、2—2、J-1 三种，应分别列项。

根据清单计算规则，土方开挖深度为 1.6−0.3=1.3(m)。工作面 $C=0.3$m，放坡系数 $K=0.5$。

（1）1—1 的开挖长度为
$$L=(10+9)\times 2-1.1\times 6+0.38=31.78(\text{m})(0.38\text{m} 为垛折加长度)$$

则开挖土方体积为

$V=(B+KH+2C)HL=(1.2+0.2+0.5\times1.3+2\times0.3)\times1.3\times31.78\approx109.48(\text{m}^3)$

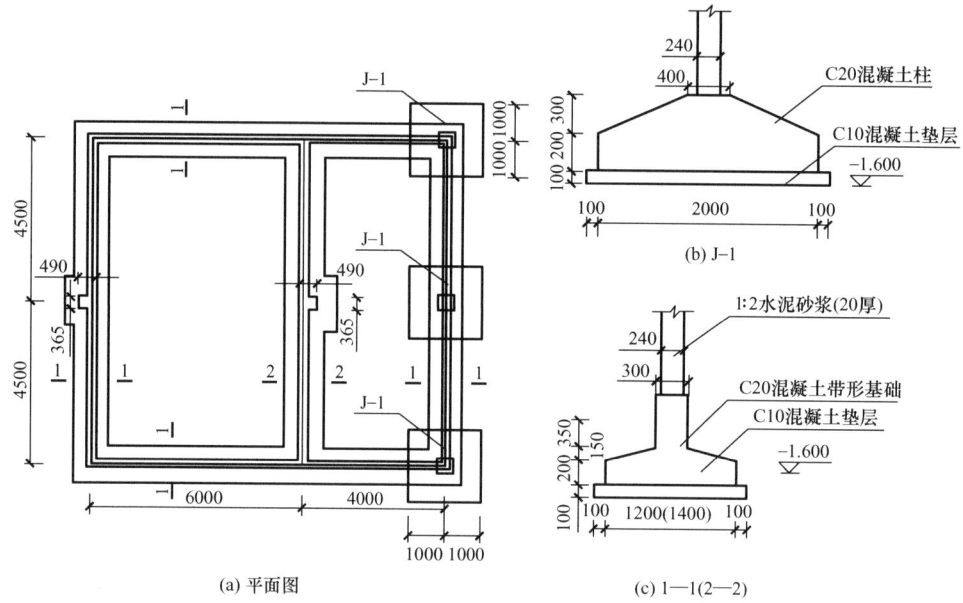

图 3.6　某房屋工程基础施工图（单位：mm）

（2）2—2 的开挖长度为

$$L=9-0.7\times2+0.38=7.98(\text{m})$$

则开挖土方体积为

$V=(B+KH+2C)HL=(1.4+0.2+0.5\times1.3+2\times0.3)\times1.3\times7.98\approx29.57(\text{m}^3)$

（3）J-1 独立基础土方体积为

$$V=\left[(B+KH+2C)(L+KH+2C)H+\frac{K^2H^3}{3}\right]n$$

$$=\left[(2.2+0.5\times1.3+2\times0.3)^2\times1.3+\frac{0.5^2\times1.3^3}{3}\right]\times3\approx46.97(\text{m}^3)$$

根据工程量清单格式编制该基础土方开挖工程量清单，见表 3-7。

表 3-7　基础土方开挖工程量清单

序号	项目编码	项目名称	项目特征描述	计量单位	工程量	综合单价/元	合价/元	其中/元		备注
								人工费	机械费	
1	010101003001	挖沟槽土方	挖1—1有梁式钢筋混凝土沟槽二类土方，基底垫层宽度1.4m，开挖深度1.3m，湿土深度0.4m，土方含水率25%，弃土运距5km	m³	109.48					

续表

序号	项目编码	项目名称	项目特征描述	计量单位	工程量	综合单价/元	合价/元	其中/元		备注
								人工费	机械费	
2	010101003002	挖沟槽土方	挖2—2有梁式钢筋混凝土沟槽二类土方,基底垫层宽度1.6m,开挖深度1.3m,湿土深度0.4m,土方含水率25%,弃土运距5km	m³	29.57					
3	010101004001	挖基坑土方	挖J-1有梁式钢筋混凝土柱基基坑二类土方,基底垫层2.2m×2.2m,开挖深度1.3m,湿土深度0.4m,土方含水率25%,弃土运距5km	m³	46.97					

拓展提高

1. 工作面、放坡系数,当施工组织设计有规定时,按施工组织设计的要求计算。
2. 同一沟槽、基坑遇多个工作面条件时,按其中较大的计算,即 $B+2C$ 按大者取值。
3. 地下构件设有砖模的(如地下室底板下翻梁),挖土方工程量按砖模下垫层面积乘以下翻深度计算,不另加工作面与放坡。

(3)其他土方工程量计算。

① 挖一般土方工程量,超过沟槽、基坑相应范围的挖土,按沟槽、基坑相应工程量计算规则;山坡切土及平整场地挖土厚度在300mm以上的土方,按设计或实际需要挖除范围的体积计算。

② 挖淤泥、流砂工程量,按设计图示或现场的位置、界限,以体积计算。

③ 原土打夯工程量,按打夯面积计算。

④ 余方弃置运输工程量,为挖土工程量减去回填土工程量乘以相应的土方折算系数表中的折算系数。

⑤ 管沟土方工程量,按图示中心线长度计算,不扣除窨井所占长度,各种井类及管道接口处需增加的土方量不另行计算;沟底宽度按施工设计规定计算,设计不明确时,按管道宽度加400mm计算。

(4)机械土方工程量计算。

① 机械土方工程量,按施工组织设计规定的开挖范围及有关内容计算。

② 余土或取土运输工程量,按施工组织设计规定的需要发生运输的天然密实体积计算。

③ 场地原土碾压面积,按图示碾压面积计算;填土碾压面积,按图示尺寸计算。

④ 机械运土的运距按下列规定计算。

a. 推土机推土，按推土重心至弃土重心的直线距离计算。

b. 铲运机铲土，按铲土区重心至卸土区重心加转向距离 45m 计算。

c. 自卸汽车运土，按挖方区重心至弃土区重心之间的最短行驶距离计算。

⑤ 机械挖土方全深超过表 3-8 所列深度，当施工组织设计未明确放坡标准时，可按表 3-8 所列放坡系数计算放坡工程量。施工组织设计未明确基础施工所需工作面时，可参照人工挖土方标准计算。

表 3-8 机械挖土方放坡起点深度和放坡系数表

土壤类别	深度超过/m	放坡系数 K			说　　明
		基坑内作业	基坑上作业	沟槽上作业	
一、二类土	1.2	0.33	0.75	0.50	1. 同一沟槽、基坑内遇有不同土类时，分别按其放坡起点、放坡系数，依不同土类厚度加权平均计算； 2. 放坡起点均自沟槽、基坑底开始； 3. 如遇淤泥、流砂及海涂工程，放坡系数按施工组织设计的要求计算； 4. 凡有围护桩或地下连续墙的部分，不再计算放坡系数
三类土	1.5	0.25	0.67	0.33	
四类土	2.0	0.10	0.33	0.25	

3）清单计价

工程量清单计价包括招标控制价、投标报价，清单计价时应按清单项目的列项及其描述结合定额使用规则进行。

（1）工程量清单计价的项目组合。

根据工程量清单项目特征的描述，在计价时必须按项目特征内容确定清单项目需组合的主项和次项的计价工程量。

① 工程量清单计价涉及的各清单项目的组合不尽相同，在对清单项目进行计价分析时，应结合项目特征的描述、工程内容及计价定额使用规则进行计价子目的组合，同时还应考虑措施项目中有关内容的计价因素。

② 根据清单规范有关规定，清单项目采用《浙江省预算定额（2018 版）》定额计价时，土方工程清单可以组合的内容如下。

a. 平整场地组价内容见表 3-9。

表 3-9 平整场地组价内容

项目编码	项目名称	可组合的主要内容		对应的定额子目
010101001	平整场地	平整场地	人工	1-75
			机械	1-76
		土方场内外运输	人力车运土	1-12～1-13
			机械运土	1-27～1-40、1-65～1-74

b. 挖一般土方组价内容见表 3-10。

表 3-10 挖一般土方组价内容

项目编码	项目名称	可组合的主要内容		对应的定额子目
010101002	挖一般土方	挖土方		1-1～1-3
		土方场内外运输	人力车运土	1-12～1-13
			机械运土	1-27～1-40、1-65～1-74

c. 挖沟槽、基坑土方组价内容见表 3-11。

表 3-11 挖沟槽、基坑土方组价内容

项目编码	项目名称	可组合的主要内容		对应的定额子目
010101003 010101004	挖沟槽土方 挖基坑土方	挖土方	人工 （含人工挖孔桩）	1-4～1-11、3-107～3-116
			机械	1-14～1-16
		土方场内外运输	人力车运土	1-12～1-13
			机械运土	1-27～1-40、1-65～1-74

d. 挖淤泥、流砂，管沟土方组价可参考挖一般土方组价。

组价时，应按照清单有关项目特征描述及具体工程发生的内容和施工组织设计内容进行选项组合。

③ 清单项目计价子目进行组合时，应确定组价内容所适用的计价定额子目。

（2）工程量清单项目综合单价的确定。

应根据采用的计价定额有关使用和计算规则，确定清单项目综合工料机的数量；根据计价依据有关原则，确定工料机的单价取定、工程综合费用（企业管理费及利润）的计算标准。

① 当清单工程量与计价工程量的计算规则不同，或清单工程量与计价组合子目的工程量计算单位不同时，应根据工程量清单项目特征描述确定清单项目各组合子目的计价工程量。

② 当工程量清单计价规范与计价定额中的工程量计算规则一致时，清单工程量即为组合子目的计价工程量，但应注意工程量清单项目特征的描述，如有分别套用不同计价子目的内容，则需分别确定各自的计价工程量。

③ 根据确定的组合子目内容的工程量，套用相关计价定额和取定的工料机单价及综合费用计算标准，计算出各组合子目的综合单价，再按各子目计价工程量乘以各子目综合单价的合价之和除以清单项目工程量，计算出清单项目的综合单价。

（3）清单计价实例。

实例分析 3-6

根据实例分析 3-5 提供的工程条件、清单及企业拟定的施工方案，按照《浙江省预算定额（2018 版）》计算清单项目的综合单价与合价。假定当时当地的企业管理费为人工费及机械费之和的 16.57%、利润为人工费及机

实例分析3-6
所用定额

械费之和的 8.1%，不考虑工程风险。

分析：(1) 根据清单规范有关规定，题目提供的工程条件及企业拟定的施工方案，本题中要求计价的挖沟槽土方（010101003）和挖基坑土方（010101004）清单项目采用《浙江省预算定额（2018版）》时的组价内容见表3-12。

表3-12 挖沟槽、基坑土方组价内容

项目编码	项目名称	可组合的主要内容		对应的定额子目
010101003 010101004	挖沟槽土方 挖基坑土方	挖土方	人工挖地槽二类干土	1-4、1-7
			人工挖地槽二类湿土	1-4H、1-7H
		土方场内外运输	挖掘机挖地槽二类土方装车	1-12～1-13
			汽车运土5km	1-27～1-40、1-65～1-74

(2) 根据计价规则及工程量计算规则进行工程量计算。本工程施工方案采用人工挖沟槽、基坑，但未明确工作面和放坡系数。根据《浙江省预算定额（2018版）》规定，选定工作面和放坡系数。

挖土深度为 $H=1.6-0.3=1.3(\text{m})$，其中湿土为 $H_{湿}=1.6-1.1=0.5(\text{m})$。

① 1—1断面沟槽工程量计算。沟槽长度计价与清单计算规则一致，可以直接记取 $L=31.78\text{m}$，则由公式可得

$$V=(B+KH+2C)HL=(1.4+0.5\times1.3+2\times0.3)\times1.3\times31.78\approx109.48(\text{m}^3)$$

其中湿土工程量为

$$V_{湿}=(B+KH_{湿}+2C)H_{湿}L=(1.4+0.5\times0.5+2\times0.3)\times0.5\times31.78\approx35.75(\text{m}^3)$$

则干土为

$$V_{干}=V-V_{湿}=109.48-35.75=73.73(\text{m}^3)$$

② 2—2断面沟槽工程量计算。沟槽长度计价与清单计算规则一致，可以直接记取 $L=7.98\text{m}$，则由公式可得

$$V=(B+KH+2C)HL=(1.6+0.5\times1.3+2\times0.3)\times1.3\times7.98\approx29.57(\text{m}^3)$$

其中湿土工程量为

$$V_{湿}=(B+KH_{湿}+2C)H_{湿}L=(1.6+0.5\times0.5+2\times0.3)\times0.5\times7.98\approx9.78(\text{m}^3)$$

则干土为

$$V_{干}=V-V_{湿}=29.57-9.78=19.79(\text{m}^3)$$

③ J-1基坑工程量计算。

$$V=\left[(B+KH+2C)(L+KH+2C)H+\frac{K^2H^3}{3}\right]n$$

$$=\left[(2.2+0.5\times1.3+2\times0.3)^2\times1.3+\frac{0.5^2\times1.3^3}{3}\right]\times3\approx46.97(\text{m}^3)$$

其中湿土工程量为

$$V_{湿}=\left[(B+KH_{湿}+2C)(L+KH_{湿}+2C)H_{湿}+\frac{K^2H_{湿}^3}{3}\right]n$$

$$=\left[(2.2+0.5\times0.5+2\times0.3)^2\times0.5+\frac{0.5^2\times0.5^3}{3}\right]\times3\approx13.98(\text{m}^3)$$

则干土工程量为

$$V_{干} = V - V_{湿} = 46.97 - 13.98 = 32.99 (m^3)$$

④ 余土外运计算。按基坑边堆放、人工装土、自卸汽车运土考虑，回填后余土不考虑湿土因素，假设埋入土内体积如下。

1—1断面 $V = 26.6 m^3$，2—2断面 $V = 6.2 m^3$，J-1断面 $V = 8.3 m^3$。

按照定额说明中的折算系数及弃土工程量计算规则，各沟槽、基坑回填土夯实需用天然密实土方及余土体积（天然密实体积）如下。

1—1断面回填土体积为

$$V = (109.48 - 26.6) \times 1.15 \approx 95.31 (m^3)$$

余土体积为

$$V = 109.48 - 95.31 = 14.17 (m^3)$$

2—2断面回填土体积为

$$V = (29.57 - 6.2) \times 1.15 \approx 26.88 (m^3)$$

余土体积为

$$V = 29.57 - 26.88 = 2.69 (m^3)$$

J-1断面回填土体积为

$$V = (46.97 - 8.3) \times 1.15 \approx 44.47 (m^3)$$

余土体积为

$$V = 46.97 - 44.47 = 2.50 (m^3)$$

注意：以上土方回填体积不是沟槽、基坑的回填计价工程量，而是回填需要的天然密实土方数量。

(3) 按《浙江省预算定额（2018版）》进行计价。对清单010101003001挖沟槽土方（1—1断面）进行计价，应组合内容为定额1-4、1-23、1-39、1-40。

① 人工挖沟槽、基坑二类干土，套定额1-4，计算得

$$人工费 = 0.1416 \times 125 = 17.70 (元/m^3)$$

② 人工挖沟槽、基坑二类湿土，套定额1-4，计算得

$$人工费 = 0.1416 \times 125 \times 1.18 \approx 20.89 (元/m^3)$$

③ 挖掘机挖沟槽二类土装土，套定额1-23，计算得

$$人工费 = 0.01348 \times 125 \approx 1.69 (元/m^3)$$

④ 汽车运土5km，套定额1-39＋1-40×4，计算得

$$人工费 = 0.0026 \times 125 \approx 0.33 (元/m^3)$$

$$机械费 = 0.00776 \times 794.19 + 0.00166 \times 794.19 \times 4 \approx 11.44 (元/m^3)$$

(4) 计算分部分项工程量清单项目综合单价与合价。综合单价计算如下。

人工费 $= (17.70 \times 73.73 + 20.89 \times 35.75 + 1.69 \times 14.17 + 0.33 \times 14.17) \div 109.48 \approx 19.00 (元/m^3)$

材料费 $= 0$

机械费 $= 19.00 \times 14.17 \div 109.48 \approx 2.46 (元/m^3)$

企业管理费 $= (19.00 + 2.46) \times 16.57\% \approx 3.56 (元/m^3)$

利润 $= (19.00 + 2.46) \times 8.1\% \approx 1.74 (元/m^3)$

综合单价 $= 19.00 + 2.46 + 3.56 + 1.74 = 26.76 (元/m^3)$

合价 $= 26.76 \times 109.48 \approx 2929.68 (元)$

同理可以计算出清单010101003002和010101004001的综合单价与合价，最终结果见表3-13和表3-14。

表3-13 分部分项工程量清单综合单价计算表

单位及专业工程名称：××××楼——建筑工程　　　　　　　　　　　　　　　第　页　共　页

序号	编号	项目名称	计量单位	数量	综合单价/元							合价/元
					人工费	材料费	机械费	企业管理费	利润	风险费用	小计	
1	010101003001	挖沟槽土方（1—1）	m^3	109.48	19.00	0	1.48	3.39	1.66	0	25.53	2795.29
	1-4	人工挖地槽二类干土	m^3	73.73	17.70	0	0	2.92	1.43	0	22.07	1626.97
	1-4H	人工挖地槽二类湿土	m^3	35.75	20.89	0	0	3.46	1.69	0	26.04	931.06
	1-23	挖掘机挖地槽二类土方装土	m^3	14.17	1.69	0	0	0.28	0.14	0	2.11	29.86
	1-39+1-40×4H	汽车运土5km	m^3	14.17	0.33	0	11.44	1.95	0.95	0	14.67	207.93
2	010101003002	挖沟槽土方（2—2）	m^3	29.57	18.94	0	1.04	3.31	1.62	0	24.91	736.56
	1-4	人工挖地槽二类干土	m^3	19.79	17.70	0	0	2.93	1.43	0	22.07	436.70
	1-4H	人工挖地槽二类湿土	m^3	9.78	20.89	0	0	3.46	1.69	0	26.04	254.71
	1-23	挖掘机挖地槽二类土方装土	m^3	2.69	1.69	0	0	0.28	0.14	0	2.11	5.67
	1-39+1-40×4H	汽车运土5km	m^3	2.69	0.33	0	11.44	1.95	0.95	0	14.67	39.47
3	010101004001	挖基坑土方（J-1）	m^3	46.97	18.76	0	0.61	3.21	1.57	0	24.15	1134.26
	1-4	人工挖地槽二类干土	m^3	32.99	17.70	0	0	2.93	1.43	0	22.07	727.98
	1-4H	人工挖地槽二类湿土	m^3	13.98	20.89	0	0	3.46	1.69	0	26.04	364.09
	1-23	挖掘机挖地槽二类土方装土	m^3	2.50	1.69	0	0	0.28	0.14	0	2.11	5.27
	1-39+1-40×4H	汽车运土5km	m^3	2.50	0.33	0	11.44	1.95	0.95	0	14.67	36.68

表 3-14 分部分项工程量计价表

单位及专业工程名称：××××楼——建筑工程　　　　　　　　　　　　第 页 共 页

序号	项目编码	项目名称	项目特征描述	计量单位	工程量	综合单价/元	合价/元	其中/元 人工费	其中/元 机械费	备注
1	010101003001	挖沟槽土方	挖1—1有梁式钢筋混凝土沟槽二类土方，基底垫层宽度1.4m，开挖深度1.3m，湿土深度0.4m，土方含水率25%，弃土运距5km	m³	109.48	25.53	2795.29	19.00	1.48	
2	010101003002	挖沟槽土方	挖2—2有梁式钢筋混凝土沟槽二类土方，基底垫层宽度1.6m，开挖深度1.3m，湿土深度0.4m，土方含水率25%，弃土运距5km	m³	29.57	24.91	736.56	18.94	1.04	
3	010101004001	挖基坑土方	挖J-1有梁式钢筋混凝土柱基基坑二类土方，基底垫层2.2m×2.2m，开挖深度1.3m，湿土深度0.4m，土方含水率25%，弃土运距5km	m³	46.97	24.15	1134.26	18.76	0.61	

3. 石方工程清单计价

1) 计价说明

（1）同一石方，当其中一种类别岩石的最厚一层大于设计横断面的75%时，按最厚一层岩石类别计算。

（2）石方爆破定额是按机械凿眼编制的，如用人工凿眼，费用仍按定额计算。

（3）爆破定额已经综合了不同阶段的高度、坡面、改炮、找平等因素。当设计规定爆破有粒径要求时，需增加的人工、材料和机械费用应按实计算。

（4）爆破定额是按火雷管爆破编制的，如使用其他炸药或其他引爆方法，费用按实计算。

（5）定额中的爆破材料是按炮孔中无地下渗水、积水（雨积水除外）计算的，如带水爆破，所需的绝缘材料费用另行按实计算。

（6）爆破工作面所需的架子、爆破覆盖用的安全网和草袋、爆破区所需的防护费，以及申请爆破的手续费、安全保证费等，定额均未考虑，如发生，另行按实计算。

（7）基坑开挖深度以5m为准，当深度超过5m时，定额乘以系数1.09。

（8）石方爆破，沟槽底宽大于7m时，套用一般开挖定额；基坑开挖上口面积大于150m²时，按相应定额乘以系数0.5。

（9）石方爆破现场必须采用集中供风时，所需增加的临时管道材料及机械安拆费用应另行计算，但发生的风量损失不另计算。

2) 计价工程量计算规则

(1) 一般石方、人工凿石、机械凿石,均按图示尺寸以体积 (m^3) 计算。

(2) 沟槽、基坑爆破开挖,按图示尺寸另加允许超挖厚度:极软岩、软岩 0.2m,较软岩、较坚硬岩、坚硬岩 0.15m。石方超挖量与工作面宽度不得重复计算。

(3) 人工岩石表面找平按岩石爆破的规定尺寸以面积 (m^2) 计算。

3) 清单计价

根据清单规范有关规定,具体工程发生的内容及施工组织设计内容进行选项组合,挖沟槽、基坑石方组价内容见表 3-15。

表 3-15 挖沟槽、基坑石方组价内容

项目编码	项目名称	可组合的主要内容	对应的定额子目
010102002 010102003	挖沟槽石方 挖基坑石方	石方开挖	1-45~1-48
		挖孔桩石方	3-114
		人工岩石表面找平	1-54~1-58
		人工凿石	1-49~1-53
		机械凿石	1-61~1-64
		人力车运石渣	1-59~1-60
		机械出渣	1-65~1-74

4. 回填清单计价

1) 计价说明

(1) 土方回填定额分为就地回填夯实和借土回填夯实。

① 就地回填指的是将挖出的土方在运距 5m 以内就地回填,运距超过 5m 按人力车运土定额计算。

② 借土回填适用于向外取土回填。定额不包括挖、运土方。

(2) 石渣回填定额适用于采用现场开挖岩石的利用回填。

2) 计价工程量计算规则

(1) 沟槽、基坑回填是指当基础施工完后,将基础周围用土回填至交付施工场地标高(设计室外地坪标高)。

回填土工程量为挖方体积减去交付施工场地标高(或自然地面标高)以下的埋设的建(构)筑物,即

$$V = V_{挖} - V_{应扣}$$

(2) 室内回填土是指交付施工场地标高(设计室外地坪标高)至室内地面垫层底面标高之间的回填土,即

$$V = 主墙间净面积 \times 回填土厚度$$

回填土厚度为室内外高差减地坪厚度。

底层为架空层时,室内回填土工程量为主墙间净面积乘以设计规定的室内回填土厚度。

(3) 弃土工程量为沟槽、基坑挖土工程量减去回填土工程量乘以相应的土方体积折算

系数表中的折算系数。

3）清单计价

根据清单规范有关规定，具体工程发生的内容及施工组织设计内容进行选项组合，回填土组价内容见表3-16。

表3-16 回填土组价内容

项目编码	项目名称	可组合的内容	对应的定额子目
010103001	回填方	一般土方开挖	1-1～1-3
		一般石方开挖	1-41～1-44
		人力运土	1-12～1-13
		机械运石渣	1-71～1-74
		机械运土	1-29～1-40
		机械出渣	1-65～1-74
		人工回填	1-79～1-81
		机械碾压	1-82～1-84

土石方工程清单与定额工程量计算规则差异示例见表3-17。

表3-17 土石方工程清单与定额工程量计算规则差异示例

序号	计算内容	清单计算规则	定额计算规则
1	平整场地	按建筑物首层面积计算	按设计图示尺寸以建筑物首层建筑面积（或架空层结构外围面积）的外边线每边各放2m计算
2	挖土平面尺寸	按基底垫层尺寸	按基底尺寸加工作面
3	机械开挖		按施工方案增加机械上下坡道或工作面
4	放坡	根据各省情况自行考虑	按施工工艺、挖深和土类增加放坡
5	石方	按图示尺寸	可以考虑超挖量

任务3.2 地基处理与边坡支护工程

3.2.1 基础知识

地基处理：包括换填垫层、铺设土工合成材料、预压地基、强夯地基、振冲密实（不

填料)、振冲桩(填料)、砂石桩、水泥粉煤灰碎石桩、深层搅拌桩、粉喷桩、夯实水泥土桩、高压喷射注浆桩、石灰桩、灰土(土)挤密桩、柱锤冲扩桩、注浆地基、褥垫层等。

基坑与边坡支护：包括地下连续墙，咬合灌注桩，圆木桩，预制钢筋混凝土板桩，型钢桩，钢板桩，锚杆(锚索)，土钉，喷射混凝土、水泥砂浆，钢筋混凝土支撑，钢支撑等。

1. 强夯法

强夯法是一种用机械起吊重锤，从一定高度自由落下，以强大能量夯击地基土，提高地基土强度，降低其压缩性的地基加固方法。强夯法所用的锤重、落距、夯击点间距、夯击遍数等技术参数，应根据有关设计要求和地质条件，经现场试验后确定。

2. 换土垫层法

换土垫层法是将天然软弱土层挖去或部分挖去，分层回填强度高、压缩性较低且无腐蚀性的砂、碎石、素土、灰土、工业废料等材料，夯实至要求的密实度后作为基础持力层。换土垫层法也称开挖置换法。

3. 挤密法

挤密法是以振动或冲击的方法成孔，然后在孔中填入砂、石、土、石灰、灰土或其他材料，并加以捣实成为桩体。按其填入的材料不同，分为砂桩、砂石桩、石灰桩、灰土桩等。挤密法一般采用各种打桩机械施工。

4. 振冲法

振冲法的主要设备为振冲器，一般由潜水电动机、偏心块和通水管三部分组成。振冲器内的偏心块在电动机带动下高速旋转而产生高频振动，在高压水流的联合作用下，可使振冲器贯入土中，当达到设计深度后，关闭下喷水口，打开上喷水口，然后向振冲形成的孔中填以粗砂、砾石或碎石。振冲器振一段上提一段，最后在地基中形成密实的砂、砾石或碎石桩体。

5. 排水固结法

排水固结法就是利用地基土排水固结规律，采用各种排水技术措施处理饱和软黏土的一种方法。地基受压固结时，一方面孔隙比减小，土体被压缩，抗剪强度相应提高；另一方面，卸荷再压缩时，土体已变为超固结状态，抗剪强度也相应有所提高。排水固结法就是利用这一规律来处理软弱地基，以达到提高土体强度和减小沉降量的目的。

6. 砂井排水堆载预压法

砂井排水堆载预压法是在软弱地基中用钢管打孔、灌砂，设置砂井作为竖向排水通道，并在砂井顶部设置砂垫层作为水平排水通道，在砂垫层上部压载以增加土体附加应力，附加应力产生超静水压力，使土体中的孔隙水较快地通过砂井、砂垫层排出，以达到加速土体固结、提高地基土强度的目的。

7. 深层搅拌法

深层搅拌法是利用水泥(或石灰)作为固化剂，通过特制的搅拌机械，在地层深处将软黏土和固化剂强制搅和，使软黏土硬结成一系列水泥(或石灰)土桩或地下连续墙,这些加固体与天然地基形成复合地基,共同承担建筑物的荷载。

8. 高压旋喷法

高压旋喷法是用钻机钻孔至所需深度后,用高压脉冲泵通过安装在钻杆底端的喷嘴向四周喷射化学浆液,同时钻杆旋转提升,高压射流使土体结构破坏并与化学浆液混合,胶结硬化后形成圆柱体状的旋喷桩。

9. 水泥压力注浆法

水泥压力注浆法是将水泥通过压浆泵、注浆管均匀注入岩土层中,以充填、渗透和挤密等方式驱走岩石裂隙中或土颗粒中的水分和气体,并充填其位置,硬化后将岩土胶结成一个整体,形成强度较大、压缩性低、抗渗性和稳定性良好的岩土体,从而使地基得到加固。水泥压力注浆法可防止或减少渗透和不均匀沉降,在建筑工程中应用较为广泛。

3.2.2 工程量清单编制

1. 清单编制说明

地基处理与边坡支护工程工程量清单按《计算规范》附录 B 进行编制,项目适用于地基与边坡的处理、加固。

本任务项目按上述规范附录 B 列项,包括 B.1 地基处理、B.2 基坑与边坡支护 2 个部分,共 28 个项目。

2. 地基处理工程量清单编制

地基处理包括换填垫层、铺设土工合成材料、预压地基、强夯地基、振冲密实(不填料)、振冲桩(填料)、砂石桩、水泥粉煤灰碎石桩、深层搅拌桩、粉喷桩、夯实水泥土桩、高压喷射注浆桩、石灰桩、灰土(土)挤密桩、柱锤冲扩桩、注浆地基、褥垫层共 17 个项目,分别按 010201001×××～010201017××× 编码列项。

1)换填垫层(010201001)

(1)工作内容:分层铺填,碾压、振密或夯实,材料运输。

(2)项目特征:应对材料种类及配合比、压实系数、掺加剂品种予以描述。

(3)工程量计算规则:按设计图示尺寸以体积(m^3)计算。

2)铺设土工合成材料(010201002)

(1)工作内容:挖填锚固沟、铺设、固定、运输。

(2)项目特征:应对部位、品种、规格予以描述。

(3)工程量计算规则:按设计图示尺寸以面积(m^2)计算。

3)预压地基(010201003)

(1)工作内容:设置排水竖井、盲沟、滤水管,铺设砂垫层、密封膜,堆载、卸载或抽气设备安拆,抽真空,材料运输。

(2)项目特征:应对排水竖井种类、断面尺寸、排列方式、间距、深度,预压方式、预压荷载、时间,砂垫层厚度予以描述。

(3)工程量计算规则:按设计图示处理范围以面积(m^2)计算。

4) 强夯地基（010201004）

(1) 适用于采用强夯机械对松软地基进行强力夯击以达到一定密实要求的工程。

(2) 工作内容：铺设夯填材料、强夯、夯填材料运输。

(3) 项目特征：应对夯击能量，夯击遍数，夯击点布置形式、间距，地基承载力要求，夯填材料种类予以描述。

(4) 工程量计算规则：按设计图示处理范围以面积（m²）计算。

地基强夯按设计地基尺寸需要增加范围的，应予以明确要求。地基强夯涉及现场试验、障碍物处理等因素，应在措施项目清单中予以列项。

5) 振冲密实（不填料）（010201005）

(1) 工作内容：振冲加密、泥浆运输。

(2) 项目特征：应对地层情况、振密深度、孔距予以描述。

(3) 工程量计算规则：按设计图示处理范围以面积（m²）计算。

6) 振冲桩（填料）（010201006）

(1) 工作内容：振冲成孔、填料、振实，材料运输，泥浆运输。

(2) 项目特征：应对地层情况，空桩长度、桩长、桩径，填充材料种类予以描述。

(3) 工程量计算规则：①按设计图示尺寸以桩长（m）计算；②按设计桩截面乘以桩长以体积（m³）计算。

7) 砂石桩（010201007）

(1) 工作内容：成孔，填充、振实，材料运输。

(2) 项目特征：应对地层情况，空桩长度、桩长、桩径，成孔方法，材料种类、级配予以描述。

(3) 工程量计算规则：①按设计图示尺寸以桩长（包括桩尖，m）计算；②按设计桩截面乘以桩长（包括桩尖）以体积（m³）计算。

8) 水泥粉煤灰碎石桩（010201008）

(1) 工作内容：成孔，混合料制作、灌注、养护，材料运输。

(2) 项目特征：应对地层情况，空桩长度、桩长、桩径，成孔方法，混合料强度等级予以描述。

(3) 工程量计算规则：按设计图示尺寸以桩长（包括桩尖，m）计算。

9) 深层搅拌桩（010201009）

(1) 工作内容：预搅下钻、水泥浆制作、喷浆搅拌提升成桩，材料运输。

(2) 项目特征：应对地层情况，空桩长度、桩长，桩截面尺寸，水泥强度等级、掺量予以描述。

(3) 工程量计算规则：按设计图示尺寸以桩长（m）计算。

10) 深层搅拌桩（010201010）

(1) 工作内容：预搅下钻、喷粉、搅拌提升成桩，材料运输。

(2) 项目特征：应对地层情况，空桩长度、桩长、桩径，粉体种类、掺量，水泥强度等级、石灰粉要求予以描述。

(3) 工程量计算规则：按设计图示尺寸以桩长（m）计算。

11）夯实水泥土桩（010201011）

(1) 工作内容：成孔、夯底，水泥土拌和、填料、夯实，材料运输。

(2) 项目特征：应对地层情况，空桩长度、桩长，桩径，成孔方法，水泥强度等级，混合料配合比予以描述。

(3) 工程量计算规则：按设计图示尺寸以桩长（包括桩尖，m）计算。

12）高压喷射注浆桩（010201012）

(1) 高压喷射注浆包括旋喷、摆喷、定喷，高压喷射注浆方法包括单管法、双重管法、三重管法。

(2) 工作内容：成孔，水泥浆的制作、高压喷射注浆，材料运输。

(3) 项目特征：应对地层情况，空桩长度、桩长，桩截面，注浆类型、方法，水泥强度等级予以描述。

(4) 工程量计算规则：按设计图示尺寸以桩长（m）计算。

13）石灰桩（010201013）

(1) 工作内容：成孔，混合料制作、运输、夯填。

(2) 项目特征：应对地层情况，空桩长度、桩长，桩径，成孔方法，掺合料种类、配合比予以描述。

(3) 工程量计算规则：按设计图示尺寸以桩长（包括桩尖，m）计算。

14）灰土（土）挤密桩（010201014）

(1) 工作内容：成孔，灰土拌和、运输、填充、夯实。

(2) 项目特征：应对地层情况，空桩长度、桩长，桩径，成孔方法，灰土级配予以描述。

(3) 工程量计算规则：按设计图示尺寸以桩长（包括桩尖，m）计算。

15）柱锤冲扩桩（010201015）

(1) 工作内容：安、拔套管，冲孔、填料、夯实，桩体材料制作、运输。

(2) 项目特征：应对地层情况，空桩长度、桩长，桩径，成孔方法，桩体材料种类、配合比予以描述。

(3) 工程量计算规则：按设计图示尺寸以桩长（m）计算。

16）注浆地基（010201017）

(1) 工作内容：成孔，注浆导管制作、安装，浆液的制作、压浆，材料运输。

(2) 项目特征：应对地层情况，空钻深度、注浆深度，注浆间距，浆液种类、配合比，注浆方法，水泥强度等级予以描述。

(3) 工程量计算规则：①按设计图示尺寸以钻孔深度（m）计算；②按设计图示尺寸以加固体积（m³）计算。

17）褥垫层（010201017）

(1) 工作内容：材料拌和、运输、铺设、压实。

(2) 项目特征：应对厚度、材料品种及比例予以描述。

(3) 工程量计算规则：①按设计图示尺寸以铺设面积（m²）计算；②按设计图示尺

寸以体积（m³）计算。

3. 基坑与边坡支护工程量清单编制

基坑与边坡支护包括地下连续墙，咬合灌注桩，圆木桩，预制钢筋混凝土板桩，型钢桩，钢板桩，锚杆（锚索），土钉，喷射混凝土、水泥砂浆，钢筋混凝土支撑，钢支撑共11个项目，分别按010202001×××～010202011×××编码列项。

1）地下连续墙（010202001）

（1）适用于各种导墙施工的复合型地下连续墙工程。

（2）工作内容：导墙挖填、制作、安装、拆除，挖土成槽、固壁、清底置换，混凝土制作、运输、灌注、养护，接头处理，土方、废泥浆外运，打桩场地硬化及泥浆池、泥浆沟。

（3）项目特征：应对地层情况，导墙类型、截面，墙体厚度，成槽深度，混凝土种类、强度等级，接头形式予以描述。

（4）工程量计算规则：按设计图示墙中心线长乘以厚度再乘以槽深以体积（m³）计算。

地下连续墙的清单项目中还应明确墙顶标高、自然地坪标高，以及在设计中明确槽段划分、导墙土方类别、土方运输、回填等要求。若设计对此没有具体要求，则投标人应根据施工方案将其计入报价内。

2）咬合灌注桩（010202002）

（1）工作内容：成孔、固壁，混凝土制作、运输、灌注、养护，套管压拔，土方、废泥浆外运，打桩场地硬化及泥浆池、泥浆沟。

（2）项目特征：应对地层情况、桩长、桩径、混凝土种类、强度等级、部位予以描述。

（3）工程量计算规则：①按设计图示尺寸以桩长（m）计算；②按设计图示数量（根）计算。

3）圆木桩（010202003）

（1）工作内容：工作平台搭拆、桩机移位、桩靴安装、沉桩。

（2）项目特征：应对地层情况、桩长、材质、尾径、桩倾斜度予以描述。

（3）工程量计算规则：①按设计图示尺寸以桩长（包括桩尖，m）计算；②按设计图示数量（根）计算。

4）预制钢筋混凝土板桩（010202004）

（1）工作内容：工作平台搭拆、桩机移位、沉桩、板桩连接。

（2）项目特征：应对地层情况、送桩深度、桩长，桩截面，沉桩方法，连接方式，混凝土强度等级予以描述。

（3）工程量计算规则：①按设计图示尺寸以桩长（包括桩尖，m）计算；②按设计图示数量（根）计算。

5）型钢桩（010202005）

（1）工作内容：工作平台搭拆、桩机移位、打（拔）桩、接桩、刷防护材料。

（2）项目特征：应对地层情况或部位，送桩深度、桩长，规格型号，桩倾斜度，防护材料种类，是否拔出予以描述。

（3）工程量计算规则：①按设计图示尺寸以质量（t）计算；②按设计图示数量（根）计算。

6）钢板桩（010202006）

（1）工程内容：工作平台搭拆、桩机移位、打（拔）钢板桩。

（2）项目特征：应对地层情况、桩长、板桩厚度予以描述。

（3）工程量计算规则：①按设计图示尺寸以质量（t）计算；②按设计图示墙中心线长乘以桩长以面积（m²）计算。

7）锚杆（锚索）（010202007）

（1）适用于岩石高削坡混凝土支护挡墙和风化岩石混凝土（砂浆）护坡。

（2）工作内容：钻孔、浆液制作、运输、压浆，锚杆（锚索）制作、安装，张拉锚固，锚杆（锚索）施工平台搭设、拆除。

（3）项目特征：应对地层情况，锚杆（锚索）类型、部位，钻孔深度，钻孔直径，杆体材料品种、规格、数量，预应力，浆液种类、强度等级予以描述。

（4）工程量计算规则：①按设计图示尺寸以钻孔深度（m）计算；②按设计图示数量（根）计算。

8）土钉（010202008）

（1）适用于土层的锚固，一般不入岩、不采用预应力工艺。

（2）工作内容：钻孔、浆液制作、运输、压浆，土钉制作、安装，土钉施工平台搭设、拆除。

（3）项目特征：应对地层情况，钻孔深度，钻孔直径，置入方法，杆体材料品种、规格、数量，浆液种类、强度等级予以描述。

（4）工程量计算规则：①按设计图示尺寸以钻孔深度（m）计算；②按设计图示数量（根）计算。

土钉置入方法，包括钻孔置入、打入或射入等。

9）喷射混凝土、水泥砂浆（010202009）

（1）工作内容：修整边坡，混凝土（砂浆）制作、运输、喷射、养护，钻排水孔、安装排水管，喷射施工平台搭设、拆除。

（2）项目特征：应对部位，厚度，材料种类，混凝土（砂浆）类别、强度等级予以描述。

（3）工程量计算规则：按设计图示尺寸以面积（m²）计算。

10）钢筋混凝土支撑（010202010）

（1）工作内容：模板（支架或支撑）制作、安装、拆除、堆放、运输及清理模内杂物、刷隔离剂等，混凝土制作、运输、浇筑、振捣、养护。

(2) 项目特征：应对部位、混凝土种类、混凝土强度等级予以描述。

(3) 工程量计算规则：按设计图示尺寸以体积（m³）计算。

11）钢支撑（010202011）

(1) 工作内容：支撑、铁件制作（摊销、租赁），支撑、铁件安装，探伤，刷漆，拆除，运输。

(2) 项目特征：应对部位，钢材品种、规格，探伤要求予以描述。

(3) 工程量计算规则：按设计图示尺寸以质量（t）计算，不扣除孔眼质量，焊条、铆钉、螺栓等不另增加质量。

> 地下连续墙和喷射混凝土（砂浆）的钢筋网、咬合灌注桩的钢筋笼及钢筋混凝土支撑的钢筋制作、安装，混凝土挡土墙按《计算规范》附录E中相关项目列项；此单元中未列的基坑与边坡支护的排桩，按《计算规范》附录C中相关项目列项；砖、石挡土墙和护坡按《计算规范》附录D中相关项目列项。

3.2.3 工程量清单计价

本部分的计价基本依据是《浙江省预算定额（2018版）》第二章"地基处理与边坡支护工程"分部。

1. 地基处理清单计价

1）计价说明

(1) 换填加固。

① 定额适用于基坑开挖后对软弱土层或不均匀土层地基的加固处理，按不同换填材料分别套用定额子目。定额未包括软弱土层挖除，发生时套用本定额第一章"土石方工程"相应定额。

② 填筑毛石混凝土子目中毛石投入量按24％考虑，设计不同时混凝土及毛石按比例调整。

(2) 水泥搅拌桩。

① 水泥搅拌桩的水泥掺量按加固土重（1800kg/m³）的13％考虑，当设计不同时，水泥掺量按比例调整，其余不变。

② 定额按不掺添加剂（如石膏粉、三乙醇胺、硅酸钠等）编制，如设计有要求，按设计要求增加添加剂材料费。

③ 空搅（设计不掺水泥部分）按相应定额人工及搅拌桩机台班乘以系数0.5计算，其余不计。

④ 桩顶凿除套用本定额第三章"桩基工程"中的凿灌注桩定额子目乘以系数0.1计算。

⑤ 用于围护的桩施工产生涌土、浮浆的清除，按成桩工程量乘以系数0.2计算，套用本定额第一章"土石方工程"中相应定额子目。

实例分析 3-7

ϕ800mm 单头喷水泥浆搅拌桩每米桩水泥掺量 110kg，实际工程加固土重 1500kg/m³，求该基价。

分析： 该工程水泥搅拌桩水泥掺入比为

$$110/(3.14\times0.4\times0.4\times1\times1500)\times100\%\approx14.60\%$$

因此，套用定额为 2-30。换算后的基价为

$$157.715+0.34\times236.3\times(14.60\%/13\%-1)\approx167.60(元/m^3)$$

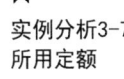

实例分析3-7
所用定额

（3）旋喷桩。

① 旋喷桩定额的水泥掺量统一按加固土重（1800kg/m³）的 21% 考虑，当设计不同时，水泥掺量按比例调整，其余不变。

② 定额按不掺添加剂（如石膏粉、三乙醇胺、硅酸钠等）编制，如设计有要求，按设计要求增加添加剂材料费。

③ 定额已综合了常规施工的引孔，当设计桩顶标高到交付地坪标高深度大于 2.0m 时，超过部分的引孔按每 10m 增加人工 0.667 工日、旋喷桩机 0.285 台班。

（4）强夯地基加固。

满夯定额按一遍编制，设计遍数不同，每增加一遍，相应定额乘以系数 0.75。

2）计价工程量计算规则

（1）水泥搅拌桩。

① 水泥搅拌桩工程量按桩长乘单个圆形截面积以体积计算，不扣除重叠部分的面积。桩长按设计桩顶标高至桩底长度另加加灌长度 0.50m 计算。当发生单桩内设计有不同水泥掺量时应分段计算。

② 加灌长度，设计有规定，按设计要求计算；设计无规定，按 0.50m 计算。当设计桩顶标高至交付地坪标高高差小于 0.50m 时，加灌长度计算至交付地坪标高。

③ 空搅部分的长度按设计桩顶标高至交付地坪标高减去加灌长度计算。

④ 桩顶凿除按加灌体积计算。

（2）旋喷桩。

按设计桩长乘以桩径截面积，以体积计算，不扣除桩与桩之间的搭接。当发生单桩内设计有不同水泥掺量时应分段计算。

（3）注浆地基。

钻孔按交付地坪至设计桩底的长度计算，注浆按下列规定以体积（m³）计算。

① 设计图纸明确加固土体体积的，按设计图纸注明的体积计算。

② 设计图纸以布点形式图示土体加固范围的，则按两孔间距的一半作为扩散半径，以布点边线各加扩散半径形成计算平面来计算注浆体积。

③ 如设计图纸注浆点在钻孔灌注桩之间，按两注浆孔间距的一半作为每孔的扩散半径，以此圆柱体体积计算注浆体积。

3）清单计价

工程量清单计价包括招标控制价、投标报价，清单计价时应按清单项目的列项及其描述结合定额使用规则进行。

(1) 工程量清单计价的项目组合。

根据工程量清单项目的特征描述,在计价时必须按项目特征内容确定清单项目需组合的主项和次项的计价工程量。

① 工程量清单计价涉及的各清单项目的组合不尽相同,在对清单项目进行计价分析时,应结合项目特征的描述、工程内容及计价定额使用规则进行计价子目的组合,同时还应考虑措施项目中有关内容的计价因素。

② 根据清单规范的有关规定,当清单项目采用《浙江省预算定额(2018版)》定额计价时,如砂石桩和水泥搅拌桩组价内容见表3-18。

表3-18 砂石桩和水泥搅拌桩组价内容

项目编码	项目名称	可组合的主要内容		对应的定额子目
010201004	强夯地基	点夯		2-6~2-13
		满夯		2-14~2-19
010201007	砂石桩	沉管灌注砂桩		2-23~2-25
		沉管灌注砂石桩		2-26~2-28
010201009	深层搅拌桩	水泥搅拌桩	单、双头深层水泥搅拌桩	2-29~2-31
010201010	粉喷桩			
010201012	高压喷射注浆桩	高压旋喷桩	成桩	2-33~2-35

③ 清单项目计价子目组合时,应确定组价内容所适用的计价定额子目。

(2) 工程量清单项目综合单价的确定。

应根据采用的计价定额有关使用和计算规则,确定清单项目综合工料机的数量,按照计价依据的有关原则,确定工料机单价取定、工程综合费用(企业管理费及利润)的计算标准。

① 当清单工程量与计价工程量的计算规则不同,或清单工程量与计价组合子目的工程量计算单位不同时,应根据工程量清单项目特征描述确定清单项目各组合子目的计价工程量。

② 当工程量清单计价规范与计价定额中的工程量计算规则一致时,清单工程量即为组合子目的计价工程量,但应注意工程量清单项目特征的描述,如有分别套用不同计价子目的内容,则需分别确定各自的计价工程量。

③ 根据确定的组合子目内容的工程量,套用相关计价定额和取定的工料机单价及综合费用计算标准,计算出各组合子目的综合单价,再按各子目计价工程量乘以各子目综合单价的合价之和,除以清单项目工程量,计算出清单项目的综合单价。

2. 基坑与边坡支护清单计价

1) 计价说明

(1) 地下连续墙。

① 导墙开挖定额已综合了土方挖、填。导墙浇灌定额已包含了模板安拆。

② 钢筋笼、钢筋网片、十字钢板封口、预埋铁件及导墙的钢筋制作和安装,套用本定额第五章"混凝土及钢筋混凝土工程"中的相应定额。

基坑支护施工

③ 地下连续墙成槽土方运输按成槽工程量计算，套用本定额第一章"土石方工程"中的相应定额子目。成槽产生的泥浆按成槽工程量乘以系数 0.2 计算。泥浆池的拆建、泥浆运输套用本定额第三章"桩基工程"中的泥浆处理定额子目。

④ 地下连续墙墙底注浆管埋设及注浆定额执行本定额第三章"桩基工程"中的灌注桩相应子目。

⑤ 地下连续墙墙顶凿除，套用本定额第三章"桩基工程"中的凿灌注桩定额子目。

⑥ 成槽机、地下连续墙钢筋笼吊装机械不能利用原有场地内路基需单独加固处理的，应另列项目计算。

(2) 水泥土连续墙。

① 水泥土连续墙水泥掺量按加固土重（1800kg/m³）的 18% 考虑，如设计不同时，水泥掺量按比例调整，其余不变。

② 三轴水泥土搅拌墙设计要求全截面套打时，相应定额的人工及机械乘以系数 1.5 计算，其余不变。

③ 空搅（设计不掺水泥部分）按相应定额的人工及搅拌桩基台班乘以系数 0.5 计算，其余不变。

④ 墙顶凿除，套用本定额第三章"桩基工程"中的凿灌注桩定额子目乘以系数 0.10 计算，水泥土连续墙压顶梁执行本定额第五章"混凝土及钢筋混凝土工程"。

⑤ 施工产生涌土、浮浆的清除，按成桩工程量乘以系数 0.25 计算，套用本定额第一章"土石方工程"中的土方汽车运输定额子目。

⑥ 插、拔型钢定额仅考虑施工费用和施工损耗，定额未包括型钢的使用费。遇设计（或场地原因）要求只插不拔时，每吨定额扣除：人工 0.292 工日、50t 履带式起重机 0.057 台班、液压泵车 0.214 台班、200t 立式油压千斤顶 0.428 台班，并增加型钢桩摊销 950.0kg。

(3) 混凝土预制板桩。

① 定额按成品桩以购入成品构件考虑，已包含了场内必需的就位供桩和开挖导向沟、送桩，发生时不再另行计算。

② 若单位工程的混凝土预制板桩工程量小于 100m³ 时，其相应定额的人工及机械乘以系数 1.25。

(4) 钢板桩。

① 定额按拉森钢板桩编制，仅考虑打、拔施工费用和施工损耗，定额未包括钢板桩的使用费。

② 打、拔其他钢板桩（如槽钢或钢轨等）的，定额机械乘以系数 0.75，其余不变。

③ 当单位工程的钢板桩工程量小于 30t 时，其相应定额的人工及机械乘以系数 1.25。

(5) 土钉、锚杆与喷射联合支护。

① 土钉支护按钻孔注浆和打入注浆施工工艺综合考虑。注浆材料定额按水泥浆编制，设计不同时，价格应换算，其余不变。

② 锚杆定额按水平施工编制，当设计为（≥75°）垂直锚杆时钻孔定额人工及机械乘以系数 0.85，其余不变。

③ 锚杆、锚索支护注浆材料定额按水泥砂浆编制，设计不同时，价格应换算，其余

不变。

④ 定额未包括钢绞线锚索回收，发生时另行计算。

⑤ 喷射混凝土按喷射厚度及边坡坡度不同分别设置子目。其中钢筋制作、安装套用本定额第五章"混凝土及钢筋混凝土工程"中的相应定额子目。

(6) 钢支撑、预应力型钢组合支撑。

钢支撑、预应力型钢组合支撑定额仅考虑施工费和施工损耗，定额不包括钢支撑、预应力型钢组合支撑的使用费。

钢支撑按《浙江省预算定额（2018版）》第六章"金属结构工程"进行计价；钢筋混凝土支撑按《浙江省预算定额（2018版）》第四章"砌筑工程"进行计价。

2) 计价工程量计算规则

(1) 地下连续墙工程量计算。

① 导墙开挖，按设计长度乘以开挖宽度及深度以 m^3 计算。现浇导墙混凝土按设计图示以 m^3 计算。

② 成槽工程量，按设计长度乘以墙厚及成槽深度（自然地坪至连续墙底加0.5m）以 m^3 计算。泥浆池建拆、泥浆外运工程量，按成槽工程量乘以系数0.2计算。土方外运工程量按成槽工程量计算。

③ 地下连续墙混凝土浇筑工程量，按设计图示墙中心线长乘以墙厚及墙深另加加灌高度，以体积计算。加灌高度：设计有规定的，按设计规定计算；设计无规定的，按0.5m计算。若设计墙顶标高至交付地坪标高差小于0.5m时，加灌高度计算至交付地坪标高。

④ 清底置换以"段"为单位（段指槽壁单元槽段）。

⑤ 锁口管安、拔按连续墙设计施工图划分的槽段数计算，定额已包括锁口管的摊销费用。

(2) 圆木桩工程量计算。

材积按设计桩长（包括接桩）及梢径，按木材材积表计算，其预留长度的材积已考虑在定额内。送桩按大头直径的截面积乘以入土深度计算。

(3) 钢板桩工程量计算。

打、拔钢板桩工程量，按设计图示钢板桩的质量以t计算，安拆导向夹具，按设计图示钢板桩的长度以水平延长米计算。

(4) 预制钢筋混凝土板桩打桩、送桩工程量计算。

执行预制钢筋混凝土方桩工程量计算规则。

(5) 锚杆（土钉）支护及喷射混凝土计算。

① 锚杆（土钉）支护钻孔、灌浆，按设计图示长度以延长米计算。

② 锚杆（土钉）制作、安装，分别按钢管、钢筋设计长度乘以单位质量以t计算。

③ 边坡喷射混凝土按不同坡度按设计图示面积以 m^2 计算。

3) 清单计价

(1) 工程量清单计价的项目组合。

根据工程量清单项目的特征描述，在计价时必须按项目特征内容确定清单项目需组合的主项和次项的计价工程量。

① 工程量清单计价涉及的各清单项目的组合不尽相同，在对清单项目进行计价分析时，应结合项目特征的描述、工程内容及计价定额使用规则进行计价子目的组合，同时还应考虑措施项目中有关内容的计价因素。

② 根据清单规范的有关规定，当清单项目采用《浙江省预算定额（2018版）》定额计价时，如地下连续墙等清单子目组价内容见表3-19。

表3-19 地下连续墙等清单子目组价内容

项目编码	项目名称	可组合的主要内容	对应的定额子目
010202001	地下连续墙	导墙开挖	2-43
		钢筋混凝土导墙浇灌	2-44
		机械成槽	2-45～2-50
		清底置换	2-56
		接头管安、拔	2-51～2-55
		浇灌混凝土墙	2-57
010202003	圆木桩	导墙开挖	2-43
		打桩	2-40
		送桩	2-41
		接桩头	2-42
010202004	预制钢筋混凝土板桩	打桩	2-61～2-64
010202006	钢板桩	打拔桩	2-65～2-68
010202007	锚杆	锚杆支护	2-73～2-80
		锚杆制作、安装	2-81～2-82
010202008	土钉	土钉支护	2-69～2-70
		土钉制作、安装	2-71～2-72
010202009	喷射混凝土、水泥砂浆	喷射混凝土护坡	2-85～2-90

③ 清单项目计价子目组合时，应确定组价内容所适用的计价定额子目。

（2）工程量清单项目综合单价的确定。

应根据采用的计价定额有关使用和计算规则，确定清单项目综合工料机的数量，按照计价依据的有关原则，确定工料机单价取定、工程综合费用（企业管理费及利润）的计算标准。

① 当清单工程量与计价工程量的计算规则不同，或清单工程量与计价组合子目的工程量计算单位不同时，应根据工程量清单项目特征描述确定清单项目各组合子目的计价工程量。

② 当工程量清单计价规范与计价定额中的工程量计算规则一致时，清单工程量即为组合子目的计价工程量，但应注意工程量清单项目特征的描述，如有分别套用不同计价子目的内容，需分别确定各自的计价工程量。

③ 根据确定的组合子目内容的工程量，套用相关计价定额和取定的工料机单价及综

合费用计算标准，计算出各组合子目的综合单价，再按各子目计价工程量乘以各子目综合单价计算出合价之和，除以清单项目工程量，计算出清单项目的综合单价。

任务 3.3　桩基础工程

3.3.1　基础知识

1. 桩基础

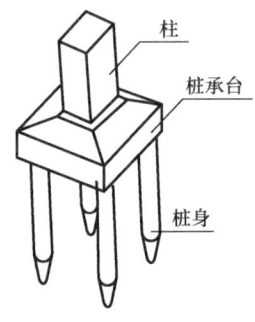

图 3.7　桩基础示意图

桩基础是重要的基础形式，它能够将上部结构荷载穿越一定厚度的软弱土层，传到地下一定深度处的坚实土层上，或通过桩与土之间的摩擦力来承载上部结构传来的荷载效应，以满足上部结构对地基承载力、稳定性和变形的要求。桩基础包括桩身和桩承台，如图 3.7 所示。

桩基础按传递荷载的形式，分为端承桩和摩擦桩；按施工工艺，分为预制桩和灌注桩。

2. 预制桩

根据材料不同，预制桩可分为钢筋混凝土实心方桩、钢筋混凝土空心方桩、预应力空心管桩等。沉桩方法主要有锤击沉桩、静力压桩、振动沉桩等，其施工工艺主要包括制桩（或购成品桩）、运桩、沉桩三个过程。单节桩不能满足设计桩长要求时应接桩；当设计桩顶标高低于交付施工场地标高以下时应送桩。

（1）接桩。当设计桩长较长时，就需要两段甚至多段预制桩，段与段之间的连接称为接桩。常见的接桩方式有焊接法、管桩螺栓连接法、浆锚法。

预制桩

（2）送桩。当设计桩顶标高低于交付施工场地标高时，需要用钢制送桩器将桩送入设计要求的位置，称为送桩。

（3）截桩。打桩施工完后，开挖基坑，按设计要求的桩顶标高将多余的桩割掉或凿去，并确保桩顶嵌入桩承台内的长度不小于 50mm，当桩主要承受水平力时不少于 100mm。

预制桩施工过程如图 3.8 所示。

3. 灌注桩

根据成孔方法不同，灌注桩可分为钻（冲）孔灌注桩、沉管灌注桩、人工挖孔桩。

（1）钻（冲）孔灌注桩：利用钻（冲）孔机械在地基土层中成孔，然后安放钢筋笼，灌注混凝土而成的桩。钻（冲）孔灌注桩的成孔方法有冲击锤冲孔、冲抓锤冲孔、回转钻机成孔、潜水钻成孔、旋挖成孔，成孔过程一般采用泥浆护壁。

单元 3　房屋建筑工程计量与计价

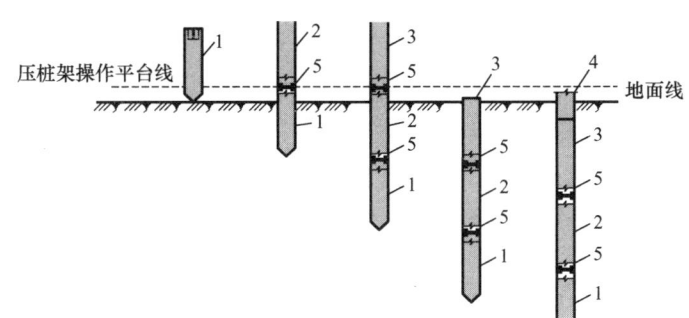

1—第一节桩；2—第二节桩；3—第三节桩；4—送桩；5—接桩

图 3.8　预制桩施工过程

沉管灌注桩

（2）沉管灌注桩：依据使用桩锤和成桩工艺不同，沉管灌注桩分为锤击沉管灌注桩、振动沉管灌注桩、静压沉管灌注桩、振动冲击灌注桩和沉管夯扩灌注桩等。为提高单桩承载力，可以采用复打、夯扩等工艺。

① 复打：指在第一次混凝土灌注高度达到要求标高拔出桩管以后，立即在原桩位再埋桩尖做第二次沉管，使未凝固的混凝土向桩管四周挤压，然后再次灌注混凝土以扩大桩径的施工方法。

② 夯扩：指采用双管施工，通过内管夯击桩端预灌混凝土形成扩大头，以提高单桩承载力的施工方法。

（3）人工挖孔桩：采用人工开挖方式形成桩孔，安放钢筋笼，浇筑混凝土而成的桩，如图 3.9 所示。

3.3.2　工程量清单编制

1. 清单编制说明

桩基工程工程量清单按《计算规范》附录 C 进行编制，适用于建（构）筑物工程桩基项目列项。

本任务项目按上述规范附录 C，分为 C.1 打桩工程和 C.2 灌注桩工程 2 个部分，共 11 个项目。

2. 打桩工程工程量清单编制

打桩工程包括预制钢筋混凝土

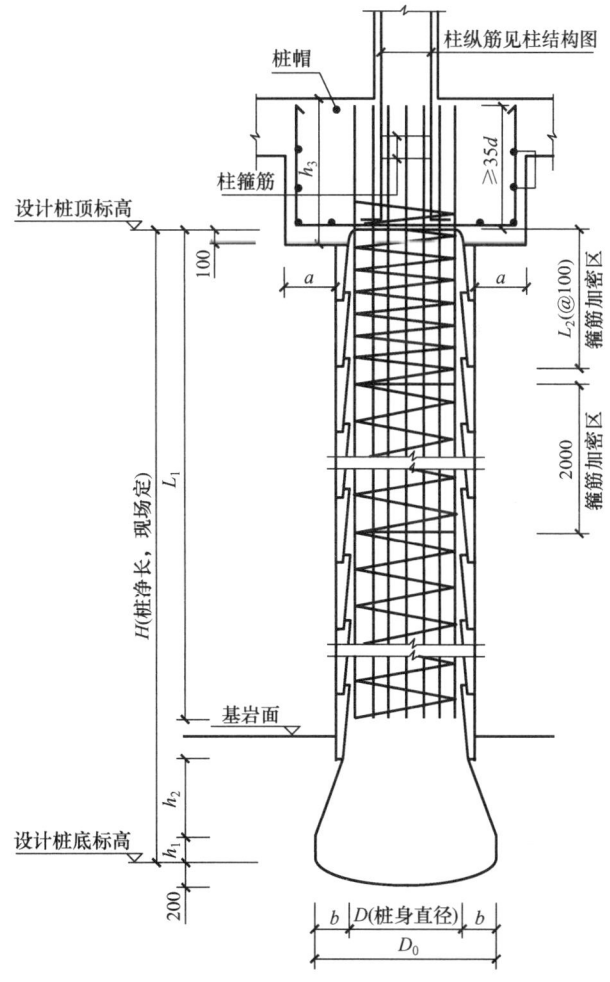

图 3.9　人工挖孔桩纵断面示意图（单位：mm）

方桩、预制钢筋混凝土管桩、钢管桩、截（凿）桩头 4 个项目，分别按 010301001×××～010301004×××编码列项。

1) 预制钢筋混凝土方桩 (010301001)

(1) 适用于预制钢筋混凝土方桩的列项。

(2) 工作内容：工作平台搭拆，桩机竖拆、移位，沉桩，接桩，送桩。

(3) 项目特征：应对地层情况，送桩深度，桩长，桩截面，桩倾斜度，沉桩方法，接桩方式，混凝土强度等级予以描述。

(4) 工程量计算规则：①按设计图示尺寸以桩长（包括桩尖，m）计算；②按设计图示截面积乘以桩长（包括桩尖）以实体积（m^3）计算；③按设计图示数量（根）计算。

2) 预制钢筋混凝土管桩 (010301002)

(1) 适用于预制钢筋混凝土管桩的列项。

(2) 工作内容：工作平台搭拆，桩机竖拆、移位，沉桩，接桩，送桩，桩尖制作安装，填充材料、刷防护材料。

(3) 项目特征：应对地层情况，送桩深度，桩长，桩外径、壁厚，桩倾斜度，沉桩方法，桩尖类型，混凝土强度等级，填充材料种类，防护材料种类予以描述。

(4) 工程量计算规则：①按设计图示尺寸以桩长（不包括桩尖，m）计算；②按设计图示截面积乘以桩长（包括桩尖）以实体积（m^3）计算；③按设计图示数量（根）计算。

实例分析 3-8

某工程采用 110 根 C60 预应力钢筋混凝土管桩，桩外径 600mm，壁厚 100mm，每根桩桩总长 25m，每根桩桩顶连接构造钢托板 3.5kg、圆钢骨架 38kg，桩顶灌注 C30 混凝土 1.5m 高，设计桩顶标高为 -3.500m，现场自然地坪标高为 -0.450m，现场条件允许可以不发生场内运桩。试按规范编制该预应力钢筋混凝土管桩清单。

分析：根据清单计量规则进行工程量计算，C60 预应力钢筋混凝土管桩工程量为

$$L = 110 \times 25 = 2750 (m)$$

该工程的分部分项工程量清单见表 3-20。

表 3-20 分部分项工程量清单

序号	项目编码	项目名称	项目特征描述	计量单位	工程量	金额/元		
						综合单价	合价	其中：暂估价
1	010301002001	预制钢筋混凝土管桩	C60 预应力钢筋混凝土管桩，每根总长 25m，共 110 根，桩外径 600mm，壁厚 100mm；设计桩顶标高 -3.500m，自然地坪标高 -0.45m，桩顶灌注 C30 混凝土 1.5m 高，每根桩顶圆钢骨架 38kg、构造钢托板 3.5kg	m/根	2750/110			

3) 钢管桩 (010301003)

(1) 适用于钢管桩的列项。

(2) 工作内容：工作平台搭拆，桩机竖拆、移位，沉桩，接桩，送桩，切割钢管、精割盖帽，管内取土，填充材料、刷防护材料。

(3) 项目特征：应对地层情况，送桩深度、桩长，材质，管径、壁厚，桩倾斜度，沉桩方法，填充材料种类，防护材料种类予以描述。

(4) 工程量计算规则：①按设计图示以质量（t）计算；②按设计图示数量（根）计算。

4) 截（凿）桩头 (010301004)

(1) 适用于本计算规范附录B、附录C所列桩的桩头截（凿）。

(2) 工作内容：截（切割）桩头、凿平、废料外运。

(3) 项目特征：应对桩类型，桩头截面、高度，混凝土强度等级，有无钢筋予以描述。

(4) 工程量计算规则：①按设计桩截面乘以桩头长度以体积（m³）计算；②按设计图示数量（根）计算。

3. 灌注桩工程工程量清单编制

灌注桩工程包括泥浆护壁成孔灌注桩、沉管灌注桩、干作业成孔灌注桩、挖孔桩土（石）方、人工挖孔灌注桩、钻孔压浆桩、灌注桩后压浆7个项目，分别按010302001×××～010302007×××编码列项。

1) 泥浆护壁成孔灌注桩 (010302001)

(1) 适用于泥浆护壁条件下成孔，采用水下灌注混凝土桩的列项。

(2) 工作内容：护筒埋设，成孔、固壁，混凝土制作、运输、灌注和养护，土方、废泥浆外运，打桩场地硬化及泥浆池、泥浆沟。

(3) 项目特征：应对地层情况，空桩长度、桩长，桩径，成孔方法，护筒类型、长度，混凝土种类、强度等级予以描述。

(4) 工程量计算规则：①按设计图示尺寸以桩长（包括桩尖，m）计算；②按不同截面在桩长范围内以实体积（m³）计算；③按设计图示数量（根）计算。

清单项目特征中的桩长应包括桩尖，空桩长度＝孔深－桩长，孔深为自然地面至设计桩底的深度，以下清单项目特征中的桩长也是一样的。

2) 沉管灌注桩 (010302002)

(1) 适用于各类沉管灌注桩。

(2) 工作内容：打（沉）拔钢管，桩尖的制作、安装，混凝土制作、运输、灌注、养护。

(3) 项目特征：应对地层情况，空桩长度、桩长，复打长度，桩径，沉管方法，桩尖类型，混凝土种类、强度等级予以描述。

(4) 工程量计算规则：①设计图示尺寸以桩长（包括桩尖，m）计算；②按不同截面在桩长范围内以实体积（m³）计算；③按设计图示数量（根）计算。

3）干作业成孔灌注桩（010302003）

(1) 适用于不用泥浆护壁和套管护壁情况下成孔的桩。

(2) 工作内容：成孔、扩孔，混凝土制作、运输、灌注、振捣、养护。

(3) 项目特征：应对地层情况、空桩长度、桩长、桩径、扩孔直径、高度、成孔方法、混凝土种类、强度等级予以描述。

(4) 工程量计算规则：①按设计图示尺寸以桩长（包括桩尖，m）计算；②按不同截面在桩长范围内以实体积（m³）计算；③按设计图示数量（根）计算。

4）挖孔桩土（石）方（010302004）

(1) 一般只适用于干作业和人工挖孔桩成孔时的土方工程开挖。

(2) 工作内容：排地表水，挖土、凿石，基底钎探，运输。

(3) 项目特征：应对地层情况、挖孔深度、弃土（石）的运距予以描述。

(4) 工程量计算规则：按设计图示尺寸（含护壁）截面积乘以挖孔深度以体积（m³）计算。

5）人工挖孔灌注桩（010302005）

(1) 适用于人工挖孔灌注桩的列项。

(2) 工作内容：护壁制作，混凝土制作、运输、灌注、振捣、养护。

(3) 项目特征：应对桩芯长度，桩芯直径、扩底直径、扩底高度，护壁厚度、高度，护壁混凝土种类、强度等级，桩芯混凝土种类、强度等级予以描述。

(4) 工程量计算规则：①按桩芯混凝土以实体积（m³）计算；②按设计图示数量（根）计算。

6）钻孔压浆桩（010302006）

(1) 适用于钻孔压浆桩的列项。

(2) 工作内容：钻孔、下注浆管、投放骨料、浆液制作、运输、压浆。

(3) 项目特征：应对地层情况，空钻长度，桩长，钻孔直径，水泥强度等级予以描述。

(4) 工程量计算规则：①按设计图示尺寸以桩长（m）计算；②按设计图示数量（根）计算。

7）灌注桩后压浆（010302007）

(1) 工作内容：注浆导管制作、安装，浆液制作、运输、压浆。

(2) 项目特征：应对注浆导管材料，规格，注浆导管长度，单孔注浆量，水泥强度等级予以描述。

(3) 工程量计算规则：按设计图示的注浆孔数量（个）计算。

实例分析 3-9

某工程采用 110 根 C20 泥浆护壁成孔灌注桩，桩外径 1100mm，每根桩总长 16m，其中入岩深度为 1.5m，桩侧后注浆，1.0t/桩，声测管 1 根/桩。设计桩顶标高为 −3.000m，现场自然地坪标高为 −0.450m，设计规定加灌长度为 1m，废弃泥浆要求外运 5km，桩孔要求回填碎石。试按规范编制该泥浆护壁成孔灌注桩清单。

分析： 根据清单计量规则，泥浆护壁成孔灌注桩的清单工程量可以有 3 种计量单位，相应的工程量分别如下。

(1) $L = 110 \times 16 = 1760 (\text{m})$

(2) $V = 110 \times \dfrac{3.14 \times 1.1^2}{4} \times 16 \approx 1671.74 (\text{m}^3)$

(3) $n = 110$ 根

该工程的分部分项工程量清单见表 3-21。

表 3-21 分部分项工程量清单

序号	项目编码	项目名称	项目特征描述	计量单位	工程量	金额/元		
						综合单价	合价	其中：暂估价
1	010302001001	泥浆护壁成孔灌注桩	C20 泥浆护壁成孔灌注桩，共 110 根，桩外径 1100mm，每根总长 16m，入岩深度 1.5m；设计桩顶标高 −3.0m，自然地坪标高 −0.45m，桩侧后注浆，1.0t/桩，声测管 1 根/桩，设计规定加灌长度 1m，废弃泥浆要求外运 5km，桩孔要求回填碎石	m m³ 根	1760 1671.74 110			

1. 项目特征中的桩截面、混凝土强度等级、桩类型等可直接用标准图号或设计桩型进行描述。

2. 桩基础的承载力检测、桩身完整性检测等费用按国家相关取费标准单独计算，不在本清单项目中列出。若设计要求有试桩、锚桩或打斜桩，应按桩基工程项目编码单独列项，并应在项目特征中注明试验桩或斜桩（斜率）；需要在桩间补桩或在地槽（坑）中及强夯后的地基上打桩时，也应单独编码列项。

3. 预制桩的规格、截面、单节长度、总长度不一致时，应单独列项。

4. 预制钢筋混凝土管桩桩顶与承台的连接构造，按《计算规范》附录 E 的相关项目列项。

5. 截桩头包括剔打混凝土、钢筋调直弯钩及清运弃渣、桩头等。

6. 地基土层的构造，结合地质勘察报告及定额有关规范对土层的划分，可在项目特征中予以描述，无法描述的由投标方自行决定报价。

7. 灌注桩的加灌长度不计算在清单工程量中，设计有要求的，在项目特征中予以描述；设计无要求的，由计价人根据有关计价规则自行确定。

8. 混凝土灌注桩的钢筋笼制作、安装及预制桩头钢筋，按《计算规范》附录 E 的相关项目编码列项。

9. 现场灌注桩如要求采用商品混凝土浇灌的,应在工程量清单编制说明中统一说明,不需要在项目特征中——描述。

10. 设计如对人工挖孔桩的护壁有具体设计内容的,应在项目特征中明确描述其相应内容及特征,如材料、壁厚、混凝土强度、设置范围(如深度)等。要求桩孔土方运出现场时,清单中应予以明确,具体运距可由清单编制人指定,也可由计价人自行考虑。

11. 桩基础工程等施工前需要平整场地、压实地表和进行地下障碍物处理的,应在清单编制说明中予以明确,在措施项目清单中予以提示。

3.3.3 桩基工程清单计价

本部分的计价基础依据是《浙江省预算定额(2018版)》第三章"桩基工程"分部。

1. 一般规定

(1) 本定额适用于陆地上的桩基工程,所列打桩机械的规格、型号按常规施工工艺和方法所用机械综合取定。

(2) 本定额中所涉及砂、黏土层,碎、卵石层,岩石层,依据现行国家标准《工程岩体分级标准》(GB/T 50218—2014)工程岩体分级标准,按以下标准鉴别。

① 砂、黏土层:粒径在2~20mm的颗粒质量不超过总质量50%的土层,包括黏土、粉质黏土、粉土、粉砂、细砂、中砂、粗砂、砾砂。

② 碎、卵石层:粒径在2~20mm的颗粒质量超过总质量50%的土层,包括角砾、圆砾及粒径20~200mm的碎石、卵石、块石、漂石,此外也包括极软岩、软岩。

③ 岩石层:除极软岩、软岩以外的各类较软岩、较硬岩、坚硬岩。

(3) 桩基施工前的场地平整、压实地表、地下障碍物处理等,定额均未考虑,发生时可另行计算。

(4) 探桩位等因素已综合考虑于各类桩基定额中,不另行计算。

(5) 单独打试桩、锚桩,按相应定额的人工及机械乘以系数1.5。

(6) 在桩间补桩或在强夯后的地基上打桩时,按相应定额的人工及机械乘以系数1.15。定额按平地(坡度小于15°)打桩为准,坡度大于15°时,按相应定额的人工及机械乘以系数1.15。在基坑内(基坑深度大于1.5m,基坑面积小于500m²)打桩或在地坪上打坑槽内(坑槽深度大于1m)桩时,按相应定额的人工及机械乘以系数1.11。

(7) 预制桩和灌注桩定额以打垂直桩为准,设计要求打斜桩时,斜度在1∶6以内者,按相应定额的人工及机械乘以系数1.25;斜度大于1∶6者,按相应定额的人工及机械乘以系数1.43。

(8) 单位(群体)工程打桩工程量少于表3-22中对应数量者,按相应定额的人工及机械乘以系数1.25。

表 3-22 各类桩工程量数量表

桩　类	工程量	桩　类	工程量
混凝土预制桩	1000m	机械成孔灌注桩	150m³
钢管桩	50t	人工挖孔灌注桩	50m³

2. 打桩工程清单计价

定额按非预应力混凝土预制桩［包含（实心）方桩、空心方桩、异形桩等非预应力预制桩］和预应力混凝土预制桩（包含管桩、空心方桩、竹节桩等预应力预制桩），分锤击、静压两种施工方法分别编制。

1) 计价说明

① 非预应力混凝土预制桩和预应力混凝土预制桩定额均按成品桩以购入构件考虑，已包含了场内必需的就位供桩，发生时不再另行计算。如采用现场制桩，场内运距在 500m 以内时，套用场内运桩子目；运距超过 500m 时，桩运输费另行计算。桩的预制执行本定额第五章"混凝土及钢筋混凝土工程"中的相应定额子目。

② 非预应力混凝土预制桩定额已综合了接桩所需的打桩机械台班，但未包括接桩本身的费用，发生时套用相应定额子目。预应力混凝土预制桩定额已综合了电焊接桩。如采用机械接桩，相应定额扣除电焊条和交流弧焊机台班用量，机械连接材料费已含在相应预制桩费用中，不得另计。

③ 非预应力预制钢筋混凝土桩，单节长度超过 18m 时，按锤击、静压相应定额（不含预制桩土材）乘以系数 1.20 计算。

④ 预应力混凝土预制桩桩头灌芯、桩芯取土按本章钢管桩相应定额执行，如设计要求桩芯取土长度小于 2.5m 时，相应定额乘以系数 0.75；设计要求设置的钢骨架、钢托板，分别按本定额第五章"混凝土及钢筋混凝土工程"中的桩钢筋笼和预埋铁件相应定额执行。

预应力桩如设计要求设置桩尖时，按成品桩尖以购入构件材料费另计。

实例分析 3-10

某工程预应力管桩共 20 根，桩直径 0.3m，单节桩长为 20.2m，采用静力压桩机沉桩，C25 混凝土灌芯 1.5m，芯内钢骨架均为二级钢，重 2kg，钢托架重 1.0kg，桩顶标高为 -3.000m，自然地坪标高为 -0.500m，桩尖费用不考虑。已知该预应力管桩市场价格为 110 元/m，试求基价。

分析：该工程共 20 根桩，单节桩长 20.2m，则桩总长度为 20×20.2= 404 (m)＜1000m。

查定额 3-16，得换算后的基价为

$$17.5556+110×1.01+(3.4196+12.8211)×0.25≈132.72(元/m)$$

2) 计价工程量计算规则

(1) 混凝土预制桩。

① 锤击（静压）非预应力混凝土预制桩按设计桩长（不包括桩尖），以长度计算。

② 锤击（静压）预应力混凝土预制桩按设计桩长（不包括桩尖），以长度计算。

③ 送桩深度按设计桩顶标高至打桩前交付地坪标高另加 0.50m，分不同深度以长度计算。

④ 非预应力混凝土预制桩的接桩按设计图示尺寸以角钢或钢板的质量计算。

⑤ 预应力混凝土预制桩桩头灌芯按设计长度乘以填芯截面积以体积计算。

(2) 钢管桩。

① 锤击钢管桩按设计桩长（包括桩尖），以长度计算。送桩深度按设计桩顶标高至打桩前的交付地坪标高另加 0.50m，分不同深度以长度计算。

② 钢管桩接桩、内切割、精割盖帽按设计要求的数量计算。

③ 钢管桩管内钻孔取土、填芯，按设计桩长（包括桩尖）乘以填芯截面积以体积计算。

3) 清单计价

工程量清单计价包括招标控制价、投标报价，清单计价时应按清单项目的列项及其描述结合定额使用规则进行。计价过程参照任务 3.1。

混凝土预制桩组价内容见表 3-23。

表 3-23 混凝土预制桩组价内容

项目编码	项目名称	可组合的主要内容		对应的定额子目
010301001 010301002	混凝土预制桩	非预应力 混凝土预制桩	锤击沉桩	3-1～3-4
			静压沉桩	3-5～3-8
			场内运桩	3-9
			电焊接桩 包角钢	3-10
			包钢板	3-11
		预应力混凝土 预制桩	锤击沉桩	3-12～3-15
			静压沉桩	3-16～3-19
010301003	钢管桩	锤击钢管桩		3-20～3-23
		钢管桩电焊接桩		3-24～3-27
		钢管桩内切割		3-28～3-31
		钢管桩精割盖帽		3-32～3-35
		钢管内取土、填芯		3-36～3-39
010301004	截桩头	截桩		3-125～3-126
		凿桩		3-127～3-128

实例分析 3-11

根据实例分析 3-8 表 3-20 提供的清单，计算预应力混凝土管桩的综合单价。投标方设定的施工方案（采用压桩机压桩）及市场询价，人工单价按 100 元计算，部分材料按市场信息计算：预应力混凝土预制桩 230 元/m，圆钢 3200 元/t，铁件 6.5 元/kg，其余材料价格假设与定额取定价格相同；3000kN 压桩机台班单价按 2500 元计算，其余机械假设与定额取定价格相同；施工取费企业管理费按人工费加机械费之和的 16.57%，利润人工费加机械费之和的 8.1%，风险费用按人工费加机械费之和的 5% 计算。

分析： 首先预应力混凝土预制桩计价工程量与清单工程量基本一致，需要组合的内容有压管桩、送桩、桩头灌芯、钢骨架及钢托板。

实例分析3-11所用定额

各项目工程量计算见表 3-24。

表 3-24 各项目工程量计算

序 号	项目名称	工程量算式	单 位	数 量
1	压管桩	110×25	m	2750
2	送桩	110×(3.5−0.45+0.5)	m	390.5
3	桩头灌芯	110×(0.6−0.2)²×π/4×1.5	m³	20.73
4	钢骨架	110×38/1000	t	4.18
5	钢托板	110×3.5/1000	t	0.385

根据组价内容套用《浙江省预算定额（2018 版）》确定工料机费。

(1) 压管桩套定额 3-18，计算得相应单价为

人工费 $=0.03167×100=3.167(元/m)$

材料费 $=2.7102+230×1.01≈235.010(元/m)$

机械费 $=17.3559+(2500-2044.05)×0.00675$

$≈20.430(元/m)$

(2) 送桩套定额 3-18，送桩长度为 3.1m，因此，按沉桩定额人工及机械乘以系数 1.37。

人工费 $=0.03167×100×1.37≈4.330(元/m)$

材料费 $=0$ 元/m

机械费 $=[17.3559+(2500-2044.05)×0.00675]×1.37≈27.990(元/m)$

(3) 桩头灌芯套定额 3-105，计算得相应单价为

人工费 $=0.2333×100=23.330(元/m^3)$

材料费 $=518.611$ 元/m³

机械费 $=0$ 元/m³

(4) 钢骨架套定额 5-54，计算得相应单价为

人工费 $=3.064×100=306.400(元/t)$

材料费 $=4144.58+(3200-3981)×1.02$

$=3347.960(元/t)$

机械费 $=185.660$ 元/t

(5) 钢托板套定额 5-96，计算得相应单价为

人工费 $=13.501×100=1350.100(元/t)$

材料费 $=4133.67+(6.5-4.74)×40$

$=4204.070(元/t)$

机械费 $=1126.360$ 元/t

(6) 计算分部分项工程量清单综合单价。

综合单价＝777689.37÷2750≈282（元/m）

计算结果见表3-25。

表3-25 分部分项工程量清单项目综合单价计算表

单位及专业工程名称：××××楼——建筑工程　　　　　　　　　　　　　　　　　第　页 共　页

序号	编号	项目名称	计量单位	数量	综合单价/元							合价/元
					人工费①	材料费②	机械费③	企业管理费(①+③)×16.57%	利润(①+③)×8.1%	风险费用(①+③)×5%	小计	
1	010301002001	预制钢筋混凝土管桩	m	2750	4.612	244.596	24.844	4.881	2.386	1.473	282.793	777680.75
	3-18	压管桩	m	2750	3.167	235.010	20.430	3.910	1.911	1.180	265.608	730422.63
	3-18H	送桩	m	390.5	4.330	0	27.990	5.355	2.618	1.616	41.909	16365.00
	3-105	桩头灌芯	m³	20.73	23.330	518.611	0.000	3.866	1.890	1.167	548.863	11377.93
	5-54	钢骨架	t	4.18	306.400	3347.960	185.660	81.534	39.857	24.603	3986.014	16661.54
	5-96	钢托板	t	0.385	1350.100	4204.070	1126.360	410.349	200.593	123.823	7415.295	2854.89

3. 混凝土灌注桩工程清单计价

1）计价说明

（1）转盘式、旋挖钻机成孔定额按砂土层编制，如设计要求进入岩石层，则套用相应定额计算岩石层成孔增加费；如设计要求穿越碎、卵石层，则按岩石层成孔增加费子目乘以表3-26调整系数计算穿越增加费。

表3-26 碎、卵石层调整系数表

成孔方式	系　数
转盘式钻机成孔	0.35
旋挖钻机成孔	0.25

（2）除空气潜孔锤成孔外，灌注桩成孔定额未包括钢护筒埋设及拆除，需发生时直接套用埋设钢护筒定额。

（3）冲孔桩机成孔、空气潜孔锤成孔按不同土（岩）层分别编制定额子目。

（4）旋挖钻机成孔定额按湿作业成孔工艺考虑，如实际采用干作业成孔工艺，则相应定额应扣除黏土、水用量和泥浆泵台班，并不计泥浆工程量。

（5）产生的泥浆（渣土）按泥浆处置定额执行。

（6）沉管灌注桩。

① 定额已包括桩尖埋设费用，预制桩尖按购入构件另列项目计算（计材料费）。当不埋设桩尖时，每10个桩尖扣除人工0.4工日。

② 沉管灌注桩安放钢筋笼者，成孔定额人工及机械乘以系数1.15，钢筋笼制作安放套用本定额第五章"混凝土及钢筋混凝土工程"相应定额。

（7）成孔工艺灌注桩的充盈系数按常规地质情况编制，未考虑地下障碍物、溶洞、暗河等特殊地层。灌注混凝土定额中混凝土材料消耗量已包含了灌注充盈量,灌注桩充盈系数见表3-27。

表3-27 灌注桩充盈系数

项目名称	充盈系数
转盘式钻机成孔、长螺旋钻机成孔	1.20
旋挖钻机成孔	1.15
空气潜孔锤成孔	1.20
冲孔桩机成孔	1.35
沉管桩机成孔	1.18

(8) 人工挖孔桩。

① 人工挖孔按设计注明的桩芯直径及孔深套用定额;桩孔土方需外运时,按土方工程相应定额计算;挖孔时若遇淤泥、流砂、岩石层,可按实际挖、凿的工程量套用相应定额计算挖孔增加费。

② 人工挖孔子目中,已综合考虑了孔内照明、通风。孔内垂直运输方式按人工考虑。

③ 护壁不分现浇或预制,均套用安设混凝土护壁定额。

(9) 预埋管及后压浆。

① 后注浆定额按桩底注浆考虑,如设计采用侧壁注浆,则定额的人工及机械乘以系数1.20。

② 注浆管、声测管埋设,当材质、规格不同时,材料单价应换算,其余不变。

(10) 泥浆处置。

① 定额分泥浆池建拆、泥浆运输、泥浆固化。定额未考虑泥浆废弃处置费,发生时按工程所在地市场价格计算。

② 桩施工产生的渣土和泥浆经过固化后的渣土处理,套用本定额第一章"土石方工程"土方汽车运输定额。

(11) 在强夯后的地基上施工灌注桩时按相应定额的人工及机械乘以系数1.03。

实例分析3-12

振动式沉管混凝土灌注桩,设计桩长15m,安放钢筋笼,求该项目沉管单价。

分析:套用定额3-88,换算后基价为

基价$=120.244+(57.753+51.742)\times 0.15\approx 136.668$(元/$m^3$)

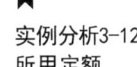

实例分析3-12所用定额

2) 计价工程量计算规则

(1) 转盘式钻机成孔、旋挖钻机成孔。

① 成孔按成孔长度乘以设计柱径截面积,以体积计算。成孔长度为打桩前的交付地坪标高至设计柱底的长度。

② 成孔入岩增加费按实际入岩石层深度乘以设计桩径截面积,以体积计算。

③ 设计要求穿越碎(卵)石层按地质资料表明长度乘以设计桩径截面积,以体积计算。

④ 桩底扩孔按设计桩数量计算。

⑤ 钢护筒埋设及拆除,常规砂土层施工按2.0m计算;当遇地质资料表明桩位上层(砂砾、碎卵石杂填土层)深度大于2.0m时,按实际长度计算。

（2）冲孔桩机成孔、空气潜孔锤成孔分别按进入各类土层、岩石层的成孔长度乘以设计桩径截面积以体积计算。

（3）长螺旋钻机成孔按成孔长度乘以设计桩径截面积以体积计算。成孔长度为打桩前的交付地坪标高至设计桩底的长度。

（4）沉管成孔。

① 单桩成孔按打桩前的交付地坪标高至设计桩底的长度（不包括预制桩尖）乘以钢管外径截面积（不包括桩箍）以体积计算。

② 夯扩（静压扩头）桩工程量＝单桩成孔工程量＋夯扩（扩头）部分高度×桩管外径截面积，式中夯扩（扩头）部分高度按设计规定计算。

③ 扩大桩的体积按单桩体积乘以复打次数计算，其复打部分定额乘以系数 0.85。

（5）灌注混凝土工程量按桩长乘以设计桩径截面积计算，桩长＝设计桩长＋设计加灌长度，设计未规定加灌长度时，加灌长度（不论有无地下室）按不同设计桩长确定：25m 以内按 0.50m 计算，35m 以内按 0.80m 计算，45m 以内按 1.10m 计算，55m 以内按 1.40m 计算，65m 以内按 1.70m 计算，65m 以上按 2.00m 计算。灌注桩设计要求扩底时，其扩底扩大工程量按设计尺寸，以体积计算，并入相应的工程量内。

（6）人工挖孔灌注桩。

① 人工挖孔按护壁外围截面积乘以孔深以体积计算；孔深按打桩前的交付地坪标高至设计桩底标高的长度计算。

② 挖淤泥、流砂、入岩增加费按实际挖、凿数量以体积计算。

③ 护壁按设计图示截面积乘以护壁长度以体积计算，护壁长度按打桩前的交付地坪标高至设计桩底标高（不含入岩长度）另加 0.20m 计算。

④ 灌注桩芯混凝土按设计图示截面积乘以设计桩长另加加灌长度，以体积计算；加灌长度设计无规定时，按 0.25m 计算。

（7）预埋管及后压浆。

① 注浆管、声测管按打桩前的交付地坪标高至设计桩底标高的长度另加 0.20m 计算。

② 桩底（侧）后注浆工程量按设计注入水泥用量计算。

（8）泥浆处置。

① 各类成孔灌注桩泥浆（渣土）产生工程量按表 3-28 计算。

表 3-28 泥浆（渣土）产生工程量计算表

桩 型	泥浆（渣土）产生工程量	
	泥浆	渣土
转盘式钻机成孔灌注桩	按成孔工程量	
旋挖钻机成孔灌注桩	按成孔工程量乘以系数 0.2	按成孔工程量
长螺旋钻机成孔灌注桩		按成孔工程量
空气潜孔锤成孔灌注桩	按成孔工程量乘以系数 0.2	按成孔工程量
冲抓锤成孔灌注桩	按成孔工程量乘以系数 0.2	按成孔工程量
冲击锤成孔灌注桩	按成孔工程量	
人工挖孔灌注桩		按挖孔工程量

② 泥浆池建造和拆除、泥浆运输、泥浆固化、泥浆固化后的渣土工程量都按表3-28所列泥浆工程量计算；泥浆及泥浆固化后的渣土场外运距按实际计算。

③ 施工产生的渣土按表3-28中的工程量计算，套用本定额第一章"土石方工程"相应定额子目。

（9）桩孔回填按桩（加灌后）顶面至打桩前交付地坪标高的长度乘以桩孔截面积计算。

（10）截（凿）桩。

① 预制混凝土桩截桩按截桩的数量计算。

② 凿桩头按设计图示桩截面积乘以桩头凿除长度，以体积计算。混凝土预制桩凿除长度设计有规定的按设计规定，设计无规定的按$40d$（d为桩体主筋直径，主筋直径不同时取大者）计算；灌注混凝土桩按加灌长度计算。

③ 凿桩后的柱头钢筋清（整）理，已综合在凿柱头定额中，不再另行计算。

3）清单计价

工程量清单计价包括招标控制价、投标报价，清单计价时应按清单项目的列项及其描述结合定额使用规则进行。计价过程参照任务3.1。

各清单项目的组价内容见表3-29～表3-31。

表3-29 泥浆护壁成孔灌注桩组价内容

项目编码	项目名称	可组合的主要内容		对应的定额子目
010302001	泥浆护壁成孔灌注桩[钻（冲）孔灌注桩]	钻（冲）成孔	成孔	3-40～3-44，3-50～3-54，3-70～3-86
			岩石层成孔增加费	3-45～3-49，3-55～3-59
		灌注混凝土		3-101～3-106
		泥浆池的建造、拆除、泥浆运输	泥浆池的建造和拆除	3-121
			泥浆运输	3-123～3-124
		注浆管、声测管埋设，桩底（侧）后注浆	注浆管埋设	3-117
			声测管埋设	3-118～3-119
			桩底（侧）后注浆	3-120
010301004	截桩头	凿桩	灌注桩	3-128

表3-30 沉管灌注桩组价内容

项目编码	项目名称	可组合的主要内容		对应的定额子目
010302002	沉管灌注桩	沉管成孔	沉管桩机成孔	3-87～3-91
		灌注混凝土	沉管桩	3-105
		钢筋混凝土预制桩尖、铁件、运输、埋设、模板	钢筋混凝土预制桩尖制作	按个计
			普通铁件制作安装	5-54～3-55
			预埋铁件、螺栓制作安装	5-94～3-96
010301004	截桩头	凿桩	灌注桩	3-128

注：此处模板也可以在后续措施费中列项。

表 3-31 人工挖孔灌注桩组价内容

项目编码	项目名称	可组合的主要内容		对应的定额子目
010302004	挖孔桩土（石）方	人工挖孔		3-107～3-112
		人工挖孔增加费	挖淤泥、流砂	3-113
			入岩石层	3-114
010302005	人工挖孔灌注桩	制作、安设混凝土护壁		3-115
		灌注桩芯混凝土		3-116
010301004	截桩头	凿桩		3-128

实例分析 3-13

实例分析3-13
所用定额

根据实例分析 3-9 表 3-21 提供的清单，计算钻孔灌注桩的综合单价。混凝土按商品水下混凝土考虑计价。经计价人确定，商品混凝土按 390 元/m^3、其余按照定额取定工料机价格计算，企业管理费按 12%、利润按 8% 计算，不再考虑市场风险，施工方案确定采用转盘式钻机成孔，桩孔空钻部分回填另列项计算。

分析：首先根据提供的清单及计价规范，以及题目提供的工程条件和企业拟定的施工方案，确定需要组合的内容有：钻孔桩成孔、岩石层增加费、钻孔桩水下灌注混凝土、泥浆池的建造和拆除、泥浆运输、空钻孔回填碎石、注浆管埋设、声测管埋设、桩侧注浆。

各项计价工程量见表 3-32。

表 3-32 沉管灌注桩工程量计算

序号	项目名称	工程量算式	单位	数量
1	钻孔桩成孔	$110 \times \dfrac{3.14 \times 1.1^2}{4} \times (16+3-0.45)$	m^3	1938.17
2	岩石层增加费	$110 \times \dfrac{3.14 \times 1.1^2}{4} \times 1.5$	m^3	156.73
3	钻孔桩水下灌注混凝土	空钻部分：$110 \times \dfrac{3.14 \times 1.1^2}{4} \times (3-1-0.45) = 161.95$ 成桩工程量：1983.17-161.95	m^3	1821.22
4	泥浆池的建造和拆除	等于成孔工程量	m^3	1938.17
5	泥浆运输	等于成孔工程量	m^3	1938.17
6	空钻孔回填碎石	等于空钻部分工程量	m^3	161.95
7	注浆管埋设	$(16+3-0.45+0.2) \times 110$	m	2062.5
8	声测管埋设	$(16+3-0.45+0.2) \times 110$	m	2062.5
9	桩侧注浆	1.0×110	t	110

然后根据组价内容套用《浙江省预算定额（2018版）》确定工料机费。

(1) 钻孔桩成孔套定额3-43，计算得相应单价为

人工费：57.618 元/m³

材料费：21.940 元/m³

机械费：71.318 元/m³

(2) 岩石层增加费套定额3-48，计算得相应单价为

人工费=462.848 元/m³

材料费=5.802 元/m³

机械费=441.457 元/m³

(3) 钻孔桩水下灌注混凝土套定额3-101，换算得相应单价为

人工费=15.755 元/m³

材料费=556.171+(390-462)×1.2=469.771（元/m³）

机械费=0

(4) 泥浆池的建造和拆除套定额3-121，计算得相应单价为

人工费=2.700 元/m³

材料费=2.767 元/m³

机械费=0.019 元/m³

(5) 泥浆运输套定额3-123，计算得相应单价为

人工费=33.453 元/m³

材料费=0 元/m³

机械费=56.411 元/m³

(6) 空钻孔回填碎石套定额2-3，换算得相应单价为

人工费=57.011×0.7≈39.908（元/m³）

材料费=190.800×0.7=133.560（元/m³）

机械费=0.72×0.7=0.504（元/m³）

(7) 注浆管埋设套定额3-117，换算得相应单价为

人工费=2.7×1.2=3.240（元/m）

材料费=8.871 元/m

机械费=0.3293×1.2≈0.395（元/m）

(8) 声测管埋设套定额3-118，计算得相应单价为

人工费=1.341 元/m

材料费=28.378 元/m

机械费=0 元/m

(9) 桩侧注浆套定额3-120，计算得相应单价为

人工费=365.990 元/t

材料费=403.260 元/t

机械费=137.100 元/t

综合单价计算见表3-33。

表 3-33 综合单价计算表

单位及专业工程名称：×××× 楼——建筑工程　　　　　　　　　　　　　　　　　　　第　页 共　页

序号	编号	项目名称	计量单位	数量	综合单价/元						合价/元
					人工费①	材料费②	机械费③	企业管理费(①+③)×16.57%	利润(①+③)×8.1%	风险费用	小计	
1	010302001001	泥浆护壁成孔灌注桩	m	1760	192.700	594.98	189.070	63.260	30.920	0	1070.930	1884843.96
	3-43	钻孔桩成孔	m³	1938.17	57.618	21.940	71.318	21.360	10.440	0	182.685	354074.59
	3-48	岩石层增加费	m³	156.73	462.848	5.802	441.457	149.840	73.250	0	1133.199	177606.28
	3-101H	钻孔桩水下灌注混凝土	m³	1821.22	15.755	469.771	0	2.610	1.280	0	489.413	891328.74
	3-121	泥浆池的建造和拆除	m³	1938.17	2.700	2.767	0.019	0.450	0.220	0	6.157	11933.31
	3-123	泥浆运输	m³	1938.17	33.453	0	56.411	14.890	7.280	0	112.033	217139.00
	2-3H	空钻孔回填碎石	m³	161.95	39.908	133.560	0.504	6.700	3.270	0	183.942	29789.41
	3-117H	注浆管埋设	m	2062.5	3.240	8.871	0.395	0.600	0.290	0	13.403	27643.69
	3-118	声测管埋设	m	2062.5	1.341	28.378	0	0.220	0.110	0	30.050	61978.13
	3-120	桩侧注浆	t	110	365.990	403.260	137.100	83.360	40.750	0	1030.462	113350.82

计算得分部分项工程量清单综合单价为

$$1884843.96 \div 1760 = 1070.93(元/m)$$

任务 3.4　砌筑工程

3.4.1　基础知识

砌筑主要由砖和砂浆组成，形成砖墙、砖柱等构件。砌筑工程中的基础垫层材料，主要包括砂、砂石、块石、碎石等；砌筑材料，主要包括混凝土类砖（砌块）、烧结类砖（砌块）、蒸压类砖（砌块）、轻集料混凝土类砖（砌块）等。建筑墙体按装修方法不同，可分为清水墙和混水墙；按组砌方法不同，可分为实心砖墙、空斗墙、空花墙、填充墙等；按工程形象部位不同，可分为砖（石）砌基础、墙体及附属构件等。

3.4.2　工程量清单编制

1. 清单编制说明

砌筑工程工程量清单按《计算规范》附录D进行编制，适用于建（构）筑物工程砌筑项目列项。

本任务项目按上述规范附录D，分为D.1 砖砌体、D.2 砌块砌体、D.3 石砌体、D.4 垫层4个部分，共27个项目。

2. 砖砌体工程量清单编制

砖砌体包含砖基础，砖砌挖孔桩护壁，实心砖墙，多孔砖墙，空心砖墙，空斗墙，空花墙，填充墙，实心砖柱，多孔砖柱，砖检查井，零星砌砖，砖散水、地坪，砖地沟、明沟14个项目，分别按010401001×××～010401014×××编码列项。

1）砖基础（010401001）

(1) 适用于各类型砖砌基础，如柱基础、墙基础、烟囱基础、水塔基础、管道基础等。

(2) 工作内容：砂浆制作和运输、砌砖、防潮层铺设、材料运输。

(3) 项目特征：应对砖品种、规格、强度等级，基础类型，砂浆强度等级，防潮层材料种类予以描述。

(4) 工程量计算规则：按设计图示尺寸以体积（m³）计算，包括附墙垛基础宽出部分体积，扣除地梁（圈梁）、构造柱所占体积，不扣除基础大放脚T形接头处的重叠部分及嵌入基础内的钢筋、铁件、管道、基础砂浆防潮层和单个面积0.3m²以内的孔洞所占体积，靠墙暖气沟的挑檐不增加。计算条形砖基础工程量时，两边大放脚体积并入计算，也可以作为折加高度在砖基础高度内合并计算。

其计算公式为

$$V = L(Hd + S) - V_{应扣}$$

式中　　V——基础体积。

　　　　L——墙基长度。外墙按外墙中心线、内墙按净长线计算，其余基础按基底净长计算。有砖垛时应计算折加长度，并入所附墙基长度，不扣除搭接重叠部分的长度，垛的加深部分也不增加。附墙垛折加长度$L_{折扣}$计算公式为$L_{折扣} = ab/c$，其计算参数如图 3.10 所示。

　　　　H——墙基高度。砖基础与砖墙（柱）身划分，应以设计室内地面为界（有地下室的按地下室室内设计地面为界），以下为基础，以上为墙（柱）身。若基础与墙身使用不同材料，当不同材料的分界位于设计室内地面±300mm 以内时，以不同材料为分界线；当不同材料的分界超过设计室内地面±300mm 时，以设计室内地面为分界线。砖围墙以设计室外地坪为界，以下为基础，以上为墙身。

　　　　d——基础墙厚。

　　　　S——大放脚断面积，其计算公式：为等高式大放脚时，$S = n(n+1)ab$；为间隔式大放脚时，$S = \sum(ab) + \sum[(a/2)b]$。

　　　　n——大放脚层数。

　　　　a、b——含义见图 3.11。

　　　　$V_{应扣}$——应扣除嵌入基础墙身的梁、柱、孔洞等体积。

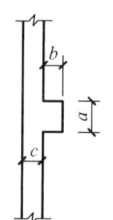

图 3.10　附墙垛计算参数示意图

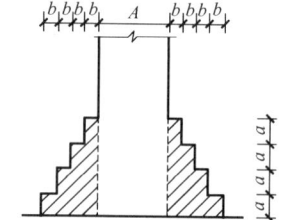

图 3.11　等高式大放脚示意图

砖基础体积也可以按下式计算。

$$V = L(H + h)d - V_{应扣}$$

式中　　h——大放脚的折加高度，其计算公式为 $h =$ 大放脚断面积/墙厚。

独立砖柱基础工程量，按柱身体积加上大放脚体积计算，砖柱基础工程量也应并入砖柱内计算。

四边大放脚体积按下式计算（图 3.12）。

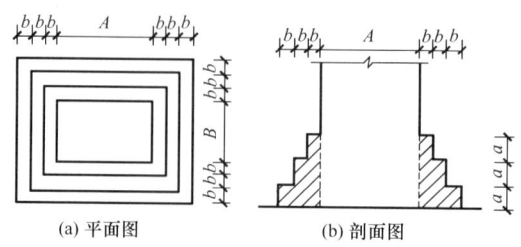

(a) 平面图　　　　(b) 剖面图

图 3.12　四边大放脚示意图

$$V=n(n+1)ab\left[\frac{2}{3}(2n+1)b+A+B\right]$$

式中 A、B——砖柱断面的长、宽；

其余符号含义同上。

实例分析 3-14

某工程采用 DM M7.5 干混砂浆砌筑 MU10 混凝土实心砖基础（规格为 240mm×115mm×53mm），如图 3.13 所示。试编制该砖基础项目清单（注：砖砌体内无混凝土构件）。

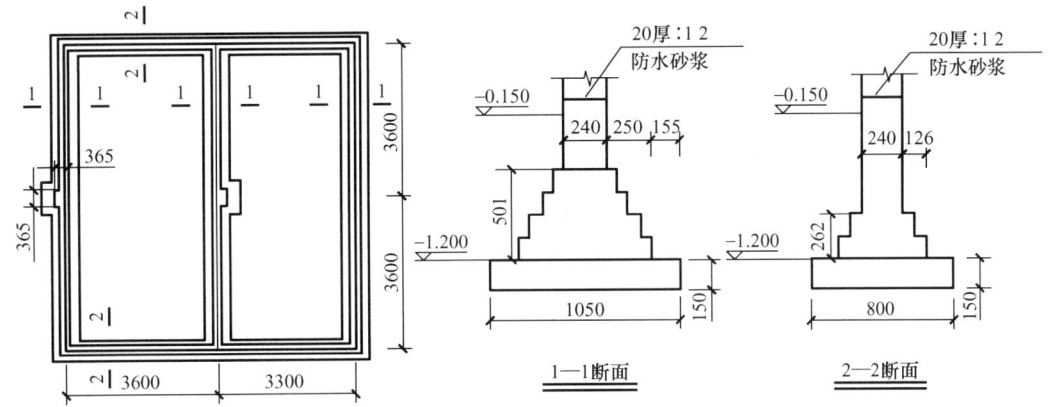

图 3.13 基础施工图（单位：mm）

分析：根据清单规范先分析该基础，该砖基础有两种截面规格，应分别列项。

（1）1—1 断面砖基础清单工程量为

$$L_{1-1}=7.2\times3-0.12\times2+\frac{(0.365-0.24)\times0.365}{0.24}\times2\approx21.74(\text{m})$$

根据基础与墙身的划分规定可得 $H=1.2\text{m}$。

大放脚断面积为

$$S_{1-1}=n(n+1)ab=4\times(4+1)\times0.126\times0.0625=0.1575(\text{m}^2)$$

则 1—1 断面基础工程量为

$$V_{1-1}=21.74\times(1.2\times0.24+0.1575)\approx9.69(\text{m}^3)$$

（2）2—2 断面砖基础清单工程量为

$$L_{2-2}=(3.6+3.3)\times2=13.8(\text{m})$$

根据基础与墙身的划分规定可得 $H=1.2\text{m}$。

大放脚断面积为

$$S_{2-2}=n(n+1)ab=2\times(2+1)\times0.126\times0.0625\approx0.0473(\text{m}^2)$$

则 2—2 断面基础工程量为

$$V_{2-2}=13.8\times(1.2\times0.24+0.0473)\approx4.63(\text{m}^3)$$

（3）防潮层工程量可以在项目特征中予以描述，这里不再列出。该砖基础分部分项工程量清单见表 3-34。

表 3-34　砖基础分部分项工程量清单

序号	项目编码	项目名称	项目特征描述	计量单位	工程量	金额/元		
						综合单价	合价	其中：暂估价
1	010401001001	砖基础	1—1 断面 DM M7.5 干混砌筑砂浆砌筑 MU10 混凝土实心砖基础（规格为 240mm×115mm×53mm），一砖条基，四层等高式大放脚；—0.060m 标高处设 1：2 防水砂浆防潮层	m³	9.69			
2	010401001002	砖基础	2—2 断面 DM M7.5 干混砂浆砌筑 MU10 混凝土实心砖基础（规格为 240mm×115mm×53mm），一砖条基，四层等高式大放脚；—0.060m 标高处设 1：2 防水砂浆防潮层	m³	4.63			

2) 砖砌挖孔桩护壁（010401002）

(1) 适用于各类砖砌挖孔桩护壁。

(2) 工作内容：砂浆制作和运输、砌砖、材料运输。

(3) 项目特征：应对砖品种、规格、强度等级，砂浆强度等级和配合比予以描述。

(4) 工程量计算规则：按设计图示尺寸以体积（m³）计算。

3) 实心砖墙（010401003）

(1) 适用于各类砖砌体的清水、混水实心墙，包括直形、弧形，以及不同厚度、不同砂浆（强度）砌筑的外墙、内墙、围墙。

(2) 工作内容：砂浆制作和运输、砌砖、刮缝、砖压顶砌筑、材料运输。

(3) 项目特征：应对砖品种、规格、强度等级，墙体类型，砂浆强度等级、配合比予以描述。

若设计有凸出墙面的腰线、挑檐、附墙烟囱、通风道等构造内容，清单应考虑有关计价要求，且应对如砖挑檐外挑出沿数量，附墙烟囱、通风道内孔尺寸等予以明确描述。

(4) 工程量计算规则：按设计图示尺寸以体积（m³）计算，扣除门窗，洞口，过人洞，空圈，嵌入墙内的钢筋混凝土柱、梁、圈梁、挑梁、过梁，以及凹进墙内的壁龛、管槽、暖气槽、消火栓箱所占的体积，不扣除梁头，板头，檩头，垫木，木楞头，沿椽木，木砖，门窗走头，砖墙内加固钢筋、木筋、铁件、钢管，以及单个面积 0.3m² 以内的孔洞所占的体积。凸出墙面的腰线、挑檐、压顶、窗台线、虎头砖、门窗套的体积也不增加。凸出墙面的砖垛并入墙体体积内计算。

其中：

① 墙长度：外墙按中心线，内墙按净长线计算。

② 墙体高度。

a. 外墙。斜（坡）屋面无檐口天棚者，算至屋面板底；有屋架且室内外均有天棚者，算至屋架下弦底另加 200mm；无天棚者，算至屋架下弦底另加 300mm，出檐宽度超过 600mm 时，按实砌高度计算；平屋面者，算至钢筋混凝土板底。

b. 内墙。位于屋架下弦者，算至屋架下弦底；无屋架者，算至天棚底另加 100mm；有钢筋混凝土楼板隔层者，算至楼板顶；有框架梁者，算至梁底。

c. 女儿墙。从屋面板上表面算至女儿墙顶面（如有混凝土压顶，则算至混凝土压顶下表面）。

d. 内、外山墙。按其平均高度计算。

③ 框架间墙：不分内、外墙，按墙体净尺寸以体积计算。

④ 围墙：高度算至压顶上表面（如有混凝土压顶，则算至混凝土压顶下表面），围墙柱并入围墙体积内。

实例分析 3-15

某二层砖混结构有 240mm 厚单面清水（原浆勾缝）外墙 160m³ 和 240mm 厚混水内墙 320m³，均采用 M7.5 混合砂浆砌筑，已知墙体高度为 3.9m，试编制该实心砖墙的工程量清单。

分析：根据清单编制规则，该实心砖墙的分部分项工程量清单见表 3-35。

表 3-35 实心砖墙的分部分项工程量清单

序号	项目编码	项目名称	项目特征描述	计量单位	工程量	金额/元		
						综合单价	合价	其中：暂估价
1	010401003001	实心砖墙	外墙厚 240mm，单面清水墙，原浆勾缝，M7.5 混合砂浆砌筑，墙体高度为 3.9m	m³	160			
2	010401003002	实心砖墙	内墙厚 240mm，混水墙，采用 M7.5 混合砂浆砌筑，墙体高度为 3.9m	m³	320			

4）多孔砖墙（010401004）

(1) 适用于各种砌法的多孔砖墙。

(2) 工作内容：砂浆制作和运输、砌砖、刮缝、砖压顶砌筑、材料运输。

(3) 项目特征：应对砖品种、规格、强度等级，墙体类型，砂浆强度等级、配合比予以描述。

(4) 工程量计算规则：同实心砖墙。

5) 空心砖墙 (010401005)

(1) 适用于各种砌法的空心砖墙。

(2) 工作内容：砂浆制作和运输、砌砖、刮缝、砖压顶砌筑、材料运输。

(3) 项目特征：应对砖品种、规格、强度等级，墙体类型，砂浆强度等级、配合比予以描述。

(4) 工程量计算规则：同实心砖墙。

6) 空斗墙 (010401006)

(1) 适用于各种砌法的空斗墙，一般常用于围墙和隔墙的砌筑。

(2) 工作内容和项目特征与实心砖墙基本一致，但特征描述应明确具体的组砌方式，如设计要求空斗灌肚，应对灌肚材料要求予以明确描述。

(3) 工程量计算规则：按设计图示尺寸以空斗墙外形体积（m^3）计算，墙角、内外墙交接处、门窗洞口立边、窗台砖、屋檐处的实砌部分体积，并入空斗墙体积内计算。

7) 空花墙 (010401007)

(1) 适用于各种类型的空花墙。

(2) 工作内容和项目特征与实心砖墙基本一致，但尚应对空花外框形状、尺寸予以描述。

(3) 工程量计算规则：按设计图示尺寸以空花部分外形体积（m^3）计算，不扣除空洞部分体积。

使用混凝土花格砌筑的空花墙，实砌墙体与混凝土花格应分别计算，混凝土花格按混凝土及钢筋混凝土中预制构件相关项目列项。

8) 填充墙 (010401008)

(1) 适用于各类砖砌筑的双层夹墙，夹墙内按需要填充各种保温、隔热材料。

(2) 工作内容和项目特征与实心砖墙基本一致，但尚应对两侧夹心墙的厚度、填充层的厚度、填充材料种类、规格及填充要求予以描述。

(3) 工程量计算规则：按设计图示尺寸以填充墙外形体积（m^3）计算。

9) 实心砖柱 (010401009)

(1) 适用于各种砖砌筑的不同类型的柱，如矩形、异形、圆形柱及柱外包砌体。

(2) 工作内容：砂浆制作和运输、砌砖、刮缝、材料运输。

(3) 项目特征：应对砖品种、规格、强度等级，柱类型，砂浆强度等级、配合比予以描述。

(4) 工程量计算规则：按设计图示尺寸以体积（m^3）计算，扣除混凝土及钢筋混凝土梁垫、梁头、板头所占体积。

10) 多孔砖柱 (010401010)

(1) 适用于各种砖砌筑的不同类型的多孔砖柱。

(2) 工作内容、项目特征及工程量计算规则基本同实心砖柱。

11) 砖检查井（010401011）

(1) 适用于砖检查井的列项。

(2) 工作内容：砂浆制作和运输，铺设垫层，底板混凝土制作、运输、浇筑、振捣、养护，砌砖，刮缝，井池底、壁抹灰，抹防潮层，材料运输。

(3) 项目特征：应对井截面、深度，砖品种、规格和强度等级，垫层材料种类、厚度，底板厚度，井盖安装，混凝土强度等级，防潮层材料种类，砂浆强度等级和配合比予以描述。

(4) 工程量计算规则：按设计图示数量（座）计算。

检查井内的爬梯，按《计算规范》附录E中相关项目编码列项；井内混凝土构件，按《计算规范》附录E中混凝土及钢筋混凝土预制构件编码列项。

12) 零星砌砖（010401012）

(1) 适用于台阶、台阶挡墙、梯带、锅台、炉灶、蹲台、池槽、池槽腿、花台、花池、楼梯栏板、阳台栏板、地垄墙、屋面隔热板下的砖墩、$0.3m^2$以内的孔洞填塞、空斗墙的窗间墙和窗下墙等实砌部分及框架外表面的镶贴砌砖。

(2) 工作内容：与实心砖柱一致。

(3) 项目特征：应对零星砌砖名称和部位，砖品种、规格和强度等级，砂浆强度等级、配合比予以描述。

(4) 工程量计算规则。

① 按设计图示尺寸截面积乘以长度以体积（m^3）计算。

② 按设计图示尺寸水平投影面积（m^2）计算。

③ 按设计图示尺寸以长度（m）计算。

④ 按设计图示数量（个）计算。

按具体工作内容不同，可以在以上多种计量方法中选择恰当的、利于计价组合和分析的计量单位，如：

① 台阶工程可按水平投影面积计算，但不包括台阶翼墙面积，翼墙可按"m"或"m^3"计算另行列项。

② 小型池槽、锅台、炉灶可按"个"计算，以"长×宽×高"顺序标明外形尺寸。

③ 小便槽、地垄墙可按长度"m"计算，其他工程量按体积"m^3"计算。

1. 按照清单规范规定编制可以分别列项的项目，如工程量不大，也可以在列项时予以合并。如成品水池下的砖砌搁脚，按零星砌砖以"个"计算列项，可将面层的抹灰或镶贴块料合并到砌筑工程中。但清单编制时，应该将该合并的内容结合计价定额予以明确（如面层做法、每个搁脚面层施工工程量等特征），以方便计价人计价。

如某零星砌砖工程量清单见表3-36。

表 3-36 某零星砌筑工程量清单

序号	项目编码	项目名称	项目特征描述	计量单位	工程量	金额/元		
						综合单价	合价	其中：暂估价
1	010401012001	砖砌台阶	碎石垫层，M5.0 水泥砂浆砌筑 MU10 水泥实心砖，上 150mm×3 步，含平台；1:3 水泥砂浆铺贴花岗岩面层，展开面积 9.8m²，其中平台 4.24m²	m³	8			
2	010401012002	砖砌落地污垢水池	M5.0 水泥砂浆砌筑水泥实心砖，水池外形尺寸 620mm×620mm×300mm，内空 514mm×514mm×240mm；内外 1:3 水泥砂浆基层，150mm×200mm×5mm 瓷砖贴面	个	12			

2. 零星砌砖项目清单还应描述相关构造（如垫层、基层、埋深、基础等），必要时可将面层做法予以描述（必须有明确内容、规格和尺寸要求），以便于计价内容组合。

3. 空斗墙的窗间墙、窗台下、楼板下、梁头下等的实砌部分，按零星砌砖项目编码列项。

13）砖散水、地坪（010401013）

（1）适用于砖散水、地坪的列项。

（2）工作内容：土方挖、运、填，地基找平、夯实，铺设垫层，砌砖散水、地坪，抹砂浆面层。

（3）项目特征：应对砖品种、规格和强度等级，垫层材料种类、厚度，散水、地坪厚度，面层种类、厚度，砂浆强度等级和配合比予以描述。

（4）工程量计算规则：按设计图示尺寸以面积（m²）计算。

14）砖地沟、明沟（010401014）

（1）适用于砖地沟、明沟的列项。

（2）工作内容：土方挖、运、填，铺设垫层，底板混凝土制作、运输、浇捣、养护，砌砖，刮缝、抹灰，材料运输。

（3）项目特征：应对砖品种、规格和强度等级，沟截面尺寸，垫层材料种类、厚度，混凝土强度等级，砂浆强度等级予以描述。

（4）工程量计算规则：按设计图示尺寸以中心线长度（m）计算。

砖砌体勾缝，按《计算规范》附录 M 中的相关项目编码列项；砖砌体内钢筋加固，按《计算规范》附录 E 中的相关项目编码列项。

3. 砌块砌体工程量清单编制

砌块砌体包括砌块墙、砌块柱两个项目,分别按010402001×××~010402002×××编码列项。

(1)砌块砌体工程适用于各种规格、品种的砌块砌筑的各种类型的墙和柱。

(2)工作内容:砂浆制作和运输、砌砖和砌块、勾缝、材料运输。

(3)项目特征:应对砌块的品种、规格和强度等级,砂浆强度等级予以描述。另外,砌块墙要描述墙体类型,砌块柱要描述柱类型。

(4)工程量计算规则:砌块墙按设计图示尺寸以体积(m³)计算,应扣除的体积和实心砖墙一致。砌块柱按设计尺寸以体积(m³)计算,扣除混凝土及钢筋混凝土梁垫、梁头、板头所占体积。

砌体内加筋、墙体拉结的制作和安装,应按《计算规范》附录E中相关项目编码列项。

若砌体里有灌缝处理,灌注的混凝土应按《计算规范》附录E中相关项目编码列项。

4. 石砌体工程量清单编制

石砌体包括石基础、石勒脚、石墙、石挡土墙、石柱、石栏杆、石护坡、石台阶、石坡道、石地沟和石明沟10个项目,分别按010403001×××~010403010×××编码,适用于各种规格的方整石、块石砌筑列项。

1)石基础(010403001)

(1)适用于各种规格(粗料石、细料石等)、各种材质(砂石、青石)和各种类型(柱基、墙基、直形、弧形等)的基础列项。

(2)工作内容:砂浆制作和运输、吊装、砌石、防潮层铺设、材料运输。

(3)项目特征:应对石料种类和规格、基础类型、砂浆强度等级予以描述。

(4)工程量计算规则:按设计图示尺寸以体积(m³)计算,包括附墙垛基础宽出部分体积,不扣除基础砂浆防潮层及单个面积0.3m²以内的孔洞所占体积,靠墙暖气沟的挑檐不增加体积。基础长度,外墙按中心线、内墙按净长线计算。

2)石勒脚、石墙、石挡土墙、石柱(010403002~010403005)

(1)适用于各种规格(粗料石、细料石等)、各种材质(砂石、青石、大理石、花岗石等)和各种类型石砌体列项。

(2)工作内容:砂浆制作和运输、吊装、砌石、石表面加工、勾缝、材料运输;石挡土墙增加变形缝、泄水孔、压顶抹灰和滤水层内容,无石表面加工内容。

(3)项目特征:应对石料种类和规格、石表面加工要求、勾缝要求、砂浆强度等级和配合比予以描述。

(4)工程量计算规则:石勒脚按设计图示尺寸以体积(m³)计算,扣除单个面积大于0.3m²的孔洞所占的体积;石墙同实心砖墙工程量计算;石挡土墙、石柱按设计图示尺寸以体积(m³)计算。

3) 石栏杆、石护坡、石台阶、石坡道、石地沟和石明沟（010403006～010403010）

(1) 石栏杆项目适用于无雕饰的一般石栏杆；石护坡项目适用于各种石质和各种石料（如石条、片石、毛石、块石、卵石等）的护坡；石台阶项目包括石梯带（垂带），不包括梯膀（古建筑中称"象眼"），石梯膀按石挡土墙列项。

(2) 工作内容。

① 石栏杆和石护坡：砂浆制作和运输、吊装、砌石、石表面加工、勾缝、材料运输。

② 石台阶和石坡道：铺设垫层、石料加工、砂浆制作和运输、砌石、石表面加工、勾缝、材料运输。

③ 石地沟、石明沟：土方挖和运、砂浆制作和运输、铺设垫层、砌石、石表面加工、勾缝、回填、材料运输。

(3) 项目特征。

① 石栏杆：应对石料种类和规格、石表面加工要求、勾缝要求、砂浆强度等级和配合比予以描述。

② 石护坡、石台阶、石坡道：应对垫层材料种类和厚度、石料种类和规格、护坡厚度和高度、石表面加工要求、勾缝要求、砂浆强度等级和配合比予以描述。

③ 石地沟和明沟：应对沟截面尺寸、土壤类别和运距、垫层种类和规格、石料种类和规格、石表面加工要求、勾缝要求、砂浆强度等级和配合比予以描述。

(4) 工程量计算规则：石栏杆按设计图示以长度（m）计算；石护坡、石台阶按设计图示尺寸以体积（m³）计算；石坡道按设计图示以水平投影面积（m²）计算；石地沟、石明沟按设计图示以中心线长度（m）计算。

拓展提高

1. 石基础包括剔打石料天、地座荒包等全部工序。
2. 石墙、石柱包括石料天、地座打平、拼缝打平、打扁口等工序。
3. 石表面加工，包括打钻路、钉麻石、垛斧、扁光等，项目特征描述时应明确具体加工程度和要求。
4. 各项目均包括搭拆简易起重架。

5. **垫层工程量清单编制**

垫层包括垫层1个项目，按010404001×××编码列项。

(1) 垫层工程适用于除混凝土垫层外的其他垫层清单项目列项。
(2) 工作内容：垫层材料的拌制、垫层铺设、材料运输。
(3) 项目特征：应对垫层材料种类、配合比、厚度予以描述。
(4) 工程量计算规则：按设计图示尺寸以体积（m³）计算。

3.4.3 工程量清单计价

本部分计价的基本依据是《浙江省预算定额（2018版）》第四章"砌筑工程"。

砌筑工程定额计价的项目，主要有砖砌体、砌块砌体、石砌体、垫层等。

1. 一般规定

在计价定额中，主体砌筑按照砌体类型区分，有不同厚度的墙体、空斗墙、空花墙等；按砌筑材料区分，有烧结多孔砖墙、蒸压砖墙、混凝土砌块墙等。

(1) 除圆弧形构筑物以外，各类砖及砌块的砌筑定额均按直形砌筑编制，如设计为圆弧形墙，按相应定额人工用量乘以系数1.10，砖、砌块、石材及砂浆（黏结剂）用量乘以系数1.03。

实例分析 3-16

某工程采用 DM M7.5 干混砂浆砌筑一砖厚混凝土实心砖弧形墙，求其基价。

分析：根据以上计价规则，DM M7.5 干混砂浆砌筑一砖厚混凝土实心砖定额子目为 4-6，由于是弧形墙，定额需换算，换算后定额基价为

$$446.406+139.59\times(1.1-1)+(0.532\times 388+0.236\times 413.73)\times(1.03-1)\approx 469.49(元/m^3)$$

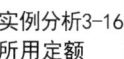

实例分析3-16
所用定额

(2) 本章定额中砖、砌块和石料的用量按标准和常用规格计算，实际规格与定额不同时，砖、砌块及砌筑（黏结）材料用量应做调整，其余用量不变；定额所列砌筑砂浆种类和强度等级、砌块专用砌筑黏结剂及砌块专用砌筑砂浆品种，如设计与定额不同时，应进行换算。

实例分析 3-17

某砌筑工程采用 DM M5.0 干混砂浆砌筑一砖厚混凝土多孔砖墙，求其基价。

分析：根据以上计价规则，DM M7.5 干混砂浆砌筑一砖厚混凝土多孔砖墙定额子目为 4-22，由于采用的是 DM M5.0 干混砂浆，定额需换算，换算后定额基价为

$$357.188+(397-413.73)\times 0.186\approx 354.08(元/m^3)$$

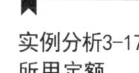

实例分析3-17
所用定额

(3) 基础与墙身的划分。

① 基础与墙身使用同一种材料时，以设计室内地面为界（有地下室者，以地下室室内设计地面为界），以下为基础，以上为墙身。

② 基础与墙身使用不同材料时，当不同材料的分界位于设计室内地面±300mm 以内时，以不同材料为分界线；当不同材料的分界超过设计室内地面±300mm 时，以设计室内地面为分界线。

③ 围墙以设计室外地坪为分界线，以下为基础、以上为墙身。

(4) 砖基础不分有否大放脚，均执行对应品种及规格砖的同一定额；地下筏板基础下翻混凝土构件所用的砖模、砖砌挡土墙、地垄墙套用砖基础定额。

(5) 砖砌体及砌块不分内、外墙，均执行对应品种及规格砖和砌块的同一定额，墙厚一砖以上的，均套用一砖墙相应定额；定额中均已包括了立门窗框的调直，以及腰线、窗台线、挑檐等一般出线用工。

(6) 夹心保温墙（包括两侧）按单侧墙厚套用墙相应定额，人工乘系数1.15；保温填充料另行套用本定额第十章"保温、隔热、防腐工程"的相应定额。

(7) 多孔砖、空心砖及砌块砌筑墙体时，若以实心砖作为导墙砌筑的，导墙与上部墙身主体需分别计算，导墙部分套用零星砌体相应定额。

设计要求空斗墙的窗间墙、窗下墙、楼板下、梁头下等的实砌部分，应另行计算，套用零星砌体定额。

石墙定额中未包括的砖砌体（门窗口立边、窗台虎头砖等），套用零星砌体定额。

(8) 砌体钢筋加固、灌注混凝土，墙体拉结的制作、安装，以及墙基、墙身、地沟等的防潮、防水、抹灰等按本定额其他相关章节的定额及规定计算。

(9) 在砌体计价时，还需要注意定额总说明第七条第8款中的规定。

本定额中所使用的砂浆除另有注明外均为干混预拌砂浆，若实际使用现拌砂浆或湿拌预拌砂浆，按以下方法调整定额。

① 使用现拌砂浆的，除将定额中的干混预拌砂浆调换为现拌砂浆外，另按相应定额中每立方米砂浆增加：人工 0.382 工日，200L 砂浆搅拌机 0.167 台班，并扣除定额中干混砂浆罐式搅拌机台班的数量。

② 使用湿拌预拌砂浆的，除将定额中的干混预拌砂浆调换为湿拌预拌砂浆外，另按相应定额中的每立方米砂浆扣除人工 0.20 工日，并扣除定额中干混砂浆罐式搅拌机台班的数量。

实例分析 3-18

求采用 M7.5 现拌水泥砂浆砌筑一砖厚混凝土实心弧形砖基础的基价。

分析：根据上述计价说明第（1）条和第（9）条第①款规定需进行基价换算，套用定额 4-1 子目，需要调价的是弧形外墙和干混砂浆。先按总说明第（9）条第①款调整单价，即干混砂浆需要调整，再按第（1）条规定调整弧形外墙，则换算后定额基价为

$(1051.65+135\times0.382\times2.3)\times1.1+5.29\times388\times1.03+228.35\times2.3\times1.03+0.167\times2.3\times154.97\approx4001.87$（元/$10m^3$）

(10) 围墙套用墙的相关定额子目。

(11) 空花墙适用于各种类型的空花墙，使用混凝土花格砌筑的空花墙，实砌墙体与混凝土花格应分别计算。

1. 以上计价说明适用于所有砌筑工程计价。

2. 砖石基础有多种砂浆砌筑时，以多者为准。这是指同一基础中，设计规定一个标高上下为不同砂浆砌筑时的情况。如某工程砖基础底面标高为 −1.200m，设计规定室内地面在 −0.060m 标高以下为 M5.0 水泥砂浆、−0.060m 标高以上为 M5.0 混合砂浆砌筑，则该砖基础全部按 M5.0 水泥砂浆计价。

2. 砖砌体清单计价

1) 计价说明

(1) 砖砌洗涤池、污水池、垃圾箱、水槽基座、花坛及石墙定额中未包括的砖砌门窗口立边、窗台虎头砖及钢筋砖过梁等砌体，套用零星砌体定额。

空斗墙设计要求实砌的窗间墙、窗下墙的工程量另计，套用零星砌体定额。

（2）空花墙适用于各种类型的空花墙；使用混凝土花格砌筑的空花墙，实砌墙体与混凝土花格应分别计算，混凝土花格按本定额第五章"混凝土及钢筋混凝土工程"中预制构件定额执行。

拓展提高

1. 砖柱基础工程量并入砖柱内计算，套用砖柱定额。
2. 清单按零星砌砖列项的地垄墙（如舞台地垄墙）、砖胎模，套用砖基础定额。
3. 砖柱基础（包括四边大放脚），套用砖柱定额。

2）计价工程量计算规则

（1）砖基础。

① 计量单位：m^3。

② 工程量计算规则：砖基础计价工程量计算规则与清单工程量计算规则基本一致。如遇剧院、会堂等室内地坪有坡度，应以室内地面最低标高作为砖基础和墙身的分界。

a. 条形砖基础。

长度：外墙按外墙中心线长度计算。内墙砖基础按内墙墙身净长线计算，其余基础按基础底净长计算；其应增加的搭接体积，按图示尺寸计算。

计算条形砖基础长度时，附墙垛凸出部分按折加长度合并计算，不扣除搭接重叠部分的长度，垛的加深部分也不增加。

附墙垛折加长度 L 按下式计算。

$$L = ab/c$$

式中 a、b——附墙垛凸出部分断面的长、宽，如图3.10所示；

c——砖（石）墙厚，如图3.10所示。

计算条形砖基础工程量时，两边大放脚体积并入计算，大放脚体积＝砖基础长度×大放脚断面积，大放脚断面积按下列公式计算。

$$(等高式) S = n(n+1)ab$$

$$(间隔式) S = \sum(a+b) + \sum\left(\frac{a}{2} \times b\right)$$

式中 n——放脚层数；

a、b——每层放脚的高、宽（凸出部分），如图3.14所示。

拓展提高

对标准砖基础，$a=0.126m$（每层二皮砖），$b=0.063m$。基础放脚尺寸如图3.14所示。

b. 独立砖基础：工程量并入砖柱工程量计算。

（2）砖砌挖孔桩护壁。

工程量计算规则：参照圆形构筑物工程量计算。按图示

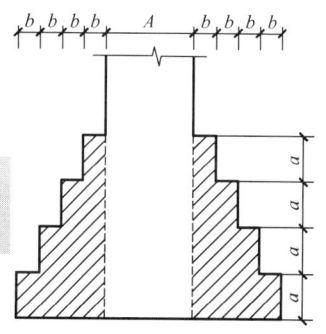

图3.14 基础放脚尺寸

尺寸以实体积（m³）计算。

（3）实心砖墙、多孔砖墙、空心砖墙。

工程量计算规则：与清单工程量计算规则基本一致。

计算砌体工程量时，应扣门窗洞口，过人洞，空圈，嵌入墙内的钢筋混凝土柱、梁、圈梁、挑梁、过梁、止水翻边、板，以及凹进墙内的壁龛、管槽、暖气槽、消火栓箱和单个面积在 0.3m² 以上的孔洞所占的体积；但嵌入砌体内的钢筋、铁件、管道、木筋、钢管、基础砂浆防潮层及承台桩头，屋架、檩条、梁等伸入砌体的头子，混凝土垫块，木楞头，沿椽木，木砖和单个面积不大于 0.3m² 的孔洞等所占体积不扣；凸出墙身的窗台、1/2 砖以内的门窗套、二出檐以内的挑檐等的体积也不增加。凸出墙身的统腰线、1/2 砖以上的门窗套、二出檐以上的挑檐等的体积，应并入所依附的砖墙内计算。凸出墙面的砖垛并入墙体体积内计算。

空心砖墙的工程量，按图示尺寸以体积（m³）计算；砌块墙的门窗洞口等镶砌的同类实心砖部分已包含在定额内，不单独另行计算。

请思考一下，在计算砌体工程前，应先计算哪些分项工程？

（4）空斗墙。

工程量计算规则：按设计图示尺寸以空斗墙外形体积（m³）计算。空斗墙的内外墙交接处、门窗的洞口立边、窗台砖、屋檐处实砌部分，以及过人洞口、墙角、梁支座等实砌部分和地面以上、圈梁或板底以下三皮实砌砖，均已包括在定额内，其工程量应并入空斗墙内计算；砖垛工程量应另行计算，套实砌墙相应定额。

空斗墙的实砌部分工程量计算划分与清单不同之处：地面上、楼板下、梁头下的实砌部分，应将此部分工程量并入空斗墙体积计算，套用空斗墙定额计价，清单则按零星项目列项。

（5）空花墙。

工程量计算规则：按设计图示尺寸以空花部分外形体积（m³）计算，不扣除空花部分体积。工程量计算规则同清单工程量计算规则。

填充墙

（6）填充墙。

工程量计算规则：与清单工程量计算规则基本一致。

（7）实心砖柱、多孔砖柱。

工程量计算规则：包括砖柱和独立砖柱基础工程量两部分内容。砖柱工程量同清单工程量。独立砖柱基础工程量按柱身体积加上四边大放脚体积计算，砖柱基础工程量并入砖柱计算。四边大放脚体积 V 按下式计算。

$$V=n(n+1)ab\left[\frac{2}{3}(2n+1)b+A+B\right]$$

式中　A、B——砖柱断面的长、宽；

其余符号意义同上。

砖柱垛结构尺寸示意如图 3.15 所示。

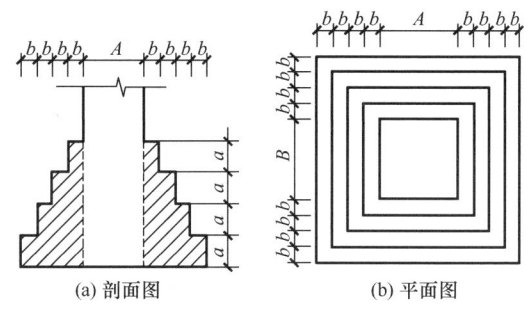

图 3.15 砖柱垛结构尺寸示意

(8) 砖检查井。

① 本定额所列排水管、窨井等室外排水定额，仅为化粪池配套设施用，不包括土方及垫层，如发生时应按有关章节定额另列项目计算；窨井按 2004 浙 S1、S2 标准图集编制，如设计不同，可参照相应定额执行；砖砌窨井按内径周长套用定额，井深按 1m 编制，实际深度不同时，套用"每增减 20cm"定额按比例进行调整。

② 工程量计算规则：按检查井数量（只）计量。所用定额见本定额第十七章"构筑物、附属工程"。

(9) 零星砌砖。

工程量计算规则：按体积（m³）计量。砌体设置导墙时，砖砌导墙需单独计算，厚度与长度按墙身主体，高度按实际砌筑高度计算；墙身主体的高度相应扣除。

附墙烟囱、通风道、垃圾道，应按设计图示尺寸以体积（扣除孔洞所占体积）计算，按孔（道）不同厚度并入相同厚度的墙体体积内。当设计规定孔道内需抹灰时，另按定额第十二章"墙、柱面装饰与隔断、幕墙工程"相应定额计算。

3/4 砖墙厚定额按 178mm，清单按 180mm。

地下混凝土、钢筋混凝土构建的砖模、舞台地垄墙计算，按砖基础计算规则。

(10) 砖散水、地坪。

① 砖散水也称护坡。计价说明在本定额第十七章"构筑物、附属工程"中，该章定额中坡道未包括面层，如发生应按设计面层做法，另行套用楼地面工程相应定额。

② 工程量计算规则：按外墙中心线乘以宽度以面积（m²）计算，不扣除每个长度在 5m 以内的踏步或斜坡。

(11) 砖地沟、明沟。

工程量计算规则：墙脚护坡边明沟长度按外墙中心线计算。

3) 清单计价

砌筑工程项目清单计价时，排除价格因素，工程项目工料机数量的确定与计算，主要考虑的是清单项目特征的描述内容（必要时应该对照设计施工图），以及采用的计价定额的使用规则，而与施工方案的取定和运用关系不大。

(1) 砖基础。

因砖基础计价工程量与清单工程量计算规则基本一致，因此计价时基础工程量不需重新计算，只需要考虑组价内容。

砖基础组价内容，可以参见表 3-37。

表 3-37 砖基础组价内容

项目编码	项目名称	可组合的主要内容	对应的定额子目	定额编码
010401001	砖基础	砖基础	混凝土实心砖	4-1～4-3
			混凝土多孔砖	4-4、4-5
		防潮层	水泥砂浆	9-44

水泥砂浆防潮层是在本定额的第九章,因此计价规则和工程量计算规则参照第九章中的说明。其工程量计算,为防水砂浆防潮层按图示面积计算。

实例分析 3-19

计算实例分析 3-14 表 3-34 提供的砖基础分部分项工程量清单项目的综合单价。假设计价人根据取定的工料机价格按《浙江省预算定额(2018版)》取定价位标准;企业管理费为 16.57%,利润为 8.1%;经市场调查和计价方案决策,不考虑市场风险因素。

分析:(1) 根据清单规范有关规定、题目提供的工程条件及企业拟定的施工方案,本题中要求计价的砖砌基础(010401001)清单项目采用《浙江省预算定额(2018 版)》时应组合的定额子目见表 3-38。

实例分析3-19
所用定额

表 3-38 砖基础清单组价表

项目编码	项目名称	可组合的主要内容	对应的定额子目	定额编码
010401001	砖基础	砖基础	混凝土实心砖	4-1
		防潮层	水泥砂浆	9-42～9-44

(2) 根据计价规则及工程量计算规则进行工程量计算。

砖基础工程量同清单工程量,因此 $V_{1-1}=9.69 m^3$,$V_{2-2}=4.63 m^3$。

防水砂浆防潮层工程量计算:1—1 断面,根据基础长度 $L=21.74m$,防潮层面积为 $21.74 \times 0.24 \approx 5.22 (m^2)$;2—2 断面,$L=13.8m$,防潮层面积为 $13.8 \times 0.24 \approx 3.31(m^2)$。

(3) 按《浙江省预算定额(2018 版)》进行计价。对清单 010401001001 挖砖砌基础(1—1 断面)进行计价,应组合内容为定额 4-1 和 9-44。

① 混凝土实心砖基础(规格为 240mm×115mm×53mm)套定额 4-1,计算得相应单价为

$$人工费=105.165(元/m^3)$$
$$材料费=300.410(元/m^3)$$
$$机械费=2.229(元/m^3)$$
$$企业管理费=(105.165+2.229) \times 16.57\% \approx 17.795(元/m^3)$$
$$利润=(105.165+2.229) \times 8.1\% \approx 8.699(元/m^3)$$

② 砖基础1:2防水砂浆防潮层套定额9-44，计算得相应单价为

$$人工费 = 0(元/m^2)$$
$$材料费 = 11.628(元/m^2)$$
$$机械费 = 0.206(元/m^2)$$
$$企业管理费 = 0.206 \times 16.57\% \approx 0.034(元/m^2)$$
$$利润 = 0.206 \times 8.1\% \approx 0.017(元/m^2)$$

③ 综合单价计算如下。

$$人工费 = 105.165/9.69 \approx 105.165(元/m^3)$$
$$材料费 = (300.41 \times 9.69 + 11.628 \times 5.22)/9.69 \approx 306.674(元/m^3)$$
$$机械费 = (2.229 \times 9.69 + 0.2055 \times 5.22)/9.69 \approx 2.340(元/m^3)$$
$$企业管理费 = (105.165 + 2.340) \times 16.57\% \approx 17.814(元/m^3)$$
$$利润 = (105.165 + 2.340) \times 8.1\% \approx 8.708(元/m^3)$$

则综合单价为

$$105.165 + 306.674 + 2.340 + 17.814 + 8.708 = 440.701(元/m^3)$$

合价为

$$440.701 \times 9.69 \approx 4270.392(元)$$

同理可以计算出010401001002清单的综合单价和合价，最终计算结果见表3-39。

表3-39 综合单价计算表

单位及专业工程名称：××××楼——建筑工程　　　　　　　　　　　　　　　第　页　共　页

序号	编号	项目名称	计量单位	数量	综合单价/元							合价/元
					人工费	材料费	机械费	企业管理费	利润	风险费用	小计	
1	010401001001	砖基础（1—1截面）	m^3	9.69	105.165	306.674	2.340	17.814	8.708	0	440.701	4270.392
	4-1	混凝土实心砖基础	m^3	9.69	105.165	300.410	2.229	17.795	8.699	0	434.298	4208.35
	9-42	防水砂浆防潮层（砖基础）	m^2	5.22	0	11.628	0.206	0.034	0.017	0	11.885	62.04
2	010401001002	砖基础（2—2截面）	m^3	4.63	105.165	308.723	2.377	17.820	8.710	0	442.800	2050.17
	4-1	混凝土实心砖基础	m^3	4.63	105.165	300.410	2.230	17.800	8.700	0	434.310	2010.83
	9-42	防水砂浆防潮层（砖基础）	m^2	3.31	0	11.628	0.206	0.034	0.017	0	11.885	39.34

(2) 实心砖墙、多孔砖墙、空心砖墙。

因砖墙计价工程量与清单工程量计算规则基本一致，因此计价时砌筑墙体工程量不需重新计算，只需要考虑组价内容。实心砖墙、多孔砖墙、空心砖墙清单组价内容可以参见表 3-40。

表 3-40　实心砖墙、多孔砖墙、空心砖墙清单组价内容

项目编码	项目名称	可组合的主要内容	对应的定额子目	定额编码
010401003	实心砖墙	混凝土实心砖墙	混凝土类实心砖	4-6～4-9、4-16、4-17
		非黏土烧结实心砖墙	非黏土烧结实心砖	4-27～4-30
		蒸压实心砖	蒸压实心砖	4-47～4-50
010401004	多孔砖墙	混凝土多孔砖墙	混凝土多孔砖墙	4-22～4-24
		非黏土烧结多孔砖	非黏土烧结多孔砖	4-41～4-43
		蒸压多孔砖	蒸压多孔砖	4-51～4-53
010401005	空心砖墙	非黏土烧结空心砖	非黏土烧结空心砖	4-46

(3) 空斗墙、空花墙。

空斗墙、空花墙清单组价内容可以参见表 3-41。

表 3-41　空斗墙、空花墙清单组价内容

项目编码	项目名称	可组合的主要内容	对应的定额子目	定额编码
010401006	空斗墙	混凝土实心砖墙	混凝土类实心砖空斗墙	4-18～4-21
			非黏土烧结实心砖空斗墙	4-37～4-40
010401007	空花墙	非黏土烧结实心砖墙	混凝土类实心砖空花墙	4-11
			非黏土烧结实心砖空花墙	4-32

(4) 填充墙、实心砖柱、多孔砖柱、砖检查井、零星砌体。

根据计价规则，对于不同于清单计价规则的应重新计算工程量，其清单项目组价内容可以参见表 3-42。

表 3-42　填充墙、实心砖柱、多孔砖柱、砖检查井、零星砌体清单组价内容

项目编码	项目名称	可组合的主要内容	对应的定额子目	定额编码
010401008	填充墙	根据材料进行计价组合	—	—
010401009	实心砖柱	混凝土实心砖	混凝土实心砖方柱	4-10
		非黏土烧结实心砖	非黏土烧结实心砖方柱	4-31
010401010	多孔砖柱	混凝土多孔砖	混凝土多孔砖方柱	4-25
		非黏土烧结多孔砖	非黏土烧结多孔砖方柱	4-31
010401011	砖检查井	砖检查井	砖砌窨井	17-173～17-144

续表

项目编码	项目名称	可组合的主要内容	对应的定额子目	定额编码
010401012	零星砌体	空斗墙的窗间墙、窗台下、楼板下、梁头下的实砌部分，锅台、炉灶、不规则的洗涤池、花坛、地垄墙、屋面隔热板下的砖墩、窗间墙和窗台下的实砌部分	混凝土实心砖零星砌体	4-15
			混凝土多孔砖零星砌体	4-26
			非黏土烧结实心砖零星砌体	4-36
			非黏土烧结多孔砖零星砌体	4-45
			蒸压实心砖零星砌体	4-50
		其他	蒸压多孔砖零星砌体	4-53
			—	—

（5）砖散水、地坪及砖地沟、明沟。

砖散水、地坪及砖地沟、明沟清单组价内容可以参见表3-43。

表3-43 砖散水、地坪及砖地沟、明沟清单组价内容

项目编码	项目名称	可组合的主要内容	对应的定额子目	定额编码
010401013	砖散水、地坪	垫层	砂垫层、砂石垫层、塘渣垫层、块石垫层、碎石垫层、灰土、三合土、混凝土垫层	4-80~4-88
		砌筑	混凝土多孔砖零星砌体、混凝土实心砖零星砌体、非黏土烧结实心砖零星砌体、非黏土烧结多孔砖零星砌体、蒸压实心砖零星砌体、蒸压多孔砖零星砌体	4-15、4-26、4-36、4-45、4-50、4-53
		勾缝	水泥砂浆勾缝、零星抹灰	—
010401014	砖地沟、明沟	砖砌地沟、明沟	砖砌明沟	17-183
		其他砖砌沟	土方、垫层、沟底、砌筑、勾缝	—

3. 砌块砌体清单计价

1）计价说明

（1）蒸压加气混凝土类砌块墙定额，已包括砌块零星切割改锯的损耗及费用。

（2）柔性材料嵌缝定额已包括两侧嵌缝所需用量，其中PU发泡剂的单侧嵌缝尺寸按2.0cm×2.5cm考虑，如实际与定额不同，PU发泡剂用量按比例调整，其余用量不变。

2）计价工程量计算规则

（1）砌块墙。

① 一般砌块墙工程量计算同砖砌体工程量计算，计量单位为m^3。

② 柔性材料嵌缝根据设计要求，工程量按轻质填充墙与混凝土梁、楼板、柱或墙之间的缝隙长度以（m）计算。

③ 轻质砌块专用连接件按设计数量计算。

（2）砌块柱

① 计量单位为m^3。

② 工程量计算规则同砖砌体工程量计算规则。

3) 清单计价

砌块砌体工程项目清单计价时，排除价格因素，工程项目工料机数量的确定与计算，主要考虑的是清单项目特征的描述内容（必要时应该对照设计施工图）及采用的计价定额的使用规则，而与施工方案的取定和运用关系不大。

砌块墙组价内容可以参见表3-44。

表3-44 砌块墙组价内容

项目编码	项目名称	可组合的主要内容	对应的定额子目	定额编码
010402001	砌块墙	轻集料混凝土小型空心砌块	轻集料混凝土小型空心砌块	4-54~4-56
		非黏土烧结空心砌块	非黏土烧结空心砌块	4-57~4-59
		蒸压加气混凝土砌块	蒸压加气混凝土砌块	4-60~4-65
		蒸压加气混凝土砌块	陶粒增强加气砌块	4-66

4. 石砌体清单计价

1) 计价说明

石砌体相关说明同砌体工程。

2) 计价工程量计算规则

（1）石基础、石墙。

工程量计算规则：按设计图示尺寸以体积（m³）计算。

（2）石挡土墙、石柱、石护坡。

工程量计算规则：按设计图示尺寸以体积（m³）计算。

（3）石台阶、石坡道。

工程量计算规则：石台阶及石坡道按水平投影面积计算，如石台阶与平台相连，平台面积在10m²以内时按石台阶计算，平台面积在10m²以上时按楼地面工程计算套用相应定额，工程量以最上一级300mm处为分界。

3) 清单计价

石砌体组价内容可以参见表3-45。

表3-45 石砌体组价内容

项目编码	项目名称	可组合的主要内容	对应的定额子目	定额编码
010403001	石基础	垫层	砂垫层、砂石垫层、塘渣垫层、块石垫层、碎石垫层、灰土、三合土混凝土垫层	4-80~4-90
		砌石	块石基础	4-69~4-71
		防潮层	防水砂浆防潮层	9-42~9-44
			聚合物防水砂浆防潮层	9-45、9-46
			改性沥青卷材	9-47~9-58
			高分子卷材	9-59~9-75
			其他	—

续表

项目编码	项目名称	可组合的主要内容	对应的定额子目	定额编码
010403003	石墙	块石普通墙	块石普通墙	4-72～4-73
		勾缝	干混砂浆勾缝	12-15
010403004	石挡土墙	砌石	块石挡土墙	4-74～4-75
		压顶	零星抹灰（一般抹灰）	12-26
		勾缝	干混砂浆勾缝	12-15
010403007	石护坡	砌石	块石护坡	4-76～4-77
		勾缝	干混砂浆勾缝	12-15
010403008	石台阶	石台阶	方整石	4-78～4-79
010403009	石坡道	墙脚护坡	—	—

5. 垫层清单计价

1）计价说明

本垫层定额适用于基础垫层和地面垫层。混凝土垫层套用本定额第五章"混凝土及钢筋混凝土工程"相应定额。

块石基础与垫层的划分，当图纸不明确时，砌筑者为基础，铺排者为垫层。

2）计价工程量计算规则

① 条形基础垫层工程量，按设计图示尺寸以体积（m^3）计算。所采用的长度，外墙按外墙中心线长度计算，内墙按内墙垫层底净长计算，柱网结构的条基垫层不分内外墙均按基底垫层底净长计算。柱基垫层工程量按设计垫层面积乘以厚度计算。

② 地面垫层工程量，按地面面积乘以厚度以体积（m^3）计算，地面面积按楼地面工程的工程量计算规则计算。

3）垫层清单计价

垫层组价内容可以参见表3-46。

表3-46 垫层组价内容

项目编码	项目名称	可组合的主要内容	对应的定额子目	定额编码
010404001	垫层	垫层	砂垫层	4-80
			砂石垫层	4-81、4-82
			塘渣垫层	4-83
			块石垫层	4-84～4-86
			碎石垫层	4-87、4-88
			灰土	4-89
			三合土	4-90

任务 3.5 混凝土与钢筋混凝土工程

本节内容按工程部位、构件性质、施工工艺等划分,包括了工程结构实体分部分项项目的主要组成部分及利于工程实体形成的技术措施项目。

本节项目适用于各类建(构)筑物混凝土浇捣、钢筋制作安装、模板工程及装配式混凝土的项目列项和计价,也适用于其他分部分项定额及清单附录中未包括的混凝土浇捣、钢筋制作安装、模板工程的项目列项和计价。

3.5.1 基础知识

混凝土及钢筋混凝土工程,涉及模板、混凝土浇捣、装配式混凝土构件、钢筋制作安装等项目的列项和计价。

1. 混凝土工程

1) 现浇混凝土构件

按构件部位、作用及其性质划分,建筑物中的混凝土工程主要项目有基础、柱(独立柱、构造柱、暗柱)、梁(基础梁、单梁、圈梁)、板、墙等工程主体结构构件,以及楼梯、阳台、栏板、雨篷、檐沟等工程辅助构件。

2) 装配式混凝土构件

为了提高工程建设进度,有的工程按照标准设计可以采用装配式构件,通过安(拼)装形成建筑骨架的施工方式,主要装配式混凝土构件的种类与现浇混凝土构件的基本相同,一般有柱、梁、板和屋架等。构件预制根据其体量的大小、施工工艺、设备和实施的要求等,以加工厂制作为主,现场制作为辅。

3) 混凝土的分类

按混凝土的性能、用途及配合比等分类,工程中常见的混凝土包括现拌现浇混凝土、现拌预制混凝土、灌注桩混凝土(沉管灌注、水下灌注等)、泵送混凝土(集中预拌)、防水混凝土、喷射混凝土、道路混凝土等;其他混凝土,包括加气混凝土、特种(耐热、耐碱、耐油、防射线)混凝土、轻质混凝土、沥青混凝土等。

一般根据工程的规定,确定混凝土是采用自拌还是采用商品混凝土。采用商品混凝土时,应根据工程施工方案确定是采用泵送还是非泵送。目前以商品泵送混凝土为主。

2. 钢筋工程

(1) 建筑工程中常用的钢筋,按其轧制外形及加工工艺、构件力学性质等划分,包括圆钢筋、螺纹钢筋、冷拔钢丝、冷轧带肋钢筋,以及先张法预应力钢筋和后张法预应力钢筋。

(2) 钢筋伸入或穿过支座或支点的长度,应按照设计及有关规范要求保证有足够的锚固长度。

(3) 按照不同钢筋种类，对钢筋端部有不同的构造要求，如光圆钢筋端部需要设置半圆弯钩，螺纹钢筋则不需设置半圆弯钩等。

(4) 钢筋的连接方法，按照不同构件要求、施工工艺等，有绑扎、焊接、机械连接等方法。

(5) 根据钢筋连接方法及其受力性能不同，钢筋的搭接长度各有不同；钢筋的定尺长度也是产生钢筋搭接的因素。

3. 装配式混凝土构件的安装

装配式混凝土构件按成品购入，制作和运输的费用在材料成品价格中考虑。

装配式混凝土构件安装，有直接起吊就位安装和拼装后起吊就位安装两种。构件拼装有平拼和立拼两种。吊装方案一般有综合吊装法、分件吊装法、混合吊装法等。常用的构件吊装机械有履带式起重机、汽车式起重机、轮胎式起重机、塔式起重机等。具体运用时应按照建筑物的形体，构件外形尺寸、质量、安装高度，工作面，工程量及工期要求等来进行选择。

3.5.2 工程量清单编制

1. 清单编制说明

混凝土及钢筋混凝土工程工程量清单按《计算规范》附录D进行编制，适用于建（构）筑物工程砌筑项目列项。

本任务项目按上述规范附录E，分为E.1~E.7现浇混凝土各类构件，E.8后浇带，E.9~E.14预制混凝土各类构件，E.15钢筋工程，E.16螺栓、铁件16个部分，共77个项目。

(1) 混凝土及钢筋混凝土实体清单项目划分、清单编码，按《计算规范》附录E设置。

(2) 因国家规范对技术措施项目已列出具体分项项目，本任务涉及的模板工程应根据《计算规范》附录S.2措施项目列项。

2. 现浇混凝土构件工程量清单编制

1) 现浇混凝土基础

《计算规范》将现浇混凝土基础按基础类型分为垫层、带形基础、独立基础、满堂基础、设备基础、桩承台基础6个项目，分别按010501001×××~010501006×××编码列项。

(1) 垫层（010501001）、带形基础（010501002）、独立基础（010501003）、满堂基础（010501004）、桩承台基础（010501005）。

① 垫层适用于各类基础垫层及地面垫层；带形基础适用于各种带形基础；独立基础适用于块体基础、杯形基础、柱下板式基础、无筋倒圆台基础、壳体基础、电梯井基础等；满堂基础适用于地下室箱形基础、筏形基础等；桩承台基础，适用于浇筑在群桩、单桩上的承台。

② 工作内容：模板及支撑制作、安装、拆除、堆放、运输及清理模内杂物、刷隔离剂等，混凝土制作、运输、浇筑、振捣、养护。

③ 项目特征：应对混凝土种类、混凝土强度等级予以描述。若是毛石混凝土基础，则应描述毛石所占比例。基底埋深（自设计室外地坪算起）超过 2m 的，应在清单项目特征中予以描述。

④ 工程量计算规则：按设计图示尺寸以体积计算，不扣除伸入承台基础的桩头所占体积。

a. 基础垫层和各类基础的混凝土工程量，按设计图示尺寸以实体积计算，不扣除嵌入承台基础的桩头所占体积。

b. 带形基础（垫层）混凝土工程量计算方法。

带形基础混凝土工程量＝带形基础长度×截面积＋T形搭接体积

带形基础垫层混凝土工程量＝带形基础垫层长度×截面积

式中，带形基础（垫层）长度，外墙按外墙中心线、内墙按基底净长线计算；独立柱基间带形基础不分内、外墙，均按基底净长线计算；附墙垛折加长度合并计算。基础T形搭接体积按图示尺寸计算，并入带形基础混凝土工程量内。

锥形基础结构尺寸如图 3.16 所示。

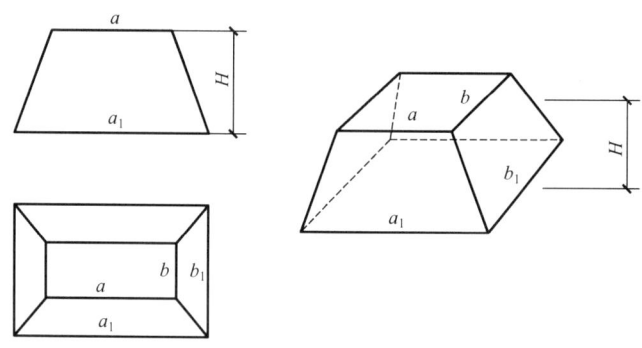

图 3.16 锥形基础结构尺寸

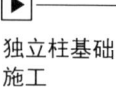

独立柱基础施工

关于 T 形搭接体积，无梁带形基础每个搭接体积由 V_2 组成，有梁带形基础每个搭接体积由 V_1、V_2 两部分组成，如图 3.17 所示。其计算公式为

$$V_1 = LbH$$

$$V_2 = Lbh_1/2 + 2L(B-b)/2 \times h_1/2 \times 1/3 = Lh_1(2b+B)/6$$

（无梁带形基础）$V = Lh_1(2b+B)/6$

（有梁带形基础）$V = L[h_1(2b+B)/6 + bH]$

式中　V_1——长方体体积；

V_2——两个三棱锥加上半个长方体体积；

V——一个 T 形搭接体积；

L——搭接长度；

B——带形基础底宽；

b——带形基础顶宽；

H——有梁带形基础梁高；

h_1——带形基础锥高。

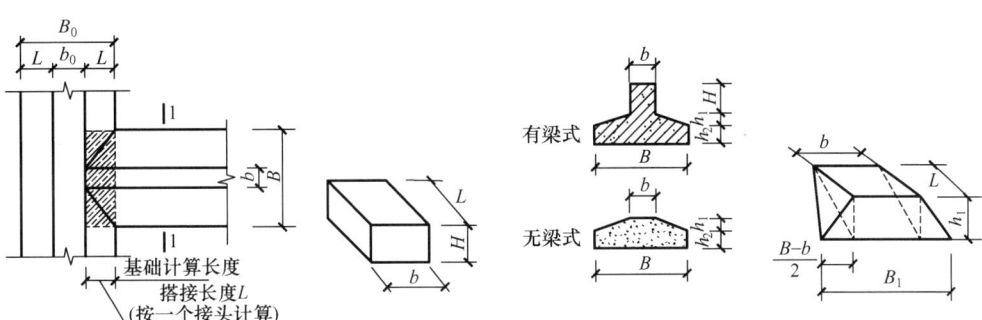

图 3.17　T 形搭接示意图

独立柱基间带形基础搭接体积不适用于上述 T 形搭接体积计算公式，应另按图示尺寸计算。

c. 独立基础（垫层）工程量计算方法。现浇混凝土柱下的独立基础、预制混凝土柱下的杯形基础的工程量，均按图示尺寸以体积（m³）计算，其混凝土工程量（体积）实际上是几个几何体的组合（即通过加、减进行组合），如遇梯形体（含四棱台），其体积计算公式为

$$V=H[ab+a_1b_1+(a+a_1)(b+b_1)]/6$$

式中　V——梯形体体积；

　　　H——台体高度；

　　　a、b——上底面（矩形）的长度、宽度；

　　　a_1、b_1——下底面（矩形）的长度、宽度。

d. 满堂基础的柱墩并入满堂基础内计算。满堂基础设有后浇带时，后浇带应分别列项计算。

e. 基础侧边弧形增加费，按弧形接触面长度计算，每个面计算一道。

实例分析 3-20

图 3.18 所示为某混凝土基础平面及断面图，室外地坪标高为 -0.300m，室内地面标高为 ±0.000m，地面面层厚 10cm，基础垫层采用 C15（40）现浇混凝土，带形基础采用 C20（40）现浇混凝土，独立基础采用 C25（40）现浇混凝土，基础钢筋保护层厚度为 40mm。试编制该混凝土基础工程量清单。

分析：根据清单规则计算。

（1）垫层工程量为

$$V=0.1\times1.4\times[(10+9)\times2-6]+0.1\times1.6\times(9-1.4)+0.1\times(1.8+0.2)^2\times3\approx6.90(m^3)$$

（2）1—1 带形基础混凝土工程量为

$$V_1=\left[0.2\times1.2+\frac{1}{2}\times(1.2+0.3)\times0.15+0.35\times0.3\right]\times[(9+10)\times2-0.9\times6]$$

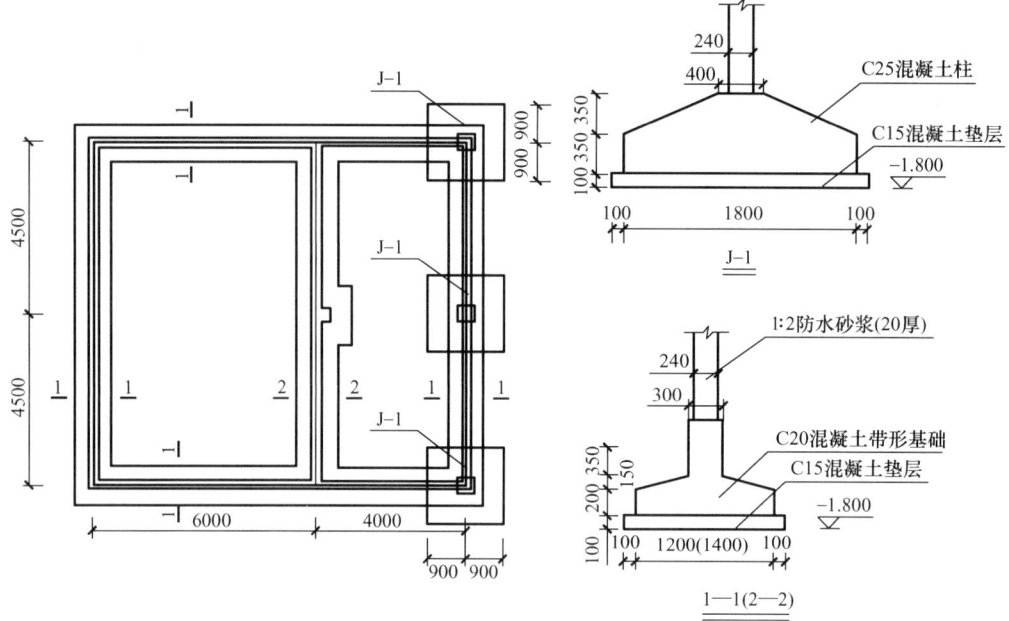

图 3.18 某混凝土基础平面及断面图（单位：mm）

$$\approx 14.91(\mathrm{m}^3)$$

搭接长度部分工程量为

$$V_2 = \frac{1}{2} \times 0.35 \times 0.3 \times 0.7 \times 6 \approx 0.22(\mathrm{m}^3)$$

则 1—1 带形基础清单工程量为

$$V_{1-1} = 0.22 + 14.91 = 15.13(\mathrm{m}^3)$$

2—2 带形基础混凝土工程量为

$$V_1' = \left[0.2 \times 1.4 + \frac{1}{2} \times (1.4 + 0.3) \times 0.15 + 0.35 \times 0.3 \right] \times (9 - 1.2) \approx 4.00(\mathrm{m}^3)$$

搭接长度部分工程量为

$$V_2' = \left(\frac{2}{3} \times \frac{1.4-0.3}{2} \times 0.15 \times \frac{1.2-0.3}{2} \times \frac{1}{2} + \frac{1}{2} \times \frac{1.2-0.3}{2} \times 0.15 \times 0.3 + 0.3 \times 0.35 \times \frac{1.2-0.3}{2} \right) \times 2$$

$$\approx 0.14(\mathrm{m}^3)$$

则 2—2 带形基础清单工程量为

$$V_{2-2} = 4 + 0.14 = 4.14(\mathrm{m}^3)$$

带形基础清单工程量为

$$V = V_{1-1} + V_{2-2} = 15.13 + 4.14 = 19.27(\mathrm{m}^3)$$

（3）独立基础工程量为

$$V = \left\{ 1.8 \times 1.8 \times 0.35 + \frac{1}{6} \left[1.8 \times 1.8 + 0.4 \times 0.4 + \frac{1}{4}(1.8+0.4) \times (1.8+0.4) \right] \times 0.35 \right\} \times 3$$

$$\approx 4.21(\mathrm{m}^3)$$

该混凝土基础工程量清单见表 3—47。

表 3-47 混凝土基础工程量清单

序号	项目编码	项目名称	项目特征描述	计量单位	工程量	金额/元		
						综合单价	合价	其中：暂估价
1	010501001001	垫层	C15（40）现浇混凝土	m³	6.90			
2	010501002001	带形基础	C20（40）现浇混凝土	m³	19.27			
3	010501003001	独立基础	C25（40）现浇混凝土	m³	4.21			

（2）设备基础（010501006）。

① 设备基础适用于设备的块体基础、框架式基础等。

② 工作内容：模板及支撑制作、安装、拆除、堆放、运输及清理模内杂物、刷隔离剂等，混凝土制作、运输、浇筑、振捣、养护。

③ 项目特征：应对混凝土种类、混凝土强度等级、灌浆材料及其强度等级予以描述。设备基础应按块体外形尺寸不同分别列项，项目特征应对基础的单体体积、设备螺栓孔尺寸和数量、二次灌浆要求及其尺寸予以描述；二次灌浆不单独列项。

④ 工程量计算规则：按设计图示尺寸以体积（m³）计算，不扣除伸入承台基础的桩头所占体积及设备螺栓孔体积。

拓展提高

1. 有肋带形基础、无肋带形基础，按带形基础项目列项。但有肋带形基础、无肋带形基础及不同断面尺寸和不同底面标高的基础应分别编码列项。
2. 箱式满堂基础和框架式设备基础中的柱、梁、板，按柱、梁、板项目列项。
3. 地下室底板施工缝设有止水带时，应另列项目。
4. 混凝土种类：指清水混凝土、彩色混凝土等，如在同一地区既可以使用预拌（商品）混凝土又允许现场搅拌混凝土时，也应注明（下同）。

2) 现浇混凝土柱

《计算规范》将现浇混凝土柱分为矩形柱、构造柱、异形柱 3 个项目，分别按 010502001×××～010502003××× 编码列项。

矩形柱

（1）矩形柱、异形柱适用于各形柱，包括构架柱、有梁板柱、无梁板柱；单独的薄壁柱根据其截面形状，分别以矩形柱、异形柱列项；与墙连接的薄壁柱按墙编码列项。混凝土柱上的钢牛腿，按零星钢构件编码列项。构造柱适用于各种构造柱。

（2）工作内容：模板及支架（撑）制作、安装、拆除、堆放、运输及清理模内杂物、刷隔离剂等，混凝土制作、运输、浇筑、振捣、养护。

异形柱

（3）项目特征：应对混凝土强度等级、混凝土种类予以描述；异形柱还应描述柱形状。同一类型柱可以根据高度、柱断面分别编码列项。

（4）工程量计算规则：按设计图示尺寸以体积（m³）计算，不扣除构件内钢筋、预埋件所占体积。其中对于柱高，有梁板应自柱基上表面（或楼板上表面）至上一层楼板上表面之间的高度计算，无梁板应自柱基上表面（或楼板上表面）至柱帽下表面之间的高度计算，框架柱应自柱基上表面至柱顶高度计算。依附柱上牛腿和升板的柱帽，应并入柱身体积计算。

构造柱按全高计算，嵌接墙体部分（马牙槎）并入柱身计算。构造柱一般是先砌砖后浇混凝土。在砌砖时，一般每隔五皮砖（300mm）两边各留一马牙槎，槎口宽度为60mm，如图3.19所示。

构造柱的高度，按基础顶面或楼面至框架梁、连续梁等单梁（不含圈梁、过梁）底标高计算。与墙咬接的马牙槎混凝土浇捣按3cm合并计算。马牙槎的工程量计算方法如图3.20所示。

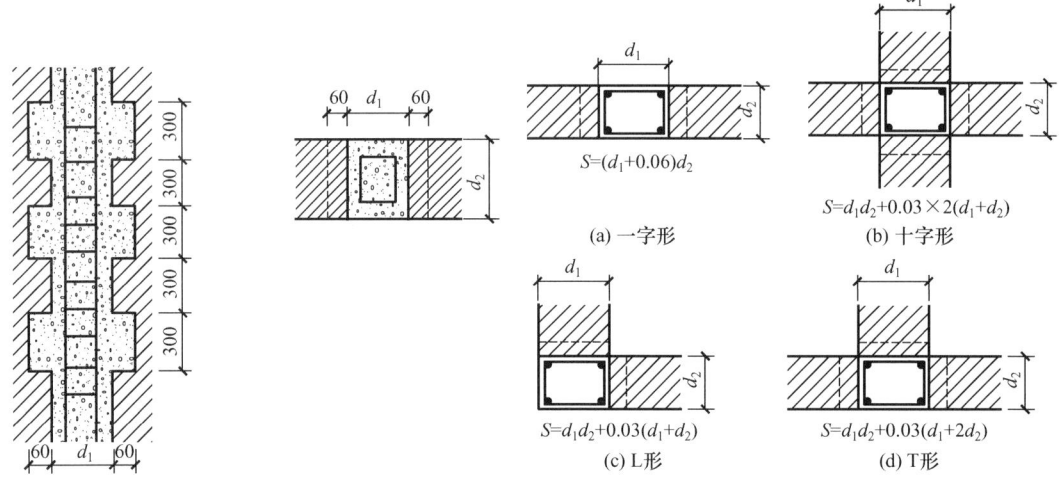

图3.20 马牙槎的工程量计算方法

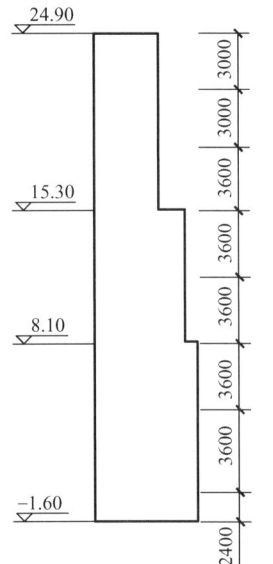

图3.21 某混凝土现浇柱（单位：mm）

图3.19 构造柱马牙槎示意（单位：mm）

实例分析 3-21

某C30混凝土现浇柱如图3.21所示，共7层，断面尺寸分别为500mm×500mm、450mm×400mm、300mm×300mm。试编制该混凝土现浇柱的工程量清单。

分析：根据清单项目特征及工作内容，此处混凝土清单可以归为一项（若涉及模板的措施项目，需进行拆分）。

相应的清单工程量计算如下。

(1) 断面周长为1.8m以上，层高4.5m。
$$V = 0.5 \times 0.5 \times 4.5 = 1.125 (m^3)$$

(2) 断面周长1.8m以上，层高3.6m以下。
$$V = 0.5 \times 0.5 \times (1.5 + 3.6) = 1.275 (m^3)$$

(3) 断面周长1.8m以内，层高3.6m以下。
$$V = 0.45 \times 0.4 \times (3.6 + 3.6) = 1.296 (m^3)$$

(4) 断面周长1.2m以内，层高3.6m以下。
$$V = 0.3 \times 0.3 \times (3 + 3 + 3.6) = 0.864 (m^3)$$

合计 $V=1.125+1.275+1.296+0.864=4.56(m^3)$

该分部分项工程量清单见表 3-48。

表 3-48 分部分项工程量清单

序号	项目编码	项目名称	项目特征描述	计量单位	工程量	金额/元		
						综合单价	合价	其中：暂估价
1	010502001001	矩形柱	C30 钢筋混凝土柱	m^3	4.56			

3）现浇混凝土梁

《计算规范》将现浇混凝土梁分为基础梁、矩形梁、异形梁、圈梁、过梁、弧形梁和拱形梁 6 个项目，分别按 010503001×××～010503006××× 编码列项。

（1）适用于各种现浇混凝土梁。

（2）工作内容：模板及支架（撑）制作、安装、拆除、堆放、运输及清理模内杂物、刷隔离剂等，混凝土制作、运输、浇筑、振捣、养护。

（3）项目特征：应对混凝土种类、混凝土强度等级予以描述。

（4）工程量计算规则：按设计图示尺寸以体积（m^3）计算。伸入墙内的梁头、梁垫并入梁体积内。其中对于梁长取定，梁与柱连接时，按柱与柱之间的净长计算；次梁与主梁交接时，按次梁算至主梁边；梁与混凝土墙交接时，按净空长度计算；伸入砌筑墙体内的梁头及现浇的梁垫并入梁内计算。图 3.22 所示为梁断面结构和梁长取定示意。圈梁与板整体浇捣的，圈梁按断面高度计算。

工程量计算公式为

$$V = 梁断面积 \times 梁长 + V_{梁垫}$$

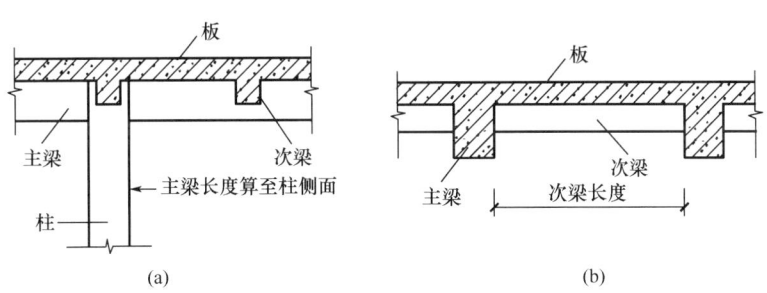

图 3.22 梁断面结构和梁长取定示意

4）现浇混凝土墙

《计算规范》将现浇混凝土墙分为直形墙、弧形墙、短肢剪力墙、挡土墙 4 个项目，分别按 010504001×××～010504004××× 编码列项。

（1）直形墙、弧形墙适用于一般混凝土墙体，也适用于电梯井。短肢剪力墙是指截面厚度不大于 300mm、各肢截面高度与厚度之比的最大值大于 4 但不大于 8 的剪力墙；各肢截面高度与厚度之比的最大值不大于 4 的剪力墙，按柱项目列项。

（2）工作内容：模板及支撑制作、安装、拆除、堆放、运输及清理模内杂物、刷隔离剂等，混凝土制作、运输、浇筑、振捣、养护。

（3）项目特征：应对混凝土种类、混凝土强度等级予以描述。

（4）工程量计算规则：按设计图示尺寸以体积（m³）计算，扣除门窗洞口及单个面积大于0.3m²的孔洞所占体积，墙垛及凸出墙面部分并入墙体体积内计算。

① 应扣除单个面积大于0.3m²的孔洞，孔洞侧边工程量另加；不扣除单个面积小于0.3m²的孔洞，孔洞侧边也不予计算。

② 墙高按基础顶面（或楼板上表面）算至上一层楼板上表面；平行嵌入墙上的梁不论凸出与否，均并入墙内计算。

③ 与墙连接的柱、暗柱并入墙内计算。

5）现浇混凝土板

《计算规范》将现浇混凝土板分为有梁板、无梁板、平板、拱板、薄壳板、栏板、天沟（檐沟）和挑檐板、雨篷（悬挑板）和阳台板、空心板、其他板10个项目，分别按010505001×××~010505010×××编码列项。

（1）有梁板（010505001）、无梁板（010505002）、平板（010505003）、拱板（010505004）、薄壳板（010505005）、栏板（010505006）。

① 工作内容：模板及支架（撑）制作、安装、拆除、堆放、运输及清理模内杂物、刷隔离剂等，混凝土制作、运输、浇筑、振捣、养护。

② 项目特征：应对混凝土种类、混凝土强度等级予以描述。

1. 上述现浇混凝土板结合楼盖结构类型及不同层高、板厚、性质等可分别编码列项。
2. 一般有梁板将梁和板分别编码列项，板按平板（板厚10cm以内和10cm以上）项目分别列项；当现浇钢筋混凝土板坡度大于10°时，应按30°以内、45°以内及45°以上分别列项；水平弧形板应在板项目特征中增加弧形边长度的描述。
3. 薄壳板应按外形形状，如筒形、球形、双曲形等分别编码列项。

③ 工程量计算规则：按设计图示尺寸以体积（m³）计算，不扣除单个面积0.3m²以内的柱、垛及孔洞所占体积。

有梁板按梁、板体积之和计算，无梁板按板和柱帽体积之和计算，各类板伸入墙内的板头并入板体积内计算，薄壳板的肋、基梁并入薄壳体积内计算。

压形钢板混凝土楼板，扣除构件内压形钢板所占的体积。

（2）天沟（檐沟）和挑檐板（010505007）。

① 工作内容：模板及支撑制作、安装、拆除、堆放、运输及清理模内杂物、刷隔离剂等，混凝土制作、运输、浇筑、振捣、养护。

② 项目特征：应对混凝土种类、混凝土强度等级予以描述。内、外檐沟按天沟列项。挑檐板应按外挑尺寸、平挑的是否带翻沿、外挑50cm以内、外挑50cm以上等分别列项。

③ 工程量计算规则：按设计图示尺寸以体积（m³）计算。

（3）雨篷（悬挑板）和阳台板（010505008）。

① 工作内容：模板及支撑制作、安装、拆除、堆放、运输及清理模内杂物、刷隔离

剂等，混凝土制作、运输、浇筑、振捣、养护。

② 项目特征：应对混凝土种类、混凝土强度等级予以描述。按外挑尺寸、外形及结构形式（直形或弧形、板式或梁式、悬挑式或非悬挑式）、翻沿构造等不同特征分别列项，且在项目特征中明确描述这些特征。

③ 工程量计算规则：按设计图示尺寸以墙外部体积（m³）计算，包括伸出墙外的牛腿和雨篷反挑檐的体积。

雨篷

（4）空心板（010505009）、其他板（010505010）。

① 其他板适用于以上不能涵盖的现浇板，如砌砖或小型地沟的单独现浇盖板。

② 工作内容：模板及支撑制作、安装、拆除、堆放、运输及清理模内杂物、刷隔离剂等，混凝土制作、运输、浇筑、振捣、养护。

③ 项目特征：应对混凝土种类、混凝土强度等级予以描述。

④ 工程量计算规则：按设计图示尺寸以体积（m³）计算。空心板（GBF高强薄壁蜂巢芯板等）应扣除空心部分体积。

实例分析 3-22

某现浇框架结构，其二层结构平面图如图3.23所示，已知设计室内地面标高为±0.000m，柱基顶面标高为-0.900m，楼面结构标高为6.500m，柱、梁、板均采用C20现浇商品泵送混凝土，板厚度为120mm。试计算其清单工程量，并编制工程量清单。

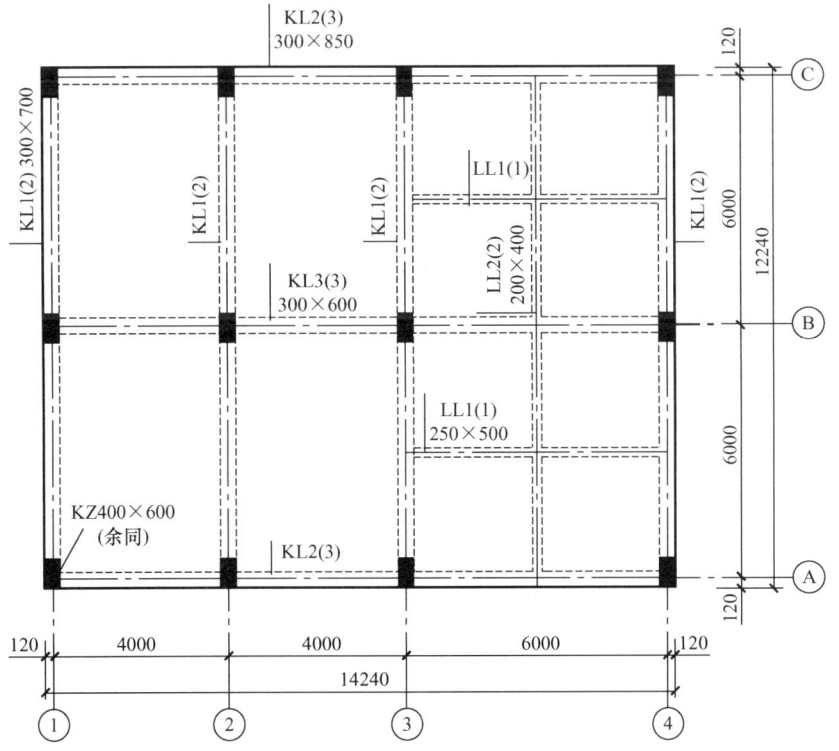

图 3.23 某现浇框架结构二层结构平面图（单位：mm）

分析： 根据清单工程量计算规则，混凝土工程量计算如下。

C20 商品泵送混凝土框架柱混凝土工程量为

$$V_{KZ} = (6.5+0.9) \times 0.4 \times 0.6 \times 12 \approx 21.31(m^3)$$

C20 商品泵送混凝土框架梁和连系梁混凝土工程量为

$$V_{KL1} = (12.24-0.6 \times 3) \times 0.3 \times 0.7 = 10.44 \times 0.3 \times 0.7 \times 4 \approx 8.770(m^3)$$
$$V_{KL2} = (14.24-0.4 \times 4) \times 0.3 \times 0.85 \times 2 = 12.64 \times 0.3 \times 0.85 \times 2 \approx 6.446(m^3)$$
$$V_{KL3} = (14.24-0.4 \times 4) \times 0.3 \times 0.6 = 12.64 \times 0.3 \times 0.6 \approx 2.275(m^3)$$
$$V_{LL1} = (6-0.18-0.15) \times 0.25 \times 0.5 \times 2 = 5.67 \times 0.25 \times 0.5 \times 2 \approx 1.418(m^3)$$
$$V_{LL2} = (6-0.18-0.15-0.25) \times 0.2 \times 0.4 \times 2 = 5.42 \times 0.2 \times 0.4 \times 2 \approx 0.867(m^3)$$
$$V_{\Sigma 梁} \approx 19.78 m^3$$

C20 商品泵送混凝土楼板混凝土工程量为

$$V_{①\sim③} = (8-0.18-0.15-0.3) \times (12-0.18 \times 2-0.3) \times 0.12$$
$$= 7.37 \times 11.34 \times 0.12 \approx 10.029(m^3)$$
$$V_{③\sim④} = (6-0.18-0.15-0.2) \times (12-0.18 \times 2-0.3-0.25 \times 2) \times 0.12$$
$$= 5.47 \times 10.84 \times 0.12 \approx 7.115(m^3)$$
$$V_{\Sigma 板} \approx 17.14 m^3$$

综上所得，该分部分项工程量清单见表 3-49。

表 3-49 分部分项工程量清单

序号	项目编码	项目名称	项目特征描述	计量单位	工程量	金额/元		
						综合单价	合价	其中：暂估价
1	010502001001	矩形柱	C20 商品泵送混凝土框架柱	m³	21.31			
2	010503002001	矩形梁	C20 商品泵送混凝土框架梁	m³	19.78			
3	010505003001	平板	C20 商品泵送混凝土楼板板厚120mm	m³	17.14			

6) 现浇混凝土楼梯

直形楼梯
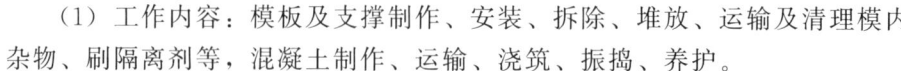

《计算规范》将现浇混凝土分为直形楼梯、弧形楼梯两个项目，分别按 010506001×××、010506002×××编码列项。

(1) 工作内容：模板及支撑制作、安装、拆除、堆放、运输及清理模内杂物、刷隔离剂等，混凝土制作、运输、浇筑、振捣、养护。

(2) 项目特征：应对混凝土种类、混凝土强度等级予以描述。

(3) 工程量计算规则。

① 按设计图示尺寸以水平投影面积（m²）计算。工程量包括休息平台、平台梁、楼梯段、楼梯与楼面板连接的梁。当整体楼梯与现浇楼板无梯梁连接时，以楼梯的最后一个踏步边缘加300mm为界，不扣除宽度小于500mm的楼梯井，伸入墙内部分不计算。但与楼梯休息平台脱离的平台梁，按梁或圈梁计算。单跑楼梯上下平台与楼梯等宽部分，并入楼梯工程量。

② 按设计图示尺寸以体积（m³）计算。

实例分析 3-23

某现浇整体式 C20 钢筋混凝土楼梯平面如图 3.24 所示，试计算一层楼梯混凝土的工程量并编制工程量清单。

分析：由清单工程量计算规则，可得该工程量为

$$S=(3.72+0.3-0.12)\times(3.24-0.24)=11.7(m^2)$$

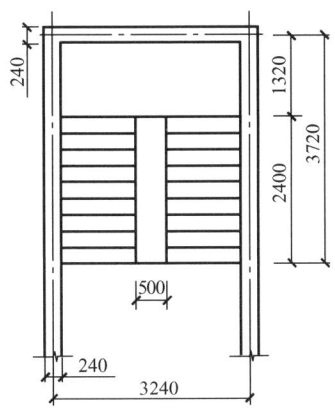

图 3.24　某钢筋混凝土楼梯平面（单位：mm）

该分部分项工程量清单见表 3-50。

表 3-50　分部分项工程量清单

序号	项目编码	项目名称	项目特征描述	计量单位	工程量	金额/元		
						综合单价	合价	其中：暂估价
1	010506001001	直形楼梯	C20 钢筋混凝土，直形楼梯	m²	11.7			

7）现浇混凝土其他构件

《计算规范》将现浇混凝土其他构件分为散水和坡道、室外地坪、电缆沟和地沟、台阶、扶手和压顶、化粪池和检查井、其他构件 7 个项目，分别按 010507001×××～010507007××× 编码列项。

散水

（1）散水和坡道（010507001）、室外地坪（010507002）。

① 工作内容：地基夯实，铺设垫层，模板及支撑制作、安装、拆除、堆放、运输及清理模内杂物、刷隔离剂等，混凝土制作、运输、浇筑、振捣、养护，变形缝填塞。

② 项目特征：应对垫层材料种类和厚度、面层厚度、混凝土种类、混凝土强度等级、变形缝填塞材料种类予以描述。室外地坪只要描述地坪厚度和混凝土强度等级即可。

③ 工程量计算规则：按设计图示尺寸以水平投影面积（m²）计算，不扣除单个 0.3m² 以内孔洞所占面积。

（2）电缆沟和地沟（010507003）。

① 工作内容：挖填运土石方，铺设垫层，模板及支撑制作、安装、拆除、堆放、运输及清理模内杂物、刷隔离剂等，混凝土制作、运输、浇筑、振捣、养护，刷防护材料。

② 项目特征：应对土壤类别、沟截面净空尺寸、垫层材料种类和厚度、混凝土种类、混凝土强度等级、防护种类予以描述。

③ 工程量计算规则：按设计图示尺寸以中心线长度计算。

(3) 台阶 (010507004)。

① 工作内容：模板及支撑制作、安装、拆除、堆放、运输及清理模内杂物、刷隔离剂等，混凝土制作、运输、浇筑、振捣、养护。

② 项目特征：应对踏步的宽和高、混凝土种类、混凝土强度等级予以描述。

③ 工程量计算规则：按设计图示尺寸以水平投影面积（m²）计算；按设计图示尺寸以体积（m³）计算。

(4) 扶手和压顶 (010507005)。

① 工作内容：模板及支架（撑）制作、安装、拆除、堆放、运输及清理模内杂物、刷隔离剂等，混凝土制作、运输、浇筑、振捣、养护。

② 项目特征：应对断面尺寸、混凝土种类、混凝土强度等级予以描述。

③ 工程量计算规则：按设计图示尺寸以中心线延长米（m）计算；按设计图示尺寸以体积（m³）计算。

后浇带

(5) 化粪池和检查井 (010507006)、其他构件 (010507007)。

① 工作内容：模板及支架（撑）制作、安装、拆除、堆放、运输及清理模内杂物、刷隔离剂等，混凝土制作、运输、浇筑、振捣、养护。

② 项目特征：化粪池和检查井应描述部位、混凝土强度等级、防水和抗渗要求；其他构件应描述构件的类型、构件规格、部位、混凝土种类、混凝土强度等级等。

③ 工程量计算规则：按设计图示尺寸以体积（m³）计算。

化粪池和检查井按设计图示数量（座）计算。

8) 后浇带

本部分只有一个"后浇带"项目，以 010508001×××编码列项。

(1) 工作内容：模板及支架（撑）制作、安装、拆除、堆放、运输及清理模内杂物、刷隔离剂等，混凝土制作、运输、浇筑、振捣、养护。

(2) 项目特征：应对部位、混凝土种类、混凝土强度等级予以描述。

(3) 工程量计算规则：按设计图示尺寸以体积（m³）计算。

拓展提高

1. 因清单规范的项目内容与计价定额存在一定的差异，在按清单规范项目列项时，应考虑计价定额的使用，结合计价定额的项目划分，以便清单计价时能方便使用计价定额。如《浙江省预算定额（2018版）》，梁、板工程量是分别列项计算的，为方便计算，在清单列项时可以不再使用"有梁板"子目来列项。

2. 现浇混凝土结构构件的清单项目一般组合内容较少，具体各省区的计价，为了能执行合适的定额子目，应根据计价定额使用时的有关要求进行项目特征描述。

3. 设计对后浇带的有关构造要求（如接缝的处理、止水带的埋设等），应在清单项目特征中予以描述。

3. 预制混凝土构件工程量清单编制

1）预制混凝土柱

《计算规范》将预制混凝土柱分为矩形柱、异形柱两个项目，分别按010509001×××、010509002×××编码列项。

（1）工作内容：模板及支架（撑）制作、安装、拆除、堆放、运输及清理模内杂物、刷隔离剂等，混凝土制作、运输、浇筑、振捣、养护，构件运输、安装，砂浆的制作、运输，接头灌缝、养护。

（2）项目特征：应对图代号、单件体积、安装高度、混凝土强度等级、砂浆（细石混凝土）强度等级、配合比予以描述。矩形柱、工字形柱、空腹双肢柱、空心柱等的形状应在项目特征中描述，柱间支撑、檩条可分别按柱、梁项目编码列项，预制支架按柱、梁项目编码列项。

（3）工程量计算规则。

① 按设计图示尺寸以体积（m³）计算。

② 按设计图示尺寸以数量（根）计算。

以根计量，必须描述单件体积。

2）预制混凝土梁

《计算规范》将预制混凝土梁分为矩形梁、异形梁、过梁、拱形梁、鱼腹式吊车梁、其他梁6个项目，分别按010510001×××～010510006×××编码列项。

（1）工作内容：模板及支架（撑）制作、安装、拆除、堆放、运输及清理模内杂物、刷隔离剂等，混凝土制作、运输、浇筑、振捣、养护，构件运输、安装，砂浆的制作、运输，接头灌缝、养护。

（2）项目特征：应对图代号、单件体积、安装高度、混凝土强度等级、砂浆（细石混凝土）强度等级、配合比予以描述。

（3）工程量计算规则。

① 按设计图示尺寸以体积（m³）计算。

② 按设计图示尺寸以数量（根）计算。

3）预制混凝土屋架

《计算规范》将预制混凝土屋架分为折线型屋架、组合屋架、薄腹屋架、门式刚架屋架、天窗架屋架5个项目，分别按010511001×××～010511005×××编码列项。

（1）工作内容：模板及支架（撑）制作、安装、拆除、堆放、运输及清理模内杂物、刷隔离剂等，混凝土制作、运输、浇筑、振捣、养护，构件运输、安装，砂浆的制作、运输、接头灌缝、养护。

（2）项目特征：应对图代号、单件体积、安装高度、混凝土强度等级、砂浆（细石混凝土）强度等级、配合比予以描述。

（3）工程量计算规则。

① 按设计图示尺寸以体积（m³）计算。

② 按设计图示尺寸以数量（榀）计算。

4）预制混凝土板

《计算规范》将预制混凝土板分为平板、空心板、槽形板、网架板、折线板、带肋板、大型板、沟盖板和井盖板及井圈8个项目，分别按010512001×××～010512008×××编码列项。

（1）平板（010512001）、空心板（010512002）、槽形板（010512003）、网架板（010512004）、折线板（010512005）、带肋板（010512006）、大型板（010512007）。

① 工作内容：模板及支架（撑）制作、安装、拆除、堆放、运输及清理模内杂物、刷隔离剂等，混凝土制作、运输、浇筑、振捣、养护，构件运输、安装，砂浆的制作、运输、接头灌缝、养护。

② 项目特征：应对图代号、单件体积、安装高度、混凝土强度等级、砂浆（细石混凝土）强度等级、配合比予以描述。

③ 工程量计算规则。

a. 按设计图示尺寸以体积（m³）计算，不扣除单个尺寸300mm×300mm以内的孔洞所占体积，扣除空心板空洞体积。

b. 按设计图示尺寸以数量（块）计算。

（2）沟盖板和井盖板及井圈（010512008）。

① 工作内容：模板及支架（撑）制作、安装、拆除、堆放、运输及清理模内杂物、刷隔离剂等，混凝土制作、运输、浇筑、振捣、养护，构件运输、安装，砂浆的制作、运输、接头灌缝、养护。

② 项目特征：应对单件体积、安装高度、混凝土强度等级、砂浆强度等级、配合比予以描述。

③ 工程量计算规则。

a. 按设计图示尺寸以体积（m³）计算。

b. 按设计图示尺寸以数量（块）计算。

5）预制混凝土楼梯

《计算规范》将预制混凝土楼梯只分为"楼梯"一个项目，按010513001×××编码列项。

预制装配式楼梯安装

（1）工作内容：模板及支架（撑）制作、安装、拆除、堆放、运输及清理模内杂物、刷隔离剂等，混凝土制作、运输、浇筑、振捣、养护，构件运输、安装，砂浆的制作、运输、接头灌缝、养护。

（2）项目特征：应对单件体积、安装高度、混凝土强度等级、砂浆（细石混凝土）强度等级、配合比予以描述。

（3）工程量计算规则。

① 按设计图示尺寸以体积（m³）计算，扣除空心踏步板空洞体积。

② 按设计图示以数量（段）计算。

6）其他预制构件

《计算规范》将其他预制构件分为烟道、垃圾道、通风道，其他构件两个项目，分别按 010514001×××～010514002××× 编码列项。

（1）工作内容：模板及支架（撑）制作、安装、拆除、堆放、运输及清理模内杂物、刷隔离剂等，混凝土制作、运输、浇筑、振捣、养护，构件运输、安装，砂浆的制作、运输、接头灌缝、养护。

（2）项目特征：应对单件体积、混凝土强度等级、砂浆强度等级予以描述。"其他构件"还应描述构件的类型。

（3）工程量计算规则。

① 按设计图示尺寸以体积（m³）计算，不扣除单个尺寸 300mm×300mm 以内的孔洞所占体积，扣除烟道、垃圾道、通风道所占体积。

② 按设计图示尺寸以面积（m²）计算，不扣除单个尺寸 300mm×300mm 以内的孔洞所占面积。

③ 按设计图示以数量（根）计算。

1. 清单项目中应区分预制构件制作工艺，如是预应力构件则应在清单项目特征中予以描述。

2. 预制梁项目编码除了考虑梁形状外，尚应按梁性质如基础梁、吊车梁、托架梁、圈梁、过梁等进行第五级编码，予以分别列项。

3. 三角形屋架应按中折线型屋架项目编码列项，屋架中钢拉杆按钢构件章节列项，但钢拉杆的运输安装应包含在屋架内。

4. 不带肋的预制遮阳板、雨篷板、挑檐板、栏板等，应按平板项目编码列项。

5. 预制F形板、双T形板、单肋板和带反挑檐的雨篷板、挑檐板、遮阳板等，应按带肋板项目编码列项。

6. 预制大型墙板、大型楼板、大型屋面板等，按大型板项目编码列项。

柱钢筋绑扎

4. 钢筋工程量清单编制

1）钢筋工程

《计算规范》将钢筋工程按构件性质、钢种及工艺，划分为现浇构件钢筋、预制构件钢筋、钢筋网片、钢筋笼、先张法预应力钢筋、后张法预应力钢筋、预应力钢丝、预应力钢绞线、支撑钢筋（铁马）、声测管10个项目，分别按 010515001×××～010515010××× 编码列项。

梁钢筋绑扎

（1）现浇构件钢筋（010515001）、预制构件钢筋（010515002）、钢筋网片（010515003）、钢筋笼（010515004）。

① 现浇、预制构件普通钢筋，应按冷拔钢丝绑扎、点焊网片，圆钢、螺纹钢，冷扎

带肋钢筋、预制构件的圆钢，桩基础钢筋笼圆钢、螺纹钢，地下连续墙钢筋网片制作、安装等分别列项。

② 工作内容：钢筋制作和运输、钢筋（网或笼）安装、焊接（绑扎）。

③ 项目特征：应对钢筋种类、规格予以描述。

④ 工程量计算规则：按设计图示钢筋（网）长度（面积）乘以单位理论质量以质量（t）计算。

（2）先张法预应力钢筋（010515005）。

① 先张法预应力钢筋，应按冷拔钢丝、粗钢筋分别列项。

② 工作内容：钢筋制作和运输、钢筋张拉。

③ 项目特征：应对钢筋种类、规格、锚具种类予以描述。

④ 工程量计算规则：按设计图示钢筋长度乘以单位理论质量以质量（t）计算。

（3）后张法预应力钢筋（010515006）、预应力钢丝（010515007）、预应力钢绞线（010515008）。

① 后张法预应力钢筋，应按粗钢筋、钢丝束（钢绞线）、有黏结丝束、无黏结钢绞线分别列项。

② 工作内容：钢筋、钢丝、钢绞线制作和运输，钢筋、钢丝、钢绞线安装，预埋管孔道铺设、锚具安装，砂浆制作、运输，孔道压浆、养护。

③ 项目特征：应对钢筋、钢丝、钢绞线种类和规格，锚具种类，砂浆强度等级予以描述。

④ 工程量计算规则：按设计图示钢筋（钢丝束、钢绞线）长度乘以单位理论质量以质量（t）计算。

a. 低合金钢筋两端均采用螺杆锚具时，钢筋长度按孔道长度减 0.35m 计算，螺杆另行计算。

b. 低合金钢筋一端均采用墩头插片，另一端采用螺杆锚具时，钢筋长度按孔道长度计算，螺杆另行计算。

c. 低合金钢筋一端均采用墩头插片，另一端采用帮条锚具时，钢筋长度按增加 0.15m 计算；两端均采用帮条锚具时，钢筋长度按孔道长度增加 0.3m 计算。

d. 低合金钢筋采用后张混凝土自锚时，钢筋长度按孔道长度增加 0.35m 计算。

e. 低合金钢筋（钢绞线）采用 JM、XM、QM 型锚具，孔道长度不超出 20m 时，钢筋长度按增加 1m 计算；孔道长度超出 20m 时，钢筋长度按增加 1.8m 计算。

f. 碳素钢丝采用锥型锚具，孔道长度不超出 20m 时，钢丝束长度按孔道长度增加 1m 计算；孔道长度超出 20m 时，钢丝束长度按孔道长度增加 1.8m 计算。

g. 碳素钢丝采用墩头锚具时，钢丝束长度按孔道长度增加 0.35m 计算。

（4）支撑钢筋（铁马）（010515009）。

① 工作内容：钢筋制作、焊接、安装。

② 项目特征：应对钢筋种类和规格予以描述。

③ 工程量计算规则：按设计图示钢筋长度乘以单位理论质量以质量（t）计算。

（5）声测管（010515010）。

① 工作内容：检测管截断和封头、套管制作和焊接、定位和固定。

② 项目特征：应对材质、规格型号予以描述。

③ 工程量计算规则：按设计图示尺寸以质量（t）计算。

> **拓展提高**
>
> 1. 现浇构件中伸出构件的锚固钢筋，应并入钢筋工程量内。除设计（包括规范规定）标明的搭接外，其他施工搭接不计算工程量，而在综合单价中综合考虑。
> 2. 现浇构件中固定位置的支撑钢筋、双层钢筋用的"铁马"，在编制工程量清单时，如果设计未明确，其工程量可为暂估量，结算时按现场签证工程量计算。
> 3. 砌体内的加筋、屋面（或露面）细石混凝土找平层内的钢筋制作和安装，按现浇混凝土钢筋或钢筋网片编码列项。

2）螺栓、铁件

《计算规范》将螺栓、铁件划分为螺栓、预埋铁件、机械连接、化学螺栓4个项目，分别按010516001×××～010516003×××、Z010516004×××编码列项。

（1）螺栓（010516001）、预埋铁件（010516002）。

① 螺栓仅适用于预埋螺栓。
② 工作内容：螺栓、铁件制作和运输，螺栓、铁件安装。
③ 项目特征：螺栓应描述种类、规格，预埋铁件应描述钢材种类、规格、铁件尺寸。
④ 工程量计算规则：按设计图示尺寸以质量（t）计算。

（2）机械连接（010516003）。

① 工作内容：钢筋套丝、套筒连接。
② 项目特征：应对连接方式、螺纹套筒种类予以描述。
③ 工程量计算规则：按数量（个）计算。

（3）化学螺栓（Z010516004）。

① 工作内容：钻孔和清孔、注胶、安放螺栓。
② 项目特征：应对规格型号、埋设深度、锚固胶品种和型号予以描述。
③ 工程量计算规则：按设计图示数量（个）或（套）计算。

> **拓展提高**
>
> 1. 高强螺栓应按Z010606014编码列项。
> 2. 编制螺栓、铁件清单时，若设计未明确，其工程量可为暂估量，实际工程量按现场签证数量计算。
> 3. 设计采用套筒冷压或锥形螺纹等机械接头的，清单项目特征中应描述接头规格、数量。

3.5.3 工程量清单计价

本部分计价基本依据，主要是《浙江省预算定额（2018版）》第五章"混凝土及钢筋混凝土工程"。

1. 一般规定

混凝土与钢筋混凝土工程定额，按施工工种、施工工艺、构件性质划分为混凝土、钢筋、现浇混凝土模板、装配式混凝土构件共4小节，共计251个定额子目。

（1）本章节有关说明、工程量计算规则，除另有具体规定外均互相适用，也适用于本章节所涉及且未规定的相关定额。

（2）本章定额中泵送商品混凝土是指在混凝土厂集中搅拌、用混凝土罐车运输到施工现场并通过混凝土泵直接入模的混凝土。

（3）混凝土方桩定额仅适用于施工现场预制，混凝土方桩的模板定额内不包含地模（预制场地）的工程量，实际发生时，按施工组织设计计算工程量套相应定额计算。

（4）混凝土方桩总损耗率按1.5%计算，总损耗率包括预制、起吊、运输和打桩施工等全部损耗，实际损耗不同不调整。混凝土方桩的混凝土、钢筋、模板工程量按施工图净用量加总损耗率计。

（5）现浇混凝土构件。

① 现浇混凝土构件的模板按照不同构件，分别以组合钢模、铝模、复合木模单独列项，模板的具体组成规格、比例、支撑方式及复合模板的材质等均已综合考虑；定额未注明模板类型的，均按复合木模考虑。

拓展提高

模板工程属于措施项目，应含在单元5的措施项目里。而模板工程和混凝土工程从施工的角度来看是不可分割的，相关内容本任务会有所涉及，具体的清单编制与计价相关内容见单元5。

② 现浇混凝土浇捣按现浇商品混凝土（泵送）列项。

实际采用非泵送商品混凝土、现场搅拌混凝土时仍套用泵送定额，混凝土价格按实际使用的种类换算，混凝土浇捣人工乘以表3-51的相应系数，其余不变。现场搅拌的混凝土还应按混凝土消耗量执行现场搅拌调整费定额。

表3-51 建筑物人工调整系数表

序号	项目名称	人工调整系数	序号	项目名称	人工调整系数
1	基础	1.50	4	墙、板	1.30
2	柱	1.05	5	楼梯、雨篷、阳台、栏板及其他	1.05
3	梁	1.40			

实例分析 3-24

求商品混凝土非泵送C30基础梁基价。

分析：现浇商品混凝土（泵送）套定额5-8H，计算得相应单价为

人工费 = $271.62 \times 1.4 \approx 380.27$（元/10m³）

材料费 = 4699.12 元/10m³

实例分析3-24
所用定额

机械费＝4.19 元/10m³

则合计可得

基价＝5083.58 元/10m³

③ 商品泵送混凝土的添加剂、搅拌、运输及泵送等费用，均应列入混凝土单价内。

④ 本章节混凝土定额中，混凝土强度等级是按常用等级考虑的，当混凝土的设计强度等级与定额不同时，应做换算。毛石混凝土子目中毛石的投入量按18％考虑，设计不同时，混凝土及毛石的体积按设计比例调整。

⑤ 混凝土工程量除另有规定者外，均按设计图示尺寸以体积计算。不扣除构件内钢筋、预埋铁件所占体积。型钢混凝土中型钢骨架所占体积按（密度）7850kg/m³扣除。

清单计价工程量与定额工程量计算规则相同，主要应弄清楚清单如何组价。

2. 基础工程清单计价

1）计价说明

（1）基础混凝土定额，分为垫层、基础、地下室底板及满堂基础、混凝土及钢筋混凝土挡土墙、设备基础二次灌浆等项目。

（2）现浇混凝土基础与上部结构的划分，以混凝土基础上表面为界。基础与垫层的划分，一般以设计确定为准，当设计不明确时，以厚度划分：厚度150mm 以内的为垫层，厚度150mm 以上的为基础。

（3）有梁式基础模板定额，仅适用于基础表面有梁上凸时；仅带有下翻或暗梁的基础，套用无梁式基础定额。

（4）设计为带形基础的单位工程如仅有楼（电）梯间、厨厕间等少量满堂基础时，工程量并入带形基础计算。

（5）箱形基础的底板（包括边缘加厚部分）套用无梁式满堂基础定额，其余套用柱、梁、板、墙相应定额。

（6）设备基础仅考虑块体形式执行混凝土及钢筋混凝土基础定额；其他形式设备基础分别按基础、柱、梁、板、墙等有关规定计算，套用相应定额。

（7）设备基础预留螺栓孔洞及基础面的二次灌浆按非泵送混凝土编制，当设计灌注材料与定额不同时，按设计调整。

（8）设计要求需进行温度控制的大体积混凝土，温度控制费用按照经批准的专项施工方案另行计算。

（9）杯形基础应按定额附注每10m³工程量增加 DM M5.0 预拌砂浆 0.068t。

2）计价工程量计算规则

基础清单包含垫层、带形基础、独立基础、满堂基础、桩承台基础、设备基础。其计价工程量计算规则，均同于清单工程量计算规则。

3）清单计价

因现浇基础计价工程量与清单工程量计算规则基本一致，因此计价时基础工程量不需重新计算，只需要考虑组价内容。

现浇混凝土基础工程清单组价内容可以参见表 3-52。

表 3-52　现浇混凝土基础工程清单组价内容

项目编码	项目名称	可组合的主要内容	对应的定额子目	定额编码
010501001	垫层	垫层	垫层	5-1
010501002 010501003	带形基础 独立基础	垫层	垫层	5-1
		带形基础	基础	5-2
		独立基础	基础	5-3
010501004	满堂基础	满堂基础、地下室底板	满堂基础、地下室底板	5-4
010501005	桩承台基础	桩承台基础	基础	5-3
010501006	设备基础	设备基础	基础	5-3
			基础（二次灌浆）	5-5

3. 现浇混凝土柱、梁、墙、板清单计价

1) 计价说明

（1）柱、梁、板分别计算套用相应定额，暗柱、暗梁分别并入相连构件内计算。

（2）当柱的 a 与 b 之比小于 4 时按异形柱相应定额执行，大于 4 时按墙相应定额执行（图 3.25）。

（3）地圈梁套用圈梁定额，异形梁、梯形梁、变截面矩形梁套用矩形梁、异形梁定额。

（4）斜梁（板）按坡度 $10°<\alpha\leqslant 30°$ 综合编制。坡度 $\leqslant 10°$ 的斜梁（板）执行普通梁、板项目；坡度为 $30°<\alpha\leqslant 45°$ 时，人工乘以系数 1.05；坡度在 $45°$ 以上时，按墙相应定额执行。

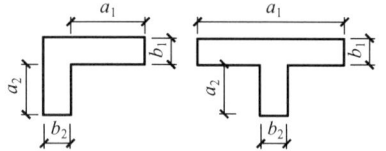

图 3.25　异形柱与墙划分图

（5）现浇屋脊、斜脊并入所依附的板内计算，单独屋脊、斜脊按压顶考虑套用定额。

（6）压型钢板上浇捣混凝土，执行平板项目，人工乘以系数 1.10。

（7）屋面女儿墙、栏板（含扶手）及翻沿净高度在 1.2m 以上时套用墙相应定额，小于 1.2m 时套用栏板相应定额，小于 250mm 时体积并入所依附的构件计算。

（8）凸出混凝土柱、墙、梁、阳台梁、栏板外侧面的线条，凸出宽度小于 300mm 的工程量并入相应构件内计算，凸出宽度大于 300mm 的按雨篷定额执行。

（9）弧形阳台、雨篷按普通阳台、雨篷定额执行；现浇飘窗板、空调板、水平遮阳板按雨篷定额执行，楼面及屋面平挑檐外挑小于 500mm 时，并入板内计算；外挑大于 500mm 时，套用雨篷定额；拱形雨篷套用拱形板定额；非全悬挑的阳台、雨篷，按梁、板有关规则计算套用相应定额。阳台不包括阳台栏板及单独压顶内容，发生时执行相应定额。

（10）屋面挑出的带翻沿平挑檐套用檐沟、挑檐定额。

（11）屋面内天沟按梁、板规则计算，套用梁、板相应定额。雨篷与檐沟相连时，梁板式雨篷按雨篷规则计算并套用相应定额，板式雨篷并入檐沟计算。

2) 计价工程量计算规则

（1）现浇混凝土柱（矩形柱、构造柱、异形柱），工程量计算基本同清单工程量计算。

① 柱高按基础顶面或楼板上表面算至柱顶面或上一层楼板上表面，无梁板柱高按基础顶面（或楼板上表面）算至柱帽下表面。

② 依附于柱上的牛腿并入柱内计算。

③ 构造柱的高度按基础顶面或楼面至框架梁、连续梁等单梁（不含圈梁、过梁）底标高计算；与墙咬接的马牙槎按柱高每侧模板以6cm、混凝土浇捣3cm合并计算，模板套用矩形柱定额。

④ 钢管混凝土柱以管内设计灌注混凝土高度乘以钢管内径以体积计算。

(2) 现浇混凝土梁（基础梁、矩形梁、异形梁、圈梁、过梁），工程量计算同清单工程量计算。

按设计图示尺寸以体积计算，伸入砖墙内的梁头、梁垫并入梁体积内。

① 梁与柱、次梁与主梁、梁与混凝土墙交接时，按净空长度计算。

② 圈梁与板整体浇捣的，圈梁按断面高度计算。

(3) 现浇混凝土墙（直形墙、弧形墙、短肢剪力墙、挡土墙），工程量计算同清单工程量计算。

按设计图示尺寸以体积计算，扣除门窗洞口及单个0.3m²以上的孔洞所占体积，墙垛及凸出部分并入墙体积内计算。柱与墙连接时柱并入墙体积，墙与板连接时墙算至板顶，平行嵌入墙上的梁不论凸出与否，均并入墙内计算，与墙连接的暗梁、暗柱并入墙体积，墙与梁相交时梁头并入墙内。

(4) 现浇混凝土板（直形墙、弧形墙、短肢剪力墙、挡土墙）。

① 有梁板、无梁板、平板、拱板、薄壳板工程量计算：按梁、墙间净距尺寸以体积（m³）计算，不扣除单个0.3m²以内的柱、垛，以及孔洞所占体积；板垫及与板整体浇捣的翻沿（净高250mm以内的）并入板内计算；板上单独浇捣的墙内素混凝土翻沿，按圈梁定额计算；高度大于250mm且厚度与砌体相同的翻边，无论整浇或后浇均按混凝土墙体定额执行。

② 栏板、翻沿工程量计算：按设计图示尺寸以墙外部分体积计算。栏板柱并入栏板内计算；栏板净高小于250mm时，并入所依附构件。

③ 天沟（檐沟）、挑檐板工程量计算：挑檐、檐沟按设计图示尺寸以墙外部分体积计算。现浇挑檐、天沟板与板（包括屋面板、楼板）连接时，以外墙外边线为分界线，与圈梁（包括其他梁等）连接时，以梁外边线为分界线，外边线以外为挑檐、天沟（工程量包括底板、侧板及与板整浇的挑梁）。

④ 雨篷、悬挑板、阳台板工程量计算：全悬挑阳台按阳台项目以体积计算，外挑牛腿（挑梁）、台口梁、高度小于250mm的翻沿均合并在阳台内计算，翻沿净高度大于250mm时，翻沿另行按栏板计算；非全悬挑阳台，按梁、板分别计算，阳台栏板、单独压顶分别按栏板、压顶项目计算；雨篷梁、板工程量合并，按雨篷以体积计算，雨篷翻沿高度小于250mm时并入雨篷体积内计算，高度大于250mm时，另按栏板计算；阳台雨篷梁按过梁相应规则计算，伸入墙内的拖梁按圈梁计算。

3) 清单计价

因现浇混凝土柱、梁、板、墙计价工程量与清单工程量计算规则基本一致，因此计价时工程量不需重新计算，只需要考虑组价内容。

(1) 现浇混凝土柱组价内容可以参见表3-53。

表 3-53 现浇混凝土柱组价内容

项目编码	项目名称	可组合的主要内容	对应的定额子目	定额编码
010502001 010502003	矩形柱 异形柱	矩形柱、异形柱、圆形柱	矩形柱、异形柱、圆形柱	5-6
010502002	构造柱	构造柱	构造柱	5-7

(2) 现浇混凝土梁组价内容可以参见表 3-54。

表 3-54 现浇混凝土梁组价内容

项目编码	项目名称	可组合的主要内容	对应的定额子目	定额编码
010503001	基础梁	基础梁	基础梁	5-8
010503002	矩形梁	单梁、连续梁、吊车梁	矩形梁、异形梁、弧形梁	5-9
010503003	异形梁	异形梁	矩形梁、异形梁、弧形梁	5-9
010503004 010503005	圈梁 过梁	圈梁 过梁	圈梁、过梁、拱形梁	5-10
010503006	弧形梁、拱形梁	弧形梁 拱形梁	矩形梁、异形梁、弧形梁	5-9
			圈梁、过梁、拱形梁	5-10

(3) 现浇混凝土墙组价内容可以参见表 3-55。

表 3-55 现浇混凝土墙组价内容

项目编码	项目名称	可组合的主要内容	对应的定额子目	定额编码
010504001 010504002	直形墙 弧形墙	直形墙 弧形墙 地下室墙	混凝土直形墙、弧形墙	5-13、5-14
010504003	短肢剪力墙	直形墙墙、弧形墙	混凝土直形墙、弧形墙	5-13、5-14
010504004	挡土墙	挡土墙	挡土墙、地下室外墙	5-15
		挡土墙	毛石混凝土	5-12

(4) 现浇混凝土板组价内容可以参见表 3-56。

表 3-56 现浇混凝土板组价内容

项目编码	项目名称	可组合的主要内容	对应的定额子目	定额编码
010505001	有梁板	有梁板	平板	5-16
010505002	无梁板	无梁板	平板	5-16

续表

项目编码	项目名称	可组合的主要内容	对应的定额子目	定额编码
010505003	平板	平板	平板	5-16
			斜板、坡屋面板	5-19
010505004	拱板	拱板	拱板	5-17
010505005	薄壳板	拱板	薄拱板	5-18
010505006	栏板	栏板高度大于1.2m	混凝土直形墙、弧形墙	5-13、5-14
		栏板高度小于或等于1.2m	混凝土栏板	5-20
010505007	天沟（檐沟）、挑檐板	天沟（檐沟）、挑檐板	檐沟、挑檐	5-21
010505008	雨篷、悬挑板、阳台板	雨篷、阳台板	混凝土雨篷	5-22
			混凝土阳台	5-23

实例分析 3-25

某现浇框架结构，其二层结构平面图如图3.23所示，已知设计室内地面标高为±0.000m，柱基顶面标高为-0.900m，楼面结构标高为6.500m，柱、梁、板均采用C30现浇商品泵送混凝土，板厚度为120mm；支模采用复合木模施工工艺。试计算柱、梁、板的混凝土和模板工程量并进行计价。其中模板工程量按混凝土与模板的接触面积计算；企业管理费为人工费及机械费之和的16.57%，利润为人工费及机械费之和的8.1%；并考虑工程风险，以材料费的5%计算风险费用。

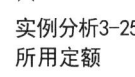

实例分析3-25所用定额

分析：（1）计算柱、梁、板的混凝土工程量。

C30商品泵送混凝土框架柱工程量为

$$V_{\Sigma柱}=(6.5+0.9)\times 0.4\times 0.6\times 12\approx 21.31(m^3)$$

C30商品泵送混凝土框架梁、连系梁工程量为

$$V_{KL1}=(12.24-0.6\times 3)\times 0.3\times 0.7=10.44\times 0.3\times 0.7\times 4\approx 8.770(m^3)$$

$$V_{KL2}=(14.24-0.4\times 4)\times 0.3\times 0.85\times 2=12.64\times 0.3\times 0.85\times 2\approx 6.446(m^3)$$

$$V_{KL3}=(14.24-0.4\times 4)\times 0.3\times 0.6=12.64\times 0.3\times 0.6\approx 2.275(m^3)$$

$$V_{LL1}=(6-0.18-0.15)\times 0.25\times 0.5\times 2=5.67\times 0.25\times 0.5\times 2\approx 1.418(m^3)$$

$$V_{LL2}=(6-0.18-0.15-0.25)\times 0.2\times 0.4\times 2=5.42\times 0.2\times 0.4\times 2\approx 0.867(m^3)$$

$$V_{\Sigma梁}\approx 19.78 m^3$$

C30商品泵送混凝土楼板为

$$V_{①\sim ③}=(8-0.18-0.15-0.3)\times(12-0.18\times 2-0.3)\times 0.12=7.37\times 11.34\times 0.12$$
$$\approx 10.029(m^3)$$

$$V_{③\sim ④}=(6-0.18-0.3\times 0.15)\times(12-0.18\times 2-0.3-0.25\times 2)\times 0.12$$
$$=5.67\times 10.84\times 0.12\approx 7.376(m^3)$$

$$V_{\Sigma楼板}\approx 17.41 m^3$$

（2）计算柱、梁、板的模板工程量。

169

框架柱模板工程量为

$$S_{\Sigma\text{柱模板}} = (6.5+0.9-0.12)\times(0.4+0.6)\times2\times12\approx174.72(\text{m}^2)$$

框架梁、连系梁模板工程量为

$$S'_{\text{KL1}} = (12.24-0.6\times3)\times[0.3\times4+0.7\times2+(0.7-0.12)\times6]\approx63.475(\text{m}^2)$$

$$S'_{\text{KL2}} = (14.24-0.4\times4)\times[0.3\times2+0.85\times2+(0.85-0.12)\times2]\approx47.526(\text{m}^2)$$

$$S'_{\text{KL3}} = (14.24-0.4\times4)\times(0.3+0.6\times2-0.12\times2)\approx15.926(\text{m}^2)$$

$$S'_{\text{LL1}} = (6-0.18-0.15)\times(0.25+0.5\times2-0.12\times2)\times2\approx11.453(\text{m}^2)$$

$$S'_{\text{LL2}} = (6-0.18-0.15-0.25)\times(0.2+0.4\times2-0.12\times2)\times2\approx8.238(\text{m}^2)$$

$$S_{\Sigma\text{梁模板}}\approx146.62\text{m}^2$$

楼板模板为

$$S'_{①\sim③} = (8-0.18-0.3-0.15)\times(1-0.18\times2-0.3)\approx83.576(\text{m}^2)$$

$$S'_{③\sim④} = (6-0.18-0.15)\times(12-0.18\times2-0.3-0.25\times2)\approx61.463(\text{m}^2)$$

$$S_{\Sigma\text{楼板模板}}\approx145.04\text{m}^2$$

(3) 该分部分项工程量清单综合单价计算见表 3-57 及表 3-58。

表 3-57 现浇混凝土清单项目组价表

单位及专业工程名称：××××楼——建筑工程　　　　　　　　　　　第　页　共　页

序号	项目及定额编码	项目名称	计量单位	数量	综合单价/元							合价/元
					人工费	材料费	机械费	企业管理费	利润	风险费用	小计	
1	010502001001	矩形柱	m³	21.31	87.62	470.39	0.42	14.59	7.13	4.40	584.55	12456.79
	5-6	矩形柱	m³	21.31	87.62	470.39	0.42	14.59	7.13	4.40	584.55	12456.79
2	010503002001	矩形梁	m³	19.78	36.65	469.82	0.42	6.142	3.00	1.85	517.89	10243.84
	5-9	矩形梁	m³	19.78	36.65	469.82	0.42	6.142	3.00	1.85	517.89	10243.84
3	010505003001	平板	m³	17.41	42.31	474.09	0.78	7.140	3.49	2.15	529.96	9226.69
	5-16	平板	m³	17.41	42.31	474.09	0.78	7.140	3.49	2.15	529.96	9226.69

表 3-58 分部分项工程量计价表

单位及专业工程名称：××××楼——建筑工程　　　　　　　　　　　第　页　共　页

序号	项目编码	项目名称	项目特征描述	计量单位	工程量	综合单价/元	合价/元	其中/元		备注
								人工费	机械费	
1	010502001001	矩形柱	C30现浇商品泵送混凝土	m³	21.31	584.551	12456.79	1867.18	8.95	
2	010503002001	矩形梁	C30现浇商品泵送混凝土	m³	19.78	517.889	10243.84	724.94	8.31	
3	010505003001	平板	C30现浇商品泵送混凝土	m³	17.41	529.965	9226.69	736.62	13.58	

1. 混凝土梁浇捣定额，按梁的部位、作用划分为4个内容，其中基础部分不分有无底模；矩形（包括带捌板企口、变截面矩形）梁、异形梁、弧形梁及吊车梁，均套用同一定额计价；圈梁、过梁、拱形梁、叠合梁二次浇捣部分，套用同一定额计价。
2. 混凝土墙浇筑按墙厚区别计价，墙厚一致的直形、弧形、电梯井、地下室内墙按同一定额计价。
3. 清单内、外檐沟按"天沟"列项，而整浇的梁板组成的跨中排水沟，定额按梁板规则列项。
4. 阳台、悬挑板、雨篷定额仅适用于全悬挑的（指一边支座或L形支座时），定额不分弧形墙、直形墙，套用同一定额。

4．楼梯工程清单计价

1）计价说明

（1）楼梯设计指标超过表3－59中定额取定值时，混凝土浇捣定额按比例调整，其余不变。

表3－59 楼梯底板折实厚度定额取定表

项目名称	指标名称	取定值/mm	备 注
直形楼梯	底板厚度	180	梁式楼梯的梯段梁并入楼梯底板内计算折实厚度
弧形楼梯		300	

实例分析3－26

图3.26所示为某现浇直形梁式楼梯段剖面，已知梁高300mm，梁宽200mm，楼梯底板厚100mm，楼梯段宽1150mm；采用C25商品泵送混凝土浇捣。试计算该楼梯底板折实厚度并确定是否应调整定额基价；如按图调整，则求调整后的基价（已知C25商品混凝土单价为317元/m³）。

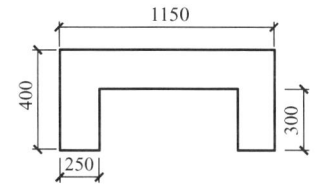

图3.26 某现浇直形梁式楼梯剖面（单位：mm）

分析：按图示，已知梁高含底板厚度，计算折实厚度时应扣除梁与底板重合部位，该梁式楼梯底板折实厚度为

$(0.30-0.10)\times 0.25\times 2/1.15+0.10\approx 0.187(m)>0.18m$

因此，按底板折实厚度应调整基价，套用直形楼梯定额5－24H，则折算后基价为

$$[83.1+(317-299)\times 0.243]\times \frac{0.187}{0.18}\approx 90.88(元/m^2)$$

弧形楼梯指梯段为弧形的。仅平台为弧形的，按直形楼梯定额执行，平台另计弧形板增加费。

实例分析3-26所用定额

（2）自行车坡道带有台阶及四步以上的混凝土台阶，按楼梯定额执行。

2）计价工程量计算规则

楼梯工程量基本同清单工程量计算规则，按水平投影面积计算；工程量包括休息平台、平台梁、楼梯段、楼梯与楼面板连接的梁，无梁连接时，算至最上一级踏步沿加300mm处，不扣除宽度小于500mm的楼梯井，伸入墙内部分不另计算。但与楼梯休息平台脱离的平台梁，按梁或圈梁计算。

直形楼梯与弧形楼梯相连者，直形楼梯、弧形楼梯应分别计算，套相应定额。

单跑楼梯上下平台与楼梯段等宽部分，并入楼梯内计算面积。

楼梯基础、梯柱、栏板、扶手另行计算。

3）清单计价

现浇混凝土楼梯组价内容可以参见表3-60。

表3-60 现浇混凝土楼梯组价内容

项目编码	项目名称	可组合的主要内容	对应的定额子目	定额编码
010506001	直形楼梯	直形楼梯	直形楼梯	5-24
010506002	弧形楼梯	弧形楼梯	弧形楼梯	5-25

楼梯定额不包括楼梯基础、起步梯以下的基础梁、楼梯柱、栏板扶手等，应按设计内容另行列项计算。

5. 现浇混凝土其他构件清单计价

1）计价说明

（1）独立现浇门框按构造柱项目执行。

（2）小型构件是指本定额未列项目且单件体积在0.1m³以内的混凝土构件，小型构件定额已综合考虑了原位浇捣和现场内预制、运输及安装的情况，统一执行小型构件定额。

（3）外形体积在1m³以内的池槽执行小型构件项目，1m³以上的池槽套用本定额第十七章"构筑物、附属工程"相应项目。

（4）地沟断面内空面积大于0.4m²时按构筑物地沟相应定额执行。

2）计价工程量计算规则

（1）场馆看台、地沟、扶手、压顶、小型构件、混凝土后浇带按设计图示尺寸以体积计算。

（2）设备基础的二次灌浆按设计图示尺寸计算灌浆体积。

（3）现场预制桩按设计图示尺寸以体积另加综合损耗率1.5%计算。

3）清单计价

现浇混凝土其他构件组价内容可以参见表3-61。

表3-61 现浇混凝土其他构件组价内容

项目编码	项目名称	可组合的主要内容	对应的定额子目	定额编码
010507005	扶手、压顶	扶手、压顶等	扶手、压顶	5-27
010507007	其他构件	小型池槽、垫块	小型构件	5-28

6. 后浇带工程清单计价

1）计价说明

定额按地下室底板、梁板、墙分别列出混凝土浇捣和模板增加费子目。

混凝土梁、板后浇带合并，按板厚20cm以内、20cm以上分别列项执行同一定额。

2）计价工程量计算规则

梁、板、墙设后浇带时，后浇带混凝土浇捣应单独列项按体积（m³）计算，执行后浇带相应定额，相应构件混凝土浇捣工程量应扣除后浇带体积。

3）清单计价

后浇带工程组价内容可以参见表3-62。

表3-62 后浇带工程组价内容

项目编码	项目名称	可组合的主要内容	对应的定额子目	定额编码
010508001	后浇带	地下室底板	后浇带地下室底板	5-30
		梁、板	后浇带梁、板	5-31、5-32
		墙	后浇带墙	5-33

7. 装配式结构构件安装及后浇连接混凝土清单计价

装配式混凝土构件安装定额项目适用于以标准化设计、工厂化生产、装配化施工生产方式建造的建筑，装配式混凝土构件按成品购入编制，装配式建筑中的现浇混凝土、钢筋和模板按本说明相关规定，分别执行本定额第五章相应定额。

混凝土型钢柱、混凝土钢管柱组合构件，分别按本定额相应章节项目计算，其中，钢管柱内混凝土浇捣不计模板项目，钢管柱内浇筑混凝土采用反顶升浇筑法施工时，按照经批准的专项施工方案另行计算。

1）计价说明

（1）构件安装。

① 构件按成品购入构件考虑，构件价格已包含了构件运输至施工现场指定区域、卸车、堆放发生的费用。

② 本节装配式混凝土结构工程构件吊装机械综合取定，按本定额第十九章"垂直运输工程"相关说明及计算规则执行。

③ 构件安装包含了结合面清理、指定位置堆放后的构件移位及吊装就位、构件临时支撑、注浆、拆除临时支撑全部消耗量。构件临时支撑的搭设及拆除已综合考虑了支撑（含支撑用预埋铁件）种类、数量、周转次数及搭设方式，实际不同不予调整。

④ 构件安装不分构件外形尺寸、截面类型及是否带有保温，除另有规定者外，均按构件种类套用相应定额。

⑤ 构件安装定额中，构件底部座浆按砌筑砂浆铺筑考虑，遇设计采用灌浆料的，除灌浆材料单价换算外，每10m²构件安装定额另行增加人工0.60工日、液压注浆泵HYB50-50-1型0.30台班，其余不变。

⑥ 墙板安装定额不分是否带有门窗洞口，均按相应定额执行。凸（飘）窗安装定额适用于单独预制的凸（飘）窗安装，依附于外墙板制作的凸（飘）窗，其工程量并入外墙板计算，该板块安装整体套用外墙板安装定额，人工和机械用量乘以系数1.30。

⑦ 外挂墙板安装定额已综合考虑了不同的连接方式，按构件类型及厚度套用相应定额。

⑧ 楼梯休息平台安装按平台板结构类型不同，分别套用整体楼板或叠合楼板相应定额。

⑨ 单独受力的预应力空心板安装不区分板厚、连接方式，套用整体板定额，与后浇混凝土叠合整体受力的预应力空心板安装不区分板厚、连接方式，套用叠合板定额。

⑩ 阳台板安装不区分板式或梁式，均套用同一定额。空调板安装定额适用于单独预制的空调板安装，依附于阳台板制作的栏板、翻沿、空调板，并入阳台板内计算。非悬挑的阳台板安装，分别按梁、板安装有关规则计算并套用相应定额。

⑪ 女儿墙安装按构件净高以 0.6m 以内和 1.4m 以内分别编制，构件净高 1.4m 以上时套用外墙板安装定额。压顶安装定额适用于单独预制的压顶安装。

⑫ 轻质条板隔墙安装按构件厚度的不同，分别套用相应定额。定额已考虑了隔墙的固定配件、补（填）缝、抗裂措施构造，以及板材遇门窗洞所需要的切割改锯、孔洞加固的内容。

⑬ 烟道、通风道安装按构件外包周长套用相应定额，安装定额中未包含排烟（气）止回阀的材料及安装。

⑭ 套筒注浆不分部位、方向，按锚入套筒内的钢筋直径不同，以 $\phi 18$ 以内及 $\phi 18$ 以上分别编制。

⑮ 外墙嵌缝、打胶定额中的注胶缝断面按 20mm×15mm 编制，当设计断面与定额不同时，密封胶用量按比例调整，其余不变。定额中密封胶以硅酮耐候胶考虑，遇设计采用的密封胶种类与定额不同时，材料单价进行换算。

⑯ 装配式混凝土结构工程构件安装支撑高度按结构层高 3.6m 以内编制的，高度超过 3.6m 时，每增加 1m，人工乘以系数 1.15，钢支撑、零星卡具、支撑杆件乘以系数 1.30 计算。后浇混凝土模板支模高度超过 3.6m 时按现浇相应模板的超高定额计算。

（2）后浇混凝土。

① 后浇混凝土定额适用于装配式整体式结构工程，用于与预制混凝土构件连接，使其形成整体受力构件，由混凝土、钢筋、模板等子目组成。除下列部位外，其他现浇混凝土构件按第一节现浇混凝土、钢筋和模板相应项目及规定执行。

a. 预制混凝土柱与梁、梁与梁接头，套用梁、柱接头定额。

b. 预制混凝土梁、墙、叠合板顶部及上部搁置叠合板的全断面混凝土后浇梁，套用叠合梁、板定额。

c. 预制双叶叠合墙板内及叠合墙板端部边缘，套用叠合剪力墙定额。

d. 预制墙板与墙板间、墙板与柱间等端部边缘连接墙、柱，套用连接墙、柱定额。

② 预制墙板或柱等预制垂直构件之间设计采用现浇混凝土墙连接的，当连接墙长度在 2m 以内的，套用后浇混凝土连接墙、柱定额，当连接墙长度超过 2m 的，按第一节现浇混凝土构件相应项目及规定执行。

③ 同开间内预制叠合楼板或整体楼板之间设计采用现浇混凝土板带拼缝的，板带混凝土浇捣并入后浇混凝土叠合梁、板计算。相应拼缝处需支模才能浇筑的混凝土模板工程套用板带定额。

④ 后浇混凝土钢筋制作、安装定额按钢筋品种、型号、规格综合连接方法及用途划分，相应定额内的钢筋型号及比例已综合考虑，各类钢筋的制作成型、绑扎、接头、固定，以及与预制构件外露钢筋的绑扎、焊接等所用人工、材料、机械消耗已综合考虑在相应定额内。钢筋接头采用机械连接的，按现浇混凝土构件相应接头项目及规定执行。

⑤ 后浇混凝土模板按复合模板考虑，定额消耗量已考虑了超出后浇混凝土与预制构件抱合部分的模板用量。

2）计价工程量计算规则

（1）装配式结构构件安装。

① 构件安装工程量按成品构件设计图示尺寸以实体积（m³）计算，依附于构件制作的各类保温层、饰面层体积并入相应的构件安装中计算，不扣除构件内钢筋、预埋铁件、配管、套管、线盒及单个 0.3m² 以内的孔洞、线箱等所占体积，外露钢筋体积也不再增加。

② 套筒注浆按设计数量（个）计算。

③ 轻质条板隔墙安装工程量按构件图示尺寸以面积（m²）计算，应扣除门窗洞口、过人洞、空圈、嵌入墙板内的钢筋混凝土柱、梁、圈梁、挑梁、过梁、止水翻边及凹进墙内的壁龛、消防栓箱及单个 0.3m² 以上的孔洞所占的面积，不扣除梁头、板头及单个 0.3m² 以内的孔洞所占面积。

④ 预制烟道、通风道安装工程量按图示长度（m）计算，排烟（气）止回阀、成品风帽安装工程量按图示数量（个）计算。

⑤ 外墙嵌缝、打胶按构件外墙接缝的设计图示尺寸以长度（m）计算。

（2）后浇混凝土。

后浇混凝土浇捣工程量按设计图示尺寸以实体积计算，不扣除混凝土内钢筋、预埋铁件及单个 0.3m² 以内的孔洞等所占体积。

（3）后浇混凝土钢筋。

① 后浇混凝土钢筋工程量按设计图示钢筋的长度、数量乘以钢筋单位理论质量计算。

② 钢筋搭接长度应按设计图示、标准图集和规范要求计算，当设计要求钢筋接头采用机械连接时，不再计算该处钢筋搭接长度。遇设计图示、标准图集和规范要求不明确时，钢筋的搭接长度和数量按第一节现浇混凝土构件钢筋规则计算。预制构件外露钢筋不计入钢筋工程量。

（4）后浇混凝土模板。

后浇混凝土模板工程量按后浇混凝土与模板接触面以面积（m²）计算，超出后浇混凝土接触面与预制构件抱合部分的模板面积不增加计算。不扣除后浇混凝土墙、板上单孔面积在 0.3m² 以内的孔洞，洞侧壁模板也不增加；应扣除单孔面积在 0.3m² 以上孔洞，洞侧壁模板面积并入相应的墙、板模板工程量内计算。

3）清单计价

预制构件工程清单计价包括制作、运输和安装，运输定额按构件类型进行列项、按构件分类进行组价，列在表格最后一行。《计价规范》按预制构件编制，《浙江省预算定额（2018 版）》中按装配式混凝土构件考虑，《浙江省建设工程计价规则（2018 版）》装配式混凝土构件均按成品考虑，因此预制构件组价内容（仅考虑安装）可以参见表 3-63。

表 3-63 预制构件组价内容

项目编码	项目名称	可组合的主要内容	对应的定额子目	定额编码
010509001	矩形柱	各类装配柱安装	实心柱安装	5-192
010509002	异形柱			
010510001	矩形梁	各类装配梁安装	梁/叠合梁安装	5-193～5-194
010510002	异形梁	各类装配梁安装	梁/叠合梁安装	5-193～5-194
010510004	拱形梁	各类装配梁安装	梁/叠合梁安装	5-193～5-194
010510005	鱼腹式吊车梁	各类装配梁安装	梁/叠合梁安装	5-193～5-194
010510006	其他梁	各类装配梁安装	梁/叠合梁安装	5-193～5-194
010512001	平板	装配楼板安装	整体/叠合板安装	5-195～5-196
010512002	空心板	装配楼板安装	整体/叠合板安装	5-195～5-196
010512003	槽形板	装配楼板安装	整体/叠合板安装	5-195～5-196
010512005	折线板	装配楼板安装	整体/叠合板安装	5-195～5-196
010512006	带肋板	装配楼板安装	整体/叠合板安装	5-195～5-196
010512007	大型板	装配楼板安装	整体/叠合板安装	5-195～5-196
010513001	楼梯	楼梯安装	直行楼梯安装	5-208～5-209
010514001	垃圾道、通风道、烟道	烟道、通风道、风帽安装	烟道、通风道、风帽安装	5-221～5-226
010514002	其他构件	压顶安装	压顶安装	5-216

由于近些年装配式施工技术的快速发展,《计算规范》与《浙江省预算定额(2018版)》间的差异较大,因此预制混凝土屋架、外墙板、阳台板、飘窗等均不匹配。《浙江省预算定额(2018版)》中按成品考虑,不涉及制作、运输等。

8. 钢筋工程(螺栓、铁件)清单计价

1) 计价说明

(1) 钢筋工程按现浇构件钢筋、地下连续墙钢筋、桩钢筋等不同用途,不同强度等级和规格,以圆钢、螺纹钢、箍筋及钢绞线等分别列项,发生时分别套用相应定额。

(2) 除定额规定单独列项计算外,各类钢筋和铁件的制作成型、绑扎、接头、安装,以及固定所用人工、材料、机械消耗均已综合在相应项目内。

(3) 钢筋连接接头。

① 除定额另有说明外,均按绑扎搭接计算。

② 当设计规定采用直螺纹、锥螺纹、冷挤压、电渣压力焊和气压焊连接时,则以设计规定的连接方式按个数计算套用相应定额。

③ 单根钢筋连续长度,超过9m可按设计规定计算一个接头,该接头按绑扎搭接计算

时，搭接长度不做箍筋加密计算基数。

（4）钢筋工程中措施钢筋，设计有规定时，按设计的品种、规格执行相应项目；设计无规定时，仅计楼板及基础底板的撑脚（铁马）。多排钢筋的垫铁在定额损耗中已综合考虑，发生时不另计算。

（5）现浇构件冷拔钢丝按 $\phi10$ 以内钢筋制安定额执行。

（6）定额已综合考虑预应力钢筋的张拉设备，预应力钢筋如设计要求人工时效处理，应另行计算。

（7）预应力钢丝束、钢绞线综合考虑了一端、两端张拉；锚具按单锚、群锚分别列项，单锚按单孔锚具列入，群锚按3孔列入。预应力钢丝束、钢绞线长度大于50m时，应采用分段张拉。

（8）植筋深度，定额按 $10d$ 考虑，当设计要求植筋深度与定额不同时，相应定额按比例调整。植筋定额未包括钢筋、化学螺栓的主材费，钢筋按设计长度计算套钢筋制安相应项目执行，化学螺栓的主材费另行计算，使用化学螺栓时，应扣除植筋胶的消耗量。

（9）地下连续墙钢筋笼绑扎平台制作、安装费不含地下连续墙钢筋制作平台费用，发生时按批准的施工措施方案另行计算。

（10）现场预制桩钢筋执行现浇构件钢筋。

（11）除模板所用铁件及成品构件内已包括的铁件外，定额均不包括混凝土构件内的预埋铁件，预埋铁件及用于固定或定位预埋铁件（螺栓）所消耗的钢筋、钢板、型钢等应按设计图示计算工程量，执行铁件定额。

2）计价工程量计算规则

（1）钢筋按设计图示区别钢种按钢筋长度、数量乘以钢筋单位理论质量（t）计算，包括设计要求锚固、搭接和钢筋超定尺长度必须计算的搭接用量；钢筋的冷拉加工费不计，延伸率不扣。

（2）构件套用标准图集时，按标准图集钢筋（铁件）用量表内所列数量计算，标准图集未列钢筋（铁件）用量表时，按标准图集图示及本规则计算。

（3）计算钢筋用量时应扣除保护层厚度。

（4）地下连续墙墙身内十字钢板封口按设计图示尺寸以净质量计算。

（5）钢筋的搭接长度及数量应按设计图示、标准图集和规范要求计算，遇设计图示、标准图集和规范要求不明确时，钢筋的搭接长度和数量可按以下规则计算。

① 单根钢筋连续长度超过9m的，按每9m计算一个接头，搭接长度为 $35d$。

② 灌注桩钢筋笼纵向钢筋、地下连续墙钢筋笼钢筋定额按单面焊接头考虑，搭接长度按 $10d$ 计算；灌注桩钢筋笼螺旋箍筋的超长搭接已综合考虑，发生时不另计算。

③ 建筑物柱、墙构件竖向钢筋接头有设计规定时按设计规定，无设计规定时按自然层计算。

④ 当钢筋接头设计要求采用机械连接、焊接时，应按设计采用的接头种类和个数列项计算，计算该接头后不再计算该处的钢筋搭接长度。

（6）箍筋（板筋）、弯起钢筋、拉筋的长度及数量应按设计图示、标准图集和规范要求计算，遇设计图示、标准图集和规范要求不明确时，箍筋（板筋）、弯起钢筋、拉筋的长度及数量可按以下规则计算。

① 墙板 S 形拉结钢筋长度按墙板厚度扣除保护层加两端弯钩计算。

② 弯起钢筋不分弯起角度,每个斜边增加长度按梁高(或板厚)乘以 0.4 计算。

③ 箍筋(板筋)排列根数为柱、梁、板净长除以箍筋(板筋)设计间距;设计有不同间距时,应分段计算。柱净长按层高计算,梁净长按混凝土规则计算,板净长指主(次)梁与主(次)梁之间的净长;计算中有小数时,向上取整。

④ 桩螺旋箍筋长度计算为螺旋箍筋斜长加螺旋箍上下端水平段长度计算。

$$螺旋箍筋长度 = \sqrt{[(D-2C+d)\pi]^2 + h^2} \times n$$

上下端水平箍筋长度 $= \pi(D-2C+d) \times (1.5 \times 2)$

上式中:D 为桩直径(m),C 为主筋保护层厚度(m),d 为箍筋直径(m),h 为箍筋间距(m),n 为箍筋道数(桩中箍筋配置范围除以箍筋间距,计算中有小数时,向上取整)。

(7) 双层钢筋撑脚按设计规定计算,设计未规定时,均按混凝土板中小规格主筋计算,基础底板每平方米 1 只,长度按底板厚度乘以 2 再加 1m 计算;板每平方米 3 只,长度按板厚度乘以 2 再加 0.1m 计算。双层钢筋的撑脚布置数量均按板的净面积计算,净面积应扣除柱、梁、基础梁的面积。

(8) 后张预应力构件不能套用标准图集计算时,其预应力筋按设计构件尺寸,并区别不同的锚固类型,分别按下列规定计算。

① 钢绞线采用 JM、XM、QM 型锚具,孔道长度小于 20m 时,钢绞线长度按孔道长度增加 1m 计算;孔道长度大于 20m 时,钢绞线长度按孔道长度增加 1.8m 计算。

② 钢丝束采用锥形锚具,孔道长度小于 20m 时,钢丝束长度按孔道长度增加 1m 计算;孔道长度大于 20m 时,钢丝束长度按孔道长度增加 1.8m 计算。

③ 钢丝束采用墩头锚具时,钢丝束长度按孔道长度增加 0.35m 计算。

(9) 预应力钢丝束、钢绞线锚具安装按套数计算。

(10) 植筋按数量计算,植入钢筋按外露和植入部分之和长度乘以单位理论质量计算。

(11) 现场预制桩钢筋工程量按设计图用量另加桩综合损耗率 1.5% 计算。

(12) 混凝土构件预埋铁件、螺栓,按设计图示尺寸,以净质量计算。

(13) 墙柱拉接筋采用预埋或植筋方式的钢筋工程量均并入砌体内加固钢筋计算。

(14) 沉降观测点列入钢筋(或铁件)工程量内计算,采用成品的按成品价计算。

实例分析 3-27

试计算图 3.27 所示钢筋长度。

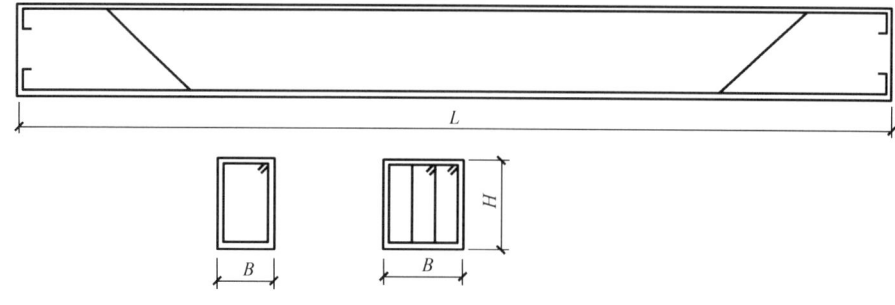

图 3.27 梁钢筋配制构造示意图

分析：按计算规则，钢筋长度为

$$L_0 = L - 2n_3 + n_1 \times 6.25d + n_2 \times 35d + 弯起增加值$$

$$L_{双肢箍} = [(a-2c)+(h-2c)] \times 2 + (1.9d+10d) \times 2$$

$$每米理论质量 = 0.00617d^2 \, (kg/m)$$

式中 n_1——钢筋弯钩个数；

n_2——搭接个数；

n_3——保护层厚度（mm）；

d——钢筋直径（mm）；

B、H——梁宽和梁高（mm）。

弯钩长度：180°时，取 $6.25d$；90°时，取 $3.5d$；135°时，取 $4.9d$。保护层厚度：图纸有说明的按设计说明确定，无说明的按规范要求确定。

3）清单计价

钢筋工程组价内容可以参见表 3-64。

表 3-64 钢筋工程组价内容

项目编码	项目名称	可组合的主要内容	对应的定额子目	定额编码
010515001	现浇混凝土钢筋	现浇混凝土构件钢筋	现浇构件圆钢筋	5-36～5-37
			现浇构件带肋钢筋	5-38～5-45
			箍筋及其他	5-46～5-53
			桩及地下连续墙钢筋	5-54～5-64
010515002	预制构件钢筋	装配式构件后浇带钢筋	钢筋	5-234～5-247
010515003	钢筋网片	钢筋网片	钢筋网片	5-52
010515004	钢筋笼	钢筋笼	桩及地下连续墙钢筋	5-54～5-64
010515006	后张法预应力钢筋	后张法预应力钢筋	后张法预应力钢丝束	5-65～5-72
010515009	支撑钢筋（铁马）	支撑钢筋（铁马）	现浇构件圆钢筋、带肋钢筋	5-36～5-45
010516001	螺栓	预埋螺栓	预埋螺栓	5-94
010516002	预埋铁件	预埋铁件	预埋铁件	5-95～5-96
010516003	机械连接	钢筋机械连接	钢筋焊接、机械连接	5-73～5-88
Z010516004	化学螺栓	植筋	植筋	5-89～5-93

任务 3.6 金属结构工程

3.6.1 基础知识

金属结构是用各类型钢、钢板，以及钢管、圆钢等钢材制造而成的构件，主要有钢网架、钢屋架、钢柱、钢梁、钢支撑、钢栏杆、钢梯、钢平台等。在实际施工工艺中，主要涉及金属结构构件的制作、运输及安装等过程。

钢结构施工

1. 钢材种类

金属结构常用钢材，按化学成分可分为普通碳素钢（代表性牌号有Q195、Q215、Q235、Q255、Q275）和普通低合金钢（Q295、Q345、Q390、Q420、Q460）。

2. 钢材类型表示方法

（1）圆钢。圆钢断面呈圆形，一般用直径 d 表示，"ϕ"表示一级钢，"Φ"表示二级钢，"Φ"表示三级钢。例如，"ϕ10"表示直径为10mm的圆钢，"Φ22"表示直径为22mm的二级螺纹钢。

（2）方钢。方钢断面呈正方形，一般用边长 a 表示，其符号为"□a"。例如，"□18"表示边长为18mm的方钢。

（3）角钢。

① 等肢角钢：等肢角钢的断面呈L形，角钢的两肢宽度相等，一般用"$b×d$"表示。例如，"∟50×4"表示肢宽为50mm、肢板厚为4mm的等肢角钢。

② 不等肢角钢：不等肢角钢的断面呈L形，角钢的两肢宽度不相等，一般用"$B×b×d$"表示。例如，"∟56×36×4"表示长肢宽为56mm、短肢宽为36mm、肢板厚为4mm的不等肢角钢。

（4）槽钢。槽钢的断面呈"["形，一般用型号来表示。例如，"[25"表示25号槽钢，槽钢的号数为槽钢高度的1/10，即[25槽钢的高度为250mm。同一型号的槽钢，其宽度和厚度均有差别，分别用a、b、c来表示。例如，"[25a"表示肢宽为78mm、高为250mm、腹板厚为7mm的槽钢，"[25c"表示肢宽为82mm、高为250mm、腹板厚为11mm的槽钢。

（5）工字钢。工字钢断面呈工字形，一般用型号来表示。例如，"I32"表示32号工字钢，工字钢的号数为工字钢高度的1/10，即I32钢的高度为320mm。同一型号工字钢的宽度和厚度均有差别，分别用a、b、c来表示。例如，"I32a"表示32号工字钢宽为130mm、厚度为9.5mm，"I32b"表示32号工字钢宽为132mm、厚度为11.5mm，"I32c"表示32号工字钢宽为134mm、厚度为13.5mm。

（6）钢板。钢板一般用厚度来表示，符号为"—$δ$"，其中"—"为钢板代号，$δ$ 为板厚。例如，"—8"表示厚度为8mm的钢板。

（7）扁钢。扁钢为长条式钢板，一般宽度均有统一标准，它的表示方法为"—$a×δ$"，其中"—"表示钢板，a 表示钢板宽度，$δ$ 表示钢板厚度。例如，"—60×5"表示宽度为60mm、厚度为5mm的扁钢。

（8）H型钢。H型钢有定型H型钢和钢板焊接H型钢两种类型，一般用"$H×B×t_1×t_2$"表示断面型号，其中 H 为腹板高度、B 为翼缘宽度、t_1 为腹板厚度、t_2 为翼缘厚度。例如，"350×200×8×12"表示H型钢的高度为350mm、翼缘宽为200m、腹板厚为8mm、翼缘厚为12mm。

按《热轧H型钢和剖分T型钢》（GB/T 11263—2017），热轧H型钢按翼缘宽度分类，其代号如下：HW表示宽翼缘H型钢，HM表示中翼缘H型钢，HN表示窄翼缘H

型钢,HT 表示薄壁 H 型钢。

（9）C 型钢、Z 型钢。C 型钢、Z 型钢一般为薄钢板冷弯成型,型材的截面分别呈 C 形、Z 形。规格型号均按其断面各向尺寸（单位为 mm）表示,表示方法为符号加上 "$H×B×C×d$",其中 H 为高、B 为宽、C 为卷边高、d 为厚度。例如,"C160×60×20×3" 表示高度为 160mm、底宽为 60mm、卷边（弯起）高为 20mm、厚度为 3mm 的 C 型钢。Z 型钢表示方法类同。

（10）钢管。圆钢管一般用 "$ΦD×t×L$" 来表示。例如,"Φ102×4×700" 表示外径为 102mm、厚度为 4mm、长度为 700mm 的钢管。设计图中标有长度尺寸时,L 不再表示。

方钢管的表示与方钢相似,但应标注管壁厚度。例如,"□18×0.8" 表示边长为 18mm、厚度为 0.8mm 的方钢管。

3. 钢材理论质量计算方法

（1）各种规格型钢的计算：各种型钢包括等边角钢、不等边角钢、槽钢、工字钢、热轧 H 型钢、C 型钢、Z 型钢等,每米理论质量均可从相应标准、五金手册等型钢表中查得。

（2）可按设计材料规格直接计算单位质量,钢材的密度为 7850kg/m³ 或 7.85g/cm³。

① 钢板的计算。

$$1mm 厚钢板每平方米质量 = 7850kg/m^3 × 0.001m = 7.85kg/m^2$$

计算不同厚度钢板时,其每平方米理论质量为 $7.850kg/m^2 × δ$,式中 $δ$ 为钢板厚度（mm）。

② 扁钢、钢带的计算。

$$不同厚度扁钢、钢带每米理论质量 = 0.00785 × a × δ$$

式中 a、$δ$——扁钢的宽度、厚度（mm）。

③ 方钢的计算。

$$G = 0.00785 × a^2$$

式中 a——方钢的边长。

④ 圆钢的计算。

$$G = 0.00617 × d^2$$

式中 d——圆钢的直径。

⑤ H 型钢的计算。

a. 钢板焊接 H 型钢的计算公式 [各参数含义见图 3.28 (a)] 为

$$G = [t_1(H - 2t_2) + 2Bt_2] × 0.00785$$

b. 定型 H 型钢按《热轧 H 型钢和剖分 T 型钢》的截面积公式,单位质量计算公式为

$$G = [t_1(H - 2t_2) + 2Bt_2 + 0.858r^2] × 0.00785$$

式中各参数含义见图 3.28(b),因型号标注与各参数不一定是同一数值,各参数值应按国家标准提供的有关表格查得。

⑥ 钢管的计算。

$$（圆管）G = 0.02466δ(D - δ)$$

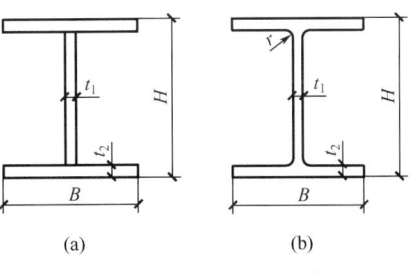

图 3.28　H 型钢尺寸示意图

式中 δ——钢管的壁厚；
D——钢管的外径。

$$(方管)G = 0.00785 \times 4(a-\delta)\delta$$

式中 δ——钢管的壁厚；
a——方管边长。

以上公式中未注明单位的，G 为每米长度的质量（kg/m），其他计算单位均为 mm。

实例分析 3-28

试计算 $700 \times 350 \times 12 \times 16$ 钢板焊接 H 型钢每米质量。即图 3.28（a）中，$H=700\text{mm}$，$B=350\text{mm}$，$t_1=12\text{mm}$，$t_2=16\text{mm}$。

分析：由钢板焊接 H 型钢的计算公式得

$$G = [12 \times (700-16\times 2) + 2\times 350 \times 16] \times 0.00785 \approx 150.85(\text{kg/m})$$

3.6.2 工程量清单编制

1. 清单编制说明

金属结构工程工程量清单按《计算规范》附录 F 进行编制，适用于建（构）筑物工程金属结构项目列项。

本任务项目按上述规范附录 F，分为 F.1 钢网架，F.2 钢屋架、钢托架、钢桁架、钢桥架，F.3 钢柱，F.4 钢梁，F.5 钢板楼板、墙板，F.6 钢构件，F.7 金属制品 7 个部分，共 31 个项目。

2. 钢网架工程量清单编制

《计算规范》将钢网架仅分为钢网架一个项目，按 010601001×××编码列项。

(1) 工作内容：拼装、安装、探伤、补刷油漆。

(2) 项目特征：应对钢材品种、规格，网架节点形式、连接方式，网架跨度、安装高度，探伤要求，防火要求予以描述。

钢结构钢柱安装

(3) 工程量计算规则：按设计图示尺寸以质量（t）计算，不扣除孔眼的质量，焊条、铆钉等不另增加质量。

3. 钢屋架、钢托架、钢桁架、钢桥架工程量清单编制

《计算规范》将钢屋架、钢托架、钢桁架、钢桥架分为钢屋架、钢托架、钢桁架、钢桥架 4 个项目，分别按 010602001×××~010602004×××编码列项。

(1) 工作内容：拼装、安装、探伤、补刷油漆。

(2) 项目特征：应对钢材品种、规格，单榀质量，屋架跨度、安装高度，探伤要求，防火要求予以描述。

(3) 工程量计算规则：按设计图示尺寸以质量（t）计算，不扣除孔眼的质量，焊条、铆钉、螺栓等不另增加质量。钢屋架也可以按设计图示数量（榀）计算。

> 以榀为单位计量时，按标准图设计的应注明标准图代号，按非标准图设计的清单项目特征必须描述单榀屋架的质量。

4. 钢柱工程量清单编制

《计算规范》将钢柱分为实腹钢柱、空腹钢柱、钢管柱3个项目，分别按010603001×××～010603003×××编码列项。

（1）工作内容：拼装、安装、探伤、补刷油漆。

（2）项目特征：应对钢材品种、规格，单根柱质量，螺栓种类，探伤要求，防火要求予以描述。实腹钢柱和空腹钢柱还应描述柱类型。

（3）工程量计算：按设计图示尺寸以质量（t）计算，不扣除孔眼的质量，焊条、铆钉、螺栓等不另增加质量；依附在钢柱上的牛腿及悬臂梁等，并入钢柱工程量内；钢管柱上的节点板、加强环、内衬管、牛腿等，并入钢管柱工程量内。

> 在项目特征描述时，要注意对钢柱类型进行描述，如实腹钢柱有十字形、T形、L形、H形等，空腹钢柱有箱形、格构式等。

5. 钢梁工程量清单编制

《计算规范》将钢梁分为钢梁、钢吊车梁两个项目，分别按010604001×××、010604002×××编码列项，适用于各类钢梁及劲性混凝土构件内的钢骨架列项。

钢结构外墙面板施工

（1）工作内容：拼接、安装、探伤、补刷油漆。

（2）项目特征：应对钢材品种、规格，单根质量，螺栓种类、安装高度，探伤要求、防火要求予以描述。钢梁还应描述梁类型。

（3）工程量计算规则：按设计图示尺寸以质量（t）计算，不扣除孔眼的质量，焊条、铆钉、螺栓等不另增加质量，制动梁、制动板、制动桁架、车挡并入钢吊车梁工程量内。

> 梁类型指十字形、L形、H形、箱形、格构式等；若为型钢混凝土梁浇筑钢筋混凝土，其混凝土和钢筋按《计算规范》附录E执行。

6. 钢板楼板、墙板工程量清单编制

《计算规范》将钢板楼板、墙板分为钢板楼板和钢板墙板2个项目，分别按010605001×××、010605002×××编码列项。

（1）工作内容：拼接、安装、探伤、补刷油漆。

（2）项目特征。

① 钢板楼板：应对钢材品种、规格，钢板厚度，螺栓种类，防火要求予以描述。

② 钢板墙板：应对钢材品种、规格，钢板厚度、复合板厚度，螺栓种类，复合板夹芯材料种类、层数、型号、规格，防火要求予以描述。

（3）工程量计算规则。

① 钢板楼板：按设计图示尺寸以铺设水平投影面积（m^2）计算，不扣除单个面积 $0.3m^2$ 以内的柱、垛及孔洞所占面积。

② 钢板墙板：按设计图示尺寸以铺挂展开面积计算，不扣除单个面积 $0.3m^2$ 以内的梁、孔洞所占面积，包角、包边、窗台泛水等不另增加面积。

③ 钢板楼板上浇钢筋混凝土，其混凝土和钢筋按《计算规范》附录 E 执行。

7. 钢构件工程量清单编制

《计算规范》将钢构件分为钢支撑和钢拉条、钢檩条、钢天窗架、钢挡风架、钢墙架、钢平台、钢走道、钢梯、钢护栏、钢漏斗、钢板天沟、钢支架、零星钢构件、高强螺栓共 14 个项目，分别按 010606001×××～010606013×××、Z010606014 编码列项。

（1）工作内容：拼接、安装、探伤、补刷油漆。

（2）项目特征：各构件项目均应描述的有钢材品种、规格。不同构件中的项目特征应按《计算规范》要求予以描述。

① 钢支撑和钢拉条应描述其构件类型、安装高度、螺栓种类、探伤要求、防火要求。

② 钢檩条应描述其构件类型、单根质量、安装高度、螺栓种类、探伤要求、防火要求。

③ 钢天窗架应描述单榀质量、安装高度、螺栓种类、探伤要求、防火要求。

④ 钢挡风架、钢墙架应描述单榀质量、螺栓种类、探伤要求、防火要求。

⑤ 钢平台、钢走道应描述螺栓种类、防火要求。

⑥ 钢梯应描述钢梯形式、螺栓种类、防火要求。

⑦ 钢护栏应描述防火要求。

⑧ 钢漏斗、钢板天沟应描述形式、安装高度、探伤要求。

⑨ 钢支架应描述安装高度、防火要求。

⑩ 零星钢构件应描述具体的构件名称。

⑪ 高强螺栓应描述强度性能等级。

（3）工程量计算规则。

① 按设计图示尺寸以质量（t）计算，不扣除孔眼的质量，焊条、铆钉、螺栓等不另增加质量，不规则或多边形钢板以其外接矩形面积乘以厚度乘以单位理论质量计算。

② 依附漏斗或天沟的型钢，并入漏斗或天沟工程量内计算。

③ 高强螺栓按设计图示数量计算。

拓展提高

1. 钢墙架项目，包括墙架柱、墙架梁和连接杆件。
2. 钢支撑、钢拉条类型，指单式、复式；钢檩条类型，指型钢式、格构式；钢漏斗形式，指方形、圆形；天沟形式，指矩形沟或半圆形沟。
3. 加工铁件等小型构件，应按零星钢构件项目编码列项。

8. 金属制品工程量清单编制

《计算规范》将金属制品分为成品空调金属百叶护栏、成品栅栏、成品雨篷、金属网栏、砌块墙钢丝网加固、后浇带金属网共6个项目，分别按010607001×××～010607006×××编码列项。

(1) 工作内容。

① 成品空调金属百叶护栏、成品栅栏、成品雨篷、金属网栏：安装、校正、预埋铁件及安装螺栓、金属立柱。

② 砌块墙钢丝网加固、后浇带金属网：铺贴、铆固。

(2) 项目特征。

① 成品空调金属百叶护栏应对材料品种、规格、边框材质予以描述。

② 成品栅栏、金属网栏应对材料品种、规格、边框及立柱型钢品种、规格予以描述。

③ 成品雨篷应对材料品种、规格，雨篷宽度，晾衣杆品种、规格予以描述。

④ 砌块墙钢丝网加固、后浇带金属网应对材料品种、规格，加固方式予以描述。

(3) 工程量计算规则。

① 成品空调金属百叶护栏、成品栅栏、金属网栏：按设计图示尺寸以框外围展开面积（m²）计算。

② 成品雨篷：按设计图示接触边以长度（m）计算，按设计图示尺寸以展开面积（m²）计算。

③ 砌块墙钢丝网加固、后浇带金属网：按设计图示尺寸以面积（m²）计算。

抹灰钢丝网加固，按规范中砌块墙钢丝网加固项目编码列项。

9. 清单编制时应注意的共性事项

(1) 劲性构件及压型钢楼板上混凝土浇捣和混凝土配筋，应按《计算规范》附录E中相关项目编码列项。

(2) 同一清单项目名称需分别列项时，以第五级清单编码按顺序予以划分。

① 构件类型、钢材品种、用材比例、节点构造等不同时，应分别列项。

② 单榀质量不同时，应分别列项。

③ 具体构件所涉及的工程内容有所不同时，应分别列项。

(3) 清单项目工程量计算的注意事项。

① 应注意在钢板的质量计算时，清单工程量与计价工程量的计算规则是有所不同的。

② 按自然单位计算，以设计图纸标注数量计算。

③ 选用自然单位如"榀""根"等计算时，清单项目特征必须描述构件涉及不同品种钢材的施工图净用量。

除按《计算规范》附录表内所列项目特征描述以外，为了清单投标的合理性及准确性，

还需进一步做具体的描述。

(1) 各钢构件用钢不是单一品种时,应描述不同的钢材规格、品种、比例或数量。同一项目不同构件用材品种、用钢比例等不同时,应分别列项。

(2) 工程涉及用材有关特殊要求应予以描述,如H型钢是钢板焊接H型钢还是定型H型钢、钢管是否采用钢板自行卷管、采用镀锌成品钢材还是要求后镀锌等,均应按设计要求描述。

(3) 工程涉及工艺要求,如构件是否机械除锈、采用抛丸还是喷砂工艺等,应按要求描述。

(4) 涉及计价的组合工程量(如高强螺栓、剪力栓钉等),应按设计用量予以描述。

(5) 涉及施工方案、图纸设计有关内容的,在清单项目特征中应予以描述。

3.6.3 工程量清单计价

本部分计价基本依据是《浙江省预算定额(2018版)》第六章"金属结构工程"部分。

1. 一般规定

金属结构工程定额,划分为预制钢构件安装[钢网架、厂(库)房钢结构、住宅钢结构、钢结构安装配件]、围护体系安装[钢楼(承)板、钢结构屋面板、钢结构墙面板]、钢构件现场制作及除锈3个大节,共计75个子目。

1) 预制钢构件安装

(1) 本定额钢结构成品价格按到场考虑,即已包含场外运输费用,预制钢构件的除锈、油漆及防火涂料费用,若成品价格中未注明包含的,除锈、油漆及防火涂料等另行按本定额第十四章"油漆、涂料、裱糊工程"相应定额及规定执行,且不考虑施工损耗。

(2) 本定额钢构件安装定额中已经包含和未包含的内容见表3-65。

表3-65 钢构件安装定额说明表

定额已经包含	定额未包含
(1) 现场施工发生的零星油漆破坏修补、节点焊接及切割需要的除锈和补漆费用; (2) 现场拼装费用; (3) 施工企业按照质量验收规范要求所需的超声波探伤费用	(1) 分块或整体吊装的钢网架、钢桁架等施工现场地面平台拼装摊销,如发生则套用现场拼装平台摊销定额项目; (2) X光拍片检测费用,如设计要求,X光拍片检测费用另行计取

(3) 预制钢构件安装按构件种类、质量不同分别套用定额。

(4) 各预制钢构件安装定额套用及注意事项见表3-66。

表 3-66　各预制钢构件安装定额套用及注意事项

构件类型	适用定额	注意事项
不锈钢螺栓球网架安装	"螺栓球节点网架"定额	取消定额中油漆及稀释剂含量，人工消耗量乘以系数 0.95
单独成品支座安装	"钢支座"定额	
住宅钢结构的钢平台、钢走道及零星钢构件	"厂（库）零星钢构件"定额	定额中汽车式起重机消耗量乘以系数 0.20
组合钢板剪力墙安装	"住宅钢结构 3t 以内钢柱"定额	相应人工、机械及除预制柱外的材料用量乘以系数 1.50
钢网架安装	按平面网格网架安装	如设计为筒壳、球壳及其他曲面结构，人工、机械乘以系数 1.20
钢桁架安装	按直线形桁架安装	如设计为曲线、折线形或其他非直线形桁架，人工、机械乘以系数 1.20
型钢混凝土组合结构中钢结构构件安装	按本章相应定额	人工、机械乘以系数 1.15
螺旋形楼梯安装	"踏步式楼梯"定额	人工、机械乘以系数 1.30
厂（库）房钢结构的柱间支撑、屋面支撑、撑杆、隅撑、檩条、墙梁、钢天窗架、通风器支架、钢天沟支架、钢板天沟等安装	"钢支撑等其他构件"定额	
钢墙架柱、钢墙架梁、配套的连接杆件	"钢墙架（挡风架）"定额	
未列项目且单件质量在 50kg 以内的小型构件	"零星钢构件"定额	
基坑围护格构柱安装	套用本章相应项目	定额乘以系数 0.50，考虑钢格构柱的拆除及回收残值等因素

装配式钢结构是指以标准化设计、工厂化生产、装配化施工、一体化装修和信息化管理等为主要特征的工业化生产方式建造的钢结构建筑。

实例分析 3-29

某住宅工程，住宅钢结构的钢平台质量为 3.35t，设工料机价格与定额取定相同，试确定该钢柱的定额基价。

分析： 住宅钢结构的钢平台、钢走道及零星钢构件安装套用厂（库）零星钢构件安装定额 6-35，换算后基价为

$$921.17 - 0.8 \times 0.191 \times 942.85 \approx 777.10 (元/t)$$

2) 围护体系安装

本章中围护体系适用于金属结构屋面工程，如为其他屋面套用本定额第九章"屋面及防水工程"相应定额。钢结构屋面配套的不锈钢天沟、彩钢板天沟安装套用本定额第九章相应定额。

本章中保温岩棉铺设仅限于硅酸钙板墙面板配套使用，蒸压砂加气保温块贴面子目仅用于组合钢板墙体配套使用，屋面墙面玻纤保温棉子目配合钢结构围护体系使用，如为其他形式保温则套用本定额第十章"保温、隔热、防腐工程"相应定额。硅酸钙板包梁包柱仅用于钢结构配套使用。

3) 钢结构现场制作

（1）本定额适用于非工厂制作的构件，除钢柱、钢梁、钢屋架外的钢构件均套用其他构件定额。本定额中直线形构件编制，如发生弧形、曲线形构件制作，人工、机械乘以系数 1.30。

（2）现场制作的钢构件安装套用厂（库）房钢结构安装定额。

（3）现场制作钢构件的工程，其围护体系套用装配式钢结构围护体系安装定额。

2. 预制钢构件安装清单计价

1) 计价说明

（1）钢网架安装，包含钢网架和钢支座。

钢网架定额分为焊接空心球、螺栓球节点、焊接不锈钢三类。钢支座定额分为固定支座、单向滑移支座、双向滑移支座。

（2）钢屋架、钢托架、钢桁架、钢柱、钢梁、钢吊车梁安装。

预制钢构件安装按构件种类、质量不同分别套用定额。

2) 计价工程量计算规则

（1）构件安装工程量，按设计图示尺寸以质量（t）计算，不扣除单个面积 $0.3m^2$ 以内的孔洞质量，焊缝、铆钉、螺栓等不另增加质量。

（2）钢构件现场拼装平台摊销工程量按现场在平台上实施拼装的构件工程量计算。

（3）高强螺栓、栓钉、花篮螺栓等安装配件工程量按设计图示节点工程量计算。

（4）其他特殊构件安装工程量计算说明。

① 钢网架安装工程量：不扣除孔眼质量，焊缝、铆钉等不另增加质量。

② 焊接空心球网架质量：包括连接钢管杆件、连接球、支托和网架支座等零件的质量。

③ 螺栓球节点网架质量：包括连接钢管杆件（含高强螺栓、销子、套筒、锥头或封板）、螺栓球、支托和网架支架等零件的质量。

④ 钢柱：依附在钢柱上的牛腿及悬臂梁的质量等并入钢柱的质量内，钢柱上的柱脚

板、加劲板、柱顶板、隔板和肋板并入钢柱工程量。

⑤ 钢平台的工程量：包括钢平台的柱、梁、板、斜撑等的质量，依附于钢平台上的钢格栅、钢扶梯及平台栏杆并入钢平台工程量内。

⑥ 钢楼梯工程量：包括楼梯平台、楼梯梁、楼梯踏步等的质量，钢楼梯上的扶手、栏杆并入钢楼梯工程量内。钢平台、钢楼梯上不锈钢、铸铁或其他非钢材类栏杆、扶手套用装饰部分相应定额。

3. 预制钢构件安装计价实例

实例分析 3-30

计算图 3.29 所示某型钢支撑结构的工程量（共 8 榀），并按定额取定工料机价格，钢支撑成品除税价为 4070 元/t，企业管理费为人工费加机械费之和的 16.57%，利润为人工费加机械费之和的 8.1%，不计风险费用，计算支撑安装的分部分项工程费。

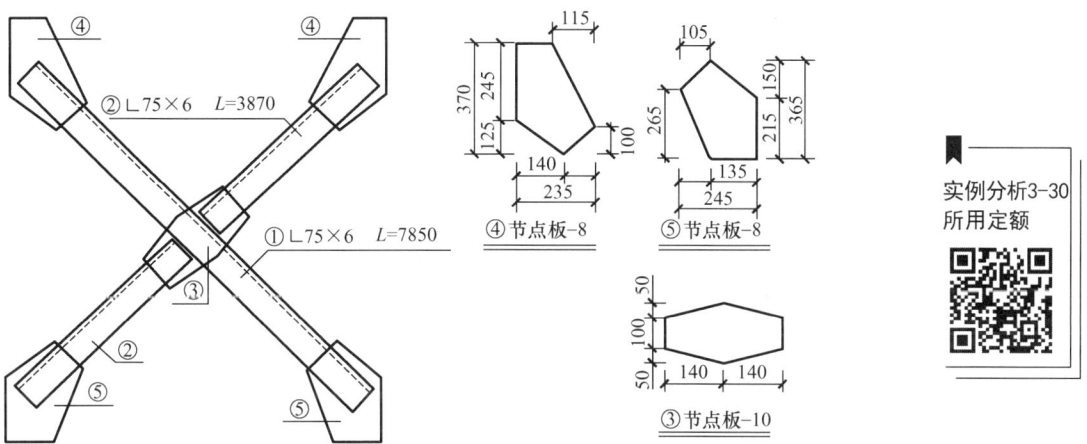

图 3.29 某型钢支撑结构（单位：mm）

分析：(1) 工程量计算。查计算手册，∟75×6 角钢每米质量为 6.905 kg。

① 杆件：$w_1 = 7.85 \times 6.905 \times 8 = 433.634 (kg)$。

② 杆件：$w_2 = 3.87 \times 2 \times 6.905 \times 8 \approx 427.558 (kg)$。

③ 节点板：$w_3 = (0.28 \times 0.2 - 0.14 \times 0.05/2 \times 4) \times 10 \times 7.85 \times 8 = 26.376 (kg)$。

④ 节点板：$w_4 = [0.235 \times 0.37 - (0.14 \times 0.125 + 0.095 \times 0.1 + 0.115 \times 0.27)/2] \times 8 \times 7.85 \times 16 = 0.057925 \times 8 \times 7.85 \times 16 \approx 58.203 (kg)$。

⑤ 节点板：$w_5 = [0.245 \times 0.365 - (0.11 \times 0.265 + 0.105 \times 0.10 + 0.14 \times 0.15)/2] \times 8 \times 7.85 \times 16 = 0.0591 \times 8 \times 7.85 \times 16 \approx 59.384 (kg)$。

合计：$w = (433.634 + 427.558 + 26.376 + 58.203 + 59.384)/1000 \approx 1.005 (t)$。

(2) 定额基价换算。套用定额 6-33H。

人工费：315.74 元/t

材料费：$194.83 + 4070 \times 1 = 4264.83$（元/t）

机械费：171.80 元/t

企业管理费：$(315.74 + 171.8) \times 16.57\% \approx 80.79$（元/t）

利润：$(315.74+171.8)\times 8.1\% \approx 39.49$(元/t)

综合单价为：$315.74+4264.83+171.80+80.79+39.49=4872.65$(元/t)

(3) 该支撑安装分部分项费用为

$$1.005\times 4872.65\approx 4897.01(元)$$

4. 围护体系安装清单计价

1) 计价说明

(1) 围护体系安装包含钢楼（承）板、钢结构屋面板、钢结构墙面板。

(2) 钢楼（承）板上混凝土浇捣所需收边板的用量，均已包含在定额消耗量中，不再单独计取工程量。

(3) 屋面板、墙面板安装需要的包角、包边、窗台泛水等用量，均已包含在相应定额的消耗量中，不再单独计取工程量。

(4) 墙面板安装按竖装考虑，如发生横向铺设，按相应定额子目人工、机械乘以系数1.20。

(5) 屋面保温棉已考虑铺设需要的钢丝网费用，如不发生，扣除不锈钢丝含量，同时按1工日/100m²予以扣减人工费。

(6) 本章屋面墙面保温棉铺设按50mm厚列入，实际铺设厚度不同时保温棉主材价调整，其他不变。

(7) 硅酸钙板灌浆墙面板定额中施工需要的包角、包边、窗台泛水等硅酸钙板用量，均已包含在相应定额的消耗量中，不再单独计取工程量。

(8) 硅酸钙板墙面板项目中双面隔墙定额墙体厚度按180mm、镀锌钢龙骨按15kg/m²编制，设计与定额不同时材料调整换算。

(9) 蒸压砂加气保温块贴面按厚60mm考虑，如发生厚度变化，相应保温块用量调整。

2) 计价工程量计算规则

(1) 钢楼板、墙板。

按设计图示尺寸以铺设面积计算，不扣除单个面积0.3m²以内柱、垛及孔洞所占面积。

(2) 屋面板。

按设计图示尺寸以铺设面积计算，不扣除单个面积0.3m²以内柱、垛及孔洞所占面积。屋面玻纤保温棉面积同单层压型钢板屋面板面积。

(3) 压型钢板、彩钢夹心板、采光板墙面板、墙面玻纤保温棉。

按设计图示尺寸以铺挂面积计算，不扣除单个0.3m²以内孔洞所占面积。墙面玻纤保温棉面积同单层压型钢板墙面板面积。

(4) 硅酸钙板墙面板。

按设计图示尺寸的墙体面积以平方米计算，不扣除单个面积小于或等于0.3m²孔洞所占面积。保温岩棉铺设、EPS混凝土浇灌按设计图示尺寸的铺设或浇灌体积以立方米计算，不扣除单个面积0.3m²以内孔洞所占体积。

(5) 硅酸钙板包柱、包梁及蒸压砂加气保温块贴面工程量按钢构件设计断面周长乘以构件长度以平方米计算。

5. 钢构件现场制作清单计价

1) 计价说明

钢构件现场制作定额包含钢柱、钢梁、钢屋架的制作及其他构件和喷砂除锈等的制作。

2）计价工程量计算规则

构件制作工程量按设计图示尺寸以质量计算，不扣除单个面积 $0.3m^2$ 以内孔洞质量。焊缝、铆钉、螺栓等不另增加质量。

6. **工程量清单计价的项目组合**

（1）根据工程量清单项目特征描述，确定清单项目计价需组合的主项和次项。

（2）工程量清单计价项目的组合应结合项目特征描述、工作内容及计价定额使用规则确定适用的计价定额子目。金属结构工程组价内容可参见表 3-67。

表 3-67 金属结构工程组价内容

项目编码	项目名称	可组合的计价项目	定额编号
010601001	钢网架	焊接空心球网架	6-1
		螺栓球节点网架	6-2
		焊接不锈钢空心球网架	6-3
		除锈	6-75
		油漆	14-103～14-110
		防火涂料	14-119～14-120
010602001 (010602002)	钢屋架 （钢托架）	钢屋架 （钢托架）	6-7～6-11
		除锈	6-75
		油漆	14-103～14-110
		防火涂料	14-119～14-120
010602003	钢桁架	钢桁架	6-12～6-17
		除锈	6-75
		油漆	14-103～14-110
		防火涂料	14-119～14-120
010603001 010603002 010603003	实腹钢柱 空腹钢柱 钢管柱	实腹钢柱 空腹钢柱 钢管柱	6-18～6-21（厂库房钢结构） 6-37～6-40（住宅钢结构）
		除锈	6-75
		油漆	14-103～14-110
		防火涂料	14-119～14-120
010604001	钢梁	钢梁	6-22～6-25（厂库房钢结构） 6-41～6-44（住宅钢结构）
		除锈	6-75
		油漆	14-103～14-110
		防火涂料	14-119～14-120

续表

项目编码	项目名称	可组合的计价项目	定额编号
010604002	钢吊车梁	钢吊车梁	6-26～6-29
		除锈	6-75
		油漆	14-103～14-110
		防火涂料	14-119～14-120
010605001	钢板楼板	钢板楼板	6-53～6-58
		除锈	6-75
		油漆	14-103～14-110
		防火涂料	14-119～14-120
010605002	钢板墙板	钢板墙板	6-59～6-71
		除锈	6-75
		油漆	14-103～14-110
		防火涂料	14-119～14-120

（3）工程量清单项目综合单价的确定。

① 确定了工程量清单项目的计价组合子目以后，首先应确定工料机及企业管理费、利润、风险费用的计算标准。

② 若清单计价组合的内容涉及定额子目的计量单位、工程量计算规则不一致等，必要时应分别计算各组合主项和次项的计价工程量。

③ 根据组合子目使用的定额及前述计算标准，确定各组合子目的综合单价。

④ 结合各组合子目及计价定额的有关说明，还应该考虑措施项目中有关内容的计价因素。

任务 3.7　木结构工程

3.7.1　基础知识

1. 屋面系统木结构

屋面系统木结构，主要包括屋架和基层两个部分，其中屋架又分为木屋架和钢木屋架。

（1）木屋架是指全部杆件均采用如方木或圆木等木材制作的屋架。

（2）钢木屋架是指受压杆件如上弦杆及斜杆均采用木材制作，受拉杆件如拉杆及下弦杆均采用钢材（拉杆一般用圆钢材料，下弦杆可以采用圆钢或型钢材料）制作的屋架。

2. 屋面木基层

屋面木基层是指在屋架之上的木构件或木构造层，包括檩木、椽子、屋面板、油毡、挂瓦条、顺水条等，在房屋屋面外沿还设有封檐板、博风板等。

（1）檩木又称檩条，也称为桁条，是搁在屋架或山墙上用来承受屋顶荷载的构件，一一般用三角形木块（檩托）来固定就位，檩木的间距及断面需根据屋架的间距、屋面荷载等因素综合考虑，由结构计算确定。檩木按设计布置情况有简支檩木和连续檩木，按断面有圆木和方木两种形式。

（2）椽子是按一定间距搁在檩木上（与檩木方向垂直），用以铺钉挂瓦条或直接铺盖瓦片。

拓展提高

木楼梯的栏杆（栏板）、扶手，清单按《计算规范》附录 Q 其他装饰工程编制，计价按《浙江省预算定额（2018 版）》第十五章"其他装饰工程"执行。

3.7.2 工程量清单编制

1. 清单编制说明

木结构工程工程量清单按《计算规范》附录 G 进行编制，适用于建（构）筑物工程木结构项目列项。

本任务项目按上述规范附录 G，分为 G.1 木屋架、G.2 木构件、G.3 屋面木基层 3 个部分，共 8 个项目。

2. 木屋架工程量清单编制

木屋架工程包括木屋架、钢木屋架 2 个项目，分别按 010701001×××、010701002×××编码列项。

1）木屋架（010701001）

（1）适用于各种方木、圆木屋架。

（2）工作内容：制作、运输、安装、刷防护材料。

（3）项目特征：应对跨度，材料品种、规格，刨光要求，拉杆及夹板种类，防护材料种类予以描述。

（4）工程量计算规则：①按设计图示数量（榀）计算；②按设计图示的规格尺寸以体积（m^3）计算。

2）钢木屋架（010701002）

（1）适用于各种方木、圆木的钢木组合屋架。

（2）工作内容：制作、运输、安装、刷防护材料。

（3）项目特征：应对跨度，木材和钢材品种、规格，刨光要求，拉杆及夹板种类，防护材料的种类予以描述。

（4）工程量计算规则：按设计图示数量（榀）计算。

拓展提高

1. 屋架的跨度应以上、下弦中心线两交点之间的距离计算。
2. 在清单编制项目设置时，应注意清单与计价计量的区别，设计屋架的尺寸、类型等所有项目特征只要有不同的，均应分别列项。
3. 与屋架相连的挑檐木，应并入屋架体积内计算。

3. 木构件工程量清单编制

木构件工程包括木柱、木梁、木檩、木楼梯、其他木结构 5 个项目，分别按 010702001×××～010702005×××编码列项。

1）木柱（010702001）

（1）适用于各种方木、圆木木柱。

（2）工作内容：制作、运输、安装、刷防护材料。

（3）项目特征：应对构件规格尺寸、木材种类、刨光要求、防护材料种类予以描述。

（4）工程量计算规则：按设计图示尺寸以体积（m^3）计算。

2）木梁（010702002）

（1）适用于各种方木、圆木木梁。

（2）工作内容：制作、运输、安装、刷防护材料。

（3）项目特征：应对构件规格尺寸、木材种类、刨光要求、防护材料种类予以描述。

（4）工程量计算：按设计图示尺寸以体积（m^3）计算。

3）木檩（010702003）

（1）适用于各种方木、圆木木檩。

（2）工作内容：制作、运输、安装、刷防护材料。

（3）项目特征：应对构件规格尺寸、木材种类、刨光要求、防护材料种类予以描述。

（4）工程量计算规则：①按设计图示尺寸以体积（m^3）计算；②按设计图示尺寸以长度（m）计算。

4）木楼梯（010702004）

（1）适用于踏步式楼梯，不适用于竖式爬梯。

（2）工作内容：制作、运输、安装、刷防护材料。

（3）项目特征：应对楼梯的形式、木材种类、刨光要求、防护材料种类予以描述。

（4）工程量计算规则：按设计图示尺寸以水平投影面积（m^2）计算，不扣除宽度≤300mm 的楼梯井，伸入墙内部分不计算。

5）其他木构件（010702005）

（1）适用于木楼地楞、博风板、封檐板等构件。

（2）工作内容：制作、运输、安装、刷防护材料。

（3）项目特征：应对构件名称、构件规格尺寸、木材种类、刨光要求、防护材料种类予以描述。

（4）工程量计算：①按设计图示尺寸以体积（m^3）计算；②按设计图示尺寸以长度（m）计算。

4. 屋面木基层工程量清单的编制

屋面木基层工程仅包括屋面木基层 1 个项目，按 010703001×××编码列项。

（1）适用于椽子基层、混凝土基层单独钉挂瓦条（钉顺水条、挂瓦条）、屋面板基层、小青瓦屋面等。

（2）工作内容：椽子制作、安装，望板制作、安装，顺水条和挂瓦条制作、安装，刷防护材料。

（3）项目特征：应对椽子断面尺寸及椽距，望板材料种类、厚度，防护材料种类予以描述。

（4）工程量计算规则：按设计图示尺寸以斜面积（m²）计算，不扣除房上烟囱、风帽底座、风道、小气窗、斜沟等所占面积。小气窗的出檐部分不增加面积。

实例分析 3–31

某木屋架构造如图 3.30 所示，试计算屋面木基层（板厚 15mm）、封檐板和博风板的清单工程量。

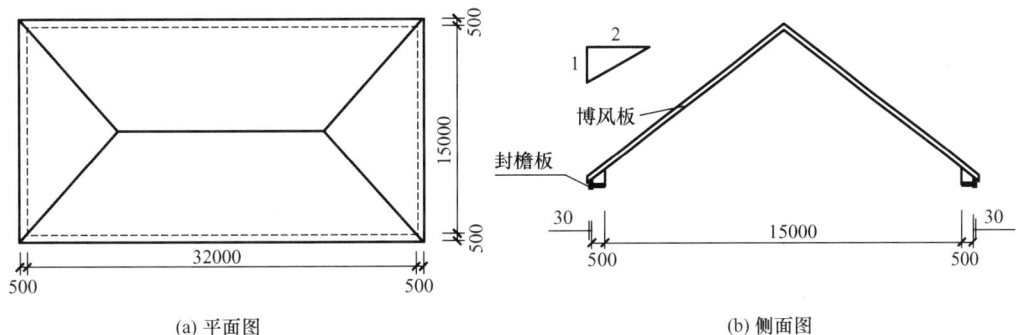

图 3.30 某木屋架构造（单位：mm）

分析：根据清单工程量计算规则可得

$$木基层工程量 = (32+0.5\times 2)\times(15+0.5\times 2)\times\frac{\sqrt{5}}{2}\approx 590.30(m^2)$$

$$封檐板工程量 = (32+0.5\times 2)\times 2 = 66(m)$$

$$博风板工程量 = (15+0.5\times 2+0.03\times 2)\times 2\times\frac{\sqrt{5}}{2}\approx 35.91(m)$$

相应清单编制见表 3–68。

表 3–68 某木屋架工程量清单编制

序号	项目编码	项目名称	项目特征描述	计量单位	工程量	综合单价/元	合价/元	其中/元		备注
								人工费	机械费	
		G 木结构工程								
1	010703001001	屋面木基层	屋面木基层，板厚15mm	m²	590.30					
2	010702005001	其他木构件	封檐板，板高度15cm以内	m	66					
3	010702005002	其他木构件	博风板，板高度15cm以内	m	35.91					

3.7.3 工程量清单计价

本部分计价基本依据是《浙江省预算定额（2018版）》第七章"木结构工程"，包括木屋架、其他木构件、屋面木基层3个小节，共34个子目。

1. 一般规定

（1）木种设计不同时应做换算。预算定额采用的木材木种除另有规定外，均按一、二类为准，如采用三、四类木种，木材单价应调整，相应定额制作人工和机械乘以系数1.30。换算公式如下。

换算后基价＝原基价＋(设计木材单价－定额木材单价)×定额用量＋人工或机械差价

（2）木材断面设计不同时应做换算。定额所注明的木材断面、厚度均以毛料为准，设计为净料时，应另加刨光损耗，板枋材单面刨光加3mm，双面刨光加5mm，圆木直径加5mm。屋面木基层中的椽子断面是按杉圆木ϕ70mm对开、松枋40mm×60mm确定的，当设计不同时，木材用量按比例计算，其余用量不变。屋面木基层中屋面板的厚度是按15mm确定的，实际厚度不同时，单价换算。设计木构件中的钢构件及铁件用量与定额不同时，按设计图示用量调整。

实例分析 3-32

实例分析3-32所用定额

某工程屋面的屋面板木基层，设计采用有油毡的错口板，板厚1.5cm（净料）。试求该项目单价。

分析：定额套7-22，基价为81.8860元/m²。查定额计价规则可知，屋面板木基层定额毛料厚度为1.5cm。本例设计板厚为净料尺寸，故应加刨光损耗3mm，设计毛料屋面板厚度为1.5＋0.3＝1.8(cm)。

因设计厚度与定额规定厚度不同，木材用量应换算。计算得

换算后木材用量＝设计断面(或厚度)/定额断面(或厚度)×定额用量

$$=1.8/1.5×1.05＝1.26(m^2/m^2 屋面板)$$

换算后的基价＝原基价＋木材量差引起价差

$$=81.8860＋(1.26－1.05)×64.66＝95.47(元/m^2)$$

（3）预算定额是按机械和手工操作综合编制的，实际不同时均按定额执行。

2. 木屋架清单计价

1）计价说明

（1）木屋架：屋架体积包括剪刀撑、挑檐木、上下弦之间的拉杆、夹木等，不包括中立人在下弦上的硬木垫块。气楼屋架、马尾屋架、半屋架均按正屋架计算。

（2）屋架定额已包括屋架的制作、拼装、安装屋架、搁墙部分刷防腐油、铁件刷防锈漆一遍。

2）计价工程量计算规则

按木材体积（m³）计算，不扣除孔眼、开榫、切肢、切边的体积。

3）清单计价

工程量清单计价包括招标控制价、投标报价，清单计价时应按清单项目的列项及其描述结合定额使用规则进行。

（1）工程量清单计价涉及的各清单项目的组合不尽相同，在对清单项目进行计价分析时，应结合项目特征描述、工作内容及计价定额使用规则进行计价子目的组合，同时还应该考虑措施项目中有关内容的计价因素。

(2) 根据清单规范有关规定,清单项目采用《浙江省预算定额(2018版)》定额计价时,木屋架工程组价内容参见表3-69。

表3-69 木屋架工程组价内容

项目编码	项目名称	可组合的主要内容	定额编号
010701001	木屋架	人字屋架	7-1~7-5
		刷防火涂料、油漆	14-91~14-92、14-111~14-121、10-140
		其他	视设计要求内容选用
010701002	钢木屋架	钢木屋架	7-6
		刷防火涂料、油漆	14-91~14-92、14-111~14-121、10-140
		其他	视设计要求内容选用

3. **其他木构件和屋面木基层清单计价**

1)计价说明

木构件中的钢构件及铁件用量与定额不同时,按设计图示用量调整。

2)计价工程量计算规则

(1)木楼梯工程量计算规则:按楼梯水平投影面积(m^2)计算,不扣除宽度小于300mm的楼梯井,其踢面板、平台和伸入墙内部分不另计算;楼梯扶手、栏杆按本定额第十五章"其他装饰工程"相应定额另行计算。

(2)其他木构件工程量计算规则。

① 封檐板:按延长米(m)计算。

② 木楼地楞:按木材体积(m^3)计算,定额已包括平撑、剪刀撑、沿油木的体积。

③ 木柱、木梁:按设计图示尺寸以体积计算。

④ 木地板:按设计图示尺寸以面积计算。

(3)屋面木基层。

① 檩条:按设计图示尺寸以体积(m^3)计算,檩条垫木包括在檩条定额中,不另计算体积。单独挑檐木,每根木材体积按$0.018m^3$计算,套用檩木定额。

② 屋面木基层:按设计图示尺寸以斜面积(m^2)计算。不扣除房上烟囱、风帽底座、风道、小气窗和斜沟等所占的面积。屋面小气窗的出檐部分面积另行增加。

任务3.8 门窗工程

3.8.1 基础知识

门窗包括门窗框和门窗扇两部分,除门窗框和门窗扇外,通常还做有门窗套。图3.31所示为木门、木窗构造示意。

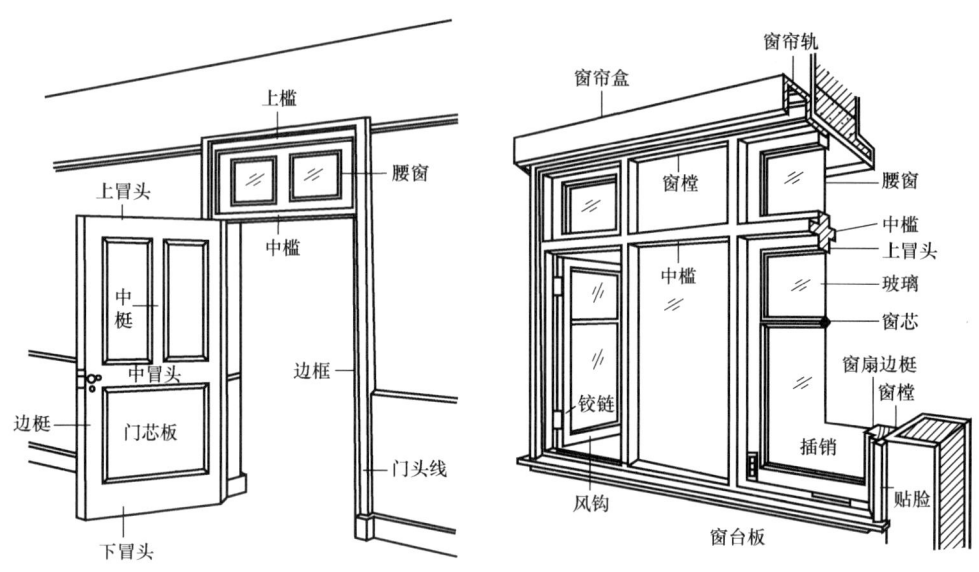

图 3.31 木门、木窗构造示意

1. 门的分类

① 按材料分,门可分为木门、金属门、玻璃门等。木门按门扇结构形式分,有镶板门、胶合板门等。镶板门是将实木板镶入门扇木框的凹槽装配而成;胶合板门也称夹板门,其两侧是三夹板,中间是木楞,现在很多厂家出的套装门多数是这种门。木门表面常需装饰各种线条或木单板、胶合板拼纹图案,此外门扇还可以用其他材料进行装饰,如铝合金、钛合金、不锈钢、玻璃、织物或皮革软包等,将多种材料混合使用。

② 按开启方式分,门可分为平开门、推拉门、卷帘门等。

2. 窗的分类

① 按材料分,窗可分为木窗、铝合金窗、塑钢窗、防盗窗、纱窗等。

② 按开启方式分,窗可分为平开窗、推拉窗、翻窗、固定窗等。

3.8.2 工程量清单编制

1. 清单编制说明

门窗工程工程量清单按《计算规范》附录 H 进行编制,适用于建(构)筑物工程门窗项目列项。

本任务项目按上述规范附录 H,分为 H.1 木门,H.2 金属门,H.3 金属卷帘(闸)门,H.4 厂库房大门、特种门,H.5 其他门,H.6 木窗,H.7 金属窗,H.8 门窗套,H.9 窗台板,H.10 窗帘、窗帘盒、轨 10 部分,共 55 个项目。

2. 门窗工程量清单编制

1) 木门

木门工程分为木质门、木质门带套、木质连窗门、木质防火门、木门框、门锁安装 6 个项目,分别按 010801001×××～010801006××× 编码列项。

(1) 工作内容。

① 木质门、木质连窗门、木质防火门：门安装、玻璃安装、五金安装。

② 木门框：木门框制作、安装、运输、刷防护材料。

③ 门锁安装：安装。

(2) 项目特征。

① 木质门、木质门带套、木质连窗门、木质防火门：应对门代号及洞口尺寸、镶嵌玻璃品种、厚度予以描述。

② 木门框：应对门代号及洞口尺寸、框截面尺寸、防护材料种类予以描述。

③ 门锁安装：应对锁品种、锁规格予以描述。

(3) 工程量计算规则：木门框按设计图示数量以"樘"或按设计图示框的中心线以延长米（m）计算；门锁安装按图示数量（个或套）计算；其余项目均按设计图示数量（樘）或按设计洞口尺寸以面积（m²）计算。

木质门应区分镶板木门、企口木板门、实木装饰门、胶合板门、夹板装饰门、木纱门、全玻门（带木质扇框）、木质半玻门（带木质扇框）等项目，分别编码列项。

木门五金应包括折页、插销、门碰珠、弓背拉手、搭机、木螺钉、弹簧折页（自动门）、管子拉手（自由门、地弹门）、地弹簧（地弹门）、角铁、门轧头（地弹门、自由门）等。

木质门带套计量按洞口尺寸以面积计算，不包括门套的面积，但门套应计算在综合单价中。

2）金属门

金属门工程分为金属（塑钢）门、彩板门、钢质防火门、防盗门4个项目，分别按010802001×××～010802004×××编码列项。

(1) 工作内容。

① 金属（塑钢）门、彩板门、钢质防火门：门安装、五金安装、玻璃安装。

② 防盗门：门安装、五金安装。

(2) 项目特征。

① 金属（塑钢）门：应对门代号及洞口尺寸，门框或扇外围尺寸，门框、扇材质，玻璃品种、厚度予以描述。

② 彩板门：应对门代号及洞口尺寸、门框或扇外围尺寸予以描述。

③ 钢质防火门、防盗门：应对门代号及洞口尺寸，门框或扇外围尺寸，门框、扇材质予以描述。

(3) 工程量计算规则：按设计图示数量（樘）或按设计图示洞口尺寸以面积（m²）计算。

金属门应区分金属平开门、金属推拉门、金属地弹门、全玻门（带金属扇框）、金属半玻门（带扇框）等项目，分别编码列项。

3) 金属卷帘（闸）门

金属卷帘（闸）门工程分为金属卷帘（闸）门、防火卷帘（闸）门2个项目，分别按010803001×××、010803002×××编码列项。

(1) 工作内容：门运输、安装，启动装置、活动小门、五金安装。

(2) 项目特征：应对门代号及洞口尺寸，门材质，启动装置品种、规格予以描述。

(3) 工程量计算：按设计图示数量（樘）或按设计图示洞口尺寸以面积（m²）计算。

4) 厂库房大门、特种门

厂车房大门、特种门工程分为木板大门、钢木大门、全钢板大门、防护铁丝门、金属格栅门、钢质花饰大门、特种门7个项目，分别按010804001×××～010804007×××编码列项。

(1) 工作内容。

① 木板大门、钢木大门、全钢板大门、防护铁丝门：门（骨架）制作、运输，门、五金配件安装，刷防护材料。

② 金属格栅门：门安装，启动装置、五金配件安装。

③ 钢质花饰大门、特种门：门安装、五金配件安装。

(2) 项目特征。

① 木板大门、钢木大门、全钢板大门、防护铁丝门：应对门代号及洞口尺寸，门框或扇外围尺寸，门框、扇材质，五金种类，规格，防护材料种类予以描述。

② 金属格栅门：应对门代号及洞口尺寸，门框或扇外围尺寸，门框、扇材质，启动装置的品种、规格予以描述。

③ 钢质花饰大门、特种门：应对门代号及洞口尺寸，门框或扇外围尺寸，门框、扇材质予以描述。

(3) 工程量计算规则。

① 木板大门、钢木大门、全钢板大门、金属格栅门、特种门：按设计图示数量（樘）计算或按设计图示洞口尺寸以面积（m²）计算。

② 防护铁丝门、钢质花饰大门：按设计图示数量（樘）计算或按设计图示门框或扇以面积（m²）计算。

特种门应区分冷藏门、冷冻间门、保温门、变电室门、隔声门、放射线门、人防门、金库门等项目，分别编码列项。

5) 其他门

其他门工程分为电子感应门、旋转门、电子对讲门、电动伸缩门、全玻自由门、镜面不锈钢饰面门、复合材料门7个项目，分别按010805001×××～010805007×××编码列项。

(1) 工作内容。

① 电子感应门、旋转门、电子对讲门、电动伸缩门：门安装，启动装置、五金、电子配件安装。

② 全玻自由门、镜面不锈钢饰面门、复合材料门：门安装、五金安装。

(2) 项目特征。

① 电子感应门、旋转门：应对门代号及洞口尺寸，门框或扇外围尺寸，门框、扇材质，玻璃品种、厚度，启动装置的品种、规格，电子配件品种、规格予以描述。

② 电子对讲门、电动伸缩门：应对门代号及洞口尺寸，门框或扇外围尺寸，门材质，玻璃品种、厚度，启动装置的品种、规格，电子配件品种、规格予以描述。

③ 全玻自由门：应对门代号及洞口尺寸，门框或扇外围尺寸，框材质，玻璃品种、厚度予以描述。

④ 镜面不锈钢饰面门、复合材料门：应对门代号及洞口尺寸，门框或扇外围尺寸，门框、扇材质，玻璃品种、厚度予以描述。

(3) 工程量计算规则：按设计图示数量（樘）或按设计图示洞口尺寸以面积（m²）计算。

6) 木窗

木窗工程分为木质窗、木飘（凸）窗、木橱窗、木纱窗 4 个项目，分别按 010806001×××～010806004××× 编码列项。

(1) 工作内容。

① 木质窗、木飘（凸）窗：窗安装，五金、玻璃安装。

② 木橱窗：窗制作、运输、安装，五金、玻璃安装，刷防护材料。

③ 木纱窗：窗安装、五金安装。

(2) 项目特征。

① 木质窗、木飘（凸）窗：应对窗代号及洞口尺寸，玻璃品种、厚度予以描述。

② 木橱窗：应对窗代号，框截面及外围展开面积，玻璃品种、厚度，防护材料种类予以描述。

③ 木纱窗：应对窗代号及框的外围尺寸，窗纱材料品种、规格予以描述。

(3) 工程量计算规则。

① 木质窗：按设计图示数量（樘）或按设计图示洞口尺寸以面积（m²）计算。

② 木飘（凸）窗、木橱窗：按设计图示数量（樘）或按设计图示尺寸以框外围展开面积（m²）计算。

③ 木纱窗：按设计图示数量（樘）或按设计图示尺寸以框外围展开面积（m²）计算。

7) 金属窗

金属窗工程分为金属（塑钢、断桥）窗、金属防火窗、金属百叶窗、金属纱窗、金属格栅窗、金属（塑钢、断桥）橱窗、金属（塑钢、断桥）飘（凸）窗、彩板窗、复合材料窗 9 个项目，分别按 010807001×××～010807009××× 编码列项。

塑钢门窗构造

(1) 工作内容。

① 金属（塑钢、断桥）窗、金属防火窗、金属（塑钢、断桥）飘（凸）窗、彩板窗、复合材料窗：窗安装，五金、玻璃安装。

② 金属百叶窗、金属纱窗、金属格栅窗：窗安装、五金安装。

③ 金属（塑钢、断桥）橱窗：窗制作、运输、安装，五金、玻璃安装，刷防护材料。

(2) 项目特征。

① 金属（塑钢、断桥）窗、金属防火窗、金属百叶窗：应对窗代号及洞口尺寸，框、扇材质，玻璃品种、厚度予以描述。

② 金属纱窗：应对窗代号及框外围尺寸，框材质，纱窗材料品种、规格予以描述。

③ 金属格栅窗：应对窗代号及洞口尺寸，框外围尺寸，框、扇材质予以描述。

④ 金属（塑钢、断桥）橱窗：应对窗代号，框外围展开面积，框、扇材质，玻璃品种、厚度，防护材料种类予以描述。

⑤ 金属（塑钢、断桥）飘（凸）窗：应对窗代号，框外围展开面积，框、扇材质，玻璃品种、厚度予以描述。

⑥ 彩板窗、复合材料窗：应对窗代号及洞口尺寸，框外围尺寸，框、扇材质，玻璃品种、厚度予以描述。

(3) 工程量计算。

① 金属（塑钢、断桥）窗、金属防火窗、金属百叶窗、金属格栅窗：按设计图示数量（樘）或按设计图示洞口尺寸面积（m^2）计算。

② 金属纱窗：按设计图示数量（樘）或按框的外围尺寸以面积（m^2）计算。

③ 金属（塑钢、断桥）橱窗、金属（塑钢、断桥）飘（凸）窗：按设计图示数量（樘）或按设计图示尺寸以框外围展开面积（m^2）计算。

④ 彩板窗、复合材料窗：按设计图示数量（樘）或按设计图示洞口尺寸或框外围以面积（m^2）计算。

8) 门窗套

门窗套工程分为木门窗套、木筒子板、饰面夹板筒子板、金属门窗套、石材门窗套、门窗木贴脸、成品木门窗套 7 个项目，分别按 010808001×××～010808007××× 编码列项。

(1) 工作内容。

① 木门窗套、木筒子板、饰面夹板筒子板：清理基层，立筋制作、安装，基层板安装，面层铺贴，线条安装，刷防护材料等。

② 金属门窗套：清理基层，立筋制作、安装，基层板安装，面层铺贴，刷防护材料等。

③ 石材门窗套：清理基层，立筋制作、安装，基层抹灰，面层铺贴，线条安装。

④ 门窗木贴脸：安装。

⑤ 成品木门窗套：清理基层，立筋制作、安装，板安装。

(2) 项目特征。

① 木门窗套：应对窗代号及洞口尺寸、门窗套展开宽度、基层材料种类、面层材料品种和规格、线条品种和规格、防护材料种类予以描述。

② 木筒子板、饰面夹板筒子板：应对筒子板宽度、基层材料种类、面层材料品种和规格、线条品种和规格、防护材料种类予以描述。

③ 金属门窗套：应对窗代号及洞口尺寸、门窗套展开宽度、基层材料种类、面层材料品种和规格、防护材料种类予以描述。

④ 石材门窗套：应对窗代号及洞口尺寸、门窗套展开宽度、黏结层厚度和砂浆配合

比、面层材料品种和规格、线条品种和规格予以描述。

⑤ 门窗木贴脸：应对门窗代号及洞口尺寸、贴脸板宽度、防护材料种类予以描述。

⑥ 成品木门窗套：应对门窗代号及洞口尺寸、门窗套展开宽度、门窗套材料品种和规格予以描述。

（3）工程量计算规则。

① 木门窗套、木筒子板、饰面夹板筒子板、金属门窗套、石材门窗套、成品木门窗套：按设计图示数量（樘）计算，或按设计图示尺寸以展开面积（m²）计算，或按设计图示中心以延长米（m）计算。

② 门窗木贴脸：按设计图示数量（樘）或按设计图示中心以延长米（m）计算。

9）窗台板

窗台板工程分为木窗台板、铝塑窗台板、金属窗台板、石材窗台板 4 个项目，分别按 010809001×××～010809004×××编码列项。

（1）工作内容。

① 木窗台板、铝塑窗台板、金属窗台板：基层清理，基层制作、安装，窗台板制作、安装，刷防护材料。

② 石材窗台板：基层清理，抹找平层，窗台板制作、安装。

（2）项目特征。

① 木窗台板、铝塑窗台板、金属窗台板：应对基层材料种类，窗台板材质、规格、颜色，防护材料种类予以描述。

② 石材窗台板：应对黏结层厚度、砂浆配合比，窗台板材质、规格、颜色予以描述。

（3）工程量计算规则：按设计图示尺寸以展开面积（m²）计算。

10）窗帘、窗帘盒、轨

窗帘、窗帘盒、轨工程分为窗帘，木窗帘盒，饰面夹板、塑料窗帘盒，铝合金窗帘盒，窗帘轨 5 个项目，分别按 010810001×××～010810005×××编码列项。

（1）工作内容。

① 窗帘：制作、运输，安装。

② 木窗帘盒，饰面夹板、塑料窗帘盒，铝合金窗帘盒，窗帘轨：制作、运输、安装，刷防护材料。

（2）项目特征。

① 窗帘：应对窗帘材质，窗帘高度、宽度，窗帘层数，带幔要求予以描述。

② 木窗帘盒，饰面夹板、塑料窗帘盒，铝合金窗帘盒：应对窗帘盒材质、规格，防护材料种类予以描述。

③ 窗帘轨：应对窗帘轨材质、规格，轨的数量，防护材料种类予以描述。

（3）工程量计算。

① 窗帘：按设计图示尺寸以成活后长度（m）计算或按图示尺寸以成活后展开面积（m²）计算。

② 木窗帘盒，饰面夹板、塑料窗帘盒，铝合金窗帘盒，窗帘轨：按设计图示尺寸以长度（m）计算。

实例分析 3-33

某工程有 1500mm×2100mm 双开无框 12mm 厚钢化玻璃门 1 樘，900mm×2100mm 榉木装饰夹板实心平面普通门 3 樘。其中钢化玻璃门配置 ϕ50 不锈钢门拉手 1 付、地弹簧 1 付、门夹 2 只、地锁 1 把；装饰夹板门安装门锁（执手锁、单开）、门吸，涂聚酯清漆 3 遍。试编制该工程门的工程量清单。

分析：（1）根据清单规范列出清单项目：全玻自由门（无框），夹板装饰门。

（2）清单工程量：按樘计。

（3）该工程门的工程量清单见表 3-70。

表 3-70 该工程门的工程量清单

序号	项目编码	项目名称	项目特征描述	计量单位	工程量	金额/元		
						综合单价	合价	其中：暂估价
1	010805005001	全玻自由门（无框）	1500mm×2100mm 双开无框门，12mm 厚钢化玻璃，配置 ϕ50 不锈钢门拉手、地弹簧、门夹、地锁	樘	1			
2	010801001001	木质门（夹板装饰门）	900mm×2100mm 榉木装饰夹板实心平面普通门，安装门锁（执手锁、单开）、门吸，涂聚酯清漆 3 遍	樘	3			

3.8.3 工程量清单计价

1. 计价说明

门窗工程定额，按材料、施工工艺等划分为木门及门框，金属门，金属卷帘门，厂库房大门、特种门，其他门，木窗，金属窗，门钢架，门窗套，窗台板，窗帘盒、轨，门窗五金等 11 个小节，共 197 个子目。

（1）本章木门窗定额中的木材按一、二类木材木种编制，如设计采用三、四类木种时，除木材单价调整外，按相应项目执行，定额人工和机械乘以系数 1.35。

实例分析3-34所用定额

实例分析 3-34

某工程有亮镶板门，采用 3600 元/m^3 的硬木制作，试求其基价。

分析： 套定额 8-1H，计算得其基价为

$171.49 + (3276 - 1810) \times (0.01908 + 0.01632 + 0.01016 + 0.00461) + (69.9996 + 1.031) \times 0.35 \approx 269.90$（元/$m^2$）

（2）定额所注木材断面、厚度均以毛料为准，如设计为净料，应另加刨

光损耗：板枋材单面加 3mm，双面加 5mm，其中普通门门板双面刨光加 3mm。木材断面、厚度如设计与定额不同时，木材用量按比例调整，其余不变。

（3）成品套装门安装包括门套（含门套线）和门扇的安装；纱门按成品安装考虑。

（4）成品套装木门、成品木移门的门规格不同时，调整套装木门、成品木移门的单价，其余不调整。

（5）铝合金成品门窗安装项目按隔热断桥铝合金型材考虑，当设计为普通铝合金型材时，按相应定额项目执行。采用单片玻璃时，除材料换算外，相应定额子目的人工乘以系数 0.80；采用中空玻璃时，除材料换算外，相应定额子目的人工乘以系数 0.90。

（6）弧形门窗套用相应定额，人工乘以系数 1.15；型材弯弧形费用另行增加。

（7）厂库房大门的钢骨架制作以钢材质量表示，已包括在定额中，不再另列项计算。

（8）厂库房大门、特种门定额取定的钢材品种、比例与设计不同时，可按设计比例调整；设计木门中的钢构件及铁件用量与定额不同时，按设计图示用量调整。

（9）全玻璃门有框亮子安装按全玻璃有框门扇安装项目执行，人工乘以系数 0.75，地弹簧换为膨胀螺栓，消耗量调整为 277.55 个/100m²；无框亮子安装按固定玻璃安装项目执行。

（10）门窗套（筒子板）、门钢架基层、面层项目未包括封边线条，设计要求时，另按本定额第十五章"其他装饰工程"中相应线条项目执行。

（11）普通木门窗一般小五金，如普通折页、蝴蝶折页、铁插销、风钩、铁拉手、木螺钉等已综合在五金材料费内，不另计算；地弹簧、门锁、门拉手、闭门器及铜合页等特殊五金另套用相应定额计算。

（12）木门窗定额采用普通玻璃，如设计玻璃品种与定额不同，应做单价调整；厚度增加时，另按定额的玻璃面积每 10m² 增加玻璃工 0.73 工日。

2. 计价工程量计算规则

（1）木门窗。

① 普通木门窗按设计门窗洞口面积（m²）计算。

② 装饰木门扇按门扇外围面积（m²）计算。

③ 成品木门框安装按设计图示框的外围长度尺寸（m）计算。

④ 成品木门扇安装按图示扇面积（m²）计算。

⑤ 成品套装木门安装按数量（樘）计算。

⑥ 木质防火门安装按设计图示洞口面积（m²）计算。

⑦ 纱门扇安装按门扇外围面积（m²）计算。

⑧ 弧形门窗按展开面积（m²）计算。

（2）金属门窗。

① 铝合金门窗、塑钢门窗按设计门窗洞口面积（m²）计算（飘窗除外）。

② 门连窗按设计图示洞口面积（m²）分别计算门、窗面积，设计有明确尺寸时按设计明确尺寸分别计算，设计不明确时，门的宽度算至门框线的外边线。

③ 纱门、纱窗扇按设计图示扇外围面积（m²）计算。

④ 飘窗按设计图示框型材外边线尺寸以展开面积（m²）计算。

⑤ 钢质防火门、防盗门按设计图示门洞口面积（m²）计算。

⑥防盗窗按外围展开面积（m²）计算。

⑦彩钢板门窗按设计图示门窗洞口面积（m²）计算。

（3）金属卷帘门。

按设计门洞口面积计算。电动装置按"套"计算，活动小门按"个"计算。

（4）厂库房大门、特种门。

①厂库房大门、特种门按设计图示门窗洞口面积（m²）计算，无框门按扇外围面积（m²）计算。

②人防门、密闭观察窗安装按设计图示数量（樘）计算，防护密闭封堵板按框（扇）外围以展开面积（m²）计算。

（5）其他门。

①全玻有框门扇按设计图示框外边线尺寸以面积（m²）计算，有框亮子按门扇与亮子分界线以面积（m²）计算。

②全玻无框（条夹）门扇按设计图示扇面积（m²）计算，高度算至条夹外边线、宽度算至玻璃外边线。

③全玻无框（点夹）门扇按设计图示玻璃外边线尺寸以面积（m²）计算。

④无框亮子（固定玻璃）按设计图示亮子与横梁或立柱内边缘尺寸以面积（m²）计算。

⑤电子感应门传感装置安装按设计图示数量（套）计算。

⑥旋转门按设计图示数量（樘）计算。

⑦电动伸缩门安装按设计图示尺寸以长度（m）计算，电动装置按设计图示数量（套）计算。

（6）门钢架、门窗套。

①门钢架按设计图示尺寸以质量（t）计算。

②门钢架基层、面层按设计图示饰面外围尺寸展开面积（m²）计算。

③门窗套（筒子板）龙骨、面层、基层按设计图示饰面外围尺寸展开面积（m²）计算。

④成品门窗套按设计图示饰面外围尺寸展开面积（m²）计算。

（7）窗台板、窗帘盒、轨。

①窗台板按设计图示长度乘宽度以面积（m²）计算。图纸未注明尺寸的，窗台板长度可按窗框的外围宽度两边共加100mm计算。窗台板凸出墙面的宽度按墙面外加50mm计算。

②窗帘盒基层工程量按单面展开面积（m²）计算，饰面板按实铺面积（m²）计算。

3. **工程量清单计价实例**

实例分析 3-35

求实例分析 3-33 中夹板装饰门的综合单价。假设工料机价格按《浙江省预算定额（2018版）》取定，企业管理费、利润分别按人工费和机械费之和的16.57%、8.1%计算，暂不考虑风险费用。

分析：（1）单项目设置：夹板装饰门（010801001001）。

(2) 清单工程量计算：3 樘。

(3) 确定可组合的主要内容：①榉木装饰夹板实心平面普通门；②门锁、门吸安装；③涂聚酯清漆 3 遍。

实例分析3-35
所用定额

(4) 计价工程量：榉木装饰夹板实心平面普通门工程量为
$$S = 0.9 \times 2.1 \times 3 = 5.67 (\text{m}^2)$$

(5) 套定额，计算综合单价，计算结果见表 3-71。

表 3-71 某分部分项工程量清单综合单价计算表

序号	编号	名称	计量单位	数量	综合单价/元						合价/元
					人工费	材料费	机械费	企业管理费	利润	风险费用	小计	
1	010801001001	夹板装饰门	樘	3	251.40	353.29	0.60	41.756	20.412	0	667.46	2002.38
	8-15	普通平面实心装饰夹板门	m²	5.67	88.00	129.43	0.32	14.635	7.154	0	239.54	1358.18
	8-165	单开执手锁	把	3	22.54	78.37	0	3.735	1.826	0	106.47	319.41
	8-176	门吸	个	3	5.01	4.35	0	0.830	0.406	0	10.60	31.80
	14-1	单层木门涂刷聚酯清漆3遍	m²	5.67	30.44	13.73	0	5.044	2.466	0	51.68	293.02

任务 3.9　屋面及防水工程

3.9.1　基础知识

屋面就是建筑物屋顶的表面，主要是指屋脊与屋檐之间的部分，用来抵抗风霜、雨、雹的侵袭，并减少日晒、寒冷等自然条件对室内的影响。屋面的首要功能是防水和排水，还要求在寒冷地区具有保温、在炎热地区具有隔热的功能。

1. 屋面工程

屋面按结构形式可分为平屋面和坡屋面；按屋面使用材料可分为瓦屋面、型材屋面及膜结构屋面。

(1) 平屋面是指屋面坡度较小（倾斜度一般为 2%～3%）的屋面。

(2) 坡屋面。

① 坡屋面类型：坡屋面常用木结构、钢筋混凝土结构或钢结构承重，用瓦来防

水,常用的瓦有黏土平瓦、小青瓦、彩色水泥瓦、石棉水泥瓦、玻璃钢瓦、多彩油毡瓦等。

② 坡屋面的局部构造：檐口部分的质量通过檐檩、挑檩木传到墙上。檐口下边常做吊顶。檐口上边第一排瓦下端的瓦条要比其他瓦条加高，使瓦面与上边瓦尽量平行。瓦和油毡必须盖过封檐板 50mm,防止雨水流到檐口内部。

坡屋面分两坡和四坡，两坡屋面在尽端山墙外有两种做法，一种叫作"悬山"，另一种叫作"硬山"。一般坡屋面的雨水从檐口自由下落，也可以在封檐板下设镀锌铁皮天沟和落水管，把雨水引至地面排出。

③ 瓦屋面：是用平瓦等，根据防水、排水要求，将瓦互相排列在挂瓦条或其他基层上的屋面，是常见的坡屋面之一。

瓦屋面所用的瓦有平瓦、小青瓦、筒板瓦、鸳鸯瓦、平板瓦、石片瓦等，这些瓦主要以黏土成型后烧制为主，尺寸基本为 200～500mm。

波形瓦屋面所用的瓦有纤维水泥波形瓦、镀锌铁皮波形瓦、玻璃钢波形瓦及压型薄钢板波形瓦等，波形瓦一般宽度为 600～1000mm,长度为 1800～2800mm,厚度较薄，上下左右具有一定的搭接。

图 3.32　膜结构屋面

（3）膜结构屋面：膜结构也称索膜结构，膜结构屋面是一种以膜布支撑（柱、网架等）和拉结结构（拉杆、钢丝绳等）组成的屋盖、篷顶结构，如图 3.32 所示。

2. 防水、防潮工程

根据所用防水材料不同，防水工程可分为刚性防水、柔性防水；按照部位不同，防水工程可分为屋面防水、墙面防水防潮、地面防水防潮。

1）刚性防水

刚性防水是依靠结构构件自身的密实性或采用刚性材料做防水层以达到建筑物的防水目的。刚性防水的部位可以是平面或立面，其中屋面刚性防水施工中，为了防止屋面因受温度变化或房屋不均匀沉陷而引起开裂，在细石混凝土或防水砂浆面层中应设分格缝。

刚性防水有下列特点。

（1）刚性防水所用的材料没有伸缩性。常见的刚性防水材料有细石混凝土、防水砂浆及水泥基渗透结晶型防水涂料等。

（2）与柔性防水屋面比较，刚性防水屋面的主要优点是造价低、耐久性好、施工工序步骤明确、维修方便。刚性防水屋面存在的主要问题是，对地基的不均匀沉降造成的房屋构件的微小变形、温度变形较敏感，容易产生裂缝和渗漏水。

2）柔性防水

柔性防水是以沥青、油毡等柔性材料铺设和黏结或将以高分子合成材料为主体的材料涂布于防水面形成防水层。

柔性防水按材料不同，分为卷材防水和涂膜防水。卷材防水材料常见的有石油沥青卷材、氯化聚乙烯橡胶共混卷材、三元乙丙丁基橡胶卷材、改性沥青卷材、土工膜、铝合金防水卷材等；涂膜防水材料常见的有冷底子油、氯偏共聚乳液、铝基反光隔热涂料、JS涂料、聚氨酯涂料等。

3）屋面排水工程

屋面的排水系统一般由檐沟、天沟、泛水、落水管等组成。常见的有铸铁（或PVC）落水管排水，它由雨水口、弯头、雨水斗（又称接水口）、铸铁（或PVC）落水管等组成。排水的方式还应与檐部做法互相配合。

（1）自由落水：屋面板伸出外墙做成挑檐，屋面雨水经挑檐自由落下。挑檐的作用是防止屋面落水冲刷墙面、渗入墙内，檐口下面要做出滴水。这种排水方法适用于低层的建筑物。

（2）檐沟外排水：屋面伸出墙外做成檐沟，屋面雨水先排入檐沟，再经落水管排到地面，檐沟纵坡度应不小于0.5%。落水管常采用镀锌铁皮管、铸铁落水管、PVC塑料排水管，间距一般在15m左右。

（3）女儿墙外排水：屋顶四周做女儿墙，在女儿墙根部每隔一定距离设排水口，雨水经排水口、落水管排到地面。

（4）内排水：有些建筑屋面面积大，雨水流经屋面的距离过长，可在屋顶中间相应部位隔一定距离设排水口。

3. 变形缝

变形缝包括沉降缝、伸缩缝，如图3.33所示。

（1）沉降缝：将建（构）筑物从基础到顶部分隔成段的竖直缝，或是将建（构）筑物的地面或屋面分隔成段的水平缝，借以避免因各段荷载不匀引起下沉而产生裂缝。它通常设置在荷载或地基承载力差别较大的各部分之间，或在新旧建筑物的连接处。

图3.33 变形缝实例

（2）伸缩缝：又称温度缝，即在长度较大的建（构）筑物中，在基础以上设置直缝，把建（构）筑物分隔成段，借以适应温度变化而引起的伸缩，以免产生裂缝。

（3）变形缝的构造做法有嵌缝、盖缝和贴缝三种。

3.9.2 工程量清单编制

1. 清单编制说明

屋面及防水工程工程量清单按《计算规范》附录J进行编制，适用于建（构）筑物工程屋面及防水项目列项。本任务项目按上述规范附录J，分为J.1瓦、型材及其他屋面，J.2屋面防水及其他，J.3墙面防水、防潮，J.4楼（地）面防水、防潮4个部分，共21个项目。

2. 瓦、型材及其他屋面工程量清单编制

瓦、型材及其他屋面工程包括瓦屋面、型材屋面、阳光板屋面、玻璃钢屋面及膜结构屋面5个项目,分别按010901001×××～010901005×××编码列项。

（1）瓦屋面项目适用于彩色水泥瓦、小青瓦、黏土平瓦、玻璃瓦、石棉水泥瓦、玻璃钢瓦、多彩油毡瓦等；型材屋面项目适用于压型钢板、金属压型夹心板等。

（2）工作内容：瓦屋面包括砂浆制作、运输、摊铺、养护，安瓦、做瓦脊；型材屋面包括檩条制作、运输、安装，屋面型材安装、接缝、嵌缝；阳光板屋面包括骨架制作、运输、安装、刷防护材料、油漆，阳光板安装、接缝、嵌缝；玻璃钢屋面包括骨架制作、运输、安装、刷防护材料、油漆，玻璃钢制作、安装、接缝、嵌缝；膜结构屋面包括膜布热压胶接，支柱（网架）制作、安装，膜布安装、穿钢丝绳、锚头锚固、锚固基座、挖土、回填，刷防护材料、油漆。

（3）项目特征。

① 瓦屋面：应对瓦品种、规格，黏结层砂浆的配合比予以描述。

② 型材屋面：应对型材品种、规格，金属檩条材料品种、规格，接缝、嵌缝材料予以描述。

③ 阳光板屋面：应对阳光板品种、规格，骨架材料品种、规格，接缝、嵌缝材料种类，油漆品牌予以描述。

④ 玻璃钢屋面：应对玻璃钢品种、规格，骨架材料品种、规格，玻璃钢固定方式，接缝、嵌缝材料种类，油漆品牌予以描述。

⑤ 膜结构屋面：应对膜布品种、规格，支柱（网架）钢材品种、规格，钢丝绳品种、规格，锚固基座做法，油漆品种、刷漆遍数予以描述。

（4）工程量计算规则：计量单位为 m^2。除膜结构屋面外，其余按设计图示尺寸以斜面积计算，不扣除面积小于 $0.3m^2$ 孔洞所占的面积。膜结构屋面按需要覆盖的水平投影面积计算。

1. 项目计价时，应注意清单工程数量与基层其他工程数量不一定相同。
2. 型材屋面、阳光板屋面等的柱梁构架，按照相应的附录执行。

3. 屋面防水及其他工程量清单编制

屋面防水及其他工程包括屋面卷材防水，屋面涂膜防水，屋面刚性层，屋面排水管，屋面排（透）气管，屋面（廊、阳台）泄（吐）水管，屋面天沟、檐沟，屋面变形缝8个项目，按010902001×××～010902008×××编码列项。

（1）屋面卷材防水项目适用于石油沥青玛蹄脂卷材、玛蹄脂卷材玻璃纤维布、冷贴法防水卷材、热熔法防水卷材、热风焊接法防水卷材、干铺法自粘防水卷材、湿铺法自粘防水卷材等；屋面涂膜防水项目适用于刷冷底子油、氯偏共聚乳液、铝基反光隔热涂料、刷热沥青、水乳型防水涂料、溶剂型防水涂料等；屋面刚性层项目适用于细石混凝土防水层、预制混凝土板保护层、水泥砂浆保护层、砾石保护层、隔离层、防水砂浆防潮层、水泥基渗透结晶型防水涂料等；屋面排水管项目适用于各种排水管材，如金属管、树脂制品管、玻璃钢管等；屋面排（透）气管项目适用于屋面排气管、透气管；屋面（廊、阳台）泄（吐）水管项目适用于屋面走廊、阳台的泄（吐）水管；屋面天沟、檐沟项目适用于水泥砂浆天沟、细石混凝土天沟、卷材天沟、玻璃钢天沟、金属天沟等,以及水泥砂浆檐沟、细石混凝土檐沟、树脂制品檐沟、玻璃钢檐沟等;屋面变形缝项目适用于屋面变形缝等。

(2)工程内容:屋面卷材防水、屋面涂膜防水、屋面刚性层包括基层处理、基层处理剂及防水层施工;屋面排水管、屋面排(透)气管、屋面(廊、阳台)泄(吐)水管包括排水管或排气管及配件安装、固定各接口算子安装、接缝和嵌缝、刷漆;屋面天沟、檐沟包括天沟材料铺设,天沟配件安装,接缝、嵌缝,刷防护材料;屋面变形缝包括清缝、填塞防水材料、止水带安装、盖缝制作和安装、刷防护材料。

屋面防水

(3)项目特征。

① 屋面卷材防水:应对卷材品种、规格、厚度,防水层数,防水层做法予以描述。

② 屋面涂膜防水:应对防水膜的品种,涂膜厚度、遍数,增强材料种类予以描述。

③ 屋面刚性层:应对刚性层厚度,混凝土种类,混凝土强度等级,嵌缝材料种类,钢筋规格、型号予以描述。

④ 屋面排水管:应对排水管品种、规格,雨水斗、山墙出水口品种、规格,接缝、嵌缝种类,油漆品种、刷漆遍数予以描述。

⑤ 屋面排(透)气管:应对排(透)气管品种、规格,接缝、嵌缝材料种类,油漆品种、刷漆遍数予以描述。

⑥ 屋面(廊、阳台)泄(吐)水管:应对吐水管品种、规格,接缝、嵌缝材料种类,油漆品种、刷漆遍数予以描述。

⑦ 屋面天沟、檐沟:应对材料品种、规格,接缝、嵌缝材料种类予以描述。

⑧ 屋面变形缝:应对嵌缝材料种类、止水带材料种类、盖缝材料、防护材料种类予以描述。

1. 卷材防水屋面、涂膜防水屋面和刚性防水屋面三种类型屋面之间的项目设置划分,以设计屋面结构层以上的面层材料品种为标准确定。
2. 抹屋面找平层、基层处理(清理修补、刷基层处理剂等)应包括在报价内。
3. 檐沟、天沟、落水口、泛水收头、变形缝等处的卷材附加层应包括在报价内。
4. 浅色、反射涂料保护层,绿豆砂保护层,细砂、云母及蛭石保护层应包括在报价内。
5. 屋面涂膜防水需加强材料的,应包括在报价内。
6. 刚性防水屋面的分格缝、泛水、密封材料、背衬材料、沥青麻丝等应包括在报价内。

(4)工程量计算规则。

① 屋面卷材防水、屋面涂膜防水工程:按设计图示尺寸以面积(m²)计算。斜屋顶

（不包括平屋顶找坡）按斜面积计算，平屋顶以水平投影面积计算，不扣除房上烟囱、风帽底座、风道、屋面小气窗和斜沟所占面积；屋面的女儿墙、伸缩缝和天窗等处的弯起部分，并入屋面工程量内。

② 屋面刚性防水：按设计图示尺寸以面积（m²）计算，不扣除房上烟囱、风帽底座、风道等所占面积。

③ 屋面排水管：按设计图示尺寸以长度（m）计算。如设计未标注尺寸，以檐口至设计室外散水上表面垂直距离计算。

④ 屋面排（透）气管、屋面变形缝：按设计图示尺寸以长度（m）计算。

⑤ 屋面（廊、阳台）泄（吐）水管：按设计图示数量（根或个）计算。

⑥ 屋面天沟、檐沟：按设计图示尺寸以展开面积（m²）计算，铁皮和卷材按展开面积（m²）计算。

4．墙面防水、防潮工程量清单编制

墙面防水、防潮工程包括墙面卷材防水、墙面涂膜防水、墙面砂浆防水（防潮）、墙面变形缝4个项目，按010903001×××～010903004×××编码列项。

（1）墙面卷材防水、墙面涂膜防水项目适用于基础、地下室地板、楼地面、墙面等平面及立面部位的防水；墙面砂浆防水（防潮）项目适用于基础、地下室地板、楼地面、墙面等部位的防水、防潮；墙面变形缝项目适用于基础、墙体、屋面等部位的抗震缝、温度缝（伸缩缝）、沉降缝。

（2）工作内容：墙面卷材防水包括基层处理，刷黏结剂，铺防水卷材，接缝、嵌缝；墙面涂膜防水包括基层处理，刷基层处理剂，铺布、喷涂防水层；墙面砂浆防水（防潮）包括基层处理，挂钢丝网片，设置分格缝，砂浆制作、运输、摊铺、养护；墙面变形缝包括清缝，填塞防水材料，止水带安装，盖缝制作、安装，刷防护材料。

（3）项目特征。

① 墙面卷材防水：应对卷材材料品种、规格、厚度，防水层数，防水层做法予以描述。

② 墙面涂膜防水：应对防水膜品种，涂膜遍数，厚度，增强材料种类予以描述。

③ 墙面砂浆防水（防潮）：应对防水层做法，砂浆厚度，配合比，钢丝网规格予以描述。

④ 墙面变形缝：应对嵌缝材料种类、止水带材料种类、盖缝材料、防护材料种类予以描述。

抹找平层、刷基础处理剂、刷胶粘剂、胶粘防水卷材应包括在报价内；特殊处理部位（如管道的通道部位）的嵌缝材料、附加卷材衬垫等应包括在报价内；永久保护层（如砖墙、混凝土地坪等）应按相关项目编码列项；防水、防潮的外加剂应包括在报价内；止水带安装、盖板制作和安装应包括在报价内。

（4）工程量计算。

① 墙面卷材防水、墙面涂膜防水、墙面砂浆防水（防潮）：按设计图示尺寸以面积

（m^2）计算。

② 墙面变形缝：按设计图示以长度（m）计算。

5. 楼（地）面防水、防潮工程量清单编制

楼（地）面防水、防潮工程包括楼（地）面卷材防水、楼（地）面涂膜防水、楼（地）面砂浆防水（防潮）、楼（地）面变形缝4个项目，分别按010904001×××～010904004×××编码列项。该部分清单编制，类似于墙面防水、防潮，可参考墙面防水、防潮进行编制。

地下室防水

3.9.3 工程量清单计价

1. 屋面工程清单计价

1）计价说明

本节屋面分刚性屋面、瓦屋面、沥青瓦屋面、金属板屋面、采光屋面、膜结构屋面、种植屋面7小节，不包括水泥砂浆保温层和找平层等，屋面保温等项目执行本定额第十章"保温、隔热、防腐工程"相应项目，找平层等项目执行本定额第十一章"楼地面工程"相应项目。

（1）细石混凝土防水层定额，已综合考虑了滴水线、泛水和伸缩缝翻边等各种加高的工料，但伸缩缝应另列项目计算。使用钢筋网时，执行本定额第五章"混凝土及钢筋混凝土工程"相关项目。

（2）细石混凝土防水层定额按非泵送商品混凝土编制，当使用泵送商品混凝土时，除材料换算外相应项目人工乘以系数0.95。

（3）水泥砂浆保护层定额已综合了预留伸缩缝的工料，掺防水剂时材料费另加。

（4）本定额瓦规格按以下考虑：水泥瓦420mm×330mm、水泥天沟瓦及脊瓦420mm×220mm、小青瓦180mm×（170～180）mm、黏土平瓦（380～400）mm×240mm、黏土脊瓦460mm×200mm、西班牙瓦310mm×310mm、西班牙脊瓦285mm×180mm、西班牙S盾瓦250mm×90mm、瓷质波形瓦150mm×150mm、石棉水泥瓦及玻璃钢瓦1800mm×720mm；如设计规格不同，瓦的数量按比例调整，其余不变。

（5）瓦的搭接按常规尺寸编制，除小青瓦按2/3长度搭接，搭接不同可调整瓦的数量外，其余瓦的搭接尺寸均按常规工艺要求综合考虑。

（6）瓦屋面定额未包括木基层，木基层项目执行本定额第七章"木结构工程"相应项目。

（7）黏土平瓦若穿铁丝钉圆钉，每100m^2增加11工日，增加镀锌低碳钢丝（22$^{\#}$）3.5kg，圆钉2.5kg。

（8）采光板屋面如设计为滑动式采光顶，可以按设计增加U形滑动盖帽等部件，调整材料，人工乘以系数1.05。

（9）膜结构屋面的钢支柱、锚固支座混凝土基础等执行其他章节相关项目。膜结构屋面中膜材料可以调整含量。

（10）瓦面以坡度≤25%为准，25%<坡度≤45%的，相应项目的人工乘以系数1.3；坡度>45%的，相应项目的人工乘以系数1.43。

2) 计价工程量计算规则

(1) 各种屋面和型材屋面（包括挑檐部分）均按设计图示尺寸以面积计算（斜屋面按斜面面积计算），不扣除房上烟囱、风帽底座、风道、小气窗、斜沟和脊瓦等所占面积，小气窗的出檐部分也不增加。瓦屋面挑出基层的尺寸，按设计规定计算，如设计无规定，水泥瓦、黏土平瓦、西班牙瓦、瓷质波形瓦按水平尺寸加 70mm，小青瓦按水平尺寸加 50mm 计算。

(2) 西班牙瓦、瓷质波形瓦、水泥瓦屋面的正斜脊瓦、檐口线，按设计图示尺寸以长度计算。

(3) 采光板屋面和玻璃采光顶屋面按设计图示尺寸以面积计算；不扣除单个 $0.3m^2$ 以内的孔洞所占面积。

(4) 膜结构屋面按设计图示尺寸以需要覆盖的水平投影面积计算。

(5) 种植屋面按设计尺寸以铺设范围计算；不扣除房上烟囱、风帽底座、风道、屋面小气窗等所占面积，以及单个 $0.3m^2$ 以内的孔洞所占面积，屋面小气窗的出檐部分也不增加。

2. 防水及其他清单计价

1) 计价说明

本节分刚性防水、卷材防水、涂料防水、板材防水、屋面排水、变形缝与止水带 6 小节。

(1) 防水。

① 平（屋）面以坡度≤15%为准，15%＜坡度≤25%的，相应项目的人工乘以系数 1.18；25%＜坡度≤45%的屋面或平面，相应项目的人工乘以系数 1.3；坡度＞45%的，相应项目的人工乘以系数 1.43。

② 防水卷材、防水涂料及防水砂浆，定额以平面和立面列项，实际施工桩头、地沟时，相应项目的人工乘以系数 1.43。

③ 胶粘法以满铺为依据编制，点、条铺粘者按其相应项目的人工乘以系数 0.91，黏合剂乘以系数 0.7。

④ 防水卷材的接缝、收头（含收头处油膏）、冷底子油、胶粘剂等工料已计入定额内，不另行计算。设计有金属压条时，材料费另计。

⑤ 卷材部分"每增一层"特指双层卷材叠合，中间无其他构造层。

⑥ 卷材厚度大于 4mm 时，相应项目的人工乘以系数 1.1。

⑦ 要求对混凝土基面进行抛丸处理的，套用基面抛丸处理定额，对应的卷材或涂料防水层扣除清理基层人工 0.912 工日/$100m^2$。

(2) 变形缝与止水带。

变形缝断面或展开尺寸与定额不同时，材料用量按比例换算。

2) 计价工程量计算规则

(1) 防水。

① 屋面防水，按设计图示尺寸以面积计算（斜屋面按斜面面积计算），天沟、挑檐按展开面积计算并入相应防水工程量，不扣除房上烟囱、风帽底座、风道、屋面小气窗和斜沟等所占面积，上翻部分也不另计算；屋面的女儿墙、伸缩缝和天窗等处的弯起部分，按设计图示尺寸计算；设计无规定时，伸缩缝、女儿墙、天窗的弯起部分按 500mm 计算，

计入屋面工程量内。

② 楼地面防水、防潮层按设计图示尺寸以主墙间净空面积计算，扣除凸出地面的构筑物、设备基础等所占面积，不扣除间壁墙及单个 0.3m² 以内的柱垛、烟囱和孔洞所占面积，平面与立面交接处，上翻高度小于 300mm 时，按展开面积并入平面工程量内计算；高度大于 300mm 时，上翻高度全部按立面防水层计算。

③ 墙基防水、防潮层，按设计图示尺寸以面积计算。

④ 墙的立面防水、防潮层，不论内墙、外墙，均按设计图示尺寸以面积计算。

⑤ 基础底板的防水、防潮层按设计图示尺寸以面积计算，不扣除桩头所占面积。桩头处外包防水按桩头投影面积每侧外扩 300mm 以面积计算，地沟处防水按展开面积计算，均计入平面工程量，执行相应规定。

⑥ 屋面、楼地面及墙面、基础底板等，其防水搭接、拼缝、压边、留槎用量已综合考虑，不另行计算，卷材防水附加层、加强层按设计铺贴尺寸以面积计算。

（2）屋面排水。

金属板排水、泛水按延长米乘以展开宽度计算，其他泛水按延长米计算。

（3）变形缝与止水带（条）。

变形缝（嵌填缝与盖板）与止水带（条）按设计图示尺寸，以长度计算。

任务 3.10　保温、隔热、防腐工程

3.10.1　基础知识

1. 保温隔热分类

保温隔热常用的材料，有聚苯颗粒保温砂浆、泡沫玻璃、聚氨酯硬泡、保温板材、加气混凝土块、软木板、膨胀珍珠岩板、沥青玻璃棉、沥青矿渣棉、微孔硅酸钙、稻壳等，可用于屋面、墙体、柱子、楼地面、天棚等部位。屋面保温层中还设有排气管或排气孔。

1）保温材料种类

保温材料按照不同容重、成分、温度、形状和施工方法来划分类别。

（1）按照不同容重，保温材料分为重质（400～600kg/m³）、轻质（150～350kg/m³）和超轻质（小于 150kg/m³）三类。

（2）按照不同成分，保温材料分为有机和无机两类。

（3）按照使用温度不同，保温材料分为高温用（700℃以上）、中温用（100～700℃）和低温用（小于 100℃）三类。

（4）按照不同形状，保温材料分为粉末状、粒状、纤维状、块状等，又可分为多孔、矿纤维和金属等。

(5) 按照不同施工方法，保温材料分为湿抹法、填充式、绑扎式、包裹缠绕式等。

2) 保温隔热层的作用

保温隔热层能减弱室外气温对室内的影响，或保持因采暖、降温措施而形成的室内气温。保温隔热所用的材料，要求相对密度小、耐腐蚀、有一定的强度。

2. 防腐工程分类

1) 刷油防腐

外墙保温

刷油是一种经济而有效的防腐措施，不仅施工方便，而且具有优良的物理性能和化学性能，因此应用范围很广。刷油除了具有防腐作用外，还能起到装饰和标志作用。目前常用的防腐材料有沥青漆、酚树脂漆、酚醛树脂漆、氯磺化聚乙烯漆、聚氨酯漆等。

2) 耐酸防腐

它是运用人工或机械方法，将具有耐腐蚀性能的材料浇筑、涂刷、喷涂、粘贴或铺砌在应防腐的工程构件表面上，以达到防腐蚀的效果。常用的防腐蚀材料有水玻璃耐酸砂浆、混凝土，耐酸沥青砂浆、混凝土，环氧砂浆、混凝土，各类玻璃钢等。根据工程需要，可用防腐块料或防腐涂料做面层。耐酸防腐工程施工前，应将基层清扫干净，调配好材料。

3.10.2 工程量清单编制

1. 清单编制说明

保温、隔热、防腐工程工程量清单，按《计算规范》附录 K 进行编制，适用于建（构）筑物保温、隔热、防腐工程项目列项。

本任务项目按上述规范附录 K，分为 K.1 保温、隔热，K.2 防腐面层，K.3 其他防腐三部分，共 19 个项目。

2. 保温、隔热工程量清单编制

保温、隔热工程包括保温隔热屋面、保温隔热天棚、保温隔热墙面、保温柱和梁、保温隔热楼地面、其他保温隔热 6 个项目，分别按 0110001001×××～011001006×××编码列项。

(1) 保温隔热屋面、保温隔热天棚项目适于工业与民用建筑物屋面保温工程、保温隔热天棚工程；保温隔热墙面项目适于工业与民用建筑物外墙、内墙保温隔热工程；保温柱和梁项目适用于工业与民用建筑物外柱和内柱保温隔热工程、保温隔热梁工程；保温隔热楼地面项目适用于工业与民用建筑物室内地面、楼面保温隔热工程。

(2) 工作内容。

① 保温隔热屋面、保温隔热天棚、保温隔热楼地面包含了基层清理，刷黏结材料，铺粘保温层，铺、刷（喷）防护材料。

② 保温隔热墙面、保温柱和梁、其他保温材料包含了基层清理，刷界面剂，安装龙骨，填贴保温材料，保温板安装，粘贴面层，铺设增强格网、抹抗裂及防水砂浆面层，嵌缝，铺、刷（喷）防护材料等。

(3) 项目特征。

① 保温隔热屋面：保温隔热材料品种、规格、厚度，隔气层材料品种、厚度，黏结材料种类、做法，防护材料种类、做法。

② 保温隔热天棚：保温隔热面层材料品种、规格、性能，保温隔热材料品种、规格、厚度，黏结材料种类、做法，防护材料种类、做法。

③ 保温隔热墙面、保温柱和梁：保温隔热部位，保温隔热方式，踢脚线、勒脚线保温做法，龙骨材料品种、规格，保温隔热面层材料品种、规格、性能，保温隔热材料品种、规格、性能，增强网及抗裂防水砂浆种类，黏结材料种类、做法，防护材料种类、做法。

④ 保温隔热楼地面：保温隔热部位，保温隔热材料品种、规格、厚度，隔气层材料品种、厚度，黏结材料种类、做法，防护材料种类、做法。

⑤ 其他保温隔热：保温隔热部位，保温隔热方式，隔气层材料品种、厚度，保温隔热面层材料品种、规格、性能，保温隔热材料品种、规格、厚度，黏结材料种类、做法，增强网及抗裂防水砂浆种类，防护材料种类、做法。

1. 保温隔热屋面上的找坡层、保温层、防水层、找平层、保护层及刚性屋面等，应按不同的屋面做法并入相应屋面清单，不单独列项。
2. 预制隔热板屋面的隔热板，按混凝土及钢筋混凝土工程相关项目编码列项。清单应明确描述砖墩砌筑规格。
3. 屋面保温隔热的找坡、找平层应包括在报价内，如果屋面防水层项目已包括找坡、找平层，屋面保温隔热不再计算，以免重复。
4. 下贴式如需底层抹灰，应包括在报价内，清单应明确描述抹灰的具体材料和做法。
5. 保温隔热材料需加药物防虫剂时，应在清单中进行描述。
6. 外墙内保温和外保温的面层应包括在报价内，装饰面层应按《计算规范》附录 B 相关项目编码列项。
7. 外墙内保温的内墙保温踢脚线应包括在报价内。
8. 外墙外保温和内保温、内墙保温基层抹灰或刮腻子应包括在报价内。
9. 柱帽保温隔热应并入天棚保温隔热工程量内。
10. 池槽保温隔热，池壁、池底应分别编码列项，池壁应并入墙面保温隔热工程量内，池底应并入地面保温隔热工程量内。

(4) 工程量计算规则。

① 保温隔热屋面、其他保温隔热：按设计图示尺寸以面积（m²）计算，扣除面积大于 0.3m² 孔洞所占面积。

② 保温隔热天棚：按设计图示尺寸以面积（m²）计算，扣除面积大于 0.3m² 的柱、垛、孔洞所占面积，与天棚相连的梁按展开面积计算，并入天棚工程量。

③ 保温隔热墙面：按设计图示尺寸以面积（m²）计算，扣除门窗洞口及面积大于 0.3m² 的梁、孔洞所占面积；门窗洞口侧壁及与墙相连的柱，并入保温墙体工程量内。

④ 保温柱和梁：按设计图示尺寸以面积（m²）计算，柱按设计图示柱断面保温层中心线展开长度乘以保温层高度以面积计算，扣除面积大于 0.3m² 的梁所占面积。

⑤ 保温隔热楼地面：按设计图示尺寸以面积（m²）计算，扣除面积大于 0.3m² 的柱、垛、孔洞所占面积，门洞、空圈、暖气包槽、壁龛的开口部分不另增加面积。

实例分析 3-36

某住宅屋面尺寸如图 3.34 所示，用 40mm 厚挤塑保温板聚合物砂浆粘贴；CL7.5 炉渣混凝土找坡，最薄处 30mm 厚；墙厚 240mm；檐沟部分做法略。请按清单计价规范编制其工程量清单。

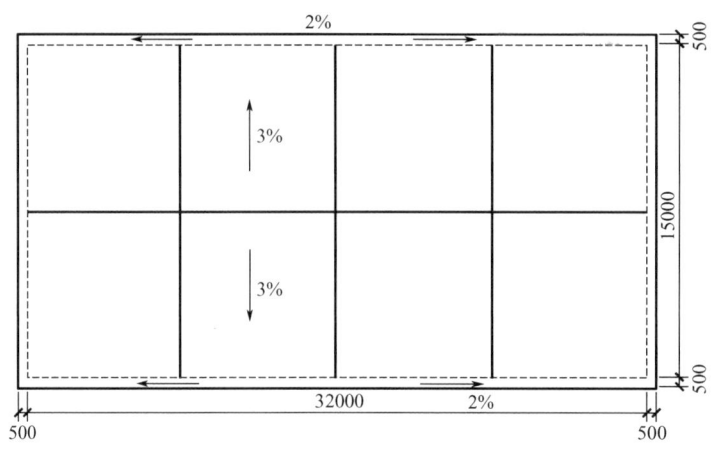

图 3.34　某住宅屋面尺寸（单位：mm）

分析：该项目应按保温隔热屋面列项，清单工程量为

$$S=(32+0.12\times 2)\times(15+0.12\times 2)\approx 491.34(m^2)$$

该分部分项工程量清单见表 3-72。

表 3-72　分部分项工程量清单

序号	项目编码	项目名称	项目特征描述	计量单位	工程量	综合单价/元	合价/元	其中/元		备注
								人工费	机械费	
			K.1 保温、隔热							
1	011001001001	保温隔热屋面	40mm 厚挤塑保温板聚合物砂浆粘贴；CL7.5 炉渣混凝土找坡，最薄处 30mm 厚	m²	491.34					

实例分析 3-37

某住宅外墙做外保温设计，自内而外设计为：基层墙体、107 胶素水泥浆界面处理、30mm 厚无机集料保温砂浆、4mm 厚聚合物抗裂砂浆、耐碱玻纤网格布一层（面层略）。假设外墙外保温工程量为 6000m²，请按清单计价规范编制其工程量清单。

分析：该分部分项工程量清单见表3-73。

表3-73 分部分项工程量清单

序号	项目编码	项目名称	项目特征描述	计量单位	工程量	综合单价/元	合价/元	其中/元		备注
								人工费	机械费	
			K.1 保温、隔热							
1	011001003001	保温隔热墙面	基层墙体、107胶素水泥浆界面处理、30mm厚无机集料保温砂浆、4mm厚聚合物抗裂砂浆、耐碱玻纤网格布一层	m²	6000					

3. 防腐面层工程量清单编制

防腐面层工程包含了防腐混凝土面层、防腐砂浆面层、防腐胶泥面层、玻璃钢防腐面层、聚氯乙烯板面层、块料防腐面层、池和槽块料防腐面层共7个项目，分别按011002001×××～011002007×××编码列项。

（1）防腐混凝土面层、防腐砂浆面层、防腐胶泥面层项目适用于平面或立面的水玻璃混凝土、水玻璃砂浆、水玻璃胶泥、沥青混凝土、沥青砂浆、沥青胶泥、树脂混凝土、树脂砂浆、树脂胶泥及聚合物水泥砂浆等防腐工程；玻璃钢防腐面层项目适用于树脂胶料与增强材料［如玻璃纤维丝（布）、玻璃纤维表面毡、玻璃纤维短切毡或涤纶布、涤纶毡、丙纶布、丙纶毡等］复合塑制而成的玻璃钢防腐；聚氯乙烯板面层项目适用于地面和墙面的软、硬聚氯乙烯板防腐工程；块料防腐面层项目适用于地面、沟槽、基础的各类块料防腐工程；池和槽块料防腐面层项目适用于池和槽块料防腐面层工程。

（2）工作内容。

① 防腐混凝土面层：基层清理，基层刷稀胶泥，混凝土制作、运输、摊铺、养护。

② 防腐砂浆面层：基层清理，基层刷稀胶泥，砂浆制作、运输、摊铺、养护。

③ 防腐胶泥面层：基层清理，胶泥调制、摊铺。

④ 玻璃钢防腐面层：基层清理，刷底漆、刮腻子，胶浆配制、涂刷，粘布、涂刷面层。

⑤ 聚氯乙烯板面层：基层清理，配料、涂胶，聚氯乙烯板铺设。

⑥ 块料防腐面层、池和槽块料防腐面层：基层清理，铺贴块料，胶泥调制、勾缝。

（3）项目特征。

① 防腐混凝土面层、防腐胶泥面层：应对防腐部位，面层厚度，混凝土种类，胶泥种类、配合比予以描述。

② 防腐砂浆面层：应对防腐部位，面层厚度，砂浆、胶泥种类、配合比予以描述。

③ 玻璃钢防腐面层：应对防腐部位，玻璃钢种类，贴布材料种类、层数，面层材料品种予以描述。

④ 聚氯乙烯板面层：应对防腐部位，面层材料品种、厚度，黏结材料种类予以描述。

⑤ 块料防腐面层：应对防腐部位，块料品种、规格，黏结材料种类，勾缝材料种类予以描述。

⑥ 池、槽块料防腐面层：应对防腐池、槽名称、代号，块料品种、规格，黏结材料

种类、勾缝材料种类予以描述。

1. 因防腐材料不同，价格差异较大，清单项目中必须列出混凝土、砂浆、胶泥的材料种类，如水玻璃混凝土、沥青混凝土等，并明确其配合比。
2. 如遇池和槽防腐，池底和池壁可合并列项，也可分池底面积和池壁面积分别列项。
3. 玻璃钢防腐面层项目名称应描述构成玻璃钢、树脂和增强材料的名称，如环氧酚醛（树脂）玻璃钢、酚醛（树脂）玻璃钢、环氧煤焦油（树脂）玻璃钢、环氧呋喃（树脂）玻璃钢、不饱和（树脂）玻璃钢，增强材料玻璃纤维布毡、涤纶布毡。
4. 玻璃钢防腐面层项目应描述防腐部位和立面、平面。
5. 聚氯乙烯板的焊接应包括在报价内。
6. 防腐蚀块料粘贴部位（地面、沟槽、基础、踢脚线）应在清单项目中进行描述。
7. 防腐蚀块料的规格、品种（瓷板、铸石板、天然石板等）应在清单项目中进行描述。
8. 防腐工程中需进行酸化处理时，应包括在报价内。
9. 防腐工程中的养护应包括在报价内。

（4）工程量计算规则。

按设计图示尺寸以面积（m²）计算。

① 平面防腐：扣除凸出地面的构筑物、设备基础等，以及面积大于 0.3m² 的柱、垛、孔洞所占面积，门洞、空圈、暖气包槽、壁龛的开口部分不增加面积。

② 立面防腐：扣除门窗洞口及面积大于 0.3m² 的梁、孔洞所占面积，门、窗、洞口侧壁、垛凸出部分按展开面积并入墙面面积内。

4. 其他防腐工程量清单编制

其他防腐工程包含隔离层、砌筑沥青浸渍砖、防腐涂料 3 个项目，分别按 011003001×××～011003003××× 编码列项。

（1）隔离层项目适用于楼地面的沥青类、树脂玻璃钢类防腐工程隔离层；砌筑沥青浸渍砖项目适用于浸渍标准砖的铺筑；防腐涂料项目适用于建（构）筑物及钢结构的防腐。

（2）工作内容。

① 隔离层：基层清理、刷油，煮沥青，胶泥调制，隔离层铺设。

② 砌筑沥青浸渍砖：基层清理、胶泥调制、浸渍砖铺砌。

③ 防腐涂料：基层清理、刮腻子、刷涂料。

（3）项目特征。

① 隔离层：应对隔离层部位、隔离层材料品种、隔离层做法、粘贴材料种类予以描述。

② 砌筑沥青浸渍砖：应对砌筑部位、浸渍砖规格、胶泥种类、浸渍砖砌法予以描述。

③ 防腐涂料：应对涂刷部位、基层材料类型、刮腻子的种类及遍数、材料品种、刷涂遍数予以描述。

(4) 工程量计算规则。

① 隔离层、防腐涂料：按设计图示尺寸以面积（m²）计算。平面防腐：扣除凸出地面的构筑物、设备基础等，以及面积大于 0.3m² 的柱、垛、孔洞所占面积，门洞、空圈、暖气包槽、壁龛的开口部分不增加面积。立面防腐：扣除门窗洞口及面积大于 0.3m² 的梁、孔洞所占面积，门窗洞口侧壁垛凸出部分按展开面积并入墙面面积内。

② 砌筑沥青浸渍砖：按设计图示尺寸以体积（m³）计算。

项目名称应对涂刷基层（混凝土、抹灰面）及部位进行描述；需刮腻子时，应包括在报价内；应对涂料底漆层、中间漆层、面漆涂刷（或刮）遍数进行描述。

3.10.3 工程量清单计价

本部分计价基本依据是《浙江省预算定额（2018版）》第十章"保温、隔热、防腐工程"部分。本章定额包括保温、隔热和耐酸、防腐 2 节，共由 144 个定额子目组成。

1. 保温、隔热清单计价

1）计价说明

（1）保温层定额中的保温材料品种、型号、规格和厚度等与设计不同时，应按设计规定进行调整。

（2）墙体保温砂浆子目按外墙外保温考虑，如实际为外墙内保温，相应项目的人工乘以系数 0.75，其余不变。

（3）弧形墙、柱、梁等保温砂浆抹灰、抗裂防护层抹灰、保温板铺贴按相应项目的人工乘以系数 1.15，材料乘以系数 1.05。

（4）柱面保温根据墙面保温定额项目人工乘以系数 1.19、材料乘以系数 1.04。

（5）墙面保温板如使用钢骨架，钢骨架按本定额第十二章"墙、柱面装饰与隔断幕墙工程"相应项目执行。

（6）抗裂保护层中抗裂砂浆厚度设计与定额不同时，抗裂砂浆、灰浆搅拌机定额用量按比例调整，其余不变。增加一层网格布子目已综合了增加抗裂砂浆一遍粉刷的人工材料及机械。

（7）抗裂防护层网格布（钢丝网）之间的搭接及门窗洞口周边加固，定额中已综合考虑，不另行计算。

（8）屋面泡沫混凝土按泵送 70m 以内考虑，泵送高度超过 70m 的，每增加 10m，人工增加 0.07 工日，搅拌机械增加 0.01 台班，水泥发泡机增加 0.012 台班。

（9）屋面和墙面聚苯乙烯板、挤塑保温板、硬泡聚氨酯防水保温板等保温板材铺贴子目中，厚度不同，板材单价调整，其他不变。

（10）保温层排气管按 ϕ50UPVC 管及综合管件编制，排气孔：ϕ50UPVC 管按 180°单出口考虑（2 只 90°弯头组成），双出口时应增加三通 1 只；ϕ50 钢管、不锈钢管按 180°煨制弯考虑，当采用管件拼接时另增加弯头 2 只，管材用量乘以系数 0.7。管材和管件的规格、材质不同，单价换算，其余不变。

(11) 本章中未包含基层界面剂涂刷、找平层、基层抹灰及装饰面层，发生时套用相应子目另行计算。

(12) 本章定额中采用乳化石油沥青作为胶结材料的子目均指适用于有保温、隔热要求的工业建（构）筑物工程。

2) 计价工程量计算规则

(1) 墙面保温隔热层工程量按设计图示尺寸以面积计算。扣除门窗洞口及单个 $0.3m^2$ 以上梁、孔洞所占面积；门窗洞口侧壁及与墙相连的柱，并入保温墙体工程量内，门窗洞口侧壁粉刷材料与墙面粉刷材料不同，按本定额第十二章"墙、柱面装饰与隔断、幕墙工程"零星粉刷计算。墙体及混凝土板下铺贴隔热层不扣除木框架及木龙骨的体积。其中外墙按隔热层中心线长度计算，内墙按隔热层净长度计算。

(2) 柱、梁保温隔热层工程量按设计图示尺寸以面积计算。柱按设计图示柱断面保温层中心线展开长度乘以高度以面积计算，扣除单个断面 $0.3m^2$ 以上梁所占面积。梁按设计图示梁断面保温层中心线展开长度乘以保温层长度以面积计算。

(3) 按立方米计算的隔热层，外墙按围护结构的隔热层中心线、内墙按隔热层净长乘以图示尺寸的高度及厚度以"m^3"计算。应扣除门窗洞口、单个 $0.3m^2$ 以上孔洞所占体积。

(4) 单个大于 $0.3m^2$ 孔洞侧壁周围及梁头、连系梁等其他零星工程保温隔热工程量，并入墙面的保温隔热工程量内。

(5) 屋面保温砂浆、泡沫玻璃、聚氨酯喷涂、保温板铺贴等按设计图示面积计算，不扣除屋面排烟道、通风孔、伸缩缝、屋面检查洞及单个 $0.3m^2$ 以内孔洞所占面积，洞口翻边也不增加。屋面其他保温材料定额按设计图示面积乘以厚度以"m^3"计算，找坡层按平均厚度计算，计算面积时应扣除单个 $0.3m^2$ 以上的孔洞所占面积。

(6) 天棚保温隔热层工程量按设计图示尺寸以面积计算。扣除单个 $0.3m^2$ 以上柱、垛、孔洞所占面积，与天棚相连的梁按展开面积计算，其工程量并入天棚内。

(7) 柱帽保温隔热层，按设计图示尺寸并入天棚保温隔热层工程量内。

(8) 楼地面保温隔热层工程量按设计图示尺寸以面积计算。扣除柱、垛及单个 $0.3m^2$ 以上孔洞所占面积。门洞、空圈、暖气包槽、壁龛的开口部分不增加面积。

(9) 其他保温隔热层工程量按设计图示尺寸以展开面积计算。扣除单个 $0.3m^2$ 以上孔洞所占面积。

(10) 保温层排气管按设计图示尺寸以长度计算，不扣除管件所占长度，保温层排气孔以数量计算。

(11) 保温隔热层的厚度，按隔热材料净厚度（不包括胶结材料厚度）尺寸计算。

(12) 池槽保温隔热，池壁并入墙面保温隔热工程量内，池底并入地面保温隔热工程量内。

一是保温隔热层的厚度，按隔热材料净厚度（不包括胶结材料厚度）尺寸计算；二是柱包隔热层按图示柱的隔热层中心线的展开长度乘以图示高度及厚度计算；三是柱帽保温隔热按设计图示尺寸并入天棚保温隔热工程量内；四是池槽保温隔热，池壁并入墙面保温隔热工程量内，池底并入地面保温隔热工程量内。

2. 耐酸、防腐清单计价

1) 计价说明

（1）各种胶泥、砂浆、混凝土配合比及各种整体面层的厚度，如设计与定额不同，可以换算。定额已综合考虑了各种块料面层的结合层、胶结料厚度及灰缝宽度。

（2）耐酸定额按自然养护考虑，如需特殊养护，费用另计。

（3）耐酸防腐整体面层、隔离层不分平面、立面，均按材料做法套用同一定额；块料面层以平面铺贴为准，立面铺贴套平面定额，人工乘以系数1.38，踢脚板人工乘以系数1.56，其余不变。

（4）池、沟、槽瓷砖面层定额不分平面和立面，适用于小型池、沟、槽（划分标准见本定额第五章"混凝土及钢筋混凝土工程"）。

（5）卷材防腐接缝、附加层、收头工料已包括在定额内，不再另行计算。

（6）块料防腐中面层材料的规格、材质与设计不同时，可以换算。

2) 计价工程量计算规则

（1）防腐工程面层、隔离层及防腐油漆工程量均按设计图示尺寸以面积计算。

（2）平面防腐工程量应扣除凸出地面的构筑物、设备基础等，以及单个$0.3m^2$以上孔洞、柱、垛等所占面积，门洞、空圈、暖气包槽、壁龛的开口部分不增加面积。

（3）立面防腐工程量应扣除门、窗、洞口及单个$0.3m^2$以上孔洞、梁所占面积，门、窗、洞口侧壁、垛凸出部分按展开面积并入墙面内。

（4）池、槽块料防腐面层工程量按设计图示尺寸以展开面积计算。

（5）砌筑沥青浸渍砖工程量按设计图示尺寸以面积计算。

（6）踢脚板防腐工程量按设计图示长度乘高度以面积计算，扣除门洞所占面积，并相应增加侧壁展开面积。

（7）混凝土面及抹灰面防腐按设计图示尺寸以面积计算。

（8）平面砌双层耐酸块料时，按单层面积乘以系数2计算。

（9）硫黄砂浆二次灌缝按实体积计算。

（10）花岗岩面层中的胶泥勾缝工程量按设计图示尺寸以延长米计算。

3. 清单计价实例

根据清单规范有关规定，以具体工程发生的内容及施工组织设计内容进行选项组合，举例如下。

实例分析 3-38

某住宅屋面尺寸如图3.34所示，50mm厚挤塑保温板聚合物砂浆粘贴；CL7.5炉渣混凝土找坡最薄处30mm厚。檐沟部分做法：（略）。假设40mm厚挤塑保温板材料单价20元/m^2，其他人工、材料、机械价格同2018版材料基期价格，试求刚性屋面中40mm厚挤塑保温板、CL7.5炉渣混凝土找坡最薄处30mm厚部分工程量并套用定额进行清单计价（其中，企业管理费和利润的取费基数均为人工费和机械费之和，费率分别为16.57%和8.1%，暂不考虑风险费用）。

案例分析3-38
所用定额

分析：（1）根据计价工程量计算规则如下。

① 40mm 厚挤塑板保温板。

工程量计算：$S=(32+0.12\times2)\times(15+0.12\times2)\approx491.34(m^2)$

② CL7.5 炉渣混凝土找坡最薄处 30mm 厚。

工程量计算：$V=491.34\times[0.03+(7.5+0.12)\times3\%\div2]\approx70.90(m^3)$

（2）根据计价规则，单价分析如下。

① 50mm 厚挤塑板保温板（套定额 10-33H）。

人工费：4.794 元/m^2

材料费：$28.2129+(20-25.22)\times1.02=22.889$（元/$m^2$）

机械费：0.012 元/m^2

企业管理费：$(4.794+0.012)\times16.57\%\approx0.796$（元/$m^2$）

利润：$(4.794+0.012)\times8.1\%\approx0.389$（元/$m^2$）

② CL7.5 炉渣混凝土找坡最薄处 30mm 厚（套定额 10-40）。

人工费：69.525 元/m^3

材料费：366.415 元/m^3

机械费：10.179 元/m^3

企业管理费：$(69.525+10.179)\times16.57\%\approx13.207$（元/$m^3$）

利润：$(69.525+10.179)\times8.1\%\approx6.456$（元/$m^3$）

该工程分部分项工程量清单综合单价计算表见表 3-74。

表 3-74　分部分项工程量清单综合单价计算表

单位及专业工程名称：××××楼——建筑工程　　　　　　　　　　第　页　共　页

序号	编号	项目名称	计量单位	数量	综合单价/元							合价/元
					人工费	材料费	机械费	企业管理费	利润	风险费用	小计	
1	011001001001	保温隔热屋面	m^2	491.34	14.830	75.760	1.480	2.700	1.320	0	96.09	47212.86
	10-33H	聚苯乙烯泡沫保温板	m^2	491.34	4.794	22.889	0.012	0.796	0.389	0	28.88	14189.90
	10-40	炉（矿）渣混凝土	m^3	70.90	69.525	366.415	10.179	13.207	6.456	0	465.78	33023.80

单元小结

本单元主要介绍了房屋建筑工程相关内容的计量与计价，主要包括土石方工程，地基处理与边坡支护工程，桩基础工程，砌筑工程，混凝土与钢筋混凝土工程，金属结构工程，木结构工程，门窗工程，屋面及防水工程，保温、隔热、防腐工程的工程量清单编制，以及清单计价文件编制的相关规范和编制要求。

单元 3 房屋建筑工程计量与计价

同步测试

一、单项选择题

1. 土石方工程中，建筑物场地厚度在±30cm以内的，平整场地清单工程量（　　）。
   A. 按建筑物自然层面积计算　　　　B. 按建筑物首层面积计算
   C. 按建筑有效面积计算　　　　　　D. 按设计图示厚度计算

2. 在编制工程量清单时，内墙土方地槽长度按（　　）计算。
   A. 内墙中心线长度　　　　　　　　B. 内墙净长线长度
   C. 内墙基础（含垫层）底净长线长度　D. 内墙基础净长线长度

3. 某房屋工程拟建于半山腰，如图3.35所示，需对拟建范围石方（场地石方类别为次坚石）开挖到设计室外标高22.45m，开挖范围为15.5m×20.55m。如开挖高度按平均高度计算，则石方爆破开挖的费用为（　　）元。
   A. 10286.50　　B. 4759.53　　C. 7377.27　　D. 20573.00

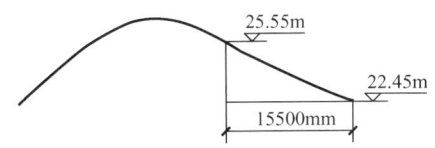

图3.35　某房屋工程范围示意图

4. 挖掘机在垫板上挖基坑三类土装车，土方含水率为28%，则每100m³挖土基价为（　　）元。
   A. 821.36　　B. 700.23　　C. 714.23　　D. 560.18

5. 不属于土方工程清单项目的是（　　）。
   A. 平整场地　　B. 挖土方　　C. 挖沟槽土方　　D. 土方回填

6. 挖土方的工程量按设计图示尺寸以体积计算，此处的体积是指（　　）。
   A. 虚方体积　　B. 夯实后体积　　C. 松填体积　　D. 天然密实体积

7. 平整场地定额清单计价工程量计算规则是（　　）。
   A. 按建筑物外围面积乘以平均挖土厚度计算
   B. 按建筑物外边线外加2m以平面面积计算
   C. 按建筑物首层面积乘以平均挖土厚度计算
   D. 按设计图示尺寸以建筑物首层面积计算

8. 设备基础挖土方，设备混凝土垫层为5m×5m的正方形建筑面积，每边需工作面0.3m，挖土深度1m，其挖方量是（　　）m³。
   A. 18.63　　B. 25　　C. 20.28　　D. 31.36

9. 某工程施工交付施工标高为-0.150m，自然地面标高为-0.450m，设计室外地坪标高为-0.300m，基础槽坑底标高为-1.600m，人工挖二类土。在计算挖土工程量时 K 的取值为（　　）。
   A. 0　　B. 0.5　　C. 0.33　　D. 0.25

10. 地下连续墙的清单工程量（　　）。

A. 按设计图示槽横断面面积乘以槽深以体积计算

B. 按设计图示尺寸以支护面积计算

C. 按设计图示以墙中心线长度计算

D. 按设计图示墙中心线长度乘以厚度再乘以槽深，以体积计算

11. 边坡土钉支护清单工程量（　　）。

A. 按设计图示尺寸以支护面积计算

B. 按设计土钉数量以根数计算

C. 按设计土钉数量以质量计算

D. 按设计支护面积乘以土钉长度以体积计算

12. 关于清单工程量计算的说法，正确的是（　　）。

A. 混凝土桩只能按根数计算

B. 粉喷桩按设计图示尺寸以桩长计算

C. 地下连续墙按长度计算

D. 锚杆支护按支护土体体积计算

13. 关于定额清单计价工程量描述，错误的是（　　）。

A. 打、拔钢板桩，定额仅考虑打、拔施工费用，包含钢板桩费用，发生时另行计算

B. 水泥搅拌桩的水泥掺量按加固土重（1800kg/m³）的13%考虑，当设计不同时，水泥掺量按比例调整，其余不变

C. 喷射混凝土按喷射厚度及边坡坡度不同分别设置子目，其中钢筋网片制作、安装套用混凝土及钢筋混凝土工程中相应定额子目

D. 地下连续墙的钢筋笼、钢筋网片及护壁、导墙的钢筋制作和安装，套用钢筋混凝土及钢筋混凝土工程相应定额

14. 关于桩基工程的工程量计算规则，正确的说法是（　　）。

A. 锤击非预应力混凝土预制桩按设计桩长（不包括桩尖）以"m"计算

B. 钻孔灌注桩成孔工程量，按成孔长度乘以设计桩径截面积以"m³"计算

C. 人工挖孔灌注桩按桩长以"m"计算

D. 预制钢筋混凝土管桩，按设计图示桩长度（包括桩尖）乘以桩截面积以"m³"计算

15. 根据《房屋建筑与装饰工程工程量计算规范》，关于实心砖外墙高度的计算，正确的是（　　）。

A. 平屋面算至钢筋混凝土板顶

B. 无天棚者算至屋架下弦底另加200mm

C. 内外山墙按其平均高度计算

D. 有屋架且室内外均有天棚者，算至屋架下弦底另加300mm

16. 根据《房屋建筑与装饰工程工程量计算规范》，关于砖基础工程量计算中基础与墙身的划分，正确的是（　　）。

A. 以设计室内地坪为界（包括有地下室建筑）

B. 基础与墙身使用材料不同时，以材料界面为界

C. 基础与墙身使用材料不同时，以材料界面另加 300mm 为界
D. 砖围墙基础应以设计室外地坪为界

17. 定额清单计价工程量计算，基础与墙体使用不同材料时，工程量计算规则规定以不同材料为界分别计算基础和墙体工程量，范围是（　　）。
   A. 设计室内地坪±300mm 以内   B. 设计室内地坪±300mm 以外
   C. 设计室外地坪±300mm 以内   D. 设计室外地坪±300mm 以外

18. 根据《房屋建筑与装饰工程工程量计算规范》，关于砖砌体工程量计算，正确的是（　　）。
   A. 砖砌台阶按设计图示尺寸以体积计算
   B. 砖散水按设计图示尺寸以体积计算
   C. 砖地沟按设计图示尺寸以中心线长度计算
   D. 砖明沟按设计图示以水平面积计算

19. 根据《房屋建筑与装饰工程工程量计算规范》，关于零星砌砖项目中的台阶工程量的计算，正确的是（　　）。
   A. 按实砌体积并入基础工程量中计算
   B. 按砌筑纵向长度以"m"计算
   C. 按水平投影面积以"m^2"计算
   D. 按设计尺寸体积以"m^3"计算

20. 地下室底板下翻承台采用混凝土实心砖模一砖厚时，其砖模应套用（　　）定额子目。
   A. 4-1   B. 4-6   C. 5-126   D. 5-127

21. 下列钢构件定额中未包含的内容是（　　）。
   A. 施工损耗   B. 场外运输费用   C. 超声波探伤费用   D. X光拍片检测费用

22. 定额所注明的木材断面和厚度均以毛料为准，设计为净料时，应另加刨光损耗，板枋材单面刨光加（　　），双面刨光加（　　），圆木直径加（　　）。
   A. 3mm，5mm，3mm   B. 2mm，5mm，5mm
   C. 3mm，5mm，5mm   D. 5mm，8mm，5mm

23. 以下对门窗及木结构工程描述不正确的有（　　）。
   A. 檩木按设计图示尺寸按长度计算
   B. 封檐板按延长米计算
   C. 檩条垫木已计入相应的檩木制作安装项目中，不另计算
   D. 屋面木基层，按屋面斜面积计算

24. 根据《房屋建筑与装饰工程工程量计算规范》，屋面卷材防水工程量计算正确的是（　　）。
   A. 平屋顶按水平投影面积计算   B. 平屋顶找坡按斜面积计算
   C. 扣除房上烟囱、风道所占面积   D. 女儿墙、伸缩缝的弯起部分不另增加

25. 根据《房屋建筑与装饰工程工程量计算规范》，膜结构屋面的工程量应（　　）。
   A. 按设计图示尺寸以斜面积计算
   B. 按设计图示尺寸以长度计算

C. 按设计图示尺寸以需要覆盖的水平投影面积计算

D. 按设计图示尺寸以面积计算

26. 根据《房屋建筑与装饰工程工程量计算规范》，屋面及防水工程中变形缝的工程量应（　　）。

A. 按设计图示尺寸以面积计算　　　　B. 按设计图示尺寸以体积计算

C. 按设计图示以长度计算　　　　　　D. 不计算

27. 根据《房屋建筑与装饰工程工程量计算规范》附录J，关于屋面及防水工程工程量计算的说法，正确的是（　　）。

A. 瓦屋面、型材屋面按设计图示尺寸以水平投影面积计算

B. 屋面涂膜防水中，女儿墙的弯起部分不增加面积

C. 屋面排水管按设计图示尺寸以长度计算

D. 变形缝防水、防潮按面积计算

28. 屋面及防水工程工程量计算中，正确的工程量清单计算规则是（　　）。

A. 瓦屋面、型材屋面按设计图示尺寸以水平投影面积计算

B. 膜结构屋面按设计尺寸以需要覆盖的面积计算

C. 斜屋面卷材防水按设计尺寸以斜面积计算

D. 屋面排水管按设计尺寸以理论质量计算

29. 根据《房屋建筑与装饰工程工程量计算规范》附录K，计算墙体保温隔热工程量清单时，对于有门窗洞口且其侧壁需做保温的，正确的计算方法是（　　）。

A. 扣除门窗洞口所占面积，不计算其侧壁保温隔热工程量

B. 不扣除门窗洞口所占面积，不计算其侧壁保温隔热工程量

C. 不扣除门窗洞口所占面积，计算其侧壁保温隔热工程量

D. 扣除门窗洞口所占面积，计算其侧壁保温隔热工程量

30. 保温隔热层的工程量，一般应按设计图示尺寸以（　　）计算。

A. 面积（m²）　　B. 厚度（mm）　　C. 长度（m）　　D. 体积（m³）

31. 根据《房屋建筑与装饰工程工程量计算规范》附录K，保温柱的工程量计算正确的是（　　）。

A. 按设计图示尺寸以体积计算

B. 按设计图示尺寸以保温层外边线展开长度乘以其高度计算

C. 按设计图示尺寸以柱体积计算

D. 按设计图示尺寸以保温层中心线展开长度乘以其高度计算

二、多项选择题

1. 地槽长度在计算时，外墙按外墙中心线长度计算，内墙按基础（垫层）底净长线计算，不扣除（　　）的长度。

A. 工作面　　　　　　　　　　　B. 砖垛折加长度

C. 垫层　　　　　　　　　　　　D. 放坡重叠部分

E. 基础

2. 人工土方定额遇到以下（　　）情况时，应乘以系数。

A. 挖桩承台土方

B. 挖土深度超过 3m，采用机械土方
C. 局部挖土深度超过 3m 仍采用人工土方挖土
D. 挖运湿土
E. 挖淤泥、流砂

3. 钻孔混凝土灌注桩工程量清单计价时，以下可能参与组合的内容有（　　）。
A. 预制桩尖埋设
B. 钻孔机成孔
C. 入岩增加费
D. 钢筋笼制作安放
E. 泥浆池的建拆

4. 工程量清单编制时，基础土方开挖工程量（　　）。
A. 按基础混凝土底面积乘以实际开挖深度计算
B. 按基础混凝土垫层底面积乘以从垫层底至交付施工场地标高间的高度计算
C. 应按不同基础类型分别列项计算
D. 同类基础不同尺寸应分别列项计算
E. 干、湿土应分别列项计算

5. 以下说法正确的是（　　）。
A. 地下构件设有砖模的，挖土工程量按砖模下设计垫层面积乘以下翻深度计算，不另增加工作面
B. 在计算土方工程量时，清单和计价工程量的计算高度是不一致的
C. 就地回填土指的是将挖出的土方在运距 5m 内就地回填；运距超过 5m 时，按人力车运土定额计算
D. 同一槽、坑内土壤类别不同时，分别按其放坡起点、放坡系数依不同土壤类别厚度加权平均计算
E. 爆破定额已经综合了不同阶段的高度、坡面、改炮、找平等因素；当设计规定爆破有粒径要求时，需增加的人工、材料和机械费用应按实计算

6. 根据《建设工程工程量清单计价规范》，关于建筑工程工程量计算，正确的是（　　）。
A. 砖围墙如有混凝土压顶时，算至压顶上表面
B. 砖基础的垫层通常包括在基础工程量中，不另行计算
C. 砖墙外凸出墙面的砖垛，应按体积并入墙体内计算
D. 砖地坪通常按设计图示尺寸以面积计算
E. 通风管、垃圾道通常按图示尺寸以长度计算

7. 砖基础砌筑工程量按设计图示尺寸以体积计算，但应扣除（　　）。
A. 地梁所占体积
B. 构造柱所占体积
C. 嵌入基础内的管道所占体积
D. 砂浆防潮层所占体积
E. 圈梁所占体积

8. 根据《房屋建筑与装饰工程工程量计算规范》，关于砖基础工程量计算，正确的是（　　）。
A. 按设计图示尺寸以体积计算
B. 扣除大放脚 T 形接头处的重叠部分
C. 内墙基础长度按净长线计算

D. 材料相同时，基础与墙身划分通常以设计室内地面为界

E. 基础工程量不扣除构造柱所占面积

9. 关于墙高度计算方法，正确的是（　　）。

A. 内、外山墙按平均高度计算

B. 女儿墙算至混凝土压顶上表面

C. 外墙平屋面算至混凝土板面

D. 内墙算至屋架下弦底

E. 内墙有框架梁时算至梁底

10. 定额中规定，计算砌体工程量时，凸出墙面需计算工程量的砌体包括（　　）。

A. 凸出墙身的统腰线　　　　　B. 二出檐以上的挑檐

C. 凸出墙身的窗台　　　　　　D. 1/2砖以内的门窗套

E. 砖垛

11. 以下对木结构工程描述正确的有（　　）。

A. 屋架的跨度应以屋架上下弦杆的中心线交点之间的距离计算

B. 方木屋架一面刨光时增加3mm，两面刨光时增加5mm

C. 檩条垫木未包括在檩木定额中，发生时需单独计算

D. 屋架体积已包括剪刀撑、挑檐木、上下弦之间的拉杆、夹木等，不另计算

E. 计算木材体积，需扣除孔眼、开榫、切肢、切边的体积

12. 根据《房屋建筑与装饰工程量计算规范》，下列有关分项工程工程量计算，正确的是（　　）。

A. 斜屋顶（不包括平屋顶找坡）的卷材防水按斜面积计算

B. 膜结构屋面按设计图示尺寸以需要覆盖的水平投影面积计算

C. 屋面排水管按设计室外散水上表面至檐口的垂直距离以长度计算

D. 变形缝防水按设计尺寸以面积计算

E. 屋面排气管按设计图示尺寸以长度（m）计算

13. 根据《房屋建筑与装饰工程工程量计算规范》，有关分项工程工程量的计算，正确的有（　　）。

A. 瓦屋面按设计图示尺寸以水平投影面积计算

B. 屋面刚性防水按设计图示尺寸以面积计算，不扣除房上烟囱、风道所占面积

C. 膜结构屋面按设计图示尺寸以需要覆盖的水平投影面积计算

D. 涂膜防水按设计图示尺寸以面积计算

E. 屋面檐沟的卷材按展开面积（m^2）计算

三、简答题

1. 土石方工程中干土和湿土的划分标准是什么？

2. 土方开挖遇到地下水时，在清单编制及计价时应如何考虑？

3. 土石方工程的挖土深度如何计算？

4. 在各类桩的清单描述中桩长如何规定？

5. 清单零星砌体与定额零星砌体在内容上有什么区别？砖柱与柱基础定额划分是如何规定的？

6. 砌筑工程的基础与墙身如何划分?

7. 混凝土工程中,整体楼梯水平投影面积包含哪些内容?

8. 试论述砖砌基础大放脚的尺寸确定和工程量计算。

9. 砖垛折加长度应如何计算?

10. 在清单和定额工程量计算规则中,关于墙体中应扣体积和面积与不扣体积和面积有哪些不同?

11. 试论述当设计的混凝土强度等级不同或需要掺入添加剂时,计价定额的换算方法。

12. 简述基础、柱、梁、板、墙、楼梯、阳台雨篷定额子目的使用和工程量计算规则。

13. 哪些项目计价与建筑物层高有关?

14. 现浇雨篷、阳台的混凝土浇捣及模板工程量分别如何计算?

15. 设计有混凝土装饰线时,应怎样计算线条工程量?

16. 定额列项中有哪几类钢筋和钢筋接头?各类钢筋接头分别适用于何种情况?

17. 计价时,哪些内容在设计与定额取定不同时定额应做换算?

18. "瓦屋面"项目清单编制时项目特征描述的主要内容有哪些?

19. "防水、防潮"项目按不同材料可分为哪几种?

20. 屋面防水清单项目设置内容包括哪些?屋面卷材、涂膜、刚性防水之间如何划分?

21. "保温、隔热"常用的材料有哪些?计价工程量计量单位是什么?

22. "保温、隔热"项目特征描述应包含哪些内容?

四、定额换算题

试完成表 3-75 中的内容。

表 3-75 定额基价换算

序 号	定额编号	工程名称	定额计量单位	基价/元	基价计算式
1		挖掘机开挖房屋一般土方,三类湿土,含水率40%,深6m,下有桩基			
2		人工挖桩承台三类一般土方,深2.2m			
3		房屋地槽人工挖三类湿土,深2.5m			
4		人工挖墙基础局部深4m,三类土,套基槽土方			
5		人力车运土150m			
6		平整场地			
7		湿土排水			
8		人工挖房屋基槽土方二类湿土,深2.5m			

续表

序号	定额编号	工程名称	定额计量单位	基价/元	基价计算式
9		三类土,深6m内,土壤含水率30%,反铲挖掘机挖土			
10		人力车运三类湿土,运距465m			
11		凿沉管灌注桩桩头,有钢筋笼			
12		凿水泥搅拌桩桩头			
13		桩钢筋笼制作(圆钢)			
14		桩孔回填碎石			
15		人工挖孔桩,$\phi 1000mm$,孔深12m			
16		人工挖孔桩,$\phi 1000mm$,孔深13m			
17		打20m长预制钢筋混凝土方桩试桩			
18		C20(40)振动沉管混凝土灌注桩成孔,桩长16m,有钢筋笼			
19		M1.0混合砂浆,砌混凝土实心一砖墙			
20		M7.5水泥砂浆,砌混凝土一砖墙			
21		M7.5混合砂浆,砌弧形多孔砖1/2砖墙			
22		M7.5水泥砂浆,砌弧形多孔砖一砖墙			
23		干铺碎石垫层,上有砖基础			

五、综合训练题

1. 某房屋工程基础平面图及断面图如图3.36所示。已知:基底土质均衡,为二类土,地下常水位标高为-1.100m,土方含水率30%;室外地坪设计标高为-0.150m,交付施工的地坪标高为-0.300m,土方采用人工开挖,挖掘机装车,自卸汽车运土,运距5km。

(1) 试计算该基础土方开挖工程量,编制工程量清单,完成表3-76。

(2) 按照《浙江省房屋建筑与装饰工程预算定额(2018版)》计算工程挖基槽、基坑土方综合单价(合价保留到"元"),完成表3-77。

(假设当时当地人工市场价135元/工日,载重15t自卸汽车市场价850元/台班;企业管理费为人工费及机械费之和的16.57%,利润为人工费及机械费之和的8.1%,不考虑风险费;按基坑边堆放、自卸汽车运土考虑,回填后余土不考虑湿土因素;假设埋入土内体积:1—1断面为26.6m³,2—2断面为20.2m³。)

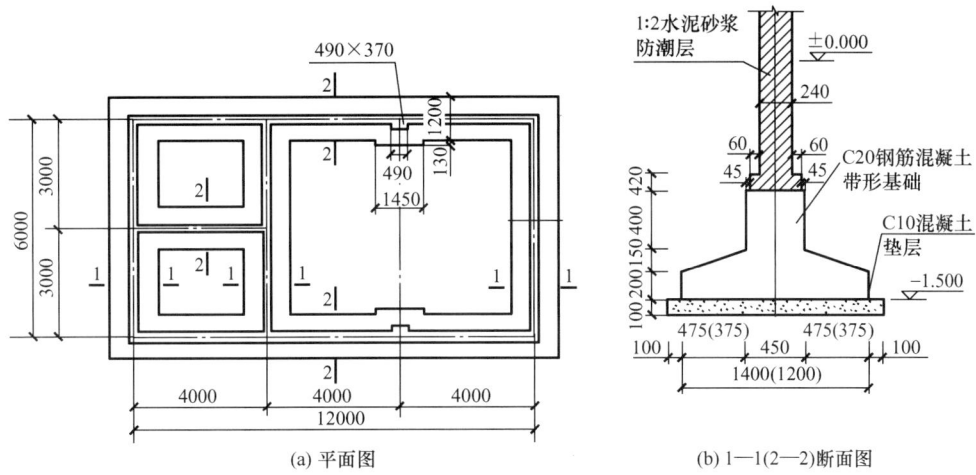

(a) 平面图　　　　　(b) 1—1(2—2)断面图

图 3.36　某房屋工程基础平面图及断面图（单位：mm）

表 3-76　某分部分项工程量清单

序号	项目编码	项目名称	计量单位	工程数量

表 3-77　某分部分项工程量清单综合单价计算表

工程名称：　　　　　　　　　　计量单位：
项目编码：　　　　　　　　　　工程数量：
项目名称：　　　　　　　　　　综合单价：

序号	定额编号	项目名称	单位	数量	其中/元						
					人工费	材料费	机械费	企业管理费	利润	风险费用	小计

2. 某房屋工程基础层平面图及断面图如图 3.36 所示。已知：砖基础采用混凝土实心砖，墙厚如图 3.36 所示，采用干混砌筑砂浆 DM M7.5 砌筑。

(1) 试计算该砖基础清单工程量，编制工程量清单，完成表 3-77。

(2) 按照《浙江省预算定额（2018 版）》计算工程砖基础综合单价（合价保留到"元"），完成表 3-77。

（假设当时当地人工市场价 135 元/工日，载重 8t 自卸汽车市场价 850 元/台班；企业管理费为人工费及机械费之和的 16.57%、利润为人工费及机械费之和的 8.1%、不考虑风险费用。）

单元 4 装饰工程计量与计价

知识目标

1. 楼地面装饰工程，墙、柱面装饰与隔断、幕墙工程，天棚工程，油漆、涂料、裱糊工程等的构造做法、施工工艺及常用材料等基础知识；
2. 装饰工程各分部分项工程清单工程量计算规则及清单编制方法；
3. 装饰工程各分部分项工程定额说明及定额应用；
4. 装饰工程各分部分项工程计价工程量计算及定额应用。

能力目标

1. 能够进行装饰工程各分部分项工程清单工程量的计算并能进行清单编制；
2. 能够计算楼地面装饰工程，墙、柱面装饰与隔断、幕墙工程，天棚工程，油漆、涂料、裱糊工程等的定额工程量；
3. 能够正确套用相关定额项目并进行定额换算；
4. 能够进行装饰工程的清单计价。

引入案例

图 4.1 为某住户二层平面图，若需要一笔资金对房屋做简单装潢，请问需要准备多少资金？分别包含哪些项目费用？应如何计算？

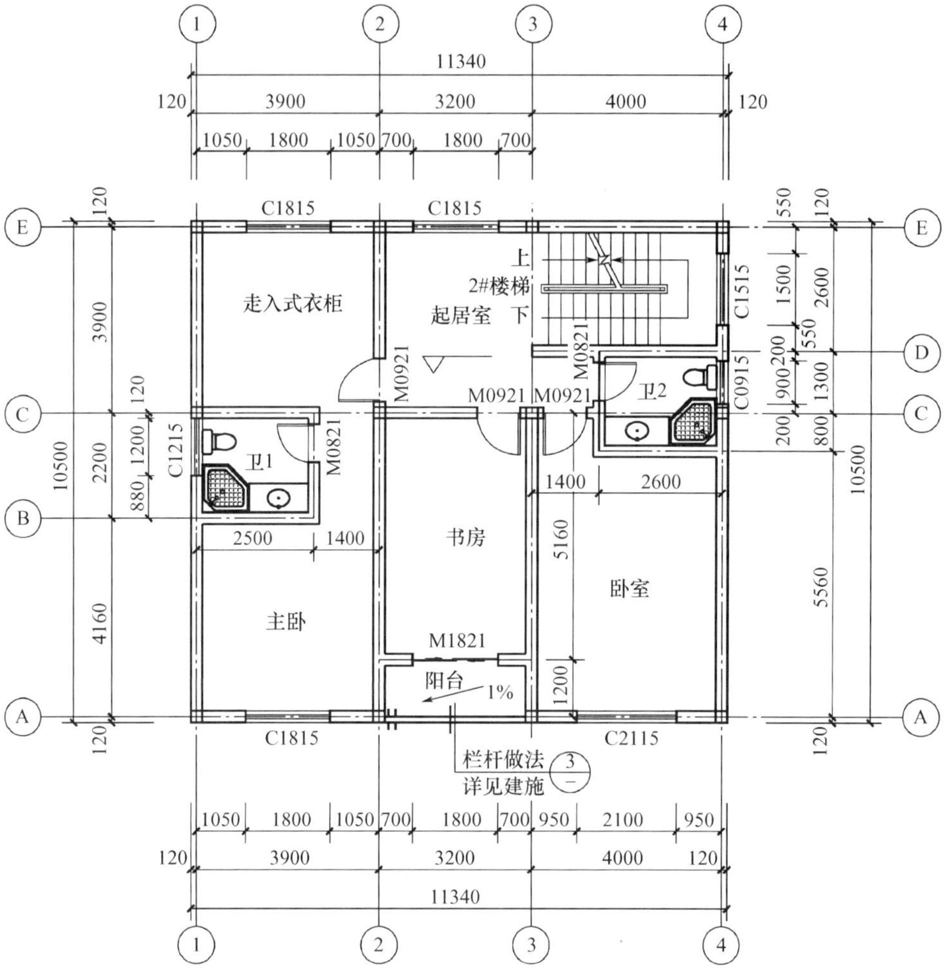

图 4.1 某住户二层平面图（单位：mm）

任务 4.1 楼地面装饰工程

4.1.1 基础知识

楼地面装饰工程是指使用各种面层材料对楼地面进行装饰的工程。楼地面是地面和楼面的总称，其构造做法如图 4.2 所示。

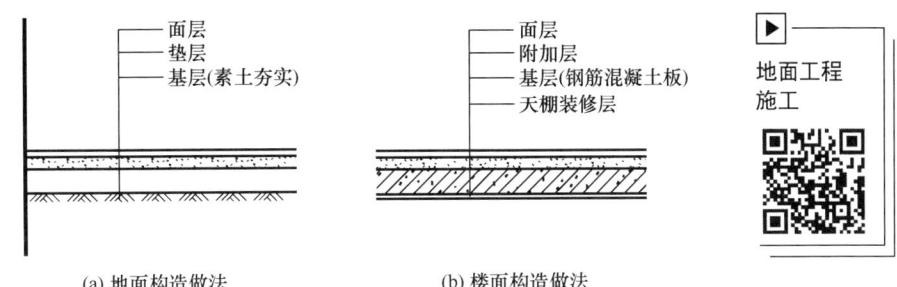

(a) 地面构造做法　　(b) 楼面构造做法

图 4.2　楼地面构造做法

1. 基层

基层是楼地面的基体，作用是承担其上部的全部载荷。地面的基层多为素土夯实，楼面的基层一般是钢筋混凝土板。

2. 垫层

垫层在面层之下、基层之上，承受由面层传来的荷载，并将荷载均匀地传至基层，同时还起隔水、找坡、改善基层的作用。垫层常用材料有混凝土、砂、炉渣、碎（卵）石、灰土等。

3. 附加层

附加层是当地面和楼面的基本构造不能满足使用或构造要求时增设的构造层，如找平层、结合层、隔离层、填充层等。找平层常用材料有水泥砂浆和混凝土；结合层常用材料有水泥砂浆、干硬性水泥砂浆、黏结剂等；隔离层常用材料有防水砂浆、防水涂料、热沥青、油毡等；填充层常用材料有水泥炉渣、加气混凝土块、水泥膨胀珍珠岩块等。

4. 面层

面层是人们日常生活、工作、生产直接接触的地方，是直接承受各种物理和化学作用的地面与楼面表层。根据所用的材料，面层分为整体面层、块料面层、橡塑面层、其他面层。其中整体面层常用材料有水泥砂浆、细石混凝土、现浇水磨石等；块料面层常用材料有天然石材（大理石、花岗岩等）、缸砖、陶瓷锦砖、地砖、广场砖等；橡塑面层常用材料有橡胶地板、橡胶卷材；其他面层常用材料有地毯、木地板等。

4.1.2　工程量清单编制

1. 清单编制说明

本项目清单包括 L.1 整体面层及找平层、L.2 块料面层、L.3 橡塑面层、L.4 其他材料面层、L.5 踢脚线、L.6 楼梯面层、L.7 台阶装饰、L.8 零星装饰项目 8 个部分，共 43 个项目。

2. 整体面层及找平层工程量清单编制

整体面层及找平层包括水泥砂浆楼地面、现浇水磨石楼地面、细石混凝土楼地面、菱苦土楼地面、自流平楼地面及平面砂浆找平层 6 个项目，分别按 011101001×××～011101006××× 编码列项。

(1) 工作内容。

① 水泥砂浆楼地面：清理基层，抹找平层，抹面层，材料运输。

② 现浇水磨石楼地面：清理基层，抹找平层，面层铺设，嵌缝条安装，磨光、酸洗、打蜡，材料运输。

③ 细石混凝土楼地面：清理基层，抹找平层，面层铺设，材料运输。

④ 菱苦土楼地面：清理基层，抹找平层，面层铺设，打蜡，材料运输。

⑤ 自流平楼地面：基层处理，抹找平层，涂界面剂，涂刷中层漆，打磨、吸尘，镘自流平面漆（浆），拌和自流平浆料，铺面层。

⑥ 平面砂浆找平层：清理基层，抹找平层，材料运输。

(2) 项目特征。

① 水泥砂浆楼地面：应对清理基层、抹找平层、抹面层、材料运输予以描述。

② 现浇水磨石楼地面：应对清理基层，抹找平层，面层铺设，嵌缝条安装，磨光、酸洗、打蜡，材料运输予以描述。

③ 细石混凝土楼地面：应对清理基层、抹找平层、面层铺设、材料运输予以描述。

④ 菱苦土楼地面：应对清理基层、抹找平层、面层铺设、打蜡、材料运输予以描述。

⑤ 自流平楼地面：应对找平层砂浆配合比、厚度，界面剂材料种类，中层漆材料种类、厚度，面漆种类、厚度，面层材料种类予以描述。

⑥ 平面砂浆找平层：应对找平层厚度、砂浆配合比予以描述。

(3) 工程量计算规则：按设计图示尺寸以面积（m^2）计算，应扣除凸出地面的构筑物、设备基础、室内管道、地沟等所占面积，不扣除间壁墙及 $0.3m^2$ 以内的柱、垛、附墙烟囱及孔洞所占面积，门洞、空圈、暖气包槽、壁龛的开口部分也不增加。

3. 块料面层工程量清单编制

块料面层包括石材楼地面、碎石材楼地面、块料楼地面 3 个项目，分别按 011102001×××～011102003××× 编码列项。

(1) 工作内容：基层清理，抹找平层，面层铺设、磨边，嵌缝，刷防护涂料，酸洗、打蜡，材料运输。

(2) 项目特征：应对找平层厚度、砂浆配合比，结合层厚度、砂浆配合比，面层材料品种、规格、颜色，嵌缝材料种类，防护层材料种类，酸洗、打蜡要求予以描述。

(3) 工程量计算规则：按设计图示尺寸以面积（m^2）计算。门洞、空圈、暖气包槽、壁龛的开口部分并入相应的工程量内。

1. 水泥砂浆楼地面面层处理需要明确是拉毛还是压光做法。
2. 平面砂浆找平层只适用于仅做找平层的平面抹灰。
3. 在描述碎石材楼地面项目的面层材料特征时，可不用描述其规格、颜色。
4. 石材楼地面、块料楼地面与黏结材料的结合面刷防渗材料的种类，在防护层材料种类中描述。
5. 块料面层各项目工作内容中的磨边，指施工现场磨边。

4. 橡塑面层工程量清单编制

橡塑面层包括橡胶板楼地面、橡胶板卷材楼地面、塑料板楼地面、塑料卷材楼地面4个项目，分别按011103001×××～011103004×××编码列项。

（1）工作内容：基层清理，面层铺贴，压线条装钉，材料运输。

（2）项目特征：应对黏结层厚度、材料种类，面层材料品种、规格、颜色，压线条种类予以描述。

（3）工程量计算规则：按设计图示尺寸以面积（m^2）计算。门洞、空圈、暖气包槽、壁龛的开口部分并入相应的工程量内。

5. 其他材料面层工程量清单编制

其他材料面层包括地毯楼地面，竹、木（复合）地板，金属复合地板，防静电活动地板4个项目，分别按011104001×××～011104004×××编码列项。

（1）工作内容。

① 地毯楼地面：基层清理，铺贴面层，刷防护材料，装钉压条，材料运输。

② 竹、木（复合）地板，金属复合地板：基层清理，龙骨铺设，基层铺设，面层铺贴，刷防护材料，材料运输。

③ 防静电活动地板：基层清理，固定支座安装，活动面层安装，刷防护材料，材料运输。

（2）项目特征。

① 地毯楼地面：应对面层材料品种、规格、颜色，防护材料种类，黏结材料种类，压线条种类予以描述。

② 竹、木（复合）地板，金属复合地板：应对龙骨材料种类、规格、铺设间距，基层材料种类、规格，面层材料品种、规格、颜色，防护材料种类予以描述。

③ 防静电活动地板：应对支架高度、材料种类，面层材料品种、规格、颜色，防护材料种类予以描述。

（3）工程量计算规则：工程量计算规则同橡塑面层。

6. 踢脚线工程量清单编制

踢脚线包括水泥砂浆踢脚线、石材踢脚线、块料踢脚线、塑料板踢脚线、木质踢脚线、金属踢脚线、防静电踢脚线7个项目，分别按011105001×××～011105007×××编码列项。

（1）工作内容。

① 水泥砂浆踢脚线：基层清理，底层和面层抹灰，材料运输。

② 石材踢脚线、块料踢脚线：基层清理，底层抹灰，面层铺贴、磨边，擦缝，磨光、酸洗、打蜡，刷防护材料，材料运输。

③ 塑料板踢脚线、木质踢脚线、金属踢脚线、防静电踢脚线：基层清理，基层铺贴，面层铺贴，材料运输。

（2）项目特征。

① 水泥砂浆踢脚线：应对踢脚线高度，底层厚度、砂浆配合比，面层厚度、砂浆配合比予以描述。

② 石材踢脚线、块料踢脚线：应对踢脚线高度，黏结层的厚度、材料种类，面层材料品种、规格、颜色，防护材料种类予以描述。

③ 塑料板踢脚线、木质踢脚线、金属踢脚线、防静电踢脚线：应对踢脚线高度，黏

结层（基层）厚度、材料种类、规格，面层材料品种、规格、颜色予以描述。

（3）工程量计算规则：按设计图示长度乘以高度以面积（m²）计算；按延长米（m）计算。

7. 楼梯面层工程量清单编制

楼梯装饰包括石材楼梯面层、块料楼梯面层、拼碎块料面层、水泥砂浆楼梯面层、现浇水磨石楼梯面层、地毯楼梯面层、木板楼梯面层、橡胶板楼梯面层、塑料板楼梯面层9个项目，分别按011106001×××～011106009×××编码列项。

（1）工作内容。

① 石材楼梯面层、块料楼梯面层、拼碎块料面层：基层清理，抹找平层，面层铺贴、磨边，贴嵌防滑条，勾缝，刷防护材料，酸洗、打蜡，材料运输。

② 水泥砂浆楼梯面层：基层清理，抹找平层，抹面层，抹防滑条，材料运输。

③ 现浇水磨石楼梯面层：基层清理，抹找平层，抹面层，贴嵌防滑条，磨光、酸洗、打蜡，材料运输。

④ 地毯楼梯面层：基层清理，面层铺贴，固定配件安装，刷防护材料，材料运输。

⑤ 木板楼梯面层：基层清理，基层铺贴，面层铺贴，刷防护材料，材料运输。

⑥ 橡胶板楼梯面层、塑料楼梯面层：基层清理，面层铺贴，压线条装钉，材料运输。

（2）项目特征。

① 石材楼梯面层、块料楼梯面层、拼碎块料面层：应对找平层厚度、砂浆配合比，黏结层厚度、材料种类，面层材料品种、规格、颜色，防滑条材料种类、规格，勾缝材料种类，防护材料种类，酸洗、打蜡要求予以描述。

② 水泥砂浆楼梯面层：应对找平层厚度、砂浆配合比，面层厚度、砂浆配合比，防滑条材料种类、规格予以描述。

③ 现浇水磨石楼梯面层：应对找平层厚度、砂浆配合比，面层厚度、水泥石子浆配合比，防滑条材料种类、规格，石子种类、规格、颜色，颜料种类、颜色，磨光、酸洗、打蜡要求予以描述。

④ 地毯楼梯面层：应对基层材料种类，面层材料品种、规格、颜色，黏结材料种类，固定配件材料、种类、规格予以描述。

⑤ 木板楼梯面层：应对基层材料种类、规格，面层材料品种、规格、颜色，黏结材料种类，防护材料种类予以描述。

⑥ 橡胶板楼梯面层、塑料楼梯面层：应对黏结层厚度、材料种类，面层材料品种、规格、颜色，压线条种类予以描述。

（3）工程量计算规则：按设计图示尺寸以楼梯（包括踏步、休息平台及500mm以内的楼梯井）水平投影面积（m²）计算，楼梯与楼地面相连时，算至梯口梁内侧边沿；无梯口梁者，算至最上一层踏步边沿加300mm。

8. 台阶装饰工程量清单编制

台阶装饰包括石材台阶面、块料台阶面、拼碎块料台阶面、水泥砂浆台阶面、现浇水磨石台阶面、剁假石台阶面6个项目，分别按011107001×××～011107006×××编码列项。

（1）工作内容。

① 石材台阶面、块料台阶面、拼碎块料台阶面：基层清理，抹找平层，面层铺贴，贴嵌防滑条，勾缝，刷防护材料，材料运输。

② 水泥砂浆台阶面：基层清理，抹找平层，抹面层，抹防滑条，材料运输。

③ 现浇水磨石台阶面：清理基层，抹找平层，抹面层，贴嵌防滑条，打磨、酸洗、打蜡，材料运输。

④ 剁假石台阶面：清理基层，抹找平层，抹面层，剁假石，材料运输。

(2) 项目特征。

① 石材台阶面、块料台阶面、拼碎块料台阶面：应对找平层厚度、砂浆配合比，黏结材料种类，面层材料品种、规格、颜色，勾缝材料种类，防滑条材料种类、规格，防护材料种类予以描述。

② 水泥砂浆台阶面：应对找平层厚度、砂浆配合比，面层厚度、砂浆配合比，防滑条材料种类予以描述。

③ 现浇水磨石台阶面：应对找平层厚度、砂浆配合比，面层厚度、水泥石子浆配合比，防滑条材料种类、规格，石子种类、规格、颜色，颜料种类、颜色，磨光、酸洗、打蜡要求予以描述。

④ 剁假石台阶面：应对找平层厚度、砂浆配合比，面层厚度、砂浆配合比，剁假石要求予以描述。

(3) 工程量计算规则：按设计图示尺寸以台阶（包括最上层踏步边沿加300mm）水平投影面积（m^2）计算。

9. 零星装饰项目工程量清单编制

零星装饰项目适用于小面积（$0.5m^2$以内）、少量分散的楼地面装饰。零星装饰项目包括石材零星项目、拼碎石材零星项目、块料零星项目、水泥砂浆零星项目4个项目，分别按011108001×××～011108004×××编码列项。

(1) 工作内容。

① 石材零星项目、拼碎石材零星项目、块料零星项目：清理基层，抹找平层，面层铺贴，磨边，勾缝，刷防护材料，酸洗、打蜡，材料运输。

② 水泥砂浆零星项目：清理基层，抹找平层，抹面层，材料运输。

(2) 项目特征。

① 石材零星项目、拼碎石材零星项目、块料零星项目：应对工程部位，找平层厚度、砂浆配合比，结合层厚度、材料种类，面层材料品种、规格、颜色，勾缝材料种类，防护材料种类，酸洗、打蜡要求予以描述。

② 水泥砂浆零星项目：应对工程部位，找平层厚度、砂浆配合比，面层厚度、砂浆厚度予以描述。

(3) 工程量计算规则：按设计图示尺寸以面积（m^2）计算。

实例分析 4-1

某建筑物二层平面图如图4.3所示，其楼面做法见表4-1，墙厚240mm，门框厚90mm，与墙内侧平。试编制该楼地面工程工程量清单。

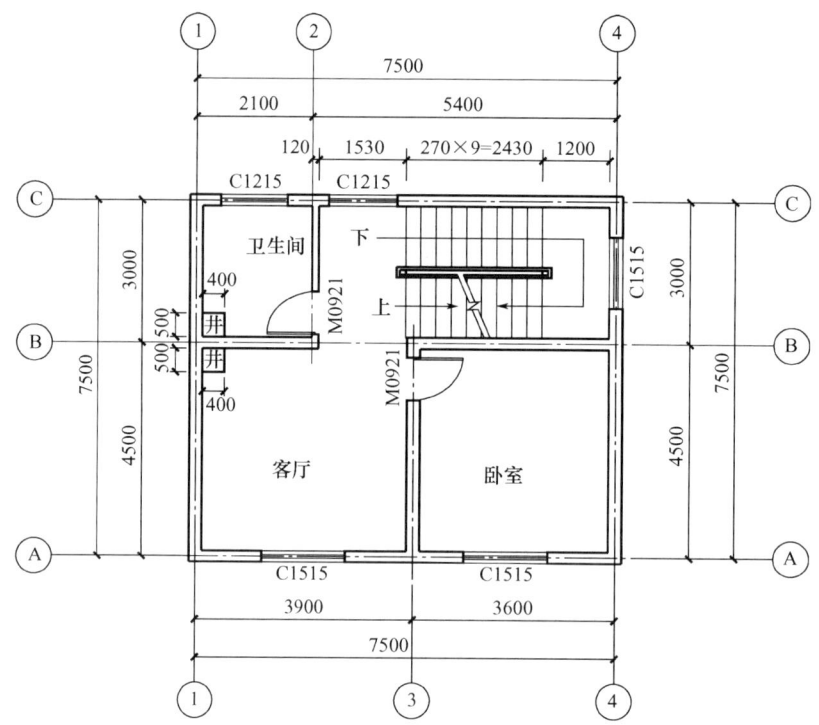

图 4.3 某建筑物二层平面图（单位：mm）

表 4-1 楼面做法

序号	部位	做法
1	客厅、楼梯	1. 20mm 厚 1∶2 水泥白石子浆磨光 2. 20mm 厚 1∶2.5 水泥砂浆找平层 3. 素水泥浆结合层一道 4. 钢筋混凝土结构板，1∶2 水泥砂浆踢脚线，$H=150$mm 5. 梯梁宽度 240mm
2	卧室	1. 长条复合地板铺在细木工板上 2. 钢筋混凝土结构板，装饰夹板踢脚线，$H=150$mm 3. 门口做金属压条
3	卫生间	1. 8～10mm 厚 300mm×300mm 防滑地砖，干水泥浆擦缝 2. 20mm 厚 DS M20.0 干混地面砂浆结合层 3. 1.5mm 厚丙烯酸复合防水涂料，沿墙上翻 500mm 4. 20mm 厚 DS M20.0 干混地面砂浆找平层 5. 钢筋混凝土结构板

分析：（1）根据楼面做法，参照清单规范，列出清单项目：现浇水磨石楼地面，水泥砂浆踢脚线，现浇水磨石楼梯面层，竹、木（复合）地板，木质踢脚线，块料楼地面。

（2）根据清单规则，计算相应的清单工程量。

① 现浇水磨石楼地面，20mm 厚 1∶2 水泥白石子浆磨光，计算得
$$S=(3.9-0.24)\times(4.5-0.24)+(1.53-0.3)\times(3-0.24)\approx18.99(\text{m}^2)$$
② 水泥砂浆踢脚线，计算得
$$S=0.15\times\left[(3.9-0.24+4.5-0.24)\times2+3-0.9\times2+(0.24-0.09)\times2\times\frac{1}{2}+(0.12-0.09)\times2+0.24\right]\approx2.62(\text{m}^2)$$
③ 现浇水磨石楼梯面层，计算得
$$S=(2.43+1.2+0.3)\times(3-0.24)\approx10.85(\text{m}^2)$$
④ 竹、木（复合）地板（长条复合地板铺在细木工板上），计算得
$$S=(3.6-0.24)\times(4.5-0.24)\approx14.31(\text{m}^2)$$
⑤ 木质踢脚线，计算得
$$S=0.15\times[(3.6-0.24+4.5-0.24)\times2-0.9]\approx2.15(\text{m}^2)$$
⑥ 块料楼地面（20mm 厚 DS M20.0 干混地面砂浆铺贴防滑地砖），计算得
$$S=(3-0.24)\times(2.1-0.12)-0.4\times0.5\approx5.26(\text{m}^2)$$

该楼地面工程工程量清单见表 4-2。

表 4-2　该楼地面工程工程量清单

序号	项目编码	项目名称	项目特征描述	计量单位	工程量	金额/元 综合单价	合价	其中：暂估价
1	011101002001	现浇水磨石楼地面	1. 20mm 厚 1∶2 水泥白石子浆磨光 2. 20mm 厚 1∶2.5 水泥砂浆找平层	m²	18.99			
2	011102003001	块料楼地面	1. 8～10mm 厚 300mm×300mm 防滑地砖，干水泥浆擦缝 2. 20mm 厚 DS M20.0 干混地面砂浆结合层 3. 1.5mm 厚丙烯酸复合防水涂料，沿墙上翻 500mm 4. 20mm 厚 DS M20.0 干混地面砂浆找平层	m²	5.26			
3	011104002001	竹、木（复合）地板	长条复合地板铺在细木工板上	m²	14.31			
4	011105001001	水泥砂浆踢脚线	1∶2 水泥砂浆踢脚线，$H=150\text{mm}$	m²	2.62			
5	011105005001	木质踢脚线	装饰夹板踢脚线，$H=150\text{mm}$	m²	2.15			
6	011106005001	现浇水磨石楼梯面层	1. 20mm 厚 1∶2 水泥白石子浆磨光 2. 20mm 厚 1∶2.5 水泥砂浆找平层	m²	10.85			

拓展提高

1. 当块料面层在同一部位的颜色或规格不同时,可按不同颜色或规格分开列清单,也可合并在一个清单中,但必须在项目特征中加以明确,同时描述各类颜色或规格及各自的面积。

2. 因《浙江省预算定额（2018版）》中楼梯装饰定额包括了楼梯侧面、底面的抹灰,编制楼梯装饰项目清单时,楼梯抹灰可不单独列项,但须在项目特征中加以描述。若楼梯、台阶侧面单独（或不同）装饰,可按零星装饰项目编码列项,并在清单项目中进行描述。

4.1.3 工程量清单计价

1. 计价说明

楼地面工程定额,按工程部位、工程材料、施工工艺等划分为找平层及整体面层、块料面层、橡塑面层、其他材料面层、踢脚线、楼梯面层、台阶装饰、零星装饰项目、分隔嵌条、防滑条及酸洗打蜡10个小节,共157个子目。

（1）本章定额中,凡砂浆、混凝土的厚度、种类、配合比,以及材料的品种、型号、规格、间距设计与定额不同时,可按设计规定调整。

（2）整体面层设计厚度与定额不同时,根据厚度每增减子目按比例调整。

实例分析 4-2

实例分析4-2所用定额

求22mm厚干混地面砂浆（DS M20.0）找平层（混凝土基层）的基价。

分析：套用定额 11-1+11-3,计算得

基价 = 17.46 + 0.63 × 2 = 18.72（元/m²）

（3）整体面层、块料面层中的楼地面项目,均不包括找平层,发生时套用找平层相应子目。楼地面找平层上如单独找平扫毛,每平方米增加人工费0.04工日,其他材料费0.50元。

（4）块料面层黏结层厚度设计与定额不同时,按水泥砂浆找平层厚度增减进行调整换算。块料面层结合层如采用干硬性水泥砂浆的,除材料单价换算外,人工乘以系数0.85。

实例分析 4-3

实例分析4-3所用定额

求30mm厚 DS M20.0 干混地面砂浆铺贴广场砖（不拼图案）的基价。

分析：套用定额 11-71+11-3×10,计算得

基价 = 61.48 + 0.153×（443.08-443.08）+ 0.63×10 = 67.78（元/m²）

实例分析 4-4

求20mm厚 DS M20.0 干混砂浆找平层混凝土面（单独扫毛）的基价。

分析：套用定额 11-1，计算得

$$基价 = 17.46 + 0.04 \times 155 + 0.5 = 24.16 (元/m^2)$$

（5）除砂浆面层楼梯外，整体面层、块料面层及地板面层等楼梯定额子目均不包括踢脚线。楼梯面层定额不包括楼梯底板装饰，楼梯底板装饰套天棚工程。砂浆楼梯、台阶面层包括楼梯及台阶侧面抹灰。

（6）块料面层铺贴定额子目包括块料安装的切割，未包括块料磨边及弧形块的切割。如设计要求磨边者，应套用磨边相应子目；如设计弧形块贴面，弧形切割费应另行计算。

（7）块料离缝铺贴灰缝宽度均按 8mm 计算，设计块料规格及灰缝大小与定额不同时，面砖及勾缝材料用量应做相应调整。

（8）木地板铺贴基层如采用毛地板的，套用细木工板基层定额，除材料单价换算外，人工乘以系数 1.05。采用平口木地板时，套用企口地板项目，人工乘以系数 0.85。

实例分析 4-5

求条形实木地板楼地面铺设（平口，铺在木龙骨上）的基价。

分析：套用定额 11-60H，计算得

$$基价 = 203.85 + 17.87 \times (0.85 - 1) \approx 201.17 (元/m^2)$$

（9）踢脚线高度超过 300mm 者，按墙、柱面工程相应定额执行。弧形踢脚线按相应项目人工与机械乘以系数 1.15。

（10）螺旋形楼梯的装饰，按相应定额子目，人工与机械乘以系数 1.10，块料面层材料用量乘以系数 1.15，其他材料用量乘以系数 1.05。

（11）石材螺旋形楼梯，按弧形楼梯项目人工乘以系数 1.20。

（12）零星装饰项目适用于楼梯、台阶侧面装饰及 $0.5m^2$ 以内少量分散的楼地面装修项目。

（13）楼梯、台阶嵌铜条定额按嵌入 2 条考虑，如设计要求嵌入数量不同时，除铜条数量按实调整外，其他工料如嵌入 3 条则乘以系数 1.50，如嵌入 1 条则乘以系数 0.50。

（14）楼梯开防滑槽定额按 2 条考虑，如设计要求开 3 条则乘以系数 1.50，开 1 条则乘以系数 0.50。

2. 计价工程量计算规则

（1）楼地面找平层及整体面层楼地面按设计图示尺寸以面积（m^2）计算，应扣除凸出地面的构筑物、设备基础、室内管道、地沟等所占面积，不扣除间壁墙及 $0.3m^2$ 以内的柱、垛、附墙烟囱及孔洞所占面积，门洞、空圈（暖气包槽、壁龛）的开口部分也不增加。所谓间壁墙，是指在地面面层做好后再进行施工的墙体。

（2）块料、橡胶及其他材料等面层楼地面，按设计图示尺寸以（m^2）计算，门洞、空圈（暖气包槽、壁龛）的开口部分工程量并入相应面层内计算，不扣除点缀所占面积，点缀按个计算。石材拼花按最大外围尺寸以矩形面积计算。有拼花的石材地面面积，按设计图示尺寸扣除拼花的最大外围矩形面积计算。

（3）踢脚线按设计图示长度乘以高度计算。楼梯靠墙踢脚线（含锯齿形部分）贴块料按设计图示面积计算。

(4) 楼梯面层按设计图示尺寸以楼梯（包括踏步、休息平台及 500mm 以内的楼梯井）水平投影面积计算。楼梯与楼面相连时，算至梯口梁外侧边沿；无梯口梁者，算至最上一级踏步边沿加 300mm。

(5) 地毯配件的压辊按设计图示尺寸以"套"计算，压板按设计图示尺寸以"延长米"计算。

(6) 整体面层台阶工程量按设计图示尺寸以台阶（包括最上层踏步边沿加 300mm）水平投影面积计算；块料面层台阶工程量按设计图示尺寸以展开面积计算，整体面层台阶、看台按水平投影面积计算。当与平台相连，平台面积在 10m² 以内时，按台阶计算；平台面积在 10m² 以上时，台阶算至最上层踏步边沿加 300mm，平台按楼地面工程计算，套用相应定额。

(7) 零星项目按设计图示尺寸以面积计算。

(8) 分格嵌条、防滑条按设计图示尺寸以"延长米"计算。

(9) 面层割缝、楼梯开防滑槽按设计图示尺寸以"延长米"计算。

(10) 酸洗、打蜡工程量分别对应整体面层及块料面层工程量。

实例分析 4-6

求实例分析 4-1 中楼地面工程计价工程量。

分析：（1）客厅、楼梯间（楼板部分）。

① 20mm 厚 1∶2.5 水泥砂浆找平层。

$$S=(3.9-0.24)\times(4.5-0.24)+(1.53-0.3)\times(3-0.24)\approx18.99(m^2)$$

② 20mm 厚 1∶2 水泥白石子浆磨光。

$$S=18.99m^2$$

③ 水泥砂浆踢脚线。

$$S=0.15\times[(3.9-0.24+4.5-0.24)-0.9\times2+3]\approx1.37(m^2)$$

(2) 楼梯装饰（计算一层）。计算得

$$S=(2.43+1.2+0.3)\times(3-0.24)\approx10.85(m^2)$$

(3) 卧室。

① 长条复合地板铺在细木工板上。

$$S=(3.6-0.24)\times(4.5-0.24)\approx14.31(m^2)$$

② 装饰夹板踢脚线。

$$S=0.15\times[(3.6-0.24+4.5-0.24)\times2-0.9]\approx2.15(m^2)$$

③ 金属压条。

$$L=0.9m$$

(4) 卫生间。

① 20mm 厚 DS M20.0 干混地面砂浆找平层。

$$S=(3-0.24)\times(2.1-0.12)\approx5.46(m^2)$$

② 1.5mm 厚丙烯酸复合防水涂料，沿墙上翻 500mm。

$$S=(3-0.24)\times(2.1-0.12)-0.4\times0.5+0.5\times$$

$$[(3-0.24+2.1-0.12)\times2-0.9]\approx9.55(m^2)$$

③ 20mm 厚 DS M20.0 干混地面砂浆铺贴 8～10mm 厚 300mm×300mm 防滑地砖，干水泥浆擦缝。

$$S=(3-0.24)\times(2.1-0.12)-0.4\times0.5\approx5.26(m^2)$$

石材、块料面层与基层的工程量计算规则不同。

3. 工程量清单计价实例

实例分析 4-7

求实例分析 4-1 中卫生间防滑砖地面的综合单价。假设工料机价格按《浙江省预算定额（2018 版）》取定，企业管理费、利润分别按人工费和机械费之和的 16.57%、8.1% 计算，风险费用暂不考虑。

分析：（1）清单项目设置：编号 011102003001，块料楼地面。

（2）清单工程量计算：见实例分析 4-1 计算结果，$S=5.26m^2$。

（3）确定可组合的主要内容：①找平层；②防水层；③面层。

（4）计价工程量：见实例分析 4-6 计算结果。

（5）套定额，计算综合单价，结果见表 4-3。

实例分析4-7所用定额

表 4-3 卫生间防滑砖地面工程量清单综合单价计算表

工程名称：××××工程

| 清单序号 | 项目编码/定额编码 | 清单（定额）项目名称 | 计量单位 | 数量 | 综合单价/元 | | | | | | 合价/元 |
					人工费	材料（设备）费	机械费	企业管理费	利润	风险费用	小计	
1	011102003001	块料楼地面	m²	5.26	46.76	115.85	0.40	7.81	3.82	0	174.64	918.61
	11-1	干混砂浆找平层 DS M20.0 混凝土或硬基层上，厚20mm	m²	5.46	8.03	9.24	0.20	1.36	0.67	0	19.50	106.47
	9-80+9-82×3	丙烯酸复合防水涂料，厚1.5mm	m²	9.55	3.57	27.30	0	0.59	0.29	0	31.75	303.21
	11-44H	地砖楼地面（干混砂浆铺贴）周长1200mm 以内，密缝干混地面砂浆 DS M20.0	m²	5.26	31.94	56.69	0.20	5.33	2.60	0	96.76	508.96

任务 4.2　墙、柱面装饰与隔断、幕墙工程

4.2.1　基础知识

墙、柱面装饰工程指使用各种装饰材料对墙、柱面进行装饰的工程。在现代建筑室内外装修中，各种新型装饰材料层出不穷。根据所用装饰材料不同，墙、柱面装饰通常分为以下几类。

1. 抹灰

抹灰一般由底层、中层和面层组成。根据抹灰等级不同、抹灰层数不同，抹灰厚度也不一样，具体的抹灰参数见表 4-4。

表 4-4　抹灰参数

名　称	抹灰的一般分类		
	普通抹灰	中级抹灰	高级抹灰
抹灰层次	一底层、一面层	一底层、一中层、一面层	一底层、二中层、一面层
厚度/mm	18	20	25

卫生间墙砖铺贴

2. 镶贴块料

镶贴块料主要指石材和瓷砖的墙面装饰，其构造做法有湿法贴挂和干挂法。湿法贴挂采用水泥砂浆或胶粘剂与墙体连接，干挂法则采用不锈钢挂件或膨胀螺栓与墙体连接。

3. 墙饰面

墙饰面一般由基层和面层构成。基层主要有龙骨基层和夹板基层，面层材料有墙纸、墙布、木质板材、金属板、镜面玻璃、织物等。

4. 幕墙

幕墙是现代大型和高层建筑常用的具有装饰效果的轻质墙体，是一种由结构框架与镶嵌板材组成、不承担主体结构荷载与作用的建筑围护结构。建筑幕墙按照其面层材料不同，分为玻璃幕墙、金属板幕墙、石材幕墙等。

5. 隔断

隔断在现代家居装修中较为普遍，隔断的方法很多，有实体空间分割、虚拟空间分割等；隔断的材料也很多，有砌块、石膏龙骨、预制隔墙板、玻璃砖等。

4.2.2　工程量清单编制

本项目清单，包括 M.1 墙面抹灰、M.2 柱（梁）面抹灰、M.3 零星抹灰、M.4 墙面块料面层、M.5 柱（梁）面镶贴块料、M.6 镶贴零星块料、M.7 墙饰面、M.8 柱（梁）

饰面、M.9 幕墙工程、M.10 隔断 10 个部分，共 38 个项目。

1. 墙面抹灰工程量清单编制

墙面抹灰包括墙面一般抹灰、墙面装饰抹灰、墙面勾缝、立面砂浆找平层 4 个项目，分别按 011201001×××～011201004××× 编码列项。

（1）工作内容。

① 墙面一般抹灰、墙面装饰抹灰：清理基层，砂浆制作、运输，底层抹灰，抹面层，抹装饰面，勾分格缝等。

② 墙面勾缝：清理基层，砂浆制作、运输，勾缝。

③ 立面砂浆找平层：清理基层，砂浆制作、运输，抹灰找平。

（2）项目特征。

① 墙面一般抹灰、墙面装饰抹灰：应对墙体类型，底层、面层厚度及砂浆配合比，装饰面材料种类，分隔缝宽度、材料种类予以描述。

② 墙面勾缝：应对勾缝类型、勾缝材料种类予以描述。

③ 立面砂浆找平层：应对基层类型，找平层砂浆厚度、配合比予以描述。

（3）工程量计算规则。

按设计图示尺寸以面积计算，扣除墙裙、门窗洞口及单个大于 0.3 m^2 的孔洞所占面积，不扣除踢脚线、挂镜线及墙与构件交接处的面积，门窗洞口和孔洞的侧壁及顶面不增加面积。附墙柱、梁、垛、烟囱侧壁并入相应的墙面面积内。

① 外墙抹灰面积按外墙垂直投影面积（m^2）计算。

② 外墙裙抹灰面积按其长度乘以高度以面积（m^2）计算。

③ 内墙抹灰面积按主墙间的净长乘以高度以面积（m^2）计算（高度取定：无墙裙的，高度按室内楼地面至天棚底面计算；有墙裙的，高度按墙裙顶至天棚底面计算；有吊顶天棚抹灰的，高度算至天棚底）。

④ 内墙裙抹灰面积按内墙净长乘以高度以面积（m^2）计算。

1. 关于墙面抹灰设计，如需增加钢丝网、钢板网和玻纤网，钢丝网、钢板网按"砌块墙钢丝网加固"（010607005）编制，玻纤网安装作为抹灰项目的组合内容，并入相应抹灰清单项目工作内容，并在项目特征中加以描述。

2. 飘窗凸出外墙面，增加的抹灰并入外墙工程量。

3. 有吊顶天棚的内墙面抹灰，抹至吊顶以上部分在综合单价中考虑。

2. 柱（梁）面抹灰工程量清单编制

柱（梁）面抹灰包括柱（梁）面一般抹灰、柱（梁）面装饰抹灰、柱（梁）面砂浆找平、柱面勾缝 4 个项目，分别按 011202001×××～011202004××× 编码列项。

（1）工作内容：同墙面抹灰。

（2）项目特征。

① 柱（梁）面一般抹灰、柱（梁）面装饰抹灰：应对柱（梁）体类型，底层、面层厚度和砂浆配合比，装饰面材料种类，分隔缝宽度、材料种类予以描述。

② 柱（梁）面砂浆找平：应对柱（梁）体类型，找平的砂浆厚度、配合比予以描述。

③ 柱面勾缝：应对勾缝类型、勾缝材料种类予以描述。

（3）工程量计算规则：柱面抹灰按设计图示柱断面周长乘以高度以面积（m²）计算；梁面抹灰按设计图示梁断面周长乘以高度以面积（m²）计算；柱面勾缝按设计图示柱断面周长乘以高度以面积（m²）计算。

3. 零星抹灰工程量清单编制

零星抹灰项目适用于0.5m²以内的少量分散抹灰。零星抹灰包括零星项目一般抹灰、零星项目装饰抹灰、零星项目砂浆找平3个项目，分别按011203001×××～011203003×××编码列项。

（1）工作内容。

① 零星项目一般抹灰、零星项目装饰抹灰：基层清理，砂浆制作、运输，底层抹灰，抹面层，抹装饰面，勾分格缝。

② 零星项目砂浆找平：基层清理，砂浆制作、运输，抹灰找平。

（2）项目特征。

① 零星项目一般抹灰、零星项目装饰抹灰：应对基层类型、部位，底层厚度、砂浆配合比，面层厚度、砂浆配合比，装饰面材料种类，分格缝宽度、材料种类予以描述。

② 零星项目砂浆找平：应对基层类型、部位，找平的砂浆厚度、配合比予以描述。

（3）工程量计算规则：按设计图示尺寸以面积（m²）计算。

4. 墙面块料面层工程量清单编制

墙面块料面层包括石材墙面、拼碎石材墙面、块料墙面、干挂石材钢骨架4个项目，分别按011204001×××～011204004×××编码列项。

（1）工作内容。

① 石材墙面、拼碎石材墙面、块料墙面：清理基层，砂浆制作、运输，底层抹灰，结合层铺贴，面层铺贴，面层挂贴，面层干挂，嵌缝，刷防护材料，抹装饰面，磨光、酸洗、打蜡等。

② 干挂石材钢骨架：骨架制作、运输、安装，刷漆。

（2）项目特征。

① 石材墙面、拼碎石材墙面、块料墙面：应对墙体类型，安装方式，面层材料品种、规格、颜色，缝宽、嵌缝材料种类，防护材料种类，磨光、酸洗、打蜡要求予以描述。

② 干挂石材钢骨架：应对骨架种类、规格，防锈漆品种、遍数予以描述。

（3）工程量计算规则。

① 石材墙面、拼碎石材墙面、块料墙面：按镶贴表面积（m²）计算。

② 干挂石材钢骨架：按设计图示以质量（t）计算。

5. 柱（梁）面镶贴块料工程量清单编制

柱（梁）面镶贴块料包括石材柱面、块料柱面、拼碎块柱面、石材梁面、块料梁面5个项目，分别按011205001×××～011205005×××编码列项。

（1）工作内容：基层清理，砂浆制作、运输，黏结层铺贴，面层安装，嵌缝，刷防护材料，磨光、酸洗、打蜡。

(2) 项目特征。

① 石材柱面、块料柱面、拼碎块柱面：应对柱截面类型、尺寸，安装方式，面层材料品种、规格、颜色，缝宽、嵌缝材料种类，防护材料种类，磨光、酸洗、打蜡要求予以描述。

② 石材梁面、块料梁面：应对安装方式，面层材料品种、规格、颜色，缝宽、嵌缝材料种类，防护材料种类，磨光、酸洗、打蜡要求予以描述。

(3) 工程量计算规则：按镶贴表面积（m^2）计算。

6. 镶贴零星块料工程量清单编制

镶贴零星块料项目适用于面积小于 $0.5m^2$ 的少量分散镶贴块料面层。镶贴零星块料包括石材零星项目、块料零星项目、拼碎石材零星项目 3 个项目，分别按 011206001×××～011206003×××编码列项。

(1) 工作内容：基层清理，砂浆制作、运输，面层安装，嵌缝，刷防护材料，磨光、酸洗、打蜡。

(2) 项目特征：应对基层类型、部位，安装方式，面层材料品种、规格、颜色，缝宽、嵌缝材料种类，防护材料种类，磨光、酸洗、打蜡要求予以描述。

(3) 工程量计算规则：按镶贴表面积（m^2）计算。

7. 墙饰面工程量清单编制

墙饰面项目适用于金属、塑料、木质及软包带衬板等装饰板墙面。墙饰面包括墙面装饰板、墙面装饰浮雕 2 个项目，分别按 011207001×××、011207002×××编码列项。

(1) 工作内容：墙面装饰板为基层清理，龙骨制作、运输、安装，钉隔离层，基层铺钉，面层铺贴；墙面装饰浮雕为基层清理，材料制作、运输，安装成型。

(2) 项目特征：墙面装饰板应对龙骨材料种类、规格、中距，隔离层材料种类、规格，基层材料种类、规格，面层材料品种、规格、颜色，压条材料种类、规格予以描述；墙面装饰浮雕应对基层类型、浮雕材料种类、浮雕样式予以描述。

(3) 工程量计算规则：墙面装饰板按设计图示墙净长乘以净高以面积（m^2）计算，扣除门窗洞口及单个 $0.3m^2$ 以上的孔洞所占面积；墙面装饰浮雕按设计图示尺寸以面积（m^2）计算。

8. 柱（梁）饰面工程量清单编制

柱（梁）饰面项目适用于金属、塑料、木质及软包带衬板等装饰板柱（梁）面。柱（梁）饰面包括柱（梁）面装饰、成品装饰柱 2 个项目，分别按 011208001×××、011208002×××编码列项。

(1) 工作内容：柱（梁）面装饰为清理基层，龙骨制作、运输、安装，钉隔离层，基层铺钉，面层铺贴；成品装饰柱为柱运输、固定、安装。

(2) 项目特征：柱（梁）面装饰应对龙骨材料种类、规格、中距，隔离层材料种类、规格，基层材料种类、规格，面层材料品种、规格、颜色，压条材料种类、规格予以描述；成品装饰柱应对柱截面、高度尺寸，柱材质予以描述。

(3) 工程量计算规则：柱（梁）面装饰按设计图示饰面外围尺寸以面积（m^2）计算，柱帽、柱墩并入相应柱饰面工程量内；成品装饰柱可以按设计数量（根）计算，也可以按设计长度（m）计算。

实例分析 4-8

某建筑物二层平面图如图 4.4 所示,内墙净高 3.3m,卫生间吊顶高 3.0m,墙面为 15mm 厚水泥砂浆抹底灰,152mm×152mm 瓷砖面水泥砂浆粘贴,其他墙面为石灰砂浆一般抹灰。门窗框厚 90mm,窗与墙中心线平齐,门与内墙面平齐。试编制该墙柱面工程内墙工程量清单。

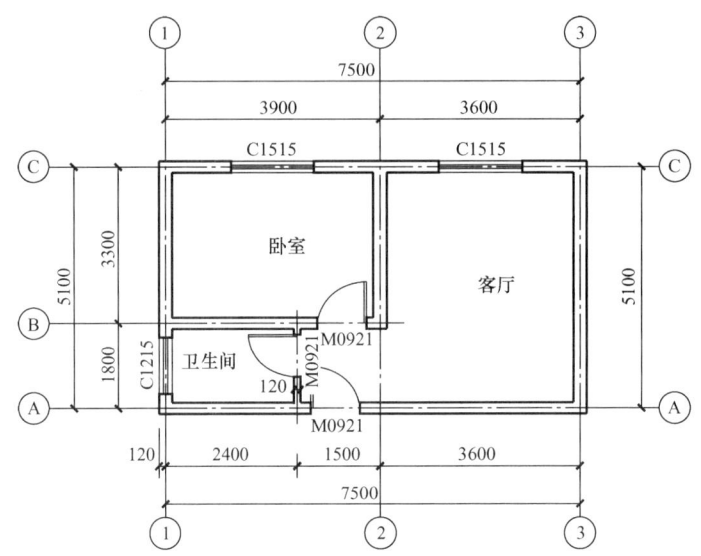

图 4.4 某建筑物二层平面图(单位:mm)

分析:(1)根据墙面做法,参照清单规范列出清单项目:墙面一般抹灰、块料墙面。
(2)根据清单规则,计算相应的工程量。
① 墙面为石灰砂浆一般抹灰,计算得
$S=[(3.6-0.24+5.1-0.24)\times2+(1.5-0.06+0.12)\times2+(3.9-0.24+3.3-0.24)\times2]\times3.3-0.9\times2.1\times4-1.5\times1.5\times2=96.84(m^2)$
② 块料墙面,计算得
$S=(2.4-0.12-0.06+1.8-0.24)\times2\times3-1.2\times1.5-0.9\times2.1+(1.2+1.5)\times2\times(0.24-0.09)/2=19.40(m^2)$

该墙柱面工程工程量清单见表 4-5。

表 4-5 墙柱面工程工程量清单

序号	项目编码	项目名称	项目特征描述	计量单位	工程量	综合单价/元	合价/元	其中/元		备注
								人工费	机械费	
			M.1 墙面抹灰							
1	011201001001	墙面一般抹灰	客厅、卧室砖墙面石灰砂浆一般抹灰	m²	96.84					
2	011204003001	块料墙面	卫生间:砖墙面 15mm 厚水泥砂浆抹底灰;水泥砂浆贴 152mm×152mm 瓷砖	m²	19.40					

9. 幕墙工程工程量清单编制

幕墙工程包括带骨架幕墙、全玻（无框玻璃）幕墙2个项目，按011209001×××、011209002×××编码列项。

（1）工作内容。

① 带骨架幕墙：骨架制作、运输、安装，面层安装，隔离带、框边封闭，嵌缝、塞口，清洗。

② 全玻（无框玻璃）幕墙：幕墙安装，嵌缝、塞口，清洗。

（2）项目特征。

① 带骨架幕墙：应对骨架材料种类、规格、中距，面层材料品种、规格、品牌、颜色，面层固定方式，隔离带、框边封闭材料品种、规格，嵌缝、塞口材料种类予以描述。

② 全玻（无框玻璃）幕墙：应对玻璃品种、规格、颜色，黏结塞口材料种类，固定方式予以描述。

（3）工程量计算规则。

① 带骨架幕墙：按设计图示框外围尺寸以面积（m^2）计算，与幕墙同种材质的窗所占面积不扣除。

② 全玻（无框玻璃）幕墙：按设计图示尺寸以面积（m^2）计算，带肋全玻幕墙按展开面积（m^2）计算。

10. 隔断工程量清单编制

隔断包括木隔断、金属隔断、玻璃隔断、塑料隔断、成品隔断，其他隔断共6个项目，分别按011210001×××～011210006×××编码列项。

（1）工作内容。

① 木隔断：骨架及边框制作、运输、安装，隔板制作、运输、安装，嵌缝、塞口，装钉压条。

② 金属隔断、塑料隔断：骨架及边框制作、运输、安装，隔板制作、运输、安装，嵌缝、塞口。

③ 玻璃隔断：边框制作、运输、安装，玻璃制作、运输、安装，嵌缝、塞口。

④ 成品隔断：隔断运输、安装，嵌缝、塞口。

⑤ 其他隔断：骨架及边框安装，隔板安装，嵌缝、塞口。

（2）项目特征。

① 木隔断：应对骨架、边框材料种类、规格，隔板材料品种、规格、颜色，嵌缝、塞口材料品种，压条材料种类予以描述。

② 金属隔断：应对骨架、边框材料种类、规格，隔板材料品种、规格、颜色，嵌缝、塞口材料品种予以描述。

③ 玻璃隔断：应对边框材料种类、规格，玻璃品种、规格、颜色，嵌缝、塞口材料品种予以描述。

④ 塑料隔断、其他隔断：应对边框材料种类、规格，隔板材料品种、规格、颜色，嵌缝、塞口材料品种予以描述。

⑤ 成品隔断：应对隔断材料品种、规格、颜色，配件品种、规格予以描述。

(3) 工程量计算规则。

① 木隔断、金属隔断：按设计图示框外围尺寸以面积（m²）计算，扣除单个 0.3m² 以上的孔洞所占面积；浴厕门的材质与隔断相同时，门的面积并入隔断面积内。

② 玻璃隔断、塑料隔断、其他隔断：按设计图示框外围尺寸以面积（m²）计算，扣除单个 0.3m² 以上的孔洞所占面积。

③ 成品隔断：按设计图示框外围尺寸以面积（m²）计算；按设计间的数量（间）计算。

4.2.3　工程量清单计价

1. 计价说明

本章定额包括墙面抹灰、柱（梁）面抹灰、零星抹灰、墙面块料面层、柱（梁）面块料面层、零星块料面层、墙饰面、柱（梁）饰面、幕墙工程及隔断、隔墙共 10 个小节。按部位可划分为墙面、柱（梁）面、零星工程等，还包括了砂浆厚度调整、阳台、雨篷、檐沟、线条等特殊部位，以及基层的界面处理和特殊砂浆的抹灰。

(1) 本章定额中凡砂浆的厚度、种类、配合比及装饰材料的品种、型号、规格、间距等设计与定额不同时，可按设计规定调整。

(2) 墙柱面一般抹灰定额子目，除定额另有说明外，均按厚度 20mm、三遍抹灰取定考虑。设计抹灰厚度、遍数与定额取定不同时按以下原则调整。

① 抹灰厚度设计与定额不同时，按抹灰砂浆厚度每增减 1mm 相应定额进行调整。

② 当抹灰遍数增加（或减少）一遍时，每 100m² 人工另增加（或减少）2.94 工日。

实例分析4-9 所用定额

> **实例分析 4-9**
>
> 求外墙面 22mm 厚干混抹灰砂浆 DP M15.0 三遍抹灰的基价。
>
> **分析：** 套用定额 12-2+12-3H
>
> $$基价 = 32.17 + 0.53 \times 2 = 33.23(元/m²)$$

(3) 凸出柱、梁、墙、阳台、雨篷等的混凝土线条，按其凸出线条的棱线道数不同套用相应的定额，但单独窗台板、栏板扶手、女儿墙压顶上的单阶凸出不计线条抹灰增加费。线条断面为外凸弧形的，一个曲面按一道考虑。

(4) 零星抹灰适用于各种壁柜、碗柜、飘窗板、空调搁板、暖气罩、池槽、花台，高度 250mm 以内的栏板，内空截面面积 0.4m² 以内的地沟以及 0.5m² 以内的其他各种零星抹灰。高度超过 250mm 的栏板套用墙面抹灰定额。

(5) "打底找平"定额子目适用于墙面饰面需单独做找平的基层抹灰，定额按二遍考虑。随砌随抹套用"打底找平"定额子目，人工乘以系数 0.70，其余不变。

(6) 抹灰定额不含成品滴水线的材料费用，如有发生，材料费另计。

(7) 弧形的墙、柱、梁等抹灰、块料面层按相应项目人工乘以系数 1.10，材料乘以系数 1.02。

(8) 女儿墙和阳台栏板的内外侧抹灰套用外墙抹灰定额。女儿墙无泛水挑砖者，人工及机械乘以系数 1.10；女儿墙带泛水挑砖者，人工及机械乘以系数 1.30。

单元 4　装饰工程计量与计价

🔍 实例分析 4-10

某带泛水挑砖女儿墙，20mm 厚干混抹灰砂浆 DP M15.0 抹灰三遍，求基价。

分析：套用定额 12-2H

$$基价 = (21.52 + 0.22) \times 1.30 + 10.43 \approx 38.69 (元/m^2)$$

（9）抹灰、块料面层及饰面的柱墩、柱帽（弧形石材除外），每个柱墩、柱帽另增加人工：抹灰 0.25 工日、块料 0.38 工日、饰面 0.50 工日。

（10）干粉黏结剂粘贴块料定额中黏结剂的厚度，除石材为 6mm 外，其余均为 4mm。黏结剂厚度设计与定额不同时，应按比例调整。

（11）外墙面砖灰缝均按 8mm 计算，设计面砖规格及灰缝大小与定额不同时，面砖及勾缝材料做相应调整。

（12）设计要求的石材、瓷砖等块料的倒角、磨边、背胶费用另计。石材需要做表面防护处理的，费用可按相应定额计取。

（13）块料面层的"零星项目"适用于天沟、窗台板、遮阳板、过人洞、暖气壁龛、池槽、花台、门窗套、挑檐、腰线、竖横线条，以及 $0.5m^2$ 以内的其他各种零星项目。其中石材门窗套应按门窗工程相应定额子目执行。

（14）"石材饰块"定额子目仅适用于内墙面的饰块饰面。

（15）附墙龙骨基层定额中的木龙骨按双向考虑，当设计采用单向时，人工乘以系数 0.55，木龙骨用量做相应调整；当设计断面面积与定额不同时，木龙骨用量做相应调整。

（16）墙、柱（梁）饰面及隔断、隔墙定额子目中的龙骨间距、规格与设计不同时，龙骨用量按设计要求调整。

（17）弧形墙饰面按墙面相应定额子目人工乘以系数 1.15、材料乘以系数 1.05。非现场加工的饰面仅人工乘以系数 1.15。

（18）饰面、隔断定额内，除注明者外均未包括压条、收边、装饰线（条）。当设计有要求时，应按相应定额执行。

（19）隔墙夹板基层及面层套用墙饰面相应定额子目。

（20）成品浴厕隔断已综合了隔断门所增加的工料。

（21）幕墙定额按骨架基层、面层分别编列子目。其中的玻璃按成品玻璃考虑；带有门窗的幕墙，窗并入幕墙面积计算，门单独计算并套用门窗工程相应定额子目。

（22）预埋铁件按本定额第五章"混凝土及钢筋混凝土工程"铁件制作安装项目执行。后置埋件、化学螺栓另行计算，按本章定额子目执行。

💡 拓展提高

1. 玻化砖、干挂玻化砖或波形面砖等按瓷砖、面砖相应项目执行。
2. 柱（梁）饰面面层无定额子目的，套用墙面相应子目执行，人工乘以系数 1.05。
3. 幕墙定额：需设置的避雷装置的工料机定额已综合；封边、封顶、防火隔离层的费用另行计算；型材、挂件设计材质、用量与定额取定不同时，可以调整；结构胶与耐候胶设计用量与定额取定用量不同时，可以调整。曲面、异形或斜面（倾斜角度超过30°时）的幕墙按相应定额子目的人工乘以系数1.15，面板单价调整，骨架弯弧费另计；单元板块面层可以是玻璃、石材、金属板等不同材料组合，面层材料不同可以调整主材单价，安装费不做调整；防火隔离带按缝宽100mm、高240mm考虑，镀锌钢板规格、含量与定额取定用量不同时，可以调整。

2. 计价工程量计算规则

1) 抹灰

内墙面、墙裙按设计图示主墙间净长乘以高度以面积计算。扣除墙裙、门窗洞口及单个0.3m²以外的孔洞所占面积，不扣除踢脚线、装饰线及墙与构件交接处的面积，门窗洞口和孔洞的侧壁面积也不增加。附墙柱、梁、垛的侧面并入相应的墙面面积内。抹灰高度按室内楼地面至天棚底面净高计算。墙面抹灰面积应扣除墙裙抹灰面积，如墙面和墙裙抹灰种类相同者，工程量合并计算。

外墙面按设计图示尺寸以面积计算，应扣除门窗洞口、外墙裙（墙面和墙裙抹灰种类相同者应合并计算）和单个0.3m²以外的孔洞所占面积，不扣除装饰线及墙与构件交接处的面积，门窗洞口和孔洞侧壁面积也不增加。附墙柱、梁、垛侧面抹灰面积应并入外墙面抹灰工程量内计算。

凸出的线条抹灰增加费以凸出棱线的道数不同分别按"延长米"计算。两条及多条线条相互之间净距100mm以内的，每两条线条按一条计算工程量。

柱面按设计图示尺寸柱断面周长乘抹灰高度以面积计算。牛腿、柱帽、柱墩工程量并入相应柱工程量内。梁面抹灰按设计图示梁断面周长乘长度以面积计算。

墙面勾缝按设计图示尺寸以面积计算，扣除墙裙、门窗洞口及单个0.3m²以外的孔洞所占面积。附墙柱、梁、垛侧面勾缝面积应并入墙面勾缝工程量内计算。

女儿墙（包括泛水、挑砖）内侧与外侧、阳台栏板（不扣除花格所占孔洞面积）内侧与外侧抹灰工程量按设计图示尺寸以面积计算。

阳台、雨篷、檐沟等抹灰按工作内容分别套用相应的定额子目。外墙抹灰与天棚抹灰以梁下滴水线为分界，滴水线计入墙面抹灰内。

实例分析 4-11

某雨篷如图 4.5 所示，求该雨篷翻边水泥砂浆抹灰的计价工程量并套定额。

分析：（1）雨篷翻边外侧水泥砂浆抹灰工程量。

$$S_{外} = (1.2 \times 2 + 2.9) \times 0.4 = 2.12 (m^2)$$

套定额 12-2，计算得

$$基价 = 32.17 \ 元/m^2$$

（2）雨篷翻边内侧水泥砂浆抹灰工程量。

$$S_{内} = (1.12 \times 2 + 2.74) \times 0.3 \approx 1.50 (m^2)$$

套定额 12-1，计算得

$$基价 = 25.63 \ 元/m^2$$

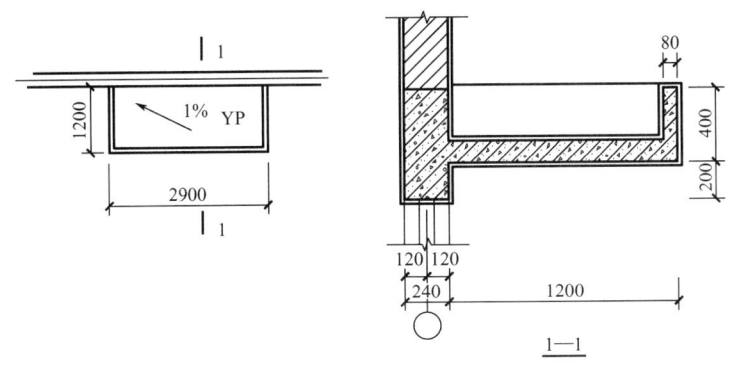

图 4.5 某雨篷尺寸（单位：mm）

2）块料面层

墙、柱（梁）面按设计图示饰面面积计算。柱面带牛腿者，牛腿工程量展开并入柱工程量内。

女儿墙与阳台栏板的镶贴工程量以展开面积计算。

镶贴块料柱墩、柱帽（弧形石材除外）的工程量并入相应柱内计算。圆弧形成品石材柱帽、柱墩，按其圆弧的最大外径以周长计算。

3）饰面及隔断

墙饰面的龙骨、基层、面层均按设计图示饰面尺寸以面积计算，扣除门窗洞及单个 0.3m² 以外的孔洞所占面积，不扣除单个 0.3m² 以内的孔洞所占面积。

柱（梁）饰面的龙骨、基层、面层均按设计图示饰面尺寸以面积计算。

隔断的龙骨、基层、面层均按设计图示尺寸以外围（或框外围）面积计算，扣除门窗洞口及单个 0.3m² 以外的孔洞所占面积。

成品卫生间隔断门的材质与隔断相同时，门的面积并入隔断面积内计算。

4）幕墙

玻璃幕墙、铝板幕墙按设计图示尺寸以外围（或框外围）面积计算。玻璃幕墙中与幕墙同种材质窗的工程量并入相应幕墙内。全玻璃幕墙带肋部分并入幕墙面积内计算。

石材幕墙按设计图示饰面面积计算，开放式石材幕墙的离缝面积不扣除。

幕墙龙骨分铝材和钢材按设计图示以质量计算，螺栓、焊条不计质量。

幕墙内衬板、遮梁（墙）板按设计图示展开面积计算，不扣除 0.3m² 以内的孔洞所占面积，折边也不增加。

防火隔离带按设计图示尺寸以"m"计算。

3. 工程量清单计价实例

实例分析 4－12

求实例分析 4－9 中卫生间块料墙面的综合单价。假设工料机价格按《浙江省预算定额（2018 版）》取定，企业管理费、利润分别按人工费和机械费之和的 16.57％、8.1％计算，风险费用暂不考虑。

实例分析4-12所用数据

分析：（1）清单项目：011204003001，块料墙面。

（2）清单工程量计算：$S=19.40\text{m}^2$。

(3) 确定可组合的主要内容：底层抹灰；水泥砂浆铺贴 152mm×152mm 瓷砖。

(4) 计价工程量计算：底层抹灰为

$$S=(2.4-0.12-0.06+1.8-0.24)\times2\times3-1.2\times1.5-0.9\times2.1=19.00(\text{m}^2)$$

水泥砂浆铺贴 152mm×152mm 瓷砖为 $S=19.40\text{m}^2$。

(5) 套定额，计算综合单价，所得结果见表 4-6。

表 4-6 分部分项工程量清单综合单价计算表

工程名称：××××工程

序号	编号	名称	计量单位	数量	综合单价/元							合价/元
					人工费	材料费	机械费	企业管理费	利润	风险费用	小计	
1	011204003001	块料墙面	m²	19.40	28.73	23.74	0.24	10.37	5.07	0	68.15	2220.52
	12-16	水泥砂浆打底找平 15mm 厚	m²	19.00	10.09	7.17	0.16	1.70	0.83	0	19.95	379.05
	12-47	砂浆粘贴墙面瓷砖（周长 650mm 以内）	m²	19.40	52.47	29.45	0.05	8.70	4.25	0	94.92	1841.45

任务 4.3 天棚工程

4.3.1 基础知识

天棚抹灰

天棚装饰根据外观形式、饰面材料等的不同，主要分为天棚抹灰、天棚吊顶装饰和天棚其他装饰。

天棚抹灰按抹灰材料，又分为石灰砂浆抹灰、混合砂浆抹灰、水泥砂浆抹灰、纸筋灰抹灰等。

天棚吊顶装饰由天棚龙骨、天棚基层、天棚面层三部分组成。常用的天棚龙骨，按材质分为木龙骨和金属龙骨两大类，金属龙骨主要有轻钢龙骨和铝合金龙骨。天棚面层常用材料有石膏板、铝合金扣板、铝塑板、吸声板、防火板等。而根据采用的材料、工艺不同，天棚吊顶装饰常在天棚面层和天棚龙骨之间以细木工板、夹板等作为天棚基层。

天棚其他装饰，包括灯带、送风口、回风口等。

4.3.2 工程量清单编制

本项目清单，包括 N.1 天棚抹灰、N.2 天棚吊顶、N.3 采光天棚、N.4 天棚其他装饰 4 个部分，共 10 个项目。

1. 天棚抹灰工程量清单编制

天棚抹灰只包括天棚抹灰 1 个项目，按 011301001××× 编码列项，适用于各类天棚的抹灰及楼梯底板的单独抹灰。

（1）工作内容：基层清理，底层抹灰，抹面层。

（2）项目特征：应对基层类型，抹灰厚度、材料种类、砂浆配合比予以描述。

（3）工程量计算规则：按设计图示尺寸以水平投影面积（m^2）计算。不扣除间壁墙、垛、柱、附墙烟囱、检查口和管道所占的面积；带梁天棚的梁两侧抹灰面积并入计算；板式楼梯底面抹灰按斜面积（m^2）计算；锯齿形楼梯底板抹灰按展开面积（m^2）计算。

2. 天棚吊顶工程量清单编制

天棚吊顶包括吊顶天棚、格栅吊顶、吊筒吊顶、藤条造型悬挂吊顶、织物软雕吊顶、装饰网架吊顶 6 个项目，分别按 011302001×××～011302006××× 编码列项。

（1）工作内容。

① 吊顶天棚、格栅吊顶：基层清理、吊杆安装，龙骨安装，基层板铺贴，面层铺贴，嵌缝，刷防护材料。

② 吊筒吊顶：基层清理，吊筒制作安装，刷防护材料。

③ 藤条造型悬挂吊顶、织物软雕吊顶：基层清理，龙骨安装，面层铺贴。

④ 装饰网架吊顶：基层清理，网架制作安装。

（2）项目特征。

① 吊顶天棚、格栅吊顶：应对吊顶形式、吊杆规格、高度，龙骨材料种类、规格、中距，基层材料种类、规格，面层材料品种、规格，压条材料种类、规格，嵌缝材料种类，防护材料种类予以描述。

② 吊筒吊顶：应对吊筒形状、规格，吊筒材料种类、防护材料种类予以描述。

③ 藤条造型悬挂吊顶、织物软雕吊顶：应对骨架材料种类、规格，面层材料品种、规格予以描述。

④ 装饰网架吊顶：应对网架材料品种、规格予以描述。

（3）工程量计算规则。

① 吊顶天棚：按设计图示尺寸以水平投影面积（m^2）计算，天棚面中的灯槽及跌级、锯齿形、吊挂式、藻井式天棚面积不展开计算；不扣除间壁墙、检查口、附墙烟囱、柱、垛和管道所占面积，扣除单个 $0.3m^2$ 以外的孔洞、独立柱及与天棚相连的窗帘盒所占的面积。

② 格栅吊顶、吊筒吊顶、藤条造型悬挂吊顶、织物软雕吊顶、装饰网架吊顶：均按设计图示尺寸以水平投影面积（m^2）计算。

3. 采光天棚工程量清单编制

采光天棚只包括采光天棚一个项目，按 011303001××× 编码列项。

(1) 工作内容：清理基层，面层制作安装，嵌缝、塞口，清洗。

(2) 项目特征：应对骨架类型、固定类型、固定材料品种、规格、面层材料品种、规格、嵌缝、塞口材料种类予以描述。

(3) 工程量计算规则：按框外围展开面积（m²）计算。

4. 天棚其他装饰工程量清单编制

天棚其他装饰包括灯带（槽），送风口、回风口 2 个项目，分别按 011304001×××、011304002××× 编码列项。

(1) 工作内容：安装、固定，刷防护材料等。

(2) 项目特征。

① 灯带（槽）：应对灯带形式、尺寸，格栅片材料品种、规格，安装固定方式予以描述。

② 送风口、回风口：应对风口材料品种、规格，安装固定方式，防护材料种类予以描述。

(3) 工程量计算规则。

① 灯带（槽）：按设计图示尺寸以框外围面积（m²）计算。

② 送风口、回风口：按设计图示数量（个）计算。

实例分析 4-13

某建筑物局部天棚如图 4.6 所示，卧室为 DP M15.0 干混砂浆抹灰，白色乳胶漆二遍；客厅为单层木龙骨 80mm×60mm，双向中距 600mm，9.5mm 厚纸面石膏板饰面，白色乳胶漆二遍；卫生间为嵌入式铝合金方板天棚。试编制该天棚工程的工程量清单。

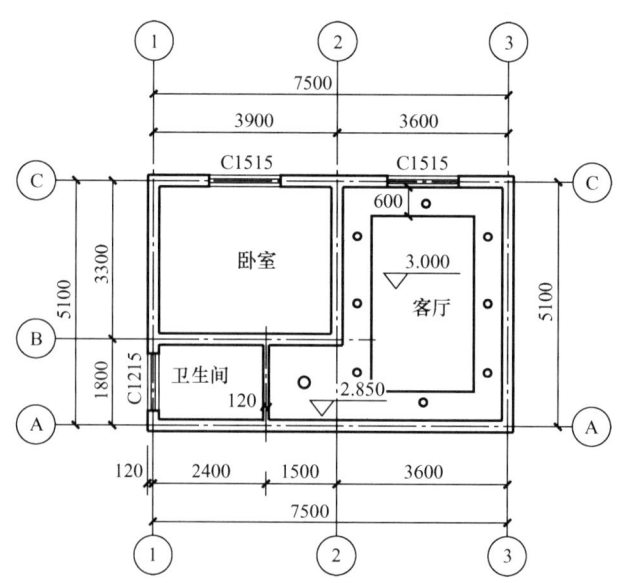

图 4.6 某建筑物局部天棚（单位：mm）

分析：(1) 根据清单规则，计算相应的工程量。

① 卧室为
$$S=(3.9-0.24)\times(3.3-0.24)\approx 11.20(\text{m}^2)$$
② 客厅为
$$S=(3.6-0.24)\times(5.1-0.24)+(1.8-0.24)\times(1.5-0.06+0.12)\approx 18.76(\text{m}^2)$$
③ 卫生间为
$$S=(1.8-0.24)\times(2.4-0.24)\approx 3.37(\text{m}^2)$$
（2）列出该天棚工程工程量清单，见表 4-7。

表 4-7 该天棚工程工程量清单编制

序号	项目编码	项目名称	项目特征描述	计量单位	工程量	综合单价/元	合价/元	其中/元		备注
								人工费	机械费	
1	011301001001	天棚抹灰	卧室：DP M15.0 干混砂浆抹灰，白色乳胶漆二遍	m²	11.20					
2	011302001001	天棚吊顶	客厅：跌级吊顶，单层木龙骨 80mm×60mm，双向中距 600mm，9.5mm 厚纸面石膏板饰面，胶带贴缝、点锈，白色乳胶漆二遍	m²	18.76					
3	011302001002	天棚吊顶	卫生间：嵌入式铝合金方板天棚	m²	3.37					

天棚其他装饰中的灯带，是指与天棚顶面保持在同一个平面带有灯光片或格栅的灯槽，或悬挑于天棚顶面的灯槽；嵌入式灯槽如龙骨与天棚龙骨一致，应并入天棚吊顶，在项目特征中描述。采光天棚和天棚设保温、隔热、吸声层时，应按《计算规范》K.1 相关项目编码列项。

4.3.3 工程量清单计价

1. 计价说明

天棚工程定额分为混凝土面天棚抹灰、天棚吊顶、装配式成品天棚安装、天棚其他装饰 4 个小节，共 82 个定额子目。

（1）混凝土面天棚抹灰。

① 设计抹灰砂浆种类配合比与定额不同时可以调整；砂浆厚度、抹灰遍数与定额不同时，不调整。

② 基层涂刷水泥浆或界面剂的，套用本定额第十二章"墙、柱面装饰与隔断、幕墙

工程"相应定额，人工乘以系数1.10。

③ 天棚混凝土板底批腻子套用本定额第十四章"油漆、涂料、裱糊工程"相应定额子目。

④ 楼梯底面抹灰套用天棚抹灰定额。其中楼梯底面为锯齿形时相应定额子目人工乘以系数1.35。

⑤ 阳台、雨篷、水平遮阳板、沿沟底面抹灰套用天棚抹灰定额。阳台、雨篷台口梁抹灰按展开面积并入板底面积，沿沟及面积1m² 以内板的底面抹灰人工乘以系数1.20。

⑥ 梁与天棚板底抹灰材料不同时应分别计算，梁抹灰另套用本定额第十二章"墙、柱面装饰与隔断、幕墙工程"中的柱（梁）面抹灰定额。

(2) 天棚吊顶（除装配式成品天棚安装外）。

① 天棚龙骨、基层、面层材料如设计与定额不同时，按设计要求做相应调整。

② 天棚面层在同一标高者为平面天棚，存在一个以上标高者为跌级天棚。跌级天棚按平面、侧面分别列项套用相应定额子目。

③ 在夹板基层上贴石膏板，套用每增加一层石膏板定额。

④ 天棚不锈钢板等金属板嵌条、镶块等小块料套用零星、异形贴面定额。

⑤ 本章定额中玻璃均按成品玻璃考虑。

⑥ 木质龙骨、基层、面层等涂刷防火涂料或防腐油时，套用本定额第十四章"油漆、涂料、裱糊工程"相应定额子目。

⑦ 天棚基层及面层如为拱形、圆弧形等曲面，按相应定额人工乘以系数1.15。

(3) 装配式成品天棚安装定额包括了龙骨、面层安装。

(4) 定额中吊筋均按后施工打膨胀螺栓考虑，当设计为预埋铁件时，扣除定额中的合金钢钻头、金属膨胀螺栓用量，每100m² 扣除人工1.0工日，预埋铁件另套用本定额第五章"混凝土及钢筋混凝土工程"相关定额子目计算。吊筋高度按1.5m以内综合考虑。当设计需做二次支撑时，应另按本定额第六章"金属结构工程"相关子目计算。

(5) 定额已综合考虑石膏板、木板面层上开灯孔、检修孔等孔洞的费用，当在金属板、玻璃、石材面板上开孔时，费用另行计算。检修孔、风口等洞口加固的费用已包含在天棚定额中。

(6) 灯槽内侧板高度在150mm以内的套用灯槽子目，高度大于150mm的套用天棚侧板子目；宽度500mm以上或面积1m² 以上的嵌入式灯槽按跌级天棚计算。

(7) 送风口和回风口按成品安装考虑。

2. **计价工程量计算规则**

(1) 天棚抹灰按设计结构尺寸以展开面积计算，不扣除间壁墙、垛、柱、附墙烟囱、检查口和管道所占的面积，带梁天棚的梁侧抹灰并入天棚面积内。

(2) 板式楼梯底面抹灰按水平投影面积乘以系数1.15计算；锯齿形楼梯底板抹灰按水平投影面积乘以系数1.37计算。楼梯底面积包括梯段、休息平台、平台梁、楼梯与楼面板连接梁（无梁连接时算至最上一级踏步边沿加300mm）、宽度500mm以内的楼梯井、单跑楼梯上下平台与楼梯段等宽部分。

(3) 天棚吊顶。

① 平面天棚及跌级天棚的平面部分，龙骨、基层和饰面板工程量均按设计图示尺寸以面积计算，不扣除间壁墙垛、柱、附墙烟囱、检查口和管道所占的面积，扣除单个 $0.3m^2$ 以外的独立柱、孔洞（灯孔、检查孔面积不扣除）及与天棚相连的窗帘盒所占面积。

② 跌级天棚的侧面部分龙骨、基层、面层工程量按跌级高度乘以相应长度以面积计算。

③ 拱形及弧形天棚在起拱或下弧起止范围，按展开面积计算。

④ 不锈钢板等金属板零星、异形贴面面积按外接矩形面积计算。

(4) 灯槽按展开面积计算。

实例分析 4-14

求实例分析 4-13 中客厅天棚工程的计价工程量（乳胶漆另计）。

分析：(1) 天棚骨架。

平面：$S=(3.6-0.24)\times(5.1-0.24)+(1.8-0.24)\times(1.5-0.06+0.12)=18.76$（$m^2$）

套定额 13-4，基价$=47.34$ 元/m^2

侧面：$S=(3.6-0.24-1.2+5.1-0.24-1.2)\times 2\times 0.15=1.75(m^2)$

套定额 13-6，基价$=39.08$ 元/m^2

(2) 天棚基层：9.5 厚纸面石膏板饰面。

平面：$S=18.76m^2$

套定额 13-24，基价$=20.78$ 元/m^2

侧面：$S=1.75m^2$

套定额 13-25，基价$=23.04$ 元/m^2

3. 工程量清单计价实例

实例分析 4-15

求实例分析 4-14 中客厅天棚吊顶的综合单价。假设工料机价格按《浙江省预算定额（2018 版）》取定，企业管理费、利润分别按人工费和机械费之和的 16.57%、8.1% 计算，风险费用暂不考虑。

实例分析4-15所用定额

分析：(1) 清单项目设置：011302001001，天棚吊顶。

(2) 清单工程量计算：见实例分析 4-14 计算结果，$S=18.76m^2$。

(3) 确定可组合的主要内容：天棚骨架，天棚饰面，油漆、涂料。

(4) 计价工程量：见实例分析 4-14 计算结果。

(5) 套定额，计算综合单价，结果见表 4-8。

表 4-8 分部分项工程量清单综合单价计算表

工程名称：××××工程

序号	编号	项目名称	计量单位	数量	综合单价/元							合价/元
					人工费	材料费	机械费	企业管理费	利润	风险费用	小计	
1	011302001001	天棚吊顶	m²	18.76	24.80	49.10	0.02	4.11	2.01	0.00	80.04	1501.55
	13-4	平面单层方木天棚龙骨	m²	18.76	12.69	34.63	0.02	2.11	1.03	0.00	50.48	947.00
	13-6	侧面直线形方木天棚龙骨	m²	1.75	16.32	22.74	0.02	2.71	1.32	0.00	43.11	75.44
	13-24	钉在木龙骨上石膏板平面	m²	18.76	9.52	11.26	0.00	1.58	0.77	0.00	24.13	452.68
	13-25	钉在木龙骨上石膏板侧面	m²	1.75	11.42	11.62	0.00	1.89	0.93	0.00	27.86	48.76

任务 4.4　油漆、涂料、裱糊工程

4.4.1　基础知识

1. 油漆

油漆分为天然漆和人造漆两大类。建筑工程一般用人造漆，常用油漆种类有聚酯漆、调和漆、硝基漆等。油漆施工根据基层的不同，有木材油漆、金属面油漆、抹灰面油漆。油漆工程施工的一般顺序为：基层处理→打底子→抹腻子→涂刷。

外墙涂料施工

2. 涂料

建筑涂料按使用部位，分内墙涂料、外墙涂料等；按化学组成，分无机高分子涂料和有机高分子涂料，其中有机高分子涂料又分为水溶性涂料、水乳性涂料、溶剂涂料等。涂料施工有刷涂、喷涂、滚涂、弹涂、抹涂等形式。涂料工程施工的一般顺序为：基层处理→打底子→刮腻子→磨光涂刷。

3. 裱糊

裱糊是将壁纸、锦缎织物贴于墙面的一种装饰方法。其中壁纸分塑料壁纸、金属壁纸两大类；锦缎织物色彩华丽、质感温暖、格调高雅，常用于高级建筑装饰。

另外，在油漆、涂料的施工中，常用腻子填嵌基层表面的孔洞、裂缝及批抹基层表面，干后用砂纸打磨，使其平整。腻子常用石膏粉、桐油、水等调制。

4.4.2 工程量清单编制

本项目清单包括 P.1 门油漆，P.2 窗油漆，P.3 木扶手及其他板条、线条油漆，P.4 木材面油漆，P.5 金属面油漆，P.6 抹灰面油漆，P.7 喷刷涂料，P.8 裱糊 8 个部分，共 36 个项目。

1. 门油漆工程量清单编制

门油漆包括木门油漆、金属门油漆 2 个项目，按 011401001×××、011401002××× 编码列项。

（1）工作内容：除锈、基层清理，刮腻子，刷防护材料、油漆。

（2）项目特征：应对门类型，门代号及洞口尺寸，腻子种类，刮腻子遍数，防护材料种类，油漆品种、刷漆遍数予以描述。

（3）工程量计算规则：按设计图示数量（樘）或按设计图示洞口尺寸以面积（m^2）计算。

2. 窗油漆工程量清单编制

窗油漆包括木窗油漆、金属窗油漆 2 个项目，按 011402001×××、011402002××× 编码列项。

（1）工作内容：同门油漆。

（2）项目特征：同门油漆。

（3）工程量计算规则：同门油漆。

3. 木扶手及其他板条、线条油漆工程量清单编制

木扶手及其他板条、线条油漆包括木扶手油漆，窗帘盒油漆，封檐板、顺水板油漆，挂衣板、黑板框油漆，挂镜线、窗帘棍、单独木线油漆 5 个项目，分别按 011403001×××～011403005×××编码列项。

（1）工作内容：同门油漆。

（2）项目特征：应对断面尺寸，腻子种类，刮腻子遍数，防护材料种类，油漆品种、刷漆遍数予以描述。

（3）工程量计算规则：按设计图示尺寸以长度（m）计算。

4. 木材面油漆工程量清单编制

木材面油漆包括木护墙、木墙裙油漆，窗台板、筒子板、盖板、门窗套、踢脚线油漆，清水板条天棚、檐口油漆，木方格吊顶天棚油漆，吸声板墙面、天棚面油漆，暖气罩油漆，其他木材面，木间壁、木隔断油漆，玻璃间壁露明墙筋油漆，木栅栏、木栏杆（带扶手）油漆，衣柜、壁柜油漆，梁柱饰面油漆，零星木装修油漆，木地板油漆，木地板烫硬蜡面共 15 个项目，分别按 011404001×××～011404015×××编码列项。

（1）工作内容：基层清理，刮腻子，刷防护材料、油漆；木地板烫硬蜡面工作内容为基层清理、烫蜡。

(2) 项目特征：应对腻子种类，刮腻子遍数，防护材料种类，油漆品种、刷漆遍数予以描述；木地板烫硬蜡面应对硬蜡品种、面层处理要求予以描述。

(3) 工程量计算规则：按设计图示尺寸以面积（m²）计算。其中衣柜、壁柜、梁柱饰面、零星木装修油漆，按设计图示尺寸以油漆部分展开面积（m²）计算；木间壁、木隔断、玻璃间壁露明墙筋、木栅栏、木栏杆（带扶手）油漆，按设计图示尺寸以单面外围面积（m²）计算；木地板烫硬蜡面，按设计图示尺寸以面积（m²）计算，空洞、空圈、暖气包槽、壁龛的开口部分并入相应的工程量内。

5. 金属面油漆工程量清单编制

金属面油漆只包括金属面油漆1个项目，按011405001×××编码列项。

(1) 工作内容：基层清理，刮腻子，刷防护材料、油漆。

(2) 项目特征：应对构件名称，腻子种类，刮腻子要求，防护材料种类，油漆品种、刷漆遍数予以描述。

(3) 工程量计算规则。

① 按设计图示尺寸以质量（t）计算。

② 按设计展开面积（m²）计算。

6. 抹灰面油漆工程量清单编制

抹灰面油漆包括抹灰面油漆、抹灰线条油漆、满刮腻子3个项目，分别按011406001×××～011406003×××编码列项。

(1) 工作内容：基层清理，刮腻子，刷防护材料、油漆。

(2) 项目特征。

① 抹灰面油漆：应对基层类型，腻子种类，刮腻子遍数，防护材料种类，油漆品种、刷漆遍数，部位予以描述。

② 抹灰面线条油漆：应对线条宽度、道数，腻子种类，刮腻子遍数，防护材料种类，油漆品种、刷漆遍数予以描述。

③ 满刮腻子：应对基层类型、腻子种类、刮腻子遍数予以描述。

(3) 工程量计算规则。

① 抹灰面油漆、满刮腻子：按设计图示尺寸以面积（m²）计算。

② 抹灰线条油漆：按设计图示尺寸以长度（m）计算。

7. 喷刷涂料工程量清单编制

喷刷涂料油漆包括墙面喷刷涂料，天棚喷刷涂料，空花格、栏杆刷涂料，线条刷涂料，金属构件刷防火涂料，木材构件喷刷防火涂料6个项目，按011407001×××～011407006×××编码列项。

(1) 工作内容。

① 墙面喷刷涂料，天棚喷刷涂料，空花格、栏杆刷涂料，线条刷涂料：基层清理，刮腻子，刷、喷涂料。

② 金属构件刷防火涂料、木材构件喷刷防火涂料：基层清理，刷防火涂料、油漆。

(2) 项目特征。

① 墙面喷刷涂料、天棚喷刷涂料：应对基层类型，喷刷涂料部位，腻子种类，刮腻子要求，涂料品种、喷刷遍数予以描述。

② 空花格、栏杆刷涂料：应对腻子种类，刮腻子遍数，涂料品种、喷刷遍数予以描述。

③ 线条刷涂料：应对基层类型，线条宽度，刮腻子遍数，刷防护材料、油漆予以描述。

④ 金属构件刷防火涂料、木材构件喷刷防火涂料：应对喷刷防火涂料构件名称，防火等级要求，涂料品种、喷刷遍数予以描述。

(3) 工程量计算规则。

① 墙面喷刷涂料、天棚喷刷涂料：按设计图示尺寸以面积（m^2）计算。

② 空花格、栏杆刷涂料：按设计图示尺寸以单面外围面积（m^2）计算。

③ 线条刷涂料：按设计图示尺寸以长度（m）计算。

④ 金属构件刷防火涂料：按设计图示尺寸以质量（t）计算，或按设计展开面积以（m^2）计算。

⑤ 木材构件喷刷防火涂料：按设计图示尺寸以面积（m^2）计算。

8. 裱糊工程量清单编制

裱糊包括墙纸裱糊、织锦缎裱糊 2 个项目，分别按 011408001×××、011408002××× 编码列项。

(1) 工作内容：基层清理，刮腻子，面层铺贴，刷防护材料。

(2) 项目特征：应对基层类型，裱糊部位，腻子种类，刮腻子遍数，黏结材料种类，防护材料种类，面层材料品种、规格、颜色予以描述。

(3) 工程量计算规则：按设计图示尺寸以面积（m^2）计算。

实例分析 4－16

某工程有 8 扇 900mm×2100mm 单层平板普通门扇，2 扇 800mm×2100mm 木百叶门，16 扇 1500mm×1800mm 木百叶窗扇，门窗油漆均为硝基清漆五遍。试编制该油漆工程的工程量清单。

分析：(1) 参照清单规范，列出清单项目：门油漆 2 项，窗油漆 1 项。

(2) 工程量清单编制，见表 4－9。

表 4－9 该油漆工程工程量清单编制

序号	项目编码	项目名称	项目特征描述	计量单位	工程量	综合单价/元	合价/元	其中/元		备注
								人工费	机械费	
1	011401001001	门油漆	900mm×2100mm 单层平板普通门扇，硝基清漆五遍	樘	8					
2	011401001002	门油漆	800mm×2100mm 木百叶门，硝基清漆五遍	樘	2					
3	011402001001	窗油漆	1500mm×1800mm 木百叶窗扇，硝基清漆五遍	樘	16					

1. 木门油漆应区分木大门、单层木门、双层（一玻一纱）木门、双层（单裁口）木门、全玻自由门、半玻自由门、装饰门及有框门或无框门等项目，分别编码列项。
2. 木窗油漆应区分单层木窗、双层（一玻一纱）木窗、双层框扇（单裁口）木窗、双层框三层（二玻一纱）木窗、单层组合窗、双层组合窗、木百叶窗、木推拉窗等项目，分别编码列项。

4.4.3 工程量清单计价

1. 计价说明

油漆、涂料、裱糊工程定额划分为木门油漆、木扶手（木线条、木板条）油漆、其他木材面油漆、木地板油漆、木材面防火涂料、板面封油刮腻子、金属面油漆、抹灰面油漆、涂料、裱糊，共10个部分，162个子目。

（1）本定额中油漆不分高光、半哑光、哑光，定额已综合考虑。

（2）本定额未考虑做美术图案，发生时另行计算。

（3）油漆、涂料、刮腻子项目以遍数不同设置子目，当厚度与定额不同时不做调整。

（4）木门、木扶手、木线条、其他木材面、木地板油漆定额已包括满刮腻子。

（5）抹灰面油漆、涂料、裱糊定额均不包括刮腻子，发生时单独套用相应定额。

（6）乳胶漆、涂料、批刮腻子定额不分防水、防霉，均套用相应子目，材料不同时进行换算，人工不变。

（7）调和漆定额按二遍考虑，聚酯清漆、聚酯混漆定额按三遍考虑，磨退定额按五遍考虑，硝基清漆、硝基混漆按五遍考虑，磨退定额按十遍考虑。设计遍数与定额规定不同时，按每增减一遍定额调整计算。

实例分析 4-17

实例分析4-17
所用定额

单层木窗刷聚酯清漆四遍，试求其基价。

分析：套定额 14-1+14-2。

基价=44.17+9.82=53.99（元/m²）

（8）裂纹漆做法为腻子二遍、硝基色漆三遍、喷裂纹漆一遍、喷硝基清漆三遍。

（9）开放漆是指不需要批刮腻子，直接在木材面刷油漆，定额按刷硝基清漆四遍考虑，实际遍数与定额不同时，定额按比例换算。

（10）隔墙、护壁柱、天棚面层及木地板刷防火涂料，执行其他木材面刷防火涂料相应子目。

（11）金属镀锌定额是按热镀锌考虑的。

（12）本定额中的氟碳漆子目仅适用于现场涂刷。

（13）质量在500kg以内的（钢栅栏门、栏杆、窗栅、钢爬梯、踏步式钢扶梯、轻型屋架、零星铁件）单个小型金属构件，套用相应金属面油漆子目定额人工乘以系数1.15。

2. 计价工程量计算规则

（1）楼地面、墙柱面、天棚的喷（刷）涂料及抹灰面油漆，刮腻子，板缝贴胶带、点锈，其工程量的计算，除本章定额另有规定外，按设计图示尺寸以面积（m²）计算。

（2）混凝土栏杆、花格窗按单面垂直投影面积（m²）计算；多面涂刷按单面垂直投影面积乘以系数2.5计算。

（3）木材面油漆、涂料的工程量计算。

① 单层木门：按类型不同，以门洞口面积乘以相应定额系数计算；无框装饰门、成品门按门扇面积乘以系数1.10计算。

② 木窗：按类型不同，以窗洞口面积乘以相应定额系数计算。

③ 木扶手（不带栏杆）、宽度60mm以内的木线条：按延长米计算；其他套用木扶手、木线条、木板条定额项目的工程量，按延长米乘以相应定额系数计算。

④ 套用木地板定额的项目，按地板工程量计算；木楼梯（不包括底面）按水平投影面积乘以系数2.30计算。

⑤ 套用其他木材面油漆的项目，按相应计算规则乘以对应的定额系数计算。

（4）金属构件油漆、涂料按其展开面积以"m²"为计量单位套用金属面油漆相应定额。其余构件按相应计算规则乘以对应的定额系数计算，其中：套用钢门窗定额的项目，以"m²"计算；套用其他金属面定额的项目，将质量（t）按相应系数折算为面积（m²）计算。

3. 工程量清单计价实例

实例分析 4-18

某工程有2扇木百叶窗，尺寸为1500mm×1800mm，窗油漆为硝基清漆五遍。试求该窗油漆的综合单价。假设工料机价格按《浙江省预算定额（2018版）》取定，企业管理费、利润分别按人工费和机械费之和的16.57%、8.1%计算，风险费用暂不考虑。

实例分析4-18所用定额

分析：（1）清单项目设置：011402001001，窗油漆。

（2）清单工程量计算：2樘。

（3）确定可组合的主要内容：单层木窗硝基清漆五遍。

（4）计价工程量：$S = 1.5 \times 1.8 \times 1.5 \times 2 = 8.1$ （m²）。

（5）计算综合单价，结果见表4-10。

表4-10　分部分项工程量清单综合单价计算表

工程名称：××××工程

序号	编号	项目名称	计量单位	数量	综合单价/元							合计/元
					人工费	材料费	机械费	企业管理费	利润	风险费用	小计	
1	011402001001	窗油漆	樘	2	172.61	90.92	0.00	28.60	13.98	0.00	306.11	612.22
	14-9	单层木窗硝基清漆五遍	m²	8.1	42.62	22.45	0.00	7.06	3.45	0.00	75.58	612.20

任务 4.5 其他装饰工程及拆除工程

4.5.1 基础知识

1. 其他装饰工程

本任务的装饰工程，主要包括公共、民用、工业等各类建筑工程中的台、柜架等，如厨房壁柜和吊柜，住宅和办公家具饰面，浴厕配件，压条装饰线，以及雨篷吊顶（只限雨篷下的吊顶）、招牌、灯箱、美术字等。

2. 拆除工程

本任务中，拆除工程是指非整体拆除工程。

4.5.2 工程量清单编制

1. 其他装饰工程工程量清单编制

其他装饰工程包括 Q.1 柜类、货架，Q.2 压条、装饰线，Q.3 扶手、栏杆、栏板装饰，Q.4 暖气罩，Q.5 浴厕配件，Q.6 雨篷、旗杆，Q.7 招牌、灯箱，Q.8 美术字 8 个部分，共 62 个项目。

1）柜类、货架

柜类、货架包括柜台、酒柜、衣柜、存包柜、鞋柜、书柜、厨房壁柜、木壁柜、厨房低柜、厨房吊柜、矮柜、吧台背柜、酒吧吊柜、酒吧台、展台、收银台、试衣间、货架、书架、服务台 20 个项目，分别按 011501001×××～011501020××× 编码列项。

（1）工作内容：台柜制作、运输、安装（安放），刷防护材料、油漆，五金件安装。

（2）项目特征：应对台柜的规格，材料种类、规格，五金种类、规格，防护材料种类，油漆品种、刷漆遍数予以描述。

（3）工程量计算规则：①按设计图示数量（个）计算；②按设计图示尺寸以延长米（m）计算；③按设计图示尺寸以体积（m³）计算。

2）压条、装饰线

压条、装饰线包括金属装饰线、木质装饰线、石材装饰线、石膏装饰线、镜面玻璃线、铝塑装饰线、塑料装饰线、GRC 装饰线条 8 个项目，分别按 011502001×××～011502008××× 编码列项。

（1）工作内容：线条制作、安装，刷防护材料。

（2）项目特征：应对基层类型，线条材料品种、规格、颜色，防护材料种类，线条安装部位，填充材料种类予以描述。

(3) 工程量计算规则：按设计图示尺寸以长度（m）计算。

3) 扶手、栏杆、栏板装饰

扶手、栏杆、栏板装饰包括金属扶手、栏杆、栏板装饰，硬木扶手、栏杆、栏板装饰，塑料扶手、栏杆、栏板装饰，GRC栏杆、扶手，金属靠墙扶手，硬木靠墙扶手，塑料靠墙扶手，玻璃栏板8个项目，分别按011503001×××～011503008×××编码列项。

(1) 工作内容：制作、运输、安装、刷防护材料。

(2) 项目特征。

① 金属扶手、栏杆、栏板，硬木（塑料）扶手、栏杆、栏板：应对扶手材料种类、规格，栏杆（板）的材料种类、规格、颜色，固定配件种类，防护材料种类予以描述。

② GRC栏杆、扶手：应对栏杆的规格，安装间距，扶手类型规格，填充材料种类予以描述。

(3) 工程量计算规则：按设计图示以扶手中心线长度（包括弯头长度）（m）计算。

4) 暖气罩

暖气罩包括饰面板暖气罩、塑料板暖气罩、金属暖气罩3个项目，分别按011504001×××～011504003×××编码列项。

(1) 工作内容：暖气罩制作、运输、安装，刷防护材料。

(2) 项目特征：应对暖气罩材质、防护材料种类予以描述。

(3) 工程量计算规则：按设计图示尺寸以垂直投影面积（不展开）（m²）计算。

5) 浴厕配件

浴厕配件包括洗漱台、晒衣架、帘子杆、浴缸拉手、卫生间扶手、毛巾杆（架）、毛巾环、卫生纸盒、肥皂盒、镜面玻璃、镜箱11个项目，分别按011505001×××～011505011×××编码列项。

(1) 工作内容。

① 洗漱台、晒衣架、帘子杆、浴缸拉手、卫生间扶手、毛巾杆（架）、毛巾环、卫生纸盒、肥皂盒：台面及支架运输、安装，杆、环、盒、配件安装，刷油漆。

② 镜面玻璃：基层安装，玻璃及框制作、运输、安装。

③ 镜箱：基层安装，箱体制作、运输、安装，玻璃安装，刷防护材料、油漆。

(2) 项目特征。

① 洗漱台、晒衣架、帘子杆、浴缸拉手、卫生间扶手、毛巾杆（架）、毛巾环、卫生纸盒、肥皂盒：应对材料品种、规格、颜色，支架、配件品种、规格予以描述。

② 镜面玻璃：应对镜面玻璃品种、规格，框材质、断面尺寸，基层材料种类，防护材料种类予以描述。

③ 镜箱：应对箱体材质、规格，玻璃品种、规格，基层材料种类，防护材料种类，油漆品种、刷漆遍数予以描述。

(3) 工程量计算规则。

① 洗漱台：按设计图示数量（个）计算，或按设计图示尺寸以台面外接矩形面积（m²）计算。不扣除孔洞、挖弯、削角所占面积，挡板、吊沿板面积并入台面面积内。

② 晒衣架、帘子杆、浴缸拉手、卫生间扶手、毛巾杆（架）、毛巾环、卫生纸盒、肥皂盒、镜箱：按设计图示数量（个）计算。

③ 镜面玻璃：按设计图示尺寸以边框外围面积（m²）计算。

6）雨篷、旗杆

雨篷、旗杆包括雨篷吊挂饰面、金属旗杆、玻璃雨篷 3 个项目，分别按 011506001×××～011506003×××编码列项。

(1) 工作内容。

① 雨篷吊挂饰面：底层抹灰，龙骨基层安装，面层安装，刷防护材料、油漆。

② 金属旗杆：土石挖、填、运，基础混凝土浇筑，旗杆制作、安装，旗杆台座制作饰面。

③ 玻璃雨篷：龙骨基层安装，面层安装，刷防护材料、油漆。

(2) 项目特征。

① 雨篷吊挂饰面：应对基层类型，龙骨材料种类、规格、中距，面层材料品种、规格，吊顶（天棚）材料品种、规格，嵌缝材料种类，防护材料种类予以描述。

② 金属旗杆：应对旗杆的材料种类、规格，旗杆高度，基础材料种类，基座材料种类，基座面层材料、种类、规格予以描述。

③ 玻璃雨篷：应对玻璃雨篷的固定方式，龙骨材料种类、规格、中距，玻璃材料品种、规格，嵌缝材料种类，防护材料种类予以描述。

(3) 工程量计算规则。

① 雨篷吊挂饰面、玻璃雨篷：按设计图示尺寸以水平投影面积（m²）计算。

② 金属旗杆：按设计图示数量（根）计算。

7）招牌、灯箱

招牌、灯箱包括平面、箱式招牌，竖式标箱，灯箱，信报箱 4 个项目，分别按 011507001×××～011507004×××编码列项。

(1) 工作内容：基层安装，箱体及支架制作、运输、安装，面层制作、安装，刷防护材料、油漆。

(2) 项目特征：应对箱体规格，基层材料种类，面层材料种类，防护材料种类，户数予以描述。

(3) 工程量计算规则。

① 平面、箱式招牌：按设计图示尺寸以正立面边框外围面积（m²）计算；复杂形状的凸凹造型部分不增加面积。

② 竖式标箱、灯箱、信报箱：按设计图示数量（个）计算。

8）美术字

美术字包括泡沫塑料字、有机玻璃字、木质字、金属字、吸塑字 5 个项目，分别按 011508001×××～011508005×××编码列项。

(1) 工作内容：字制作、运输、安装，刷油漆。

(2) 项目特征：应对基层类型，镂字材料品种、颜色，字体规格，固定方式，油漆品种、刷漆遍数予以描述。

(3) 工程量计算规则：按设计图示数量（个）计算。

2. 拆除工程工程量清单编制

拆除工程项目清单，包括 R.1 砖砌体拆除（011601001），R.2 混凝土及钢筋混凝土构件拆除（011602001～011602002），R.3 木构件拆除（011603001），R.4 抹灰层拆除

(011604001～011604003)，R.5 块料面层拆除（011605001～011605002），R.6 龙骨及饰面拆除（011606001～011606003），R.7 屋面拆除（011607001～011607002），R.8 铲除油漆涂料裱糊面（011608001～011608003），R.9 栏杆栏板、轻质隔断隔墙拆除（011609001～011609002），R.10 门窗拆除（011610001～011610002），R.11 金属构件拆除（011611001～011611005），R.12 管道及卫生洁具拆除（011612001～011612002），R.13 灯具、玻璃拆除（011613001～011613002），R.14 其他构件拆除（011614001～011614006），R.15 开孔（打洞）（011615001）15 个部分，共 37 个项目。

1) 工作内容

拆除，控制扬尘，清理，建筑渣土场内、场外运输。

2) 项目特征

(1) 砖砌体拆除：应对砌体名称，砌体材质，拆除高度，拆除砌体的界面尺寸，砌体表面的附着物种类予以描述。

(2) 混凝土及钢筋混凝土构件拆除、木构件拆除：应对构件名称，拆除构件的厚度或规格尺寸，构件表面附着物种类予以描述。

(3) 抹灰层的拆除：应对拆除部位，抹灰层种类予以描述。

(4) 块料面层拆除：应对拆除的基层类型，饰面材料种类予以描述。

(5) 龙骨及饰面拆除：应对拆除的基层类型、龙骨及饰面种类予以描述。

(6) 屋面拆除：刚性层拆除应对刚性层厚度予以描述，防水层拆除应对防水层种类予以描述。

(7) 铲除油漆涂料裱糊层：应对铲除部位名称、拆除部位的截面尺寸予以描述。

(8) 栏杆栏板、轻质隔断隔墙拆除：栏杆、栏板拆除应对栏杆、栏板的高度，栏杆、栏板的种类予以描述；隔断隔墙拆除应对拆除隔墙的骨架种类、拆除隔墙的饰面种类予以描述。

(9) 门窗拆除：应对室内高度、门窗洞口尺寸予以描述。

(10) 金属构件拆除：应对构件名称，拆除构件的规格、尺寸予以描述。

(11) 管道及卫生洁具拆除：管道拆除应对管道种类、材质，管道上的附着物种类予以描述；卫生洁具拆除应对卫生洁具种类予以描述。

(12) 灯具、玻璃拆除：灯具拆除应对拆除灯具高度、灯具种类予以描述；玻璃拆除应对玻璃厚度、拆除部位予以描述。

(13) 其他构件拆除：暖气罩拆除应对暖气罩材质予以描述；柜体拆除应对柜体材质，柜体尺寸（长、宽、高）予以描述；窗台板拆除应对窗台板平面尺寸予以描述；筒子板拆除应对筒子板的平面尺寸予以描述；窗帘盒拆除应对窗帘盒的平面尺寸予以描述；窗帘轨拆除应对窗帘轨的材质予以描述。

(14) 开孔（打洞）：应对部位、打洞部位材质、洞尺寸予以描述。

3) 工程量计算规则

(1) 砖砌体拆除：①按拆除的体积（m^3）计算；②按拆除部位的延长米（m）计算。

(2) 混凝土及钢筋混凝土、木结构拆除：①按拆除构件的体积（m^3）计算；②按拆除部位的面积（m^2）计算；③按拆除部位的延长米（m）计算。

(3) 抹灰层、块料面层、龙骨及饰面、屋面、隔断隔墙、玻璃拆除：按拆除部位的面积（m^2）计算。

（4）铲除油漆涂料裱糊面、栏杆栏板的拆除：①按拆除部位的面积（m²）计算；②按拆除部位的延长米（m）计算。

（5）门窗拆除：①按拆除部位的面积（m²）计算；②按拆除的数量（樘）计算。

（6）金属构件拆除：①按拆除构件的质量（t）计算；②按拆除的延长米（m）计算。

（7）管道拆除：按拆除管道的延长米（m）计算。

（8）卫生洁具、灯具拆除：按拆除的数量（个、套）计算。

（9）暖气罩、柜体、窗台板、筒子板拆除：①按拆除的延长米（m）计算；②按拆除的数量（个）计算。

（10）窗帘盒、窗帘轨拆除：按拆除的延长米（m）计算。

（11）开孔（打洞）：按数量（个）计算。

1. 洗漱台项目适用于石质（天然石材、人造石材、人造板等）和玻璃等。
2. 旗杆的砌砖或混凝土台座的饰面，可按相关附录的章节另行编码列项，也可以纳入旗杆报价内。
3. 镜面玻璃和灯箱等的基层材料，是指玻璃背后的衬垫材料，如胶合板、油毡等。

4.5.3　工程量清单计价

1. 柜类、货架类清单计价

1）计价说明

（1）柜台、货架以现场加工、制作为主，按常用规格编制。设计与定额不同时，应按实进行调整换算。

（2）柜台、货架项目包括五金配件（设计有特殊要求者除外），未考虑压板拼花及饰面板上贴其他材料的花饰造型艺术品。

（3）木质柜台、货架中板材按胶合板考虑，如设计为生态板（三聚氰胺板）等其他板材，可以换算材料。

定额 15-15～15-17，平板柜门书柜，门未包括；无框玻璃柜门、木框玻璃柜门书柜，门已包括在书柜内，并含柜内饰面及五金配件。

2）计价工程量计算规则

柜类工程量按各项目计量单位计算。其中以"m²"为计量单位的项目，其工程量按正立面的高度（包括脚的高度在内）乘以宽度计算。

2. 压条、装饰线清单计价

1）计价说明

（1）压条、装饰线均按成品安装考虑。

(2) 装饰线（顶角装饰线除外）按直线形在墙面安装考虑。墙面安装圆弧形装饰线时，人工乘以系数1.20、材料乘以系数1.10；天棚面安装直线形装饰线时，人工乘以系数1.34；天棚面安装圆弧形装饰线时，人工乘以系数1.60、材料乘以系数1.10；装饰线条直接安装在金属龙骨上，人工乘以系数1.68。

2）计价工程量计算规则

(1) 压条、装饰线按线条中心线长度计算。

(2) 石膏角花、灯盘按设计图示数量计算。

3. **扶手、栏杆、栏板装饰清单计价**

1）计价说明

(1) 扶手、栏杆、栏板项目（护窗栏杆除外）适用于楼梯、走廊、回廊及其他装饰性扶手、栏杆、栏板。

(2) 扶手、栏杆、栏板项目已综合考虑扶手弯头（非整体弯头）的费用。如遇木扶手、大理石扶手为整体弯头，弯头另按本章相应项目执行。

(3) 扶手、栏杆、栏板均按成品安装考虑。

拓展提高

钢结构中钢平台、楼梯、走道的栏杆扶手按第六章定额子目计算（6-30~6-33），计量单位以质量（t）计算。

2）计价工程量计算规则

(1) 扶手、栏杆、栏板、成品栏杆（带扶手）均按其中心线长度计算，不扣除弯头长度。当遇木扶手、大理石扶手为整体弯头时，扶手消耗量需扣除整体弯头的长度，设计不明确者，每只整体弯头按400mm扣除。

(2) 单独弯头按设计图示数量计算。

4. **浴厕配件清单计价**

1）计价说明

(1) 大理石洗漱台项目不包括石材磨边、倒角及开面盆洞口，另按相应项目执行。

(2) 浴厕配件项目按成品安装考虑。

2）计价工程量计算规则

(1) 大理石洗漱台按设计图示尺寸以展开面积计算，挡板、吊沿板面积并入其中，不扣除孔洞、挖弯、削角所占面积。

(2) 大理石台面面盆开孔按设计图示数量计算。

(3) 盥洗室台镜（带框）、盥洗室木镜箱按边框外围面积计算。

(4) 盥洗室塑料镜箱、毛巾杆、毛巾环、浴帘杆、浴缸拉手、肥皂盒、卫生纸盒、晒衣架、晾衣绳等按设计图示数量计算。

5. **雨篷、旗杆清单计价**

1）计价说明

(1) 点支式、托架式雨篷的型钢、爪件的规格数量是按常用做法考虑的，当设计要求与定额不同时，材料消耗量可以调整，人工、机械不变。托架式雨篷的斜拉杆费用另计。

（2）旗杆项目按常用做法考虑，未包括旗杆基础、旗杆台座及其饰面。

2）计价工程量计算规则

（1）雨篷按设计图示尺寸水平投影面积计算。

（2）不锈钢旗杆按设计图示数量计算。

（3）电动升降系统和风动系统按套数计算。

6. 招牌、灯箱清单计价

1）计价说明

（1）招牌、灯箱项目，当设计与定额考虑的材料品种、规格不同时，材料可以换算。

（2）一般平面广告牌是指正立面平整无凹凸面，复杂平面广告牌是指正立面有凹凸面造型的，箱（竖）式广告牌是指具有多面体的广告牌。

（3）广告牌基层以附墙方式考虑，当设计为独立式时，按相应项目执行，人工乘以系数1.10。

2）计价工程量计算规则

（1）柱面、墙面灯箱基层，按设计图示尺寸以展开面积计算。

（2）一般平面广告牌基层，按设计图示尺寸以正立面边框外围面积计算。复杂平面广告牌基层，按设计图示尺寸以展开面积计算。

（3）箱（竖）式广告牌基层，按设计图示尺寸以基层外围体积计算。

（4）广告牌面层，按设计图示尺寸以展开面积计算。

7. 美术字清单计价

1）计价说明

美术字不分字体，定额均以成品安装为准，并按单个独立安装的最大外接矩形面积区分规格，执行相应项目。

2）计价工程量计算规则

美术字按设计图示数量计算。

8. 石材、瓷砖加工清单计价

1）计价说明

石材瓷砖倒角、磨制圆边开槽、开孔等项目均按现场加工考虑。

2）计价工程量计算规则

（1）石材、瓷砖倒角按块料设计倒角长度计算。

（2）石材磨边按成型磨边长度计算。

（3）石材开槽按块料成型开槽长度计算。

（4）石材、瓷砖开孔按成型孔洞数量计算。

9. 拆除工程清单计价

1）计价说明

（1）本定额仅适用于建筑工程施工过程以及二次装修前的拆除工程。采用控制爆破拆除、机械整体性拆除及拆除材料重新利用的保护性拆除，不适用本定额。本定额包括砖石、混凝土、钢筋混凝土基础拆除、结构拆除及饰面拆除等。

（2）本定额子目未考虑钢筋、铁件等拆除材料残值利用。

（3）本定额除说明有标注外，拆除人工、机械操作综合考虑，执行同一定额。

（4）现浇混凝土构件拆除机械按手持式风动凿岩机考虑。如采用切割机械无损拆除局部混凝土构件，另按无损切割子目执行。

（5）地面抹灰层与块料面层铲除不包括找平层，如需铲除找平层者，每 10m² 增加人工 0.20 工日。带支架防静电地板按带龙骨木地板项目人工乘以系数 1.30。

（6）抹灰层铲除定额已包含了抹灰层表面腻子和涂料（涂漆）的一并铲除，不再另套定额。

（7）腻子铲除已包含了涂料（油漆）的一并铲除，不再另套定额。

（8）拆除建筑垃圾装袋费用未考虑，建筑垃圾外运及处置费按各地有关规定执行。

2）计价工程量计算规则

（1）基础拆除：按实拆基础体积（m³）计算。

（2）砌体拆除：按实拆墙体体积（m³）计算，不扣除 0.3m² 以内孔洞和构件所占的体积。轻质隔墙及隔断拆除按实际拆除面积（m²）计算。

（3）预制和现浇混凝土及钢筋混凝土拆除：按实拆体积（m³）计算，楼梯拆除按水平投影面积（m²）计算。无损切割按切割构件断面（m²）计算，钻芯按实钻孔数（孔）计算。

（4）地面面层拆除：抹灰层块料面层、龙骨及饰面拆除均按实拆面积（m²）计算；踢脚线铲除并入墙面不另计算。

（5）墙、柱面面层拆除：抹灰层、块料面层、龙骨及饰面拆除均按实拆面积（m²）计算；干挂石材骨架拆除按拆除构件质量（t）计算。如饰面与墙体整体拆除，饰面工程量并入墙体按体积计算，饰面拆除不再单独计算费用。

（6）天棚面层拆除：抹灰层铲除按实铲面积（m²）计算，龙骨及饰面拆除按水平投影面积（m²）计算。

（7）门窗拆除：门窗拆除按门窗洞口面积（m²）计算，门窗扇拆除按扇计。

（8）栏杆扶手拆除：均按实拆长度（m）计算。

（9）油漆涂料裱糊面层铲除：均按实铲面积（m²）计算。

拓展提高

1．装饰线（条）直接安装在金属龙骨上，人工乘以系数 1.68。
2．招牌、灯箱项目均不包括广告牌喷绘、灯饰、灯光、店徽、其他艺术装饰及配套机械。
3．墙体凿门窗洞口套用相应墙体拆除子目，洞口面积在 0.5m² 以内的，相应定额的人工乘以系数 3.00；洞口面积在 1.0m² 以内的，相应定额的人工乘以系数 2.40。
4．门窗套拆除包括与其相连的木线条拆除。

单元小结

本单元主要介绍了装饰工程相关内容的计量与计价，主要包括楼地面装饰工程，墙、柱面装饰工程与隔断、幕墙工程，天棚工程，油漆、涂料、裱糊工程，其他装饰工程及拆除工程的工程量清单编制，以及清单计价文件编制的相关清单规范及计价规范和编制要求。

同步测试

一、单项选择题

1. 块料面层结合砂浆如采用干硬性水泥砂浆的，除材料单价换算外，人工乘以系数（　　）。
   A. 0.75　　　　B. 0.85　　　　C. 0.50　　　　D. 0.30

2. 以下定额子目中，（　　）已包括踢脚线。
   A. 水泥砂浆楼地面　　　　　　B. 大理石楼梯面
   C. 细石混凝土楼地面　　　　　D. 水泥砂浆楼梯面

3. 整体面层楼地面的工程量，应扣除（　　）所占面积。
   A. 0.3m² 以内孔洞　B. 设备基础　　C. 附墙烟囱　　D. 间壁墙

4. 以下关于踢脚线的说法，错误的是（　　）。
   A. 踢脚线工程量按设计图示长度乘以高度以面积（m²）计算
   B. 弧形踢脚线按相应项目人工、机械乘以系数 1.15
   C. 踢脚线高度超过 500mm 者，按墙、柱面工程相应定额执行
   D. 金属踢脚线定额成品价格已包含折边铣槽费

5. 零星项目面层适用于块料楼梯侧面、块料台阶的牵边、小便池、蹲台、池槽、检查（工作）井等内空面积在（　　）m² 以内且未列项目的工程，以及断面内空面积在 0.4m² 以内的地沟、电缆沟。
   A. 0.3　　　　B. 0.5　　　　C. 0.05　　　　D. 0.03

6. 找平层及整体面层厚度设计与定额不同时，按抹灰砂浆厚度每增减（　　）定额进行调整。
   A. 1mm　　　　B. 5mm　　　　C. 0.5mm　　　　D. 3mm

7. 墙柱面抹灰除定额另有说明外，均按厚度（　　）mm 考虑。
   A. 20　　　　B. 10　　　　C. 15　　　　D. 30

8. 弧形的墙、柱、梁等抹灰、镶贴块料按相应项目人工乘以系数（　　），材料乘以系数（　　）。
   A. 1.10，1.20　　B. 1.10，1.02　　C. 1.02，1.10　　D. 1.10，1.10

9. 以下关于女儿墙的说法错误的是（　　）。
   A. 女儿墙（包括泛水、挑砖）内侧抹灰工程量按设计图示尺寸以面积计算
   B. 女儿墙外侧抹灰工程量按设计图示尺寸以面积计算
   C. 女儿墙（包括泛水、挑砖）内侧与外侧抹灰工程量均按侧面投影面积计算
   D. 女儿墙镶贴块料工程量以展开面积计算

10. 以下关于墙、柱面工程量的计算，说法错误的是（　　）。
    A. 大理石（花岗岩）柱墩、柱帽按其设计最大外径以周长计算
    B. 墙、柱、梁面镶贴块料按设计图示饰面面积计算
    C. 墙饰面的基层按设计图示尺寸净长乘以净高计算，不扣除门窗洞口及每个在 0.3m² 以上孔洞所占面积
    D. 柱、梁面面积按设计图示饰面尺寸以面积计算

11. 天棚吊顶中，在夹板基层上贴石膏板，套用（　　）定额。
A. 钉在木龙骨上石膏板　　　　　B. 每增加一层石膏板
C. 安在轻钢龙骨上石膏板　　　　D. 钉在夹板上石膏板

12. 板式楼梯底面抹灰按（　　）计算。
A. 水平投影面积乘以系数1.15　　B. 水平投影面积
C. 垂直投影面积　　　　　　　　D. 体积

13. 天棚吊筋高按（　　）以内综合考虑。当设计需做二次支撑时，应另行计算。
A. 1.0m　　　B. 1.5m　　　C. 0.5m　　　D. 0.6m

14. 调和漆定额按（　　）遍考虑。
A. 一　　　　B. 二　　　　C. 三　　　　D. 四

15. 成品木门油漆工程量按（　　）计算。
A. 门扇面积　　　　　　　　　　B. 门扇面积乘以系数1.1
C. 门扇面积乘以系数0.9　　　　　D. 展开面积

16. 木楼梯（不包括底面）油漆套用木地板定额，按水平投影面积乘以系数（　　）。
A. 1.0　　　B. 1.1　　　C. 1.2　　　D. 2.3

17. 木材踢脚板油漆按相应装饰面工程量乘以系数（　　）。
A. 1.0　　　B. 1.1　　　C. 1.2　　　D. 1.3

18. 现场制作的钢构件油漆工程量按质量乘以系数（　　）折算为面积计算。
A. 35.6　　　B. 39.9　　　C. 56.6　　　D. 58

19. 下列关于装饰线工程量，说法错误的是（　　）。
A. 装饰线按成品安装考虑
B. 墙面安装圆弧形装饰线，人工乘以系数1.20、材料乘以系数1.10
C. 天棚面安装直线形装饰线，人工乘以系数1.60
D. 天棚面安装圆弧形装饰线，人工乘以系数1.60、材料乘以系数1.10

20. 根据清单工程量计算量规则，下列计算错误的是（　　）。
A. 压条、装饰线按线条中心线长度计算
B. 大理石洗漱台按设计图示尺寸以展开面积计算，挡板、吊沿板面积并入其中，不扣除孔洞、挖弯、削角所占面积
C. 金属旗杆按设计图示数量计算，单位为根
D. 扶手、栏杆按其中心线长度计算，扣除弯头长度

21. 下列拆除工程中，不是按"m²"计算的是（　　）。
A. 砖墙　　　B. 抹灰面　　　C. 龙骨及饰面　　　D. 门窗

22. 拆除工程中，说法有误的是（　　）。
A. 墙体凿门窗洞口套用相应墙体拆除子目，洞口面积在0.5m²以内的，相应定额的人工乘以系数2.40
B. 地面抹灰层与块料面层铲除不包括找平层，如需铲除找平层者，每10m²增加人工0.20工日
C. 抹灰层铲除定额已包含了抹灰层表面腻子和涂料（涂漆）的一并铲除，不再另套定额

D. 门窗套拆除包括与其相连的木线条拆除

二、多项选择题

1. 关于螺旋形楼梯的装饰定额套用，正确的是（　　）。
   A. 人工乘以系数 1.1
   B. 机械乘以系数 1.15
   C. 机械乘以系数 1.1
   D. 块料面层材料用量乘以系数 1.15
   E. 其他材料用量乘以系数 1.05

2. 以下关于整体面层楼地面工程量计算规则，正确的是（　　）。
   A. 按设计图示尺寸以面积计算
   B. 扣除凸出地面的构筑物、设备基础、室内管道、地沟等所占面积
   C. 扣除间壁墙
   D. 扣除 0.3m^2 以内柱、垛、附墙烟囱及孔洞所占面积
   E. 门洞、空圈的开口部分不增加

3. 楼地面工程中，清单与定额工程量计算规则不同的是（　　）。
   A. 水泥砂浆踢脚线
   B. 块料面层、金属板、塑料板踢脚线
   C. 石材、块料面层楼地面
   D. 块料面层台阶
   E. 现浇水磨石楼梯面

4. 混凝土线条抹灰增加费定额中，说法正确的是（　　）。
   A. 按其凸出线条的棱线道数不同套用相应的定额
   B. 单独窗台板计一道抹灰增加费
   C. 线条断面为外凸弧形的，一个曲面按一道考虑
   D. 栏板扶手计一道抹灰增加费
   E. 女儿墙压顶上的单阶凸出不计线条抹灰增加费

5. 抹灰、镶贴块料及饰面的柱墩、柱帽（大理石、花岗岩除外）其工程量并入相应柱内计算，每个柱墩、柱帽另增加人工：（　　）。
   A. 抹灰增加 0.25 工日
   B. 抹灰增加 0.5 工日
   C. 镶贴块料增加 0.38 工日
   D. 饰面增加 0.5 工日
   E. 饰面增加 0.05 工日

6. 以下关于内墙面抹灰工程量计算，正确的是（　　）。
   A. 按设计图示主墙间净长乘以高度以面积计算
   B. 扣除墙裙、门窗洞口及单个 0.3m^2 以外的孔洞所占面积
   C. 扣除踢脚线、装饰线及墙与构件交接处的面积
   D. 扣除 0.3m^2 以内柱、垛、附墙烟囱及孔洞所占面积
   E. 门窗洞口和孔洞的侧壁及顶面面积不增加

7. 块料面层的零星项目适用于（　　）等。
   A. 遮阳板
   B. 天沟
   C. 窗台板
   D. 腰线
   E. 0.3m^2 以内的其他零星项目

8. 关于天棚抹灰工程量，说法正确的是（　　）。
   A. 按设计结构尺寸以展开面积计算

B. 不扣除间壁墙、垛、柱、附墙烟囱所占的面积
C. 不扣除检查口和管道所占的面积
D. 带梁天棚梁两侧抹灰面积并入天棚面积内计算
E. 带梁天棚梁两侧抹灰不计算

9. 以下关于天棚吊顶的工程量计算，正确的是（　　）。
A. 跌级天棚与平面天棚平面部分的计算规则相同
B. 跌级天棚与平面天棚平面部分的计算规则不同
C. 平面天棚的基层工程量按设计图示尺寸以面积计算，扣除单个 $0.3m^2$ 以外的独立柱、孔洞所占面积（灯孔、检查孔面积不扣除）
D. 平面天棚的饰面板工程量按设计图示尺寸以面积计算，不扣除间壁墙垛、柱、附墙烟囱、检查口和管道所占的面积
E. 平面天棚的龙骨工程量按设计图示尺寸以面积计算，与天棚相连的窗帘盒所占的面积不扣除

10. 以下套用单层钢门窗油漆涂料定额的项目有（　　）。
A. 钢爬梯　　　　　　　　B. 钢百叶门
C. 窗栅　　　　　　　　　D. 平板屋面
E. 钢折门

11. 其他木材面油漆适用的项目包括（　　）。
A. 木扶手　　　　　　　　B. 门窗套
C. 屋面板　　　　　　　　D. 木屋架
E. 木楼梯

三、定额换算题

试完成表 4-11 中的定额基价换算内容。

表 4-11 定额基价换算

序　号	定额编号	工程名称	计量单位	基价/元	基价计算公式
1		40mm 厚细石混凝土找平层			
2		25mm 厚干混砂浆楼地面（混凝土）			
3		20mm 厚 1∶2 白水泥彩色水磨石楼地面（带玻璃嵌条不带图案）			
4		干混砂浆铺贴大理石螺旋楼梯			
5		25mm 厚水泥砂浆外墙抹灰			
6		弧形墙面干混砂浆粘贴大理石面层			
7		女儿墙外侧抹水泥砂浆（无泛水挑砖）			

序 号	定额编号	工程名称	计量单位	基价/元	基价计算公式
8		墙饰面木龙骨基层（中距40mm，龙骨规格30mm×40mm）			
9		天棚细木工板基层（弧形侧面，钉在木龙骨上）			
10		平面天棚，石膏板安在T形铝合金龙骨上			

四、综合训练题

1. 某房屋工程平面图如图4.7所示，地面做法为：20mm厚干混砂浆密缝铺贴600mm×600mm玻化砖；50mm厚C15细石混凝土找平层；100mm厚碎石垫层；素土夯实。踢脚线：干混砂浆铺贴同质玻化砖，高120mm。

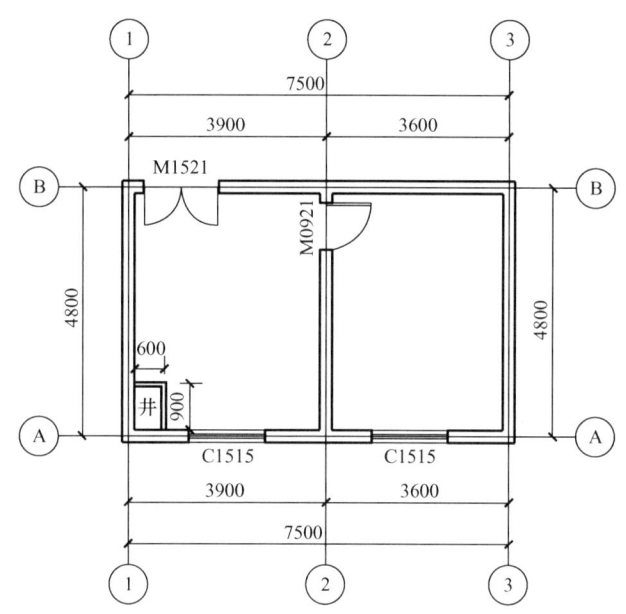

图4.7 某房屋工程平面图（单位：mm）

(1) 计算该地面清单工程量并编制工程量清单。

(2) 计算对应清单项目的综合单价（设管理费为16.87%、利润为7.1%、风险费用为0）。

2. 某房屋工程平面图如图4.8所示，外墙顶面标高为3.600m，室内外高差−0.3m，外墙采用1∶3水泥砂浆打底，45mm×95mm外墙面砖贴面。门窗框厚90mm，窗居墙中心线安装，门居墙内平。

(1) 计算该墙面清单工程量并编制工程量清单。

(2) 计算对应清单项目的综合单价（设管理费为16.87%、利润为7.1%、风险费用为0）。

单元 **4** 装饰工程计量与计价

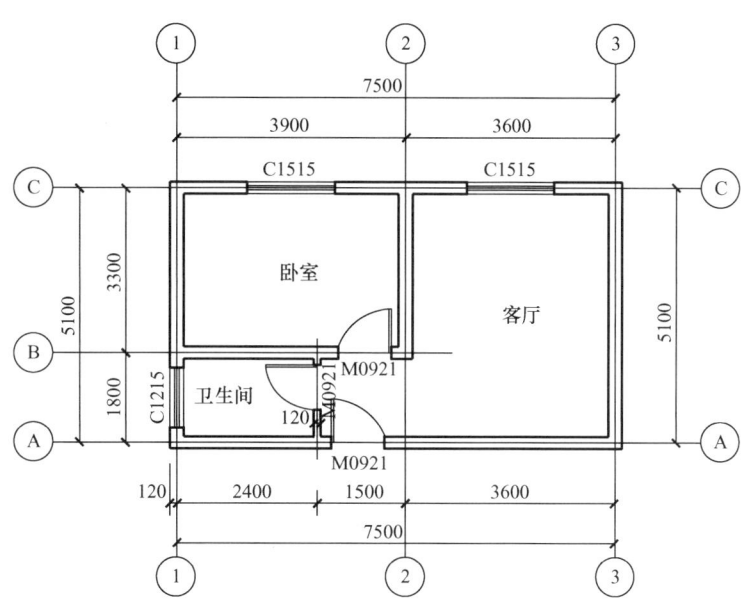

图 4.8 某房屋工程平面图（单位：mm）

3. 某餐厅的天棚吊顶构造如图 4.9 所示，墙体厚 240mm，吊顶做法为：单层木龙骨，9.5mm 厚纸面石膏板饰面，白色乳胶漆二遍。试编制该天棚的工程量清单并计算其综合单价（乳胶漆另计，设管理费为 16.87%、利润为 7.1%、风险费用为 0）。

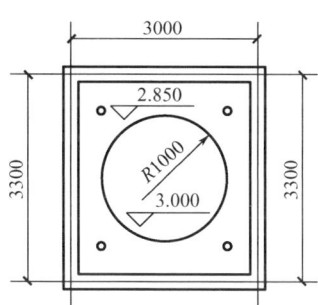

图 4.9 某餐厅的天棚吊顶构造

283

单元 5　措施项目计量与计价

知识目标

1. 了解措施项目基础知识；
2. 掌握措施项目清单编制；
3. 掌握措施项目计价方法。

能力目标

1. 能理解措施项目相关的工艺内容；
2. 掌握措施项目清单工程量计算和清单编制方法；
3. 能结合实际工程运用所学知识。

单元 5 措施项目计量与计价

引入案例

某超高层写字楼项目，位于某市中央商务区，地下 5 层，地上 69 层，高度约 353m，建筑面积为 158700m²。该超高层写字楼结构体系由钢筋混凝土筒体及钢结构外框架构成，钢筋混凝土筒体截面尺寸约为 27m×25m，核心筒结构为钢筋混凝土墙体，六层以下埋设型钢劲性柱；钢结构外框架截面尺寸为 46m×46m，由钢管混凝土柱及型钢梁组成。钢结构采用钢筋混凝土筒体-钢结构外框架的混合体系，决定了钢结构施工必须以筒体施工为前提，后者选用"液压爬升模架、提升大模板体系"进行施工。垂直运输选用一大一小 2 台动臂式塔式起重机来搭配使用，结合核心筒的液压爬升模架，解决土建与钢结构的吊运需求；主楼 310m 以上设置由桁架组成的塔冠，塔冠最高处 43m，塔冠钢结构由内爬式塔式起重机 TCR-6055 负责吊装；投入 4 台中高速变频施工电梯，供人员上下和物资进出，装饰阶段后期实现施工电梯与永久电梯的有序转换使用。在安全防护上，建立"以操作层的全封闭围护为重点，兼顾主体结构分段隔离及受落点的预先设防"的多层次防坠落体系。该超高层写字楼的总包工程措施费报价约为 3000 万元，分部分项工程费报价约为 1.2 亿元，措施费占分部分项工程费的比例约为 25%。在措施费报价的 3000 万元中，塔式起重机、人货梯、脚手架等措施费约为 2200 万元。

请思考：超高层建筑与多层、第一类高层、第二类高层等建筑的施工有什么不一样？措施费包含哪些内容？

任务 5.1 脚手架工程

5.1.1 基础知识

本任务主要学习脚手架工程措施项目的计量与计价。外墙脚手架除了承担主体施工功能外，对外墙砌筑施工、外墙装修也起着重要作用。外墙脚手架按搭设的材料，可分为扣件式脚手架、门式脚手架、承插式脚手架、碗口式脚手架、毛竹脚手架等；按搭设的方式，可分为落地式脚手架、悬挑式脚手架、吊挂式脚手架、爬架（一般用于高度大于 80m 的建筑物，通常有自升降式脚手架、互升降式脚手架、整体升降式脚手架等形式）。

5.1.2 工程量清单编制

1. 清单编制说明

根据《计算规范》，脚手架工程工程量清单项目包括综合脚手架、外脚手架、里脚手架、悬空脚手架、挑脚手架、满堂脚手架、整体提升架、外装饰吊篮、电梯井脚手架 9 个项目，分别按 011701001×××～011701008×××、Z011701009×××编码列项。

2. 脚手架工程工程量清单编制

1）综合脚手架

综合脚手架适用于能够按建筑面积计算规则计算建筑面积的建筑工程脚手架，不适用于房屋加层、构筑物及附属工程脚手架。使用综合脚手架时，不再使用外脚手架、里脚手架等单项脚手架。同一建筑物有不同檐高时，按建筑物竖向切面分别按不同檐高编列清单项目。

（1）工作内容：场内、场外材料搬运，搭、拆脚手架、斜道、上料平台，安全网的铺设，选择附墙点与主体连接、测试电动装置、安全锁等，拆除脚手架后材料的堆放。

（2）项目特征：应对建筑结构形式、檐口高度予以描述。

（3）工程量计算规则：按建筑面积（m²）计算。

此处建筑面积除按建筑面积计算规则考虑外，另增加以下面积。

1. 骑楼、过街楼下的人行通道、建筑物通道，层高2.2m及以上者按墙（柱）外围水平面积计算（与有无围护无关）；层高不足2.2m者计算1/2面积。

2. 设备夹层（技术层）层高在2.2m及以上者，按墙外围水平面积计算；层高不足2.2m者，计算1/2面积。

3. 有墙体、门窗封闭的阳台，按其外围水平投影面积计算。

以上涉及面积的计算内容，仅适用于计取综合脚手架、垂直运输费和建筑物超高施工用水加压增加的水泵台班费用。

2）里脚手架、外脚手架

（1）工作内容：场内、场外材料搬运，搭、拆脚手架、斜道、上料平台，安全网的铺设，拆除脚手架后材料的堆放。

（2）项目特征：应对搭设方式、搭设高度、脚手架材质予以描述。

（3）工程量计算规则：按所服务对象的垂直投影面积（m²）计算。

3）悬空脚手架

（1）工作内容：场内、场外材料搬运，搭、拆脚手架、斜道、上料平台，安全网的铺设，拆除脚手架后材料的堆放。

（2）项目特征：应对搭设方式、悬挑宽度、脚手架材质予以描述。

（3）工程量计算规则：按搭设的水平投影面积（m²）计算。

4）挑脚手架

（1）工作内容：场内、场外材料搬运，搭、拆脚手架、斜道、上料平台，安全网的铺设，拆除脚手架后材料的堆放。

（2）项目特征：应对搭设方式、悬挑宽度、脚手架材质予以描述。

（3）工程量计算规则：按搭设长度乘以搭设层数以延长米（m）计算。

5）满堂脚手架

满堂脚手架适用于工作面高度超过3.6m的天棚抹灰，或吊顶安装及基础深度超过

2m 的混凝土运输脚手架（地下室及使用泵送混凝土的除外）。工作面高度为设计室内地面（楼面）至天棚底的高度，斜天棚按平均高度计算。基础深度自室外设计地坪算起。

（1）工作内容：场内、场外材料搬运，搭、拆脚手架、斜道、上料平台，安全网的铺设，拆除脚手架后材料的堆放。

（2）项目特征：应对搭设方式、搭设高度、脚手架材质予以描述。

（3）工程量计算规则：按搭设水平投影面积（m²）计算。

6）整体提升架

整体提升架已包括2m高的防护架体设施。

（1）工作内容：场内、场外材料搬运，选择附墙点与主体连接，搭、拆脚手架、斜道、上料平台，安全网的铺设，测试电动装置、安全锁等，拆除脚手架后材料的堆放。

（2）项目特征：应对搭设方式及启动装置、搭设高度予以描述。

（3）工程量计算规则：按所服务对象的垂直投影面积（m²）计算。

7）外装饰吊篮

（1）工作内容：场内、场外材料搬运，吊篮的安装，测试电动装置、安全锁、平衡控制器等，吊篮的拆卸。

（2）项目特征：应对升降方式及启动装置、搭设高度及吊篮型号予以描述。

（3）工程量计算规则：按所服务对象的垂直投影面积（m²）计算。

8）电梯井脚手架

（1）工作内容：搭设拆除脚手架、安全网，铺、翻脚手板。

（2）项目特征：应对电梯井高度予以描述。

（3）工程量计算规则：按设计图示数量（座）计算。

实例分析 5-1

某建筑物立面简图如图5.1所示，地下2层，地上裙房3层，主楼15层，第15层层高为7m，第5层为设备夹层，层高为2.2m，其余层高均为3.6～5m。主楼每层建筑面积为600m²，天棚投影面积为500m²；裙房每层建筑面积为400m²，天棚投影面积为320m²。试编制该建筑物脚手架工程量清单。

分析： 首先分析该建筑物要编制的脚手架项目，应为综合脚手架、满堂脚手架，而且裙房和主楼檐高不同，应分别列项。

综合脚手架的清单工程量如下。

主楼檐高60m以内为 $S = 600 \times 15 = 9000 (m^2)$；

裙房檐高20m以内为 $S = 400 \times 3 = 1200 (m^2)$。

主楼除第5层外，层高均超过3.6m，因此要计满堂脚手架。

主楼满堂脚手架清单工程量 $S = 500 \times 14 = 7000 (m^2)$。

裙房层高均为3.6～5m，因此也要计满堂脚手架。

裙房1～3层满堂脚手架清单工程量为 $S = 320 \times 3 = 960 (m^2)$。

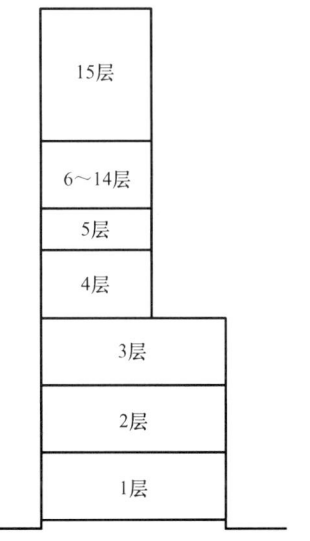

图 5.1 某建筑物立面简图

该建筑物脚手架工程量清单见表 5-1。

表 5-1　该建筑物脚手架工程量清单

序号	项目编码	项目名称	项目特征描述	计量单位	工程量	综合单价	合价	其中：暂估价
						金额/元		
1	011701001001	综合脚手架	檐口高度 60m 以内，第 1~14 层层高均为 3.6~5m，第 15 层层高 7m，含技术层一层，层高 2.2m	m^2	9000			
2	011701001002	综合脚手架	檐口高度 20m 以内，第 1~3 层层高均为 3.6~5m	m^2	1200			
3	011701006001	满堂脚手架	1. 檐口高度 60m 以内； 2. 主楼第 15 层层高 7m，除第 5 层技术层层高为 2.2m 外，第 1~14 层层高均为 3.6~5m	m^2	7000			
4	011701006002	满堂脚手架	1. 檐口高度 20m 以内； 2. 层高均为 3.6~5m	m^2	960			

拓展提高

　　脚手架材质可以不描述，但应注明由投标人根据工程实际情况按照《建筑施工扣件式钢管脚手架安全技术规范》(JGJ 130—2011)、《建筑施工附着升降脚手架管理暂行规定》(建建〔2000〕230 号)等规范自行确定。

5.1.3　工程量清单计价

1. 一般规定

　　脚手架计价除考虑安装、拆卸及运输费用之外，还应考虑脚手架的周转周期长短的影响，同时参考《浙江省预算定额（2018 版）》。本定额分为综合脚手架，单项脚手架，烟囱、水塔脚手架 3 个部分，共 70 个定额子目，适用于房屋工程、构筑物及附属工程的脚手架，包括脚手架搭、拆、运输及脚手架材料摊销。脚手架部分搭设材料及搭设方法，均执行同一定额。

　　同一建筑物檐高不同时，应根据不同高度的垂直分界面分别计算建筑面积，套用相应定额；同一建筑物结构类型不同时，应分别计算建筑面积并套用相应定额，上下层结构类型不同的应根据水平分界面分别计算建筑面积，套用同一檐高的相应定额。

2. 综合脚手架清单计价

1) 计价说明

　　综合脚手架定额，适用于房屋工程［含装配整体式混凝土结构、厂（库）房钢结构］

及地下室脚手架，不适用于房屋加层脚手架、构筑物及附属工程脚手架。

综合脚手架定额除另有说明外层高以6m以内为准，超过6m，另按每增加1m以内定额计算；檐高30m以上的房屋，层高超过6m时，按檐高30m以内每增加1m定额执行。

（1）装配整体式混凝土结构执行混凝土结构综合脚手架定额。当装配式混凝土结构预制率（简称"预制率"）<30%时，按相应混凝土结构综合脚手架定额执行；当30%≤预制率<40%时，按相应混凝土结构综合脚手架定额乘以系数0.95；当40%≤预制率<50%时，按相应混凝土结构综合脚手架定额乘以系数0.9；当预制率≥50%时，按相应混凝土结构综合脚手架定额乘以系数0.85。装配式结构预制率计算标准根据浙江省的规定。

（2）砖混结构执行混凝土结构定额。

① 综合脚手架综合了以下内容。

a. 内、外墙砌筑脚手架。

b. 外墙饰面脚手架。

c. 斜道和上料平台。

d. 高度在3.6m以内的内墙及天棚装饰脚手架。

e. 基础深度（自设计室外地坪起）2m以内的脚手架。

f. 地下室综合脚手架中已经综合了基础超深脚手架。

② 综合脚手架未综合以下内容。

a. 高度在3.6m以上的内墙和天棚饰面或吊顶安装脚手架。

b. 建筑物屋顶上或楼层外围的混凝土构架高度在3.6m以上的装饰脚手架。

c. 深度超过2m（自交付施工场地标高或设计室外地面标高起）的无地下室基础采用非泵送混凝土时的脚手架。

d. 电梯安装井道脚手架。

e. 人行过道防护脚手架。

f. 网架安装脚手架。

（3）厂（库）房钢结构综合脚手架。

单层按檐高7m以内编制，多层按檐高20m以内编制，若檐高超过编制标准，应按相应每增加1m定额计算，层高不同不做调整。

大卖场、物流中心等钢结构工程的综合脚手架可按厂（库）房钢结构定额执行。

（4）住宅钢结构综合脚手架。

住宅钢结构综合脚手架适用于结构体系为钢结构、钢-混凝土混合结构的工程，层高以6m以内为准，层高超过6m时，另按混凝土结构每增加1m以内定额计算。高层商务楼、商住楼、医院、教学楼等钢结构工程综合脚手架可按住宅钢结构相应定额执行。

2）计价工程量计算规则

综合脚手架工程量＝建筑面积＋增加面积。

（1）建筑面积。工程量按房屋建筑面积［《建筑工程建筑面积计算规范》（GB/T 50353—2013）］计算，有地下室时，地下室与上部建筑面积分别计算，套用相应定额。半地下室并入上部建筑物计算。

(2) 增加面积。

① 骑楼、过街楼底层的开放公共空间和建筑物通道，层高在 2.2m 及以上者按墙（柱）外围水平面积计算；层高不足 2.2m 者计算 1/2 面积。

② 建筑物顶上或楼层外围的混凝土构架，高度 2.2m 及以上者按构架外围水平投影面积的 1/2 计算。

③ 凸（飘）窗按其围护结构外围水平面积计算，扣除已计入《建筑工程建筑面积计算规范》(GB/T 50353—2013) 第 3.0.13 条的面积。

④ 建筑物门廊按其混凝土结构顶板水平投影面积计算，扣除已计入《建筑工程建筑面积计算规范》(GB/T 50353—2013) 第 3.0.16 条的面积。

⑤ 建筑物阳台均按其结构底板水平投影面积计算，扣除已计入《建筑工程建筑面积计算规范》(GB/T 50353—2013) 第 3.0.21 条的面积。

⑥ 建筑物外与阳台相连有围护设施的设备平台，按结构底板水平投影面积计算。

3. 单项脚手架清单计价

1) 满堂脚手架

(1) 计价说明。

① 高度 3.6m 至 5.2m 以内的天棚饰面或相应油漆涂料脚手架，按满堂脚手架基本层计算；高度超过 5.2m 时，另按增加层定额计算。

② 仅勾缝、刷浆时，按满堂脚手架定额，人工乘以系数 0.40、材料乘以系数 0.10。

③ 满堂脚手架在同一操作地点进行多种操作时（不另行搭设），只可计算一次脚手架费用。

④ 深度超过 2m（自交付施工场地标高或设计室外地面标高起）的无地下室基础采用非泵送混凝土时的脚手架，应计算混凝土运输脚手架，按满堂脚手架基本层定额乘以系数 0.60；深度超过 3.6m 时，另按增加层定额乘以系数 0.60。

⑤ 满堂脚手架搭设高度大于 8m 时，参照本定额第五章"混凝土及钢筋混凝土工程"超危支撑架相应定额乘以系数 0.20 计算。

⑥ 钢结构网架高空散拼时，安装脚手架套用满堂脚手架定额。

工作面高度为房屋层高，斜天棚（屋面）按房屋平均层高计算。

实例分析 5-2

实例分析5-2
所用定额

某房屋天棚抹灰，层高为 5.8m，求天棚抹灰脚手架单价。

分析：根据计价规定，本项目应按基本层加上增加层计算。因 5.8m－5.2m＝0.6m，因此按一个增加层计算。套定额 18－47＋18－48，计算得

单价＝9.8736＋1.98≈11.85(元/m²)

(2) 计价工程量计算规则。

① 满堂脚手架工程量按天棚水平投影面积计算，局部高度超过 3.6m 的天棚，按超过部分面积计算。

② 屋顶上或楼层外围等无天棚建筑构造的脚手架，构架起始标高到构架底的高度超过 3.6m 时，另按 3.6m 以上部分构架外围水平投影面积计算满堂脚手架。

③ 基础深度超过 2m 的非泵送混凝土运输满堂脚手架工程量，按底层外围面积计算；局部加深时，按加深部分基础宽度每边各增加 50cm 计算。

2）其他脚手架

(1) 内、外墙脚手架。

① 外墙外侧饰面如不能利用外墙砌筑脚手架而须另行搭设（即外墙装修需要重新搭设脚手架）时，按外墙脚手架定额，人工乘以系数 0.80、材料乘以系数 0.30；如仅勾缝、刷浆、油漆或腻子，人工乘以系数 0.40、材料乘以系数 0.10。

高度在 3.6m 以上的墙、柱饰面或相应油漆涂料脚手架，如不能利用满堂脚手架而须另行搭设时，按内墙脚手架定额，人工乘以系数 0.60、材料乘以系数 0.30；如仅勾缝、刷浆，人工乘以系数 0.40、材料乘以系数 0.10。

拓展提高

> 吊篮定额适用于外立面装饰用脚手架，吊篮安装、拆除以"套"为单位计算，使用以"套·天"计算；挪移费按吊篮安拆定额扣除载重汽车台班后乘以系数 0.70 计算。砖墙厚度在一砖半以上，石墙厚度在 40cm 以上，应计算双面脚手架，外墙套外墙脚手架定额，内墙套内墙脚手架定额。

② 工程量计算。

$$外墙脚手架＝外墙面积×1.15$$
$$内墙脚手架＝内墙面积×1.10$$

内、外墙面积不扣除门窗洞口、空洞等面积。

(2) 围墙脚手架。

① 围墙高度在 2m 以上者，套内墙脚手架定额；如另一面需装饰，脚手架另套用内墙脚手架定额，并对人工乘以系数 0.80、材料乘以系数 0.30。

② 工程量按围墙高度乘以围墙中心线长度以面积计算。

③ 围墙高度自设计室外地坪算至围墙顶，长度按围墙中心线计算，洞口面积不扣，砖垛（柱）也不折加长度。

(3) 电梯井道脚手架。

① 电梯井道脚手架定额按高度分别列项，20m 起分别列有 20m 以内、40m 以内、60m 以内……200m 以内，步距 20m。

电梯井高度按井坑底面至井道顶板底的净空高度再减去 1.5m 计算。

② 工程量按单孔（一座电梯）数量（座）计算。

(4) 防护脚手架。

① 防护脚手架定额按双层考虑，基本使用期为 6 个月，不足或超过 6 个月按相应定额调整，不足 1 个月按 1 个月计。

② 工程量按水平投影面积计算。

(5) 砖柱脚手架。

① 砖柱脚手架适用于高度大于2m的独立砖柱；房上烟囱高度超出屋面2m者，套用砖柱脚手架定额。

② 工程量按柱高计算。

1. 用于钢结构安装等支撑体系符合"超过一定规模的危险性较大的分部分项工程范围"标准时，根据专项施工方案，参照本定额第五章"混凝土及钢筋混凝土工程"超危支撑相应定额计算。

2. 超过一定规模危险性较大的混凝土模板支撑工程和承重支撑体系（简称超危支撑架），是依据《住房和城乡建设部办公厅关于实施〈危险性较大的分部分项工程安全管理规定〉有关问题的通知》（建办质〔2018〕31号）文件附件2"超过一定规模的危险性较大的分部分项工程范围"第二条第（二）、（三）款，适用于搭设高度8m及以上，或搭设跨度18m及以上，或施工总荷载（设计值）15kN/m² 及以上，或集中线荷载（设计值）20kN/m 及以上的混凝土模板支撑工程；以及适用于钢结构安装等满堂支撑体系，承受单点集中荷载7kN及以上的承重支撑体系。文件中其他危险性较大的分部分项工程遇到时应按施工技术方案另行计算。

4. 工程量清单计价实例

 实例分析 5-3

实例分析5-3
所用定额

请根据实例分析5-1提供的工程条件和清单，按照《浙江省预算定额（2018版）》计算清单项目的综合单价（企业管理费为人工费及机械费之和的16.57%、利润为人工费及机械费之和的8.1%，不考虑风险费用）。

分析：由题意可知，应计算综合脚手架和满堂脚手架，并且裙房和主楼应分别列项。

（1）综合脚手架（011701001001）：根据清单描述，檐口高度60m以内，第1~14层层高均为3.6~5m，第15层层高7m，含技术层一层，层高2.2m，则工程量分层高6m以内和7m两部分计算。

① 第1~14层综合脚手架工程量为 $600 \times 14 = 8400$（m²），套定额60m以内，定额编号18-10，计算得

$$人工费 = 19.83(元/m^2)$$
$$材料费 = 20.34(元/m^2)$$
$$机械费 = 16.70(元/m^2)$$
$$企业管理费 = (19.83+16.70) \times 16.57\% \approx 6.05(元/m^2)$$
$$利润 = (19.83+16.70) \times 8.1\% \approx 2.96(元/m^2)$$

② 第15层综合脚手架工程量为600m²，套定额60m以内，并按檐高30m以内每增加1m定额执行，定额编号为18-10+18-8，计算得

$$人工费 = 19.83+1.47 \approx 21.30(元/m^2)$$
$$材料费 = 20.34+0.95 \approx 21.29(元/m^2)$$

$$机械费 = 16.70 + 0.11 \approx 16.81(元/m^2)$$

$$企业管理费 = (21.30 + 16.81) \times 16.57\% \approx 6.31(元/m^2)$$

$$利润 = (21.30 + 16.81) \times 8.1\% \approx 3.09(元/m^2)$$

③ 则此清单的综合单价为

$$人工费 = (19.83 \times 8400 + 21.30 \times 600)/9000 \approx 19.93(元/m^2)$$

$$材料费 = (20.34 \times 8400 + 21.29 \times 600)/9000 \approx 20.41(元/m^2)$$

$$机械费 = (16.70 \times 8400 + 16.81 \times 600)/9000 \approx 16.70(元/m^2)$$

$$企业管理费 = (19.93 + 16.70) \times 16.57\% \approx 6.07(元/m^2)$$

$$利润 = (19.93 + 16.70) \times 8.1\% \approx 2.97(元/m^2)$$

$$综合单价 = 19.93 + 20.41 + 16.70 + 6.07 + 2.97 = 66.08(元/m^2)$$

(2) 同理可以对综合脚手架 (011701001002) 进行综合单价的计算。

(3) 满堂脚手架 (011701006001)：根据清单描述，檐口高度60m以内，主楼第15层层高7m，除第5层技术层层高为2.2m外，第1～14层层高均为3.6～5m。

① 第1～4层和第6～14层计算基本层满堂脚手架，工程量为 $500 \times 13 = 6500(m^2)$，套用定额18-47，计算得

$$人工费 = 8.06(元/m^2)$$

$$材料费 = 1.47(元/m^2)$$

$$机械费 = 0.34(元/m^2)$$

$$企业管理费 = (8.06 + 0.34) \times 16.57\% \approx 1.39(元/m^2)$$

$$利润 = (8.06 + 0.34) \times 8.1\% \approx 0.68(元/m^2)$$

② 第15层需要计算基本层脚手架和增加层脚手架，工程量为500m²，套用定额18-47+18-48×2，计算得

$$人工费 = (8.06 + 1.59 \times 2) \approx 11.24(元/m^2)$$

$$材料费 = (1.47 + 0.31 \times 2) \approx 2.09(元/m^2)$$

$$机械费 = (0.34 + 0.08 \times 2) \approx 0.50(元/m^2)$$

$$企业管理费 = (11.24 + 0.50) \times 16.57\% \approx 1.95(元/m^2)$$

$$利润 = (11.24 + 0.50) \times 8.1\% \approx 0.95(元/m^2)$$

③ 则此清单的综合单价为

$$人工费 = (8.06 \times 6500 + 11.24 \times 500)/7000 \approx 8.29(元/m^2)$$

$$材料费 = (1.47 \times 6500 + 2.09 \times 500)/7000 \approx 1.51(元/m^2)$$

$$机械费 = (0.34 \times 6500 + 0.50 \times 500)/7000 \approx 0.35(元/m^2)$$

$$企业管理费 = (8.29 + 0.35) \times 16.57\% \approx 1.43(元/m^2)$$

$$利润 = (8.29 + 0.35) \times 8.1\% \approx 0.70(元/m^2)$$

$$综合单价 = 8.29 + 1.51 + 0.35 + 1.43 + 0.70 = 12.28(元/m^2)$$

(4) 同理可以对满堂脚手架 (011701006002) 进行计价。

(5) 脚手架措施项目清单综合单价计算结果见表5-2。

表 5-2 措施项目综合单价计算表

序号	编号	工程内容	计量单位	数量	综合单价/元							合计/元
					人工费	材料费	机械费	企业管理费	利润	风险费用	小计	
1	011701001001	综合脚手架	m²	9000	19.93	20.41	16.70	6.07	2.97	0	66.08	594720.00
	18-10	综合脚手架檐高60m以内	m²	8400	19.83	20.34	16.70	6.05	2.96	0	65.88	553392.00
	18-10+18-8	综合脚手架檐高60m以内,层高7m	m²	600	21.30	21.29	16.81	6.31	3.09	0	68.80	41280.00
2	011701001002	综合脚手架	m²	1200	13.21	8.43	0.92	2.34	1.14	0	26.05	31260.00
	18-5	综合脚手架檐高20m以内	m²	1200	13.21	8.43	0.92	2.34	1.14	0	26.05	31260.00
3	011701006001	满堂脚手架	m²	7000	8.29	1.51	0.35	1.43	0.70	0	12.28	85960.00
	18-47	满堂脚手架(层高3.6~5.2m)	m²	6500	8.06	1.47	0.34	1.39	0.68	0	11.94	77610.00
	18-47+18-48×2	满堂脚手架(层高7m)	m²	500	11.24	2.09	0.50	1.95	0.95	0	16.73	8365.00
4	011701006002	满堂脚手架	m²	960	8.06	1.47	0.34	1.39	0.68	0	11.94	11462.40
	18-47	满堂脚手架	m²	960	8.06	1.47	0.34	1.39	0.68	0	11.94	11462.40

任务 5.2 混凝土模板及支架(撑)

5.2.1 基础知识

模板是指使浇筑混凝土能按设计要求形成混凝土构件的一种临时性结构,由模板、支撑、固定件组成。

工程模板的常用材料有复合胶模板、木模板、钢模板;支撑系统常见的有扣件式钢管脚手架、门式钢架、碗扣式脚手架等。

模板按构造分为组合式模板、大模板、滑升模板、爬升模板、台模、早拆模板、永久性模板等。

模板作为周转材料可重复使用,计价时应根据周转次数、每次周转损耗及回收余值等情况,确定模板的摊销量。

5.2.2 工程量清单编制

1. 清单编制说明

混凝土模板及支架（撑）清单，按《计算规范》附录 S.2 进行编制，适用于建（构）筑物工程混凝土模板及支架（撑）项目列项。

本任务项目按上述规范附录 S.2，分为基础模板，柱模板，梁模板，墙模板，板模板，天沟、檐沟模板，雨篷、悬挑板、阳台板模板，楼梯模板，其他现浇构件模板，电缆沟、地沟模板，台阶模板，扶手模板，散水模板，后浇带模板，化粪池模板，检查井模板，线条模板，后浇带模板增加费等 34 个项目，分别按 011702001×××～011702032×××、Z011702033、Z0117020344 编码列项。

柱模板安装施工

2. 模板工程工程量清单编制

1) 基础模板（011702001）

（1）适用于各类基础模板列项。

（2）工作内容：模板制作，模板安装、拆除、整理堆放及场内外运输，清理模板黏结物及模内杂物、刷隔离剂等。

梁模板安装施工

（3）项目特征：应对基础类型、设备基础单个块体体积、弧形基础长度予以描述。

（4）工程量计算规则：按模板与现浇混凝土构件的接触面积（m^2）计算。

2) 柱、梁、墙、板模板（011702002～011702021）

（1）柱模板按矩形柱模板、构造柱模板、异形柱模板分别列项（011702002～011702004）；梁模板按基础梁模板、矩形梁模板、异形梁模板、圈梁模板、过梁模板、弧形和拱形梁模板 6 项列项（011702005～011702010）；墙模板按直形墙模板、弧形墙模板、短肢剪力墙和电梯井壁模板 3 项列项（011702011～011702013）；板模板按有梁板模板、无梁板模板、

板模板安装施工

平板模板、拱板模板、薄壳板模板、空心板模板、其他板模板、栏板模板 8 项列项（011702014～011702021）。

（2）工作内容：同基础模板。

（3）项目特征：柱模板描述柱类型、柱截面形状，异形柱模板描述柱类型和尺寸；梁模板描述梁截面形状、支撑高度；墙模板描述墙厚；板模板描述支撑高度、板厚、板斜度、弧形板长度。

（4）工程量计算规则：按模板与现浇混凝土构件的接触面积（m^2）计算。

① 现浇钢筋混凝土墙、板单孔面积不超出 $0.3m^2$ 的孔洞不予扣除，洞侧壁模板亦不增加；单孔面积超出 $0.3m^2$ 时应予扣除，洞侧壁模板面积并入墙、板工程量内计算。

② 现浇框架分别按梁、板、柱有关规定计算；附墙柱、暗梁、暗柱并入墙内工程量计算。

③ 柱、梁、墙、板相互连接的重叠部分，均不计算模板面积。

④ 构造柱按图示外露部分以模板面积（m^2）计算。

实例分析 5-4

根据设计柱表（表 5-3）计算 KZ1 模板清单工程量并编制柱模板工程量清单。

表 5-3 柱表

柱号	标高/m	断面/(mm×mm)	备注
KZ1	−1.500～4.500	450×450	一层层高 4.5m，二、三层层高 3.6m，共 21 根。混凝土强度等级 C30，板厚均为 120mm
	4.500～11.700	450×400	

实例分析5-4
所用定额

分析：（1）根据工程量清单计算规范，清单编码为 011702002。

（2）计算清单工程量。

① ±0.000m 以下模板工程量为
$$S = 0.45 \times 4 \times 1.5 \times 21 = 56.7 (m^2)$$

断面周长 1.8m，层高 3.6m 以内。

② 一层矩形柱模板工程量为
$$S = 0.45 \times 4 \times (4.5 - 0.12) \times 21 \approx 165.56 (m^2)$$

断面周长 1.8m，层高 4.5m。

③ 二、三层矩形柱模板工程量为
$$S = (0.45 + 0.4) \times 2 \times (7.2 - 0.24) \times 21 \approx 248.47 (m^2)$$

断面周长 1.7m，层高 3.6m 以内。

（3）编制工程量清单，见表 5-4。

表 5-4 某柱模板工程量清单

序号	项目编码	项目名称	项目特征描述	计量单位	工程量	金额/元		
						综合单价	合价	其中：暂估价
1	011702002001	矩形柱模板	矩形柱木模板，C30 钢筋混凝土矩形柱，层高 3.6m 以内	m²	305.17			
2	011702002002	矩形柱模板	矩形柱木模板，C30 钢筋混凝土矩形柱，层高 4.5m 以内	m²	165.56			

3）天沟、檐沟模板（011702022）

（1）适用于各类天沟、檐沟模板列项。

（2）工作内容：模板制作，模板安装、拆除、整理堆放及场内外运输，清理模板黏结物及模内杂物、刷隔离剂等。

（3）项目特征：应对构件类型予以描述。

（4）工程量计算规则：按模板与现浇混凝土构件的接触面积（m²）计算。

4）雨篷、悬挑板、阳台板模板（011702023）

（1）适用于各类雨篷、悬挑板、阳台板模板列项。

（2）工作内容：模板制作，模板安装、拆除、整理堆放及场内外运输，清理模板黏结物及模内杂物、刷隔离剂等。

（3）项目特征：应对构件类型、板厚度予以描述。

（4）工程量计算规则：按图示外挑部分尺寸的水平投影面积（m²）计算，挑出墙外的悬臂梁及板边不另计算。

5) 楼梯模板（011702024）

（1）适用于各类楼梯模板列项。

（2）工程内容：模板制作，模板安装、拆除、整理堆放及场内外运输，清理模板黏结物及模内杂物、刷隔离剂等。

（3）项目特征：应对楼梯类型予以描述。

（4）工程量计算规则：按楼梯（包括休息平台、平台梁、斜梁和楼层板的连接梁）的水平投影面积（m²）计算，不扣除宽度不大于500mm的楼梯井所占面积，楼梯踏步、踏步板、平台梁等侧面模板不另计算，伸入墙内部分也不增加。

6) 其他现浇构件模板、电缆沟和地沟模板（011702025～011702026）

（1）适用于各类其他现浇构件、电缆沟和地沟模板列项。

（2）工作内容：模板制作，模板安装、拆除、整理堆放及场内外运输，清理模板黏结物及模内杂物、刷隔离剂等。

（3）项目特征：应对构件类型予以描述，电缆沟和地沟模板需要描述沟类型和沟截面。

（4）工程量计算规则。

① 其他现浇构件模板：按模板与现浇混凝土构件的接触面积（m²）计算。

② 地沟和电缆沟模板：按模板与电缆沟、地沟的接触面积（m²）计算。

7) 台阶模板（011702027）

（1）适用于各类混凝土台阶模板列项。

（2）工作内容：模板制作，模板安装、拆除、整理堆放及场内外运输，清理模板黏结物及模内杂物、刷隔离剂等。

（3）项目特征：应对台阶踏步宽度予以描述。

（4）工程量计算规则：按图示台阶水平投影面积（m²）计算，台阶端头两侧不另计算模板面积。架空式混凝土台阶按现浇楼梯计算。

8) 扶手模板（011702028）

（1）适用于各类混凝土扶手模板列项。

（2）工作内容：模板制作，模板安装、拆除、整理堆放及场内外运输，清理模板黏结物及模内杂物、刷隔离剂等。

（3）项目特征：应对扶手断面尺寸予以描述。

（4）工程量计算规则：按模板与扶手的接触面积（m²）计算。

9) 散水模板、后浇带模板、化粪池模板、检查井模板（011702029～011702032）

（1）适用于各类混凝土散水模板、后浇带模板、化粪池模板、检查井模板列项。

（2）工作内容：模板制作，模板安装、拆除、整理堆放及场内外运输，清理模板黏结物及模内杂物、刷隔离剂等。

（3）项目特征：应对散水截面、后浇带部位、化粪池部位和规格、检查井部位和规格予以描述。

（4）工程量计算规则：分别按模板与构件的接触面积（m²）计算。

10) 线条模板、后浇带模板增加费（Z011702033、Z011702034）

(1) 工程内容：模板制作、模板安装、拆除、整理堆放及场内外运输，清理模板黏结物及模内杂物、刷隔离剂等，金属网制作和安装。

(2) 项目特征：应对线条形状、展开宽度予以描述。

(3) 工程量计算规则：分别按设计图示长度（m）计算。

5.2.3 工程量清单计价

1. 计价说明

本节计价内容参照《浙江省预算定额（2018版）》第五章"混凝土及钢筋混凝土工程"，按相关规定进行计价。

(1) 现浇混凝土构件的模板依据不同构件，分别以复合木模、铝模、钢模单独列项，模板的具体组成规格、比例、支撑方式及复合模板的材质等，定额均综合考虑；定额未注明模板类型的，均按复合木模考虑。

(2) 铝模考虑实际工程使用情况，仅适用上部主体结构。铝模材料价格已包含铝模回库维修等相关费用。

(3) 现浇钢筋混凝土柱（不含构造柱）、梁（不含圈梁、过梁）、板、墙的支模高度按层高3.6m以内编制；超过3.6m时，工程量包括3.6m以下部分，另按相应超高定额计算。斜板（梁）或拱形结构按板（梁）顶平均高度确定支模高度，电梯井壁按建筑物自然层层高确定支模高度。

(4) 异形柱、梁是指柱、梁的断面形状为L形、十字形、T形、Z形的柱、梁，套用异形柱、梁定额；梯形、变截面矩形梁模板套用矩形梁定额；单独现浇过梁模板套用矩形梁定额；与圈梁连接的过梁模板套用圈梁定额。

(5) 斜梁（板）坡度α是按$10°<\alpha\leqslant30°$综合考虑的。当斜梁（板）坡度$\alpha\leqslant10°$时，执行普通梁（板）项目；当$30°<\alpha\leqslant40°$时，模板定额中人工乘以系数1.05；当$\alpha>45°$时，按墙相应定额执行。

实例分析5-5所用定额

实例分析 5-5

某斜屋面坡度为$35°$，平均层高4.25m，试换算该屋面板商品泵送混凝土复合木模定额基价。

分析：该项目屋面板坡度$30°<\alpha\leqslant40°$，按规定在模板定额中人工乘以系数1.05。

该项目层高超过3.6m，超过3.6m时，工程量包括3.6m以下部分，另按相应超高定额计算。套定额5-144H+5-151H，计算得

$$基价=38.83+3.93+(16.83+2.35)\times(1.05-1.0)\approx43.72(元/m^2)$$

(6) 凸出混凝土梁、墙面的线条，工程量并入相应构件内计算，另按凸出的棱线道数执行模板增加费项目；但单独窗台板、栏板扶手、墙上压顶的单阶挑檐，不另计算模板增加费；其他单阶线条凸出宽度大于300mm的，按雨篷模板定额执行。

(7) 现浇混凝土阳台板、雨篷板按悬挑形式编制，如半悬挑及非悬挑形式的阳台、雨

篷，则按梁、板规则执行。弧形阳台、雨篷按普通阳台、雨篷定额执行，另行计算弧形模板增加费。

2. 计价工程量计算规则

（1）现浇混凝土构件模板，除另有规定外，均按混凝土与模板接触面积计算。柱、梁、板、墙、栏板相互连接时，应扣除构件平行交接及 0.3m² 以上构件垂直交接处的面积。计算墙板工程量时，应扣除单孔面积大于 0.3m² 以上的孔洞，孔洞侧壁模板工程量另加；不扣除单孔面积小于 0.3m² 以内的孔洞，孔洞侧壁模板也不予增加。

（2）构造柱与墙咬接的马牙槎，按柱高每侧模板加 6cm，模板套用矩形柱定额。

（3）后浇带混凝土工程量扣除后浇带，模板不扣除，另计后浇带模板增加费，按延长米计算（含梁宽）。

（4）凸出的线条模板增加费，按凸出棱线的道数不同分别以延长米计算，两条或多条线条相互之间净距小于 100mm 以内的，每两条线按一条计算工程量。

（5）弧形板混凝土并入板内计算，另按弧长计算弧形板模板增加费。梁板结构的弧形板弧长工程量应包括梁板交接部位的弧线长度。

（6）现浇混凝土阳台、雨篷按阳台、雨篷挑梁及台口梁外侧面（含外挑线条）范围的水平投影面积计算，阳台、雨篷外梁上有线条时，另行计算线条模板增加费。

（7）现浇混凝土楼梯（包括休息平台、平台梁、楼梯段、楼梯与楼层板连接的梁）按水平投影面积计算（分界面同混凝土工程）；架空式混凝土台阶按现浇楼梯计算；场馆看台按设计图示尺寸以水平投影面积计算。

1. 有梁式带形（满堂）基础，基础面（板面）上梁高[指基础扩大顶面（板面）至梁顶面的高]小于 1.2m 时，合并计算；大于 1.2m 时，基础底板模板按无梁式带形（满堂）基础计算，基础扩大顶面（板面）以上部分模板按混凝土墙项目计算。有梁式带形基础梁面以下凸出的钢筋混凝土柱并入相应的基础内计算；基础侧边弧形增加费按接触面长度计算，每个面算一道。

2. 无梁式满堂基础有扩大或角锥形柱墩时，并入无梁式满堂基础内计算。

3. 块体设备基础按不同体积，分别计算模板工程量。设备基础地脚螺栓套孔以不同深度按螺栓孔数量计算。

4. 地面垫层铺设模板时按基础垫层模板定额执行，工程量按实际发生部分的模板与混凝土接触面展开计算。

实例分析 5-6

根据实例分析 5-4 的工程量清单，试求该柱模板清单的综合单价。假设工料机价格按《浙江省预算定额（2018 版）》取定，企业管理费、利润分别按人工费及机械费之和的 16.57%、8.1% 计算，风险费用暂不考虑。

分析：（1）清单项目设置：011702002002，矩形柱模板。

（2）清单工程量计算：165.56m²。

(3) 确定可组合的主要内容：由于层高超过 3.6m，需计算模板超高费。
(4) 计价工程量：165.56m²。
(5) 计算该柱模板的综合单价，结果见表 5-5。

表 5-5 该柱模板的综合单价计算表

工程名称：××××工程

序号	编号	名称	计量单位	数量	综合单价/元							合计/元
					人工费	材料费	机械费	企业管理费	利润	风险费用	小计	
1	011702002002	矩形柱（复合木模）	m²	165.56	28.14	15.84	1.55	4.92	2.40	0	52.85	8749.85
	5-119+5-124	矩形柱（复合木模）	m²	165.56	28.14	15.84	1.55	4.92	2.40	0	52.85	8749.85

任务 5.3 其他施工技术措施项目

5.3.1 基础知识

1. 垂直运输

垂直运输主要是指使用井架、龙门架、塔式起重机、施工电梯、自行杆式起重机等进行运输。

（1）井架：是施工中最简单的垂直运输设施（高度不宜超过 30m），分钢管井架、角钢管井架和定型井架，工作时需配备卷扬机。

（2）龙门架：是由立柱、天轮梁组成的门式架，配备天轮、导轨、吊盘、安全装置及缆绳等。

（3）塔式起重机：建筑施工中主要以附着式、内爬式为主。

（4）施工电梯：是高层建筑施工中常用的人货两用的垂直运输机械，也称施工升降机。

（5）自行杆式起重机：广泛应用于预制构件或钢构件的吊装施工。

2. 超高施工增加

建筑物超过一定高度后，随着建筑物高度的增加，人工、机械效率会降低，即人工、机械消耗量会增加，此外还需要增加加压水泵，才能使施工工作面连续供水。因此，工程计价时应考虑建筑物超高而增加的费用。

3. 大型机械设备进出场及安拆

大型机械设备包括挖土机、压路机、打桩机、搅拌机、施工电梯、塔式起重机等，其进出场及安拆需有相应的费用。

4. 施工排水、降水

施工排水、降水主要是指在基坑开挖过程中的地下水处理项目。

5.3.2 工程量清单编制

1. 垂直运输

垂直运输包括垂直运输、塔式起重机基础费用、施工电梯固定基础费用3个项目，分别按011703001×××、Z011703002×××、Z011703003×××编码列项。

（1）工作内容：垂直运输机械的固定装置、基础制作、安装，行走式垂直运输机械轨道的铺设、拆除、摊销。

（2）项目特征：应对建筑物的建筑类型及结构形式、地下室建筑面积、建筑物檐口高度和层数予以描述。

（3）工程量计算规则：①按建筑面积（m^2）计算；②按施工工期日历天数（天）计算。

2. 超高施工增加

本部分仅包括超高施工增加1个项目，按011704001×××编码列项。

（1）工作内容：建筑物超高引起的人工工效降低及由于人工工效降低引起的机械降效，高层施工用水加压水泵的安装、拆除及工作台班，通信联络设备的使用及摊销。

（2）项目特征：应对建筑物的建筑类型及结构形式，单层建筑物檐口高度超过20m、多层建筑物超过6层部分的建筑面积，建筑物檐口高度和层数予以描述。

（3）工程量计算规则：按建筑物超高部分的建筑面积（m^2）计算。

1. 单层建筑物檐口高度超过20m、多层建筑物超过6层时，可按超高部分的建筑面积计算超高施工增加。计算层数时，地下室不计入层数。

2. 同一建筑物有不同檐高时，可按不同高度的建筑面积分别计算建筑面积，以不同檐高分别编码列项。

3. 大型机械设备进出场及安拆

本部分仅包括大型机械设备进出场及安拆1个项目，按011705001×××编码列项。

（1）工作内容：安拆费包括施工机械、设备在现场进行安装拆卸所需人工、材料、机械和试运转费用，以及机械辅助设施的折旧、搭设、拆除等费用；进出场费包括施工机械、设备整体或分体自停放地点运至施工现场，或由一施工地点运至另一施工地点所发生的运输、装卸、辅助材料等费用。

（2）项目特征：应对机械设备名称、机械设备规格型号予以描述。

（3）工程量计算规则：按使用机械设备的数量（台次）计算。

4. 施工排水、降水

施工排水、降水包括成井、排水和降水 2 个项目，分别按 011706001×××、011706002×××编码列项。

井点降水

（1）工作内容。

① 成井：准备钻孔机械、埋设护筒、钻机就位、泥浆制作、固壁、成孔、出渣、清孔等；对接上、下井管（滤管），焊接、安放，下滤料，洗井，连接试抽等。

② 排水、降水：管道安装、拆除，场内搬运等，抽水、值班、降水设备维修等。

（2）项目特征。

① 成井：应对成井方式，地层情况，成井直径，井（滤）管类型、直径予以描述。

② 排水、降水：应对机械规格、型号，排水、降水管规格予以描述。

（3）工程量计算规则。

① 成井：按设计图示尺寸以钻孔深度（m）计算，或按设计图示数量（根）计算。

② 排水、降水：按排水、降水日历天数（昼夜）计算。

5.3.3 工程量清单计价

1. 计价说明

1）垂直运输

（1）垂直运输计价参照《浙江省预算定额（2018 版）》第十九章"垂直运输工程"，适用于房屋工程、构筑物工程的垂直运输，不适用于专业发包工程。

（2）本定额包括单位工程在合理工期内完成全部工作所需的垂直运输机械台班，但不包括大型机械的场外运输、安装拆卸，以及路基铺垫、轨道铺拆和基础等费用，发生时另按相应定额计算。

（3）建筑物的垂直运输，除另有规定或有特殊要求者外，定额按常规方案以不同机械综合考虑。

（4）檐高 30m 以下建筑物垂直运输不采用塔式起重机时，应扣除相应定额子目中塔式起重机机械台班消耗量，卷扬机井架和电动卷扬机台班消耗量分别乘以系数 1.50。

（5）檐高 3.6m 以内的单层建筑，不计算垂直运输费用。

（6）建筑物层高超过 3.6m 时，按每增加 1m 相应定额计算；超高不足 1m 的，每增加 1m 相应定额按比例调整。钢结构厂（库）房、地下室层高已综合考虑。

（7）垂直运输定额按不同檐高划分，同一建筑物檐高不同时，应根据不同高度的垂直分界面分别计算建筑面积，套用相应定额；同一结构下的类型不同时，应分别计算建筑面积，套用相应定额；同一檐高下的不同结构类型应根据水平分界面分别计算建筑面积，套用同一檐高的相应定额。

（8）主体结构混凝土按泵送考虑，当采用非泵送时，垂直运输费按相应定额乘以系数 1.05。

（9）装配整体式混凝土结构运输费套用混凝土结构相应定额乘以系数 1.40 计算。

（10）住宅钢结构垂直运输定额适用于结构体系为钢结构的工程。大卖场、物流中心等钢结构工程，其构件安装套用本定额第六章"金属结构工程"厂（库）房相应定额。当住宅钢结构建筑为钢-混凝土混合结构时，垂直运输套用混凝土结构相应定额。

（11）装配式木结构工程的垂直运输费套用混凝土结构相应定额乘以系数 0.60 计算。

（12）砖混结构定额执行混凝土结构定额。

（13）构筑物高度以设计室外地坪至结构最高点为准。

（14）钢筋混凝土水（油）池定额套用贮仓定额乘以系数 0.35 计算。贮仓或水（油）池池壁高度小于 4.5m 时，不计算垂直运输项目费用。

2）超高施工增加

（1）超高施工增加参照《浙江省预算定额（2018 版）》第二十章"建筑物超高施工增加费"。

（2）同一建筑物檐高不同时，应分别计算套用相应定额。

（3）建筑物超高加压水泵台班及其他费用按钢筋混凝土结构编制，装配整体式结构、钢-混凝土结构工程仍执行本章定额；建筑物层高超过 3.6m 时，按每增加 1m 相应定额计算，超高不足 1m 的，每增加 1m 相应定额按比例调整。当为钢结构工程时，相应定额乘以系数 0.80。

1. 本章定额适用于檐高 20m 以上的建筑物工程，超高施工增加费包括建筑物超高人工降效增加费、建筑物超高机械降效增加费、建筑物超高加压水泵台班及其他费。

2. 建筑物超高人工及机械降效增加费包括的内容指建筑物首层室内地面以上的全部工程项目，不包括大型机械的基础、运输、安拆、垂直运输、各类构件单独水平运输、各项脚手架、现场预制混凝土构件和钢结构的制作项目。

3）大型机械设备进出场及安拆

（1）超高施工增加参照《浙江省预算定额（2018 版）》附录二"单独计算的台班费用"。

（2）自升式塔式起重机、施工电梯基础费用。

① 固定式基础未考虑打桩，发生时，可另行计算。

② 高速卷扬机组合井架固定基础，按固定式基础乘以系数 0.20 计算。

③ 不带配重的自升式塔式起重机固定式基础、混凝土搅拌站的基础按实际计算。

（3）特、大型机械安装、拆卸费用。

① 安装、拆卸费用中已包括机械安装后的试运转费用。

② 自升式塔式起重机安装、拆卸费用定额是按塔高 60m 确定的，如塔高超过 60m，每增高 15m，安装、拆卸费用（扣除试车台班费用后）增加 10%。

③ 柴油打桩机安装、拆卸费用中的试车台班费用是按 1.8t 轨道式柴油打桩机考虑的，实际打桩机规格不同时，试车台班费用按实际进行调整。

④ 步履式柴油打桩机按相应规格柴油打桩机计算；多功能压桩机按相应规格静力压桩机计算；双头搅拌桩机按 1.8t 轨道式柴油打桩机乘以系数 0.70，单头搅拌桩机按 1.8t 轨道式柴油打桩机乘以系数 0.40，振动沉拔桩机、静压振拔桩机、转盘式钻孔桩机、旋喷

桩机按1.8t轨道式柴油打桩机计算。

(4) 特、大型机械场外运输费用。

① 场外运输费用中已经包括机械的回程费用。

② 场外运输费用为运距25km以内的机械进出场费用。

③ 凡利用自身行走装置转移的特、大型机械场外运输费用，按实际发生台班计算，不足0.5台班的按0.5台班计算，超过0.5台班不足1台班的按1台班计算。

④ 特、大型机械在同一施工点内、不同单位工程之间的转移，定额按100m以内综合考虑，如转移距离超过100m，在300m以内的，按相应场外运输费用乘以系数0.30，在500m以内的，按相应场外运输费用乘以系数0.60。如机械为自行移运者，按"利用自身行走装置转移的特、大型机械场外运输费用"的有关规定进行计算。需解体或铺设轨道转移的，其费用另行计算。

⑤ 步履式柴油打桩机按相应规格柴油打桩机计算；多功能压桩机按相应规格静力压桩机计算；双头搅拌桩机按5t以内轨道式柴油打桩机乘以系数0.70，单头搅拌桩机按5t以内轨道式柴油打桩机乘以系数0.40，振动沉拔桩机、静压振拔桩机、旋喷桩机按5t以内轨道式柴油打桩机计算。

4) 施工排水、降水

(1) 轻型井点、喷射井点排水的井管安装、拆除以"根"为单位计算，使用以"套·天"为单位计算；真空深井、自流深井排水的安装、拆除以每座井计算，使用以"每座井·天"为单位计算。

(2) 井管间距应根据地质条件和施工降水要求，以施工组织设计确定，施工组织设计无规定时，可按轻型井点管距1.2m、喷射井点管距2.5m确定。

2. 计价工程量计算规则

1) 垂直运输

(1) 地下室垂直运输以首层室内地面以下全部地下室的建筑面积计算，半地下室并入上部建筑物计算。

(2) 上部建筑物的垂直运输以首层室内地面以上全部面积计算，面积计算规则按本定额第十八章"脚手架工程"综合脚手架工程量计算规则。

(3) 非滑模施工的烟囱、水塔，根据高度按"座"计算；钢筋混凝土水（油）池及贮仓，按基础底板以上实体积（m^3）计算。

(4) 滑模施工的烟囱、筒仓，按筒座或基础底板上表面以上的筒身实体积（m^3）计算；水塔根据高度按"座"计算，定额已包括水箱及所有依附构件。

2) 超高施工增加

(1) 建筑物超高人工降效增加费的计算基数为规定内容中的全部人工费。

(2) 建筑物超高机械降效增加费的计算基数为规定内容中的全部机械台班费。

(3) 建筑物有高低层时，应按首层室内地面以上不同檐高建筑面积的比例，分别计算超高人工降效增加费和超高机械降效增加费。

(4) 建筑物超高加压水泵台班及其他费用，工程量同首层室内地面以上综合脚手架工程量。

3) 大型机械设备进出场及安拆

除轨道式基础按轨道长度计算外,其余按数量计算。

4) 施工排水、降水

(1) 湿土排水工程量同湿土工程量(含地下常水位以下的岩石开挖体积)。

(2) 轻型井点以 50 根为一套,喷射井点以 30 根为一套,使用时累计根数轻型井点少于 25 根、喷射井点少于 15 根时,使用费按相应定额乘以系数 0.70。

(3) 以每昼夜 24h 为一天,使用天数按施工组织设计规定的天数计算。

任务 5.4 安全文明施工及其他措施项目

5.4.1 基础知识

安全文明施工及其他措施项目,包括安全文明施工,夜间施工,非夜间施工照明,二次搬运,冬雨季施工,地上、地下设施和建筑物的临时保护设施,已完工程及设备保护 7 项内容。

5.4.2 工程量清单编制

1. 清单编制说明

安全文明施工费为必须计算的措施项目,其他组织措施项目可根据拟建项目工程的实际情况进行编制列项。所有施工组织措施项目按"项"编制即可。

2. 安全文明施工及其他措施项目清单编制

1) 安全文明施工(011707001)

安全文明施工费是指按照国家现行的建筑施工安全、施工现场环境与卫生标准的有关规定,购置和更新施工安全防护用具及设施、改善安全生产条件和资源环境所需要的费用。安全文明施工包括安全文明施工费的基本费(环境保护费、文明施工费、安全施工费、临时设施费)、施工扬尘污染防治增加费和创标化工地增加费 3 项内容。

2) 夜间施工(011707002)[注:《浙江省建设工程计价规则(2018 版)》,此部分内容已计入企业管理费]

夜间施工的工作内容及包含范围:夜间固定照明灯具和临时可移动照明灯具的设置、拆除;夜间施工时施工现场交通标志、安全标牌、警示灯等的设置、移动、拆除;夜间照明设备及照明用电、施工人员夜班补助、夜间施工劳动效率降低等。

3) 非夜间施工照明(011707003)[注:《浙江省建设工程计价规则(2018 版)》,此部分内容已计入企业管理费]

非夜间施工照明指为保证工程施工正常进行,在地下室等特殊施工部位施工时所采用的照明设备的安拆、维护及照明用电等。

4) 二次搬运（011707004）

二次搬运指由于施工场地条件限制而发生的材料、成品、半成品等一次运输不能到达堆放地点，必须进行的二次或多次搬运。

5) 冬雨季施工（011707005）

(1) 冬雨（风）季施工时增加的临时设施（防寒保温、防雨、防风设施）的搭设、拆除。

(2) 冬雨（风）季施工时，对砌体、混凝土等采用的特殊加温、保温和养护措施。

(3) 冬雨（风）季施工时，施工现场的防滑处理、对影响施工的雨雪的清除。

(4) 包括冬雨（风）季施工时增加的临时设施、施工人员的劳动保护用品、冬雨（风）季施工劳动效率降低等相关费用。

6) 地上、地下设施和建筑物的临时保护设施（011707006）

地上、地下设施和建筑物的临时保护设施包括在工程施工过程中，对已建成的地上、地下设施和建筑物进行的遮盖、封闭、隔离等必要保护措施。

7) 已完工程及设备保护（011707007）［注：《浙江省建设工程计价规则（2018版）》，此部分内容已计入企业管理费］

已完工程及设备保护指对已完工程及设备采取的覆盖、包裹、封闭、隔离等必要保护措施。

8) 提前竣工措施（Z011109008）

提前竣工措施指因缩短工期要求增加的施工措施，包括夜间施工、周转材料加大投入量等。

9) 工程定位复测（Z011109009）［注：《浙江省建设工程计价规则（2018版）》，此部分内容已计入企业管理费］

工程定位复测指工程施工过程中进行的全部测量放线和复测。

10) 特殊地区施工增加措施（Z11109010）

特殊地区施工增加措施指工程在沙漠或其边缘地区，高海拔、高寒、原始森林等特殊地区施工增加的措施。

11) 优质工程增加措施（Z011109011）

优质工程增加措施指施工企业在生产合格建筑产品的基础上，为生产优质工程而增加的措施。

5.4.3 工程量清单计价

1. 计价说明

《浙江省建设工程计价规则（2018版）》规定施工组织措施项目费包括以下内容。

(1) 安全文明施工费：是指按照国家现行的建筑施工安全、施工现场环境与卫生标准和大气污染防治，以及城市建筑工地、道路扬尘管理要求等有关规定，购置和更新施工安全防护用具及设施、改善安全生产条件和作业环境、防治并治理施工现场扬尘污染所需要的费用。安全文明施工费包括以下内容。

① 环境保护费：是指施工现场为达到环保部门要求所需要的包括施工现场扬尘污染防治、治理在内的各项费用。

② 文明施工费：是指施工现场文明施工所需要的各项费用，一般包括施工现场的标牌设置，施工现场地面硬化，现场周边设立围护设施，现场安全保卫及保持场貌、场容整洁等发生的费用。

③ 安全施工费：是施工现场安全施工所需要的各项费用，一般包括安全防护用具和服装，施工现场的安全警示、消防设施和灭火器材，安全教育培训，安全检查及编制安全措施方案等发生的费用。

④ 临时设施费：是指施工企业为进行建筑工程施工所必须搭设的生活和生产用的临时建（构）筑物和其他临时设施等发生的费用。临时设施包括临时宿舍、文化福利及公用事业房屋与构筑物、仓库、办公室、加工厂（场），以及在规定范围内的道路、水、电、管线等临时设施和小型临时设施。临时设施费用包括临时设施的搭设费、维修费、拆除费或摊销费。安全文明施工费以实施标准划分，可分为安全文明施工基本费和创建安全文明施工标准化工地增加费（简称"标化工地增加费"）。

（2）提前竣工增加费：是指因缩短工期要求发生的施工增加费，包括赶工所需发生的夜间施工增加费、周转材料加大投入量和资金、劳动力集中投入等所增加的费用。

（3）二次搬运费：是指因施工场地条件限制而发生的材料、构配件、半成品等一次运输不能到达堆放地点，必须进行二次或多次搬运所发生的费用。

（4）冬雨季施工增加费：是指在冬季或雨季施工需增加的临时设施、防滑、排除雨雪，人工及施工机械效率降低等费用。

（5）行车、行人干扰增加费：是指边施工边维持行人与车辆通行的市政、城市轨道交通、园林绿化等市政基础设施工程及相应养护维修工程受行车、行人干扰影响而降低工效等所增加的费用。

（6）其他施工组织措施费：是指根据各专业工程特点补充的施工组织措施项目的费用。

2. 计价工程量计算规则

按《浙江省建设工程计价规则（2018版）》第四部分"建筑安装工程施工取费费率"规定执行。

施工组织措施项目清单与计价表如表 5-6 所示。

表 5-6 施工组织措施项目清单与计价表

序 号	项目编码	项目名称	计算基础	费率/%	金额/元	备 注
1	011707001	安全文明施工费	人工费+机械费			
2	011707004	二次搬运费	人工费+机械费			
3	011707005	冬雨季施工增加费	人工费+机械费			
4	Z011109008	提前竣工措施	人工费+机械费			
		……				

单元小结

本单元主要介绍了措施工程相关内容的计量与计价，主要包括脚手架工程、混凝土模板及支架（撑）、其他施工技术措施项目、安全文明施工及其他措施项目的工程量清单编制、清单计价文件编制的相关规范、计价规范和编制要求。

同步测试

一、选择题

1. 安全文明施工费不包括（　　）。
   A. 安全文明施工费的基本费　　　　B. 夜间施工增加费
   C. 创标化工地增加费　　　　　　　D. 建筑物的临时设施费

2. 属于综合脚手架包含的内容是（　　）。
   A. 高度在 3.6m 以上的天棚抹灰　　B. 电梯安装井道脚手架
   C. 基础深度在 2m 以内的脚手架　　D. 人行道防护脚手架

3. 综合脚手架的计算单位为（　　）。
   A. m^2　　　B. 日历天　　　C. t　　　D. 台班

4. 关于措施项目计价工程量计算的说法，正确的是（　　）。
   A. 满堂脚手架按结构外围水平投影面积计算
   B. 地下室垂直运输以首层室内地面以下的建筑面积计算，半地下室并入地下建筑内计算
   C. 综合脚手架按房屋建筑面积计算
   D. 电梯井道脚手架按单孔（一座电梯）以"座"计算

5. 构件层高超过 3.6m 时，依据定额需计算支模超高费的是（　　）。
   A. 过梁　　　B. 框架梁　　　C. 构造柱　　　D. 圈梁

6. 根据《房屋建筑与装饰工程工程量计算规范》附录 S，在措施项目中，关于混凝土模板清单工程量的计算规则，错误的是（　　）。
   A. 按模板与现浇混凝土构件的接触面积（m^2）计算
   B. 原槽浇筑的混凝土基础，垫层应计算模板工程量
   C. 柱、梁、墙、板相互连接的重叠部分，不计模板面积
   D. 现浇钢筋混凝土墙、板单孔面积不超出 $0.3m^2$ 的孔洞不予扣除，洞侧壁模板也不增加

7. 根据《房屋建筑与装饰工程工程量计算规范》附录 S，在措施项目中，关于垂直运输清单工程量的计算规则，错误的是（　　）。
   A. 垂直运输是指施工工程在合同工期内所需的垂直运输机械

B. 可按建筑面积（m²）计算

C. 可按施工工期日历天数（天）计算

D. 计算时，当同一建筑物有不同檐高时，按不同檐高做纵向分割，分别计算面积并分别编码列项

8. 施工排水、降水工程量的计算单位为（　　）。

A. m²　　　　　B. 日历天　　　　　C. t　　　　　D. 台班

9. 垂直运输工程量的计算单位为（　　）。

A. m²　　　　　B. 日历天　　　　　C. t　　　　　D. 台班

E. m³

二、简答题

《浙江省房屋建筑与装饰工程预算定额（2018版）》关于脚手架和垂直运输工程量计算有哪些规则？

三、定额换算题

试完成表5-7中的内容。

表5-7　施工技术措施清单与定额工程量计算规则差异示例表

序号	定额编号	工程名称	计量单位	基价/元	基价计算公式
		施工脚手架：层高5.7m的天棚饰面脚手架			
		某房屋基础为带形基础，埋深为4.2m，基础混凝土脚手架基价			

四、综合训练题

某工程檐高21m以内部分的建筑面积为1000m²，檐高32m以内部分的建筑面积为4000m²，已知工程定额人工费（不含超高人工降效增加费）合计为144万元，其中首层室内地面以下工程及垂直运输、水平运输、脚手架及构件制作人工费为24万元。试求该工程超高人工降效增加费。

附录 AI 伴学内容及提示词

AI 伴学工具：生成式人工智能（GenAI）工具，如 DeepSeek、Kimi、豆包、通义千问、文心一言、ChatGPT 等。

序号	AI 伴学内容	AI 提示词
1	绪论	当前建筑工程行业面临哪些挑战和机遇
2		工程造价工作对于一项建设工程有什么意义
3		马克思主义再生产理论的内容是什么
4		马克思主义再生产理论对建筑业有什么指导意义
5		建筑服务增值税的具体内容是什么
6		如何在工程造价阶段做到资源集约、效益最大化
7		简述人工智能在工程造价领域的应用前景
8		人工智能（如 BIM 算量、AI 审价）对传统计量与计价流程的变革趋势是什么
9	建筑面积计算	建筑计算面积和房屋产权面积有什么区别
10		如何通过人工智能进行建筑面积计算
11		出一道地下室建筑面积计算的实例分析题
12		出一道架空走廊建筑面积计算的实例分析题
13		出一道楼梯建筑面积计算的实例分析题
14		为什么一些项目不计入建筑面积计算范围
15	房屋建筑工程计量与计价	土方工程中"挖土方""挖基坑""挖沟槽"的划分标准是什么？清单工程量计算规则有何差异
16		某工程需外运弃土 5km，试分析套用定额时应如何考虑运距增加费
17		预制混凝土桩与灌注桩的工程量清单项目设置有何不同？试列举其工作内容
18		桩基工程中"送桩"与"截桩"的费用如何计算？定额说明中需注意哪些问题
19		砌体工程中，如何区分"实心砖墙""空心砖墙"和"砌块墙"的清单项目编码
20		现浇混凝土梁、板、柱的清单工程量计算规则有何异同？试举例说明
21		对比工厂制作与现场安装的定额套用差异，分析其对造价的影响
22		举例说明"变形缝"与"分格缝"在计价中的处理方式差异

续表

序号	AI伴学内容	AI提示词
23	装饰工程计量与计价	块料楼地面工程中，门洞、空圈的开口部分是否计算面积？依据哪条规则
24		天棚吊顶的"跌级造型"如何影响定额套用？试举例说明
25		若墙面装饰采用干挂石材，龙骨工程量是否单独列项？为什么
26		绿色建筑（如节能外墙、太阳能屋面）的计量与计价如何体现"资源集约"理念
27	措施项目计量与计价	脚手架工程中，"综合脚手架"与"单项脚手架"的适用条件是什么
28		模板工程按"接触面积"计算时，如何理解"超高模板"的计价规则
29		某工程采用装配式建筑，其"垂直运输费"与传统现浇结构有何不同

参 考 文 献

何辉，吴瑛，2017. 建筑工程计价新教材［M］.3 版．杭州：浙江人民出版社．
蒋晓燕，魏柯，2020. 建筑工程计量与计价［M］.4 版．北京：人民交通出版社．
刘富勤，程瑶，2018. 建筑工程概预算［M］.3 版．武汉：武汉理工大学出版社．
陈丽，钱燕，2015. 建筑工程计量与计价［M］.2 版．武汉：武汉理工大学出版社．
王起兵，邬宏，2014. 建筑装饰工程计量与计价［M］．北京：机械工业出版社．
张强，易红霞，2014. 建筑工程计量与计价：透过案例学造价［M］.2 版．北京：北京大学出版社．
赵江连，毕明，2013. 建筑工程计量与计价［M］．北京：机械工业出版社．

案例图纸

案例对应的
计量与计价
表格

建筑施工图建筑做法说明

一、墙体

1. 本设计主要采用的墙体
(1) 室内地坪以下墙身，混凝土砖，水泥砂浆砌筑。
(2) 室内地坪以上墙身，页岩多孔砖，混合砂浆砌筑。
(3) 图中未注明的墙体为240mm厚或120mm厚。
(4) 图中未注明的墙厚及材料做法均以说明为准，设计中采用的图例如下。

图例	说明
■ (实心)	钢筋混凝土墙、柱、梁、板等 比例：≤1:100
▨ (斜线)	钢筋混凝土墙、柱、梁、板等 ≥1:50
墙体预留孔 ▨	页岩多孔砖、混凝土多孔砖 ≤1:100
构造柱 ▨	页岩多孔砖、混凝土多孔砖 ≥1:50
═ (横线)	玻璃幕墙或隔断

2. 墙身防潮
设于室内地面下-0.060m处，四周封闭设置。遇钢筋混凝土梁不设。防潮层做法：20mm厚1:2水泥砂浆内掺5%防水剂。地面有高差时应在高迎水面一侧做垂直防潮层，做法同水平防潮层，并且与水平防潮层连成整体。

3. 墙体轴线的关系
除注明外均与轴线中分。以柱边定位的墙体与柱边平。玻璃幕墙(石材幕墙)及活动隔断厚度与构造尺寸由专业厂家详细设计确定。本设计为示意。

4. 墙体转角、端头及门垛
门垛除注明外均为120mm，构造柱边120mm宽及以下墙均用素混凝土与构造柱整浇，构造柱做法见结构图。无构造柱的墙体阳角及门窗的隔离处均做50mm宽1:2水泥砂浆护角。

5. 内墙(柱)装修做法
内墙(柱)装修做法详见《建筑构造做法表》。

6. 玻璃幕墙、轻质隔墙等与楼板、隔墙的缝隙
玻璃幕墙、轻质隔墙等与每层楼板、隔墙处的缝隙用不燃烧防火材料严密填实。

二、楼地面
(1) 地面工程应在地沟、地坑、地下管线及设备基础等施工完毕后再行施工。
(2) 楼地面装修做法详见《建筑构造做法表》。
(3) 凡涉水房间，在做找平层前，对埋设的各种管道周围进行密封处理，然后做48h的灌水试验，在确定无渗水、漏水后，方可进行下道工序。
(4) 各种管线穿越楼板处均须预埋钢套管，有水地段套管高出面层不小于50mm，其他部位套管高出面层30mm。穿越楼板的套管与管道之间缝隙应用阻燃密实材料填实，端面光滑。

三、顶棚
(1) 顶棚装修做法详见《建筑构造做法表》。
(2) 吊顶。
① 现浇钢筋混凝土楼板、屋面板下顶棚采用φ10@1200×1200(双向)钢筋吊杆，吊杆与楼、屋面板间通过预埋铁件焊接。预埋件为：-80×80×4，2φ6，l=150@1200×1200。预埋件形式如右图所示。

② 当现浇钢筋混凝土楼、屋面板下有设备吊挂时，应单独设置吊杆及预埋件。

四、屋面
(1) 屋面排水坡度详见建筑施工图纸，较大面积钢筋混凝土屋面找平层应设分格缝。找平层与凸出屋面的结构交接处和基层的转角处，均应做成圆弧形，圆弧半径50mm，水落口周围找平层应做成略低的凹坑。
(2) 水落管及水落口见屋面平面图。高跨屋面雨水管排水至低跨屋面时，出水口下应加设钢筋混凝土水簸箕。

五、外装修及幕墙
(1) 本工程外墙装饰设计详见立面图，材料做法详见《建筑构造做法表》。
(2) 玻璃幕墙、金属与石材幕墙。
玻璃幕墙部分的设计、制作和安装应符合《琉璃幕墙工程技术规范》(JGJ 102—2003)的规定，金属与石材幕墙的设计、制作和安装应符合《金属与石材幕墙工程技术规范》(JGJ 133—2001)的要求，并应由有资质的专业厂家依据建筑施工图进行详细设计，提出对结构预埋件的设置要求，经设计单位审查及有关部门审批后方可进行制作、安装、施工。
(3) 一般墙体外装修时，装修材料的采购，其规格、性能及色彩等，均须征得设计单位同意、认可。施工前，均应先制作样板，经设计人员认可后，方能大面积施工。
(4) 其他外装修工程包括轻钢雨篷、装饰钢构件等由有相应资质的专业公司配合设计单位进行设计，再进行制作安装。
(5) 所有外墙抹灰须在墙体留洞、管道安装、门窗框安装、预埋件施工后再行施工。
(6) 所有涂料外墙均采用18mm宽、8mm深黑色橡胶嵌条距中布置进行分隔。

六、内装修
(1) 内装修做法见装修图及《建筑构造做法表》。
(2) 钢平台、钢梯、栏杆等露明铁件，均以防锈漆打底，再施面层漆。
(3) 管道井及其他非表面装修工程的内装修为20mm厚1:2水泥砂浆抹灰，压平抹光，地面顶棚同。
(4) 所有承重露明铁件均采用超薄型防火涂料防火，见结构专业设计图纸。采用防火涂料后，室内建筑物构件的耐火极限应达到防火规范要求。
(5) 室内设计见装修图及《建筑构造做法表》。未注明部分待装修材料选定后二次装修确定。

七、门窗
(1) 本设计采用多种类型门窗：木门、铝合金门、窗(外门窗铝合金型材采用断热型)等，门窗型号、数量、洞口尺寸等详见门窗表。
(2) 用料：铝合金门窗等其强度、水密性等物理性能指标均必须符合国家标准(GB/T 7106—2019)的3级要求，隔声性能应不小于30dB。气密性必须符合(GB/T 7106—2019)的4级要求，玻璃选用应符合《建筑玻璃应用技术规程》(JGJ 113—2015)及《建筑安全玻璃管理规定》的要求。
(3) 所有门窗均应采用由相应部门批准、认证的生产厂家的产品。本施工图中，门窗尺寸均以结构洞口和墙板的配合尺寸为依据，门窗应由具有专业资质的单位负责现场核实所有门窗洞口尺寸、数量，考虑留出安装尺寸及预埋件位置等。门窗的构造、玻璃厚度等应根据工程项目的使用要求、国家规范进行设计确定。
(4) 防火门窗等应采用通过国家防火建材质量监督检验测试合格的产品，并须由消防部门认证。防火门选用木质防火门；防火门设闭门器和顺序器，平时处于关闭状态。
(5) 门窗立樘除注明外安装位置为：外窗立于距外墙120mm处；门立于与开启方向墙边平齐处；管道井检修门立于与墙外侧平齐处。
(6) 除注明外，所有设备管道井检修门下均制作C20混凝土门槛，高度与踢脚线相同，厚度同所在墙体，以防止进水。本施工图中，分户门采用多功能分户门(包括保温、隔声、防盗等)。
(7) 门窗装修、油漆等均由业主与设计人员看样确定。门窗五金件宜按要求配置专用五金；平开木质门宜配不锈钢弹子执手门锁，横式橡皮门碰。

八、室外工程
(1) 散水宽600mm，做法见《建筑构造做法表》，每隔6m设伸缩缝(缝宽20~30mm)，1:2沥青砂浆灌面，粗砂或米石子填缝。
(2) 台阶定位见平面图，面层同室内地面，除注明外做法见《建筑构造做法表》。
(3) 避雷装置施工配合结构及电气专业图纸进行。
(4) 雨篷详见结构图纸。入口装饰大型钢结构雨篷，由有资质的专业钢结构公司配合设计制作。

九、安全防护措施
(1) 楼梯栏杆、扶手、防滑条做法详见施工图纸中楼梯详图。
(2) 低窗台外窗加设不锈钢安全防护栏，除注明外做法详见2001浙J43(4/58)。
(3) 临空栏杆做法详见施工图。栏杆应能承受荷载规范规定的水平荷载：1.0kN/m。除注明外，设栏杆处楼地面、平台及屋面从面层起上翻高度均不小于100mm。
(4) 在疏散(通行)过道、平台内敷设的2m以下的管道、桥架及结构支撑物等均应外包防撞防护物，并应有明显标识。

十、其他
(1) 施工时必须紧密配合各专业施工图纸进行施工，确定预埋件和预留孔洞位置、尺寸后，做好预留工作。
(2) 由专业厂家负责设计、安装的系统部分(玻璃幕墙、钢结构雨篷等)的预埋件施工，由厂家配合结构专业施工预留，保证安装质量。
(3) 所有预埋木砖、木制品应满涂防腐剂，所有预埋镀锌铁皮、铁件均应两面刷防锈漆。
(4) 凡涉及花色、规格等的材料，均应在施工前制作或提供样品或样板，由建设单位和设计院认可后方可订货施工。
(5) 凡外墙门、窗套、檐口、阳台、装饰等外挑部分下部均做滴水线。
(6) 凡混凝土表面抹灰必须对基层面采用凿毛或洒1:0.5水泥砂浆，掺占水泥质量5%的黏合剂。
(7) 未尽事宜详见国家现行的有关施工验收规范及选用标准设计的有关规定。

建筑构造做法表

项目	构造做法	项目	构造做法	项目	构造做法
楼面	— 13厚1:1.5水泥砂浆面层压光 — 12厚1:2.5水泥砂浆底层 — 纯水泥浆一道 — 现浇钢筋混凝土楼板	内墙	— 20厚1:2.5混合砂浆分层抹平 — 240厚KP1型页岩多孔砖 — 20厚1:2.5混合砂浆分层抹平	地面	— 20厚1:2.5水泥砂浆 — 水泥浆一道(内掺建筑胶) — 100厚C20混凝土 — 80厚压实碎石,素土夯实

油漆	木门:
	— 木基层清理、除污、打磨等
	— 刮腻子、磨光
	— 底油一道
	— 调和漆二道
	
	金属:
	— 除锈
	— 防锈漆或红丹一道
	— 刮腻子、磨光
	— 银粉漆二道
		屋面	— 刚性防水层:40厚C20细石混凝土随捣随抹
			  (内配φ4@150双向钢筋网,每
			  6m设缝,油膏嵌缝)
			— 隔离层:油毡一层
			— 找平层:20厚1:3水泥砂浆
			— 30厚挤塑聚苯板
			— 防水层:一道高分子卷材1.5厚
			— 找平台:20厚1:3水泥砂浆
			— 找坡层:1:6水泥焦渣或1:8水泥膨胀珍珠岩
			  找坡,最薄处30厚
			— 结构层:现浇钢筋防水混凝土屋面板
			(适用于平屋面)
			
			— 混凝土屋面瓦(应采取固定加强措施)
			— 干铺卷材垫毡一层
			— 25厚1:3水泥砂浆(内配16号镀锌钢丝一层)
			— 40厚C25细石混凝土(内配双向钢筋φ5@150)
			— 40厚挤塑聚苯板,30×60通长木条@1800
			— 1.5厚合成高分子防水卷材
			— 20厚1:3水泥砂浆找平层
			— 现浇钢筋混凝土屋面板
			(适用于瓦屋面)
				踢脚	— 10厚1:2水泥砂浆面层,压实赶光
					— 15厚1:3水泥砂浆底层,扫毛或划出纹道
					踢脚高100mm
					(适用于水泥砂浆踢脚板)

外墙 (自内而外,由专业厂家指导施工)	— 18厚1:1:6混合砂浆分层抹平,2厚纸筋灰浆面层 — 5厚界面砂浆 — 240厚KP1型页岩多孔砖 — 12厚1:3水泥砂浆打底 — 8厚1:2水泥砂浆扫毛 — 柔性耐水腻子+外墙涂料 (适用于涂料墙面) — 18厚1:1:6混合砂浆分层抹平,2厚纸筋灰浆面层 — 5厚界面砂浆 — 240厚KP1型页岩多孔砖 — 12厚1:3水泥砂浆打底 — 8厚1:2水泥砂浆扫毛 — 5厚黏结砂浆+墙面砖+专用勾缝料 (适用于面砖墙面) — 18厚1:1:6混合砂浆分层抹平,2厚纸筋灰浆面层 — 5厚界面砂浆 — 240厚KP1型页岩多孔砖 — 预埋铁件红丹打底防锈 — 聚合物水泥砂浆20厚,预埋铁件四周预留 10×10凹槽,密封胶嵌缝 — 钢架及配件与预埋铁件焊接 — 干挂20厚大理石(花岗石),耐候胶嵌缝 (适用于干挂花岗岩墙面)	檐沟	— 20厚保温砂浆(掺抗拉纤维) — 2厚聚合物水泥基防水涂膜,四周翻起300 — 刷氯丁胶稀释液 — 1:3水泥砂浆找坡找平层(最薄处15厚) — 现浇钢筋防水混凝土屋面板		
		顶棚	— 刷白色涂料二道 — 满刮耐水腻子找平 — 2厚纸筋灰抹面 — 5厚1:0.3:4水泥石灰砂浆 — 6厚1:0.5:1水泥石灰砂浆打底 — 刷素水泥浆一道(内掺建筑胶)		

门窗表

类别	序号	门窗编号	使用图集 (图集号)	洞口尺寸/mm		数量	备注
				洞口宽	洞口高		
门	1	PLM1824	99浙J5	1800	2400	1	
窗	1	TLC1818	03J603-2	1800	1800	1	塑钢窗
	2	TLC1518		1200	1800	1	木窗
	3	WPLC1518		1500	1800	1	塑钢窗
	4	NPLC1218		1200	1800	1	彩板窗
	5	CLC0909		900	900	1	中旋窗(铝合金)
	6	SLC0912		1200	900	1	上旋窗(铝合金)

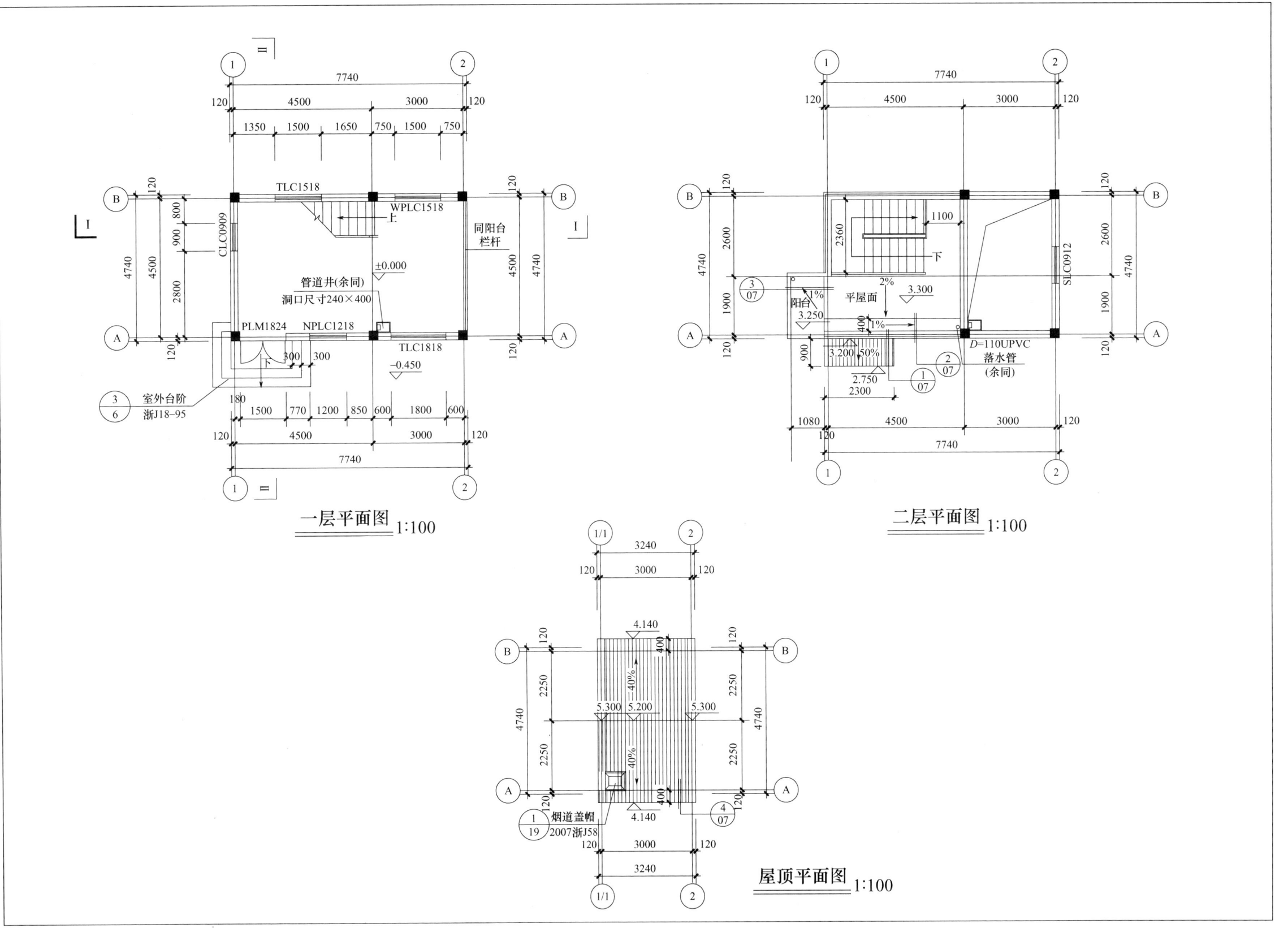

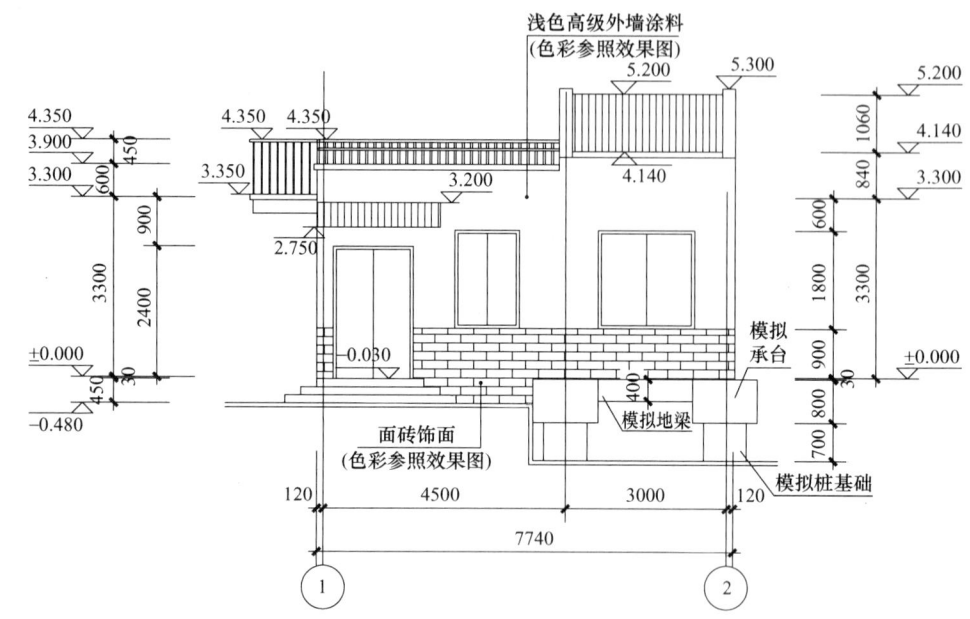

南立面图 1:100

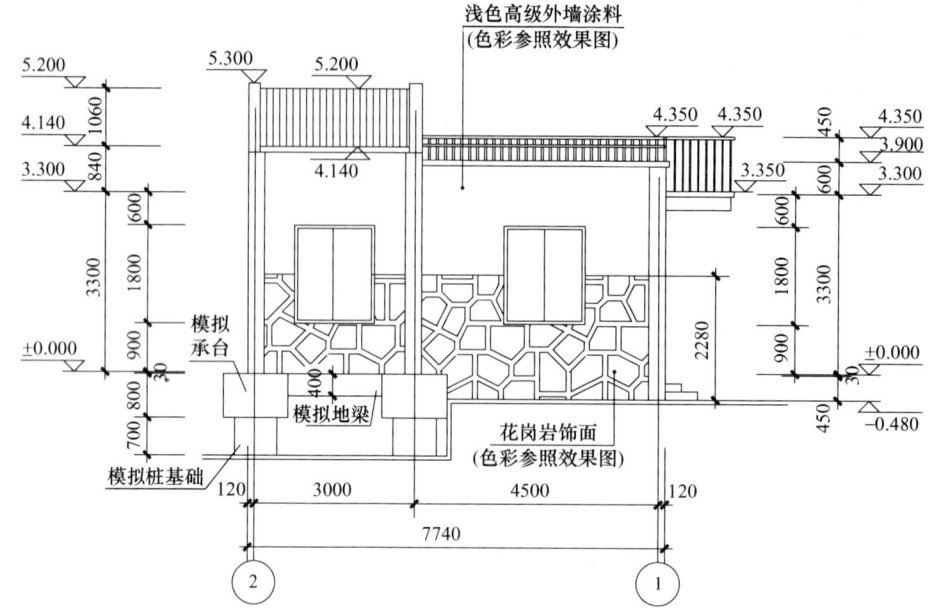

北立面图 1:100

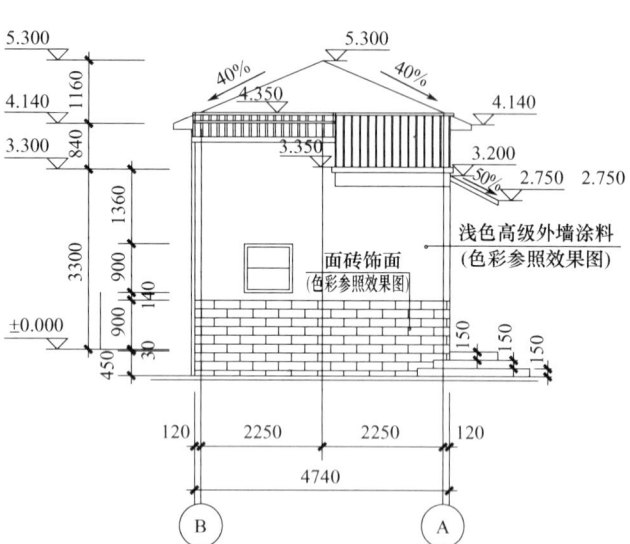

东立面图 1:100

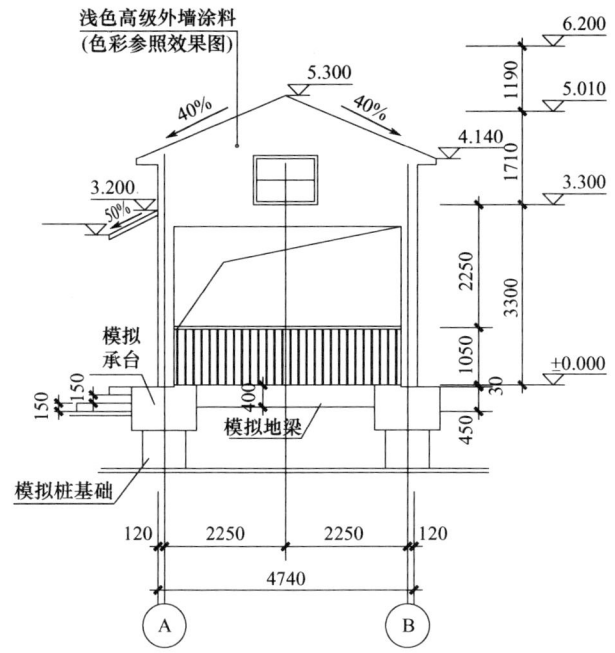

东立面图 1:100

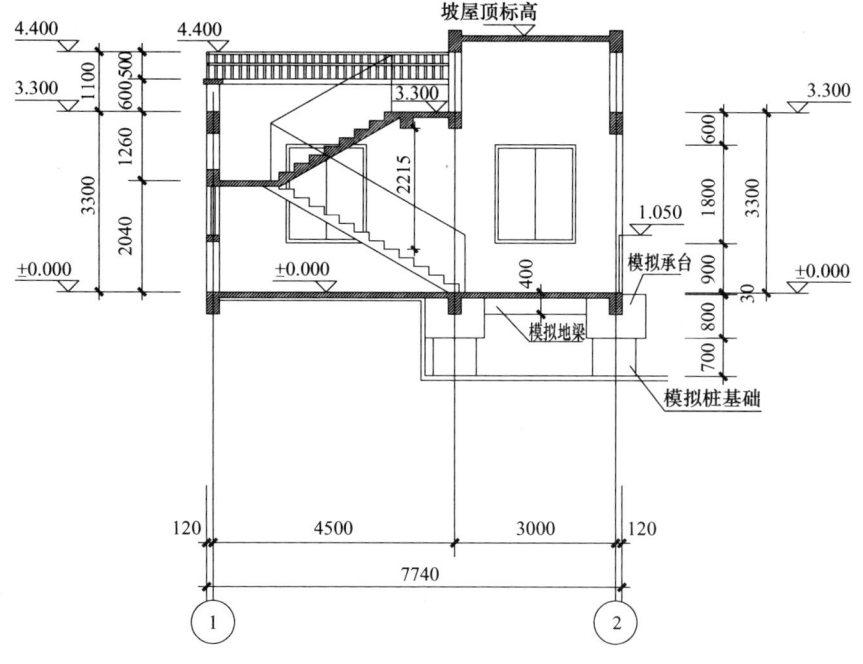

Ⅰ—Ⅰ剖面图 1:100

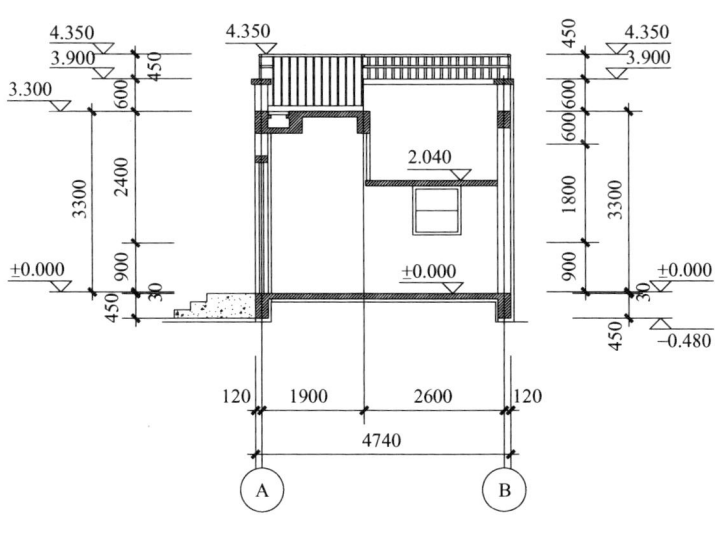

Ⅱ—Ⅱ剖面图 1:100

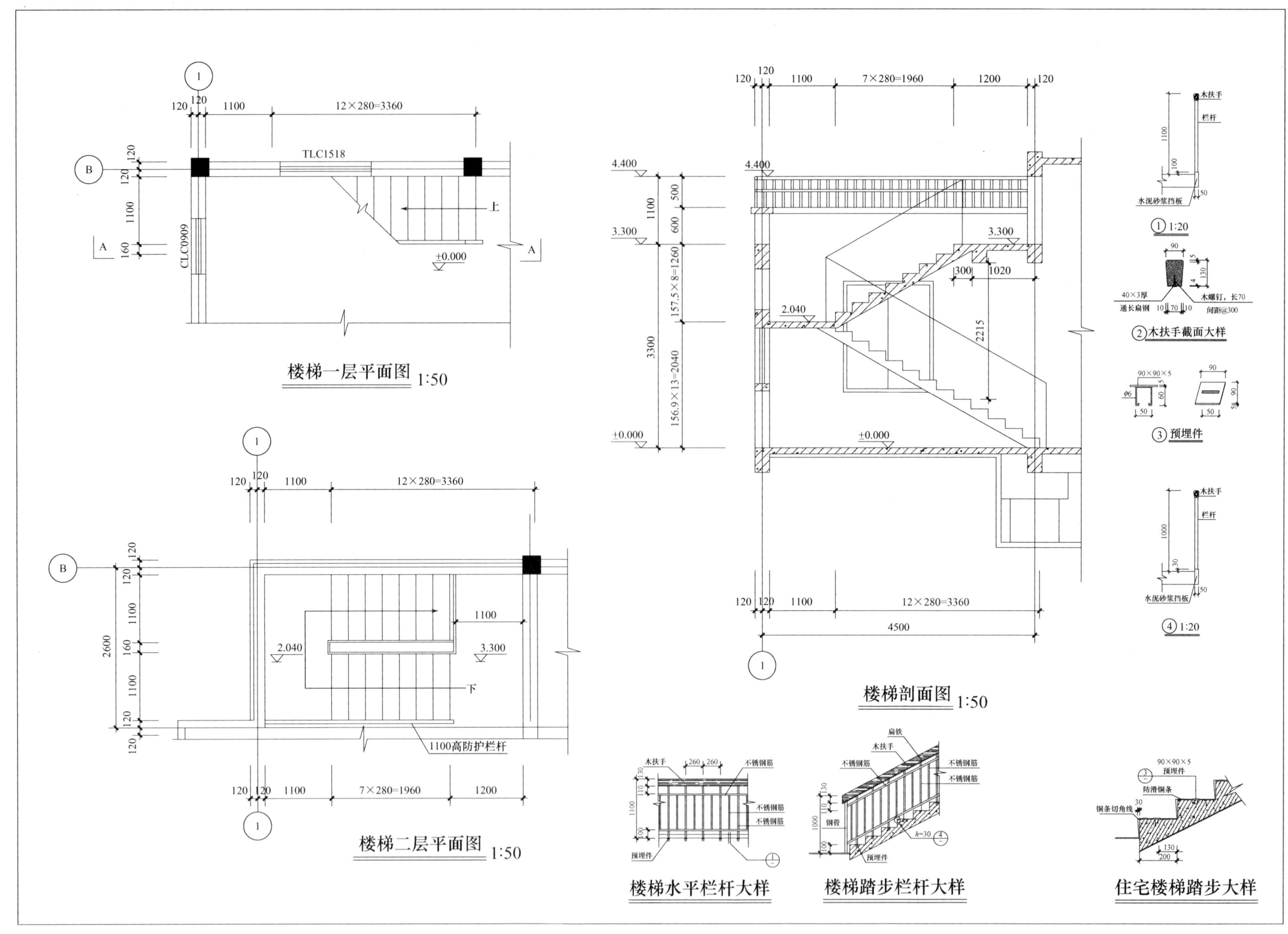

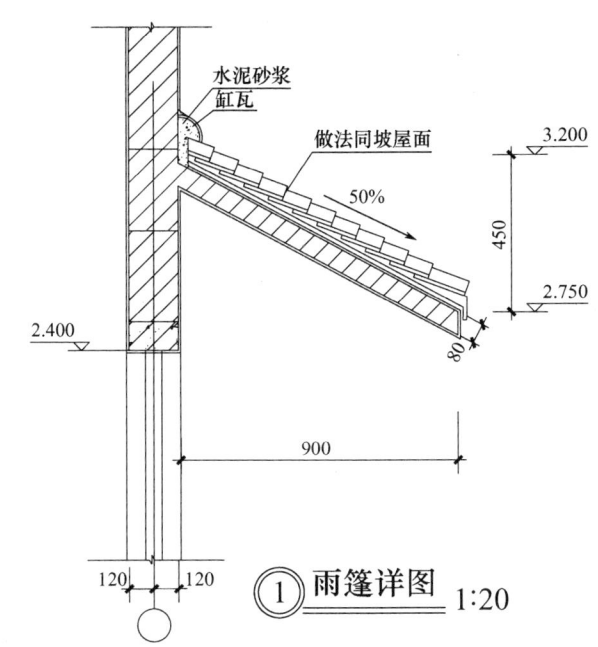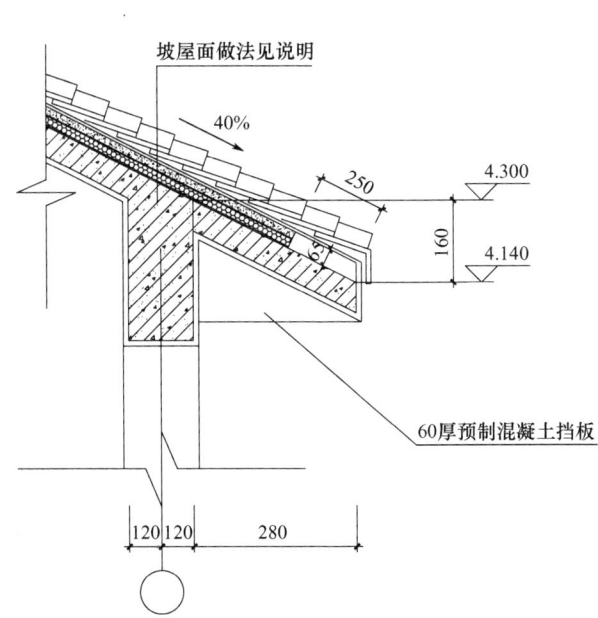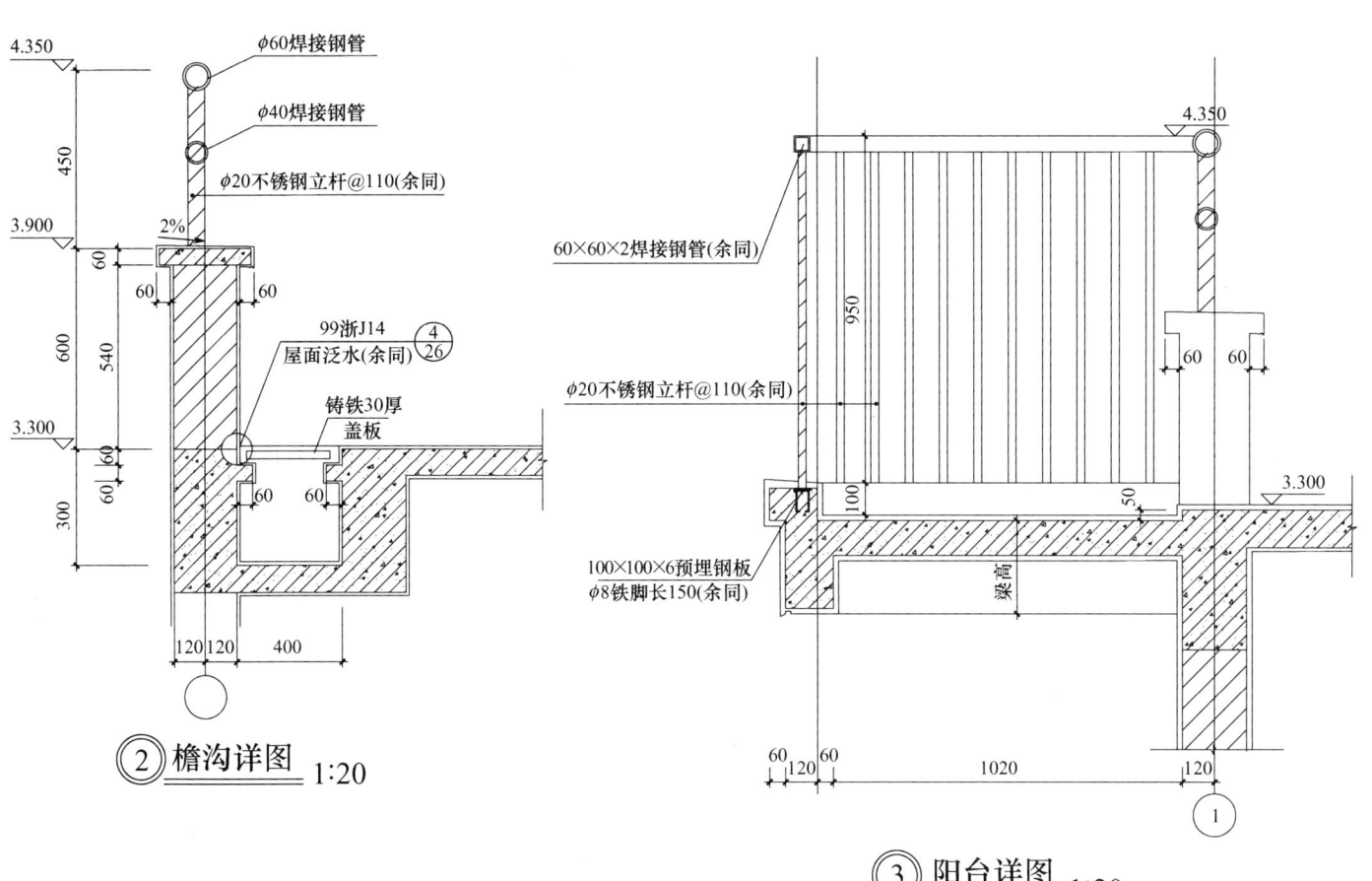

结构设计总说明

一、设计总则

(1)本工程主要依据以下现行国家标准规范、规程及初步设计审批文件进行设计：
《混凝土结构设计规范(2015年版)》(GB 50010—2010)、《建筑结构荷载规范》(GB 50009—2012)、《砌体结构设计规范》(GB 50003—2011)、《建筑地基基础设计规范》(GB 50007—2011)、《钢筋焊接及验收规程》(JGJ 18—2012)、《砌体结构工程施工质量验收规范》(GB 50203—2011)、《混凝土结构工程施工质量验收规范》(GB 50204—2015)、《建筑地基基础工程施工质量验收规范》(GB 50202—2018)。

(2)本工程建筑结构安全等级为二级，设计使用年限为50年，地基基础设计等级为丙级，砌体施工质量控制等级为B级。

(3)本工程位于地震基本烈度小于6度的地区，设计基本地震峰值加速度＜0.05g，按非抗震设计。

(4)地面粗糙度为B类，基本风压为$0.35kN/m^2$，基本雪压为$0.55kN/m^2$。

(5)混凝土环境类别：与土壤或水直接接触的基础、地梁等地下结构、水箱、上部结构的屋面、雨篷、檐沟等露天部位属二(a)类环境，其他部位属一类环境。

(6)建筑耐火等级为二级。构件耐火极限：防火墙为3.0h，承重墙为2.5h，柱为2.5h，梁为1.5h，板为1.0h。

(7)结构体系。
① 主体结构为框架结构。建筑地上为2层，建筑高度为4.140m。
② 基础形式采用钢筋混凝土独立柱基，其技术要求详见基础设计说明。

(8)本工程设计使用荷载标准值除注明外，按《建筑结构荷载规范》(GB 50009—2012)。
恒载：楼面装修静荷载标准值为$1.0kN/m^2$。
活载：活载标准值如下。

楼面	$4.0kN/m^2$	上人屋面	$2.5kN/m^2$
不上人屋面	$0.5kN/m^2$	客房	$2.0kN/m^2$
楼梯	$3.5kN/m^2$	走廊	$2.0kN/m^2$

注：本工程楼地面施工荷载不得超过设计规定的荷载。

(9)本工程采用广厦结构CAD14.0软件计算。

(10)本工程梁柱配筋用平面整体表示，制图规则及构造详图除设计另有规定外，均见国标图集16G101—1。

(11)本说明未详尽之处，应遵照现行国家及地方设计施工规范、规程执行。

二、材料

(1)混凝土。
① 混凝土强度等级除注明外均为C25。
② 与砌体同步施工的构造柱、过梁、压顶、栏板等构件均采用C20。
③ 处于一类环境类别的混凝土构件，混凝土的水泥含量不应小于$225kg/m^3$，水灰比不应大于0.65，氯离子含量不应大于1.0%。
④ 处于二(a)类环境类别的混凝土构件，混凝土的水泥含量不应小于$250kg/m^3$，水灰比不应大于0.60，氯离子含量不应大于0.30%，碱含量不应大于$3.0kg/m^3$。

(2)钢材。
① φ表示HPB300级钢筋，Φ表示HRB335级钢筋，Φ表示HRB400级钢筋。
② 钢板与型钢采用Q235级钢；吊钩采用HPB300级钢筋，不得采用冷加工钢筋。
③ E43型焊条用于HPB300级钢筋与Q235级型钢间焊接、HPB300级钢筋间焊接、HPB300级钢筋与HRB335级钢筋间焊接；E50(低氢)型焊条用于HRB335级钢筋间焊接。
④ 所有外露铁件均应除锈后涂红丹两道，刷防锈漆两道。

(3)砌体。
① ±0.000以下墙体采用MU10页岩普通砖，M7.5水泥砂浆砌筑，砖砌体两侧用1:2.5水泥砂浆粉20厚。
② ±0.000以上墙体采用MU10KP1页岩多孔砖，M5混合砂浆砌筑。
③ 页岩多孔砖孔洞率：不应大于30%，也不应小于25%。
④ 墙体自重：240厚页岩多孔砖墙体$4.6kN/m^2$，120厚页岩多孔砖墙体$2.8kN/m^2$。

三、结构构造

(1)钢筋的保护层厚度。

环境类别	板、墙、壳		梁		柱	
	≤C20	C25~C40	≤C20	C25~C40	≤C20	C25~C40
一类	20	15	30	25	30	30
二(a)类	—	20	—	30	—	30

注：① 纵向受力钢筋的混凝土保护层厚度不应小于钢筋的公称直径。
② 基础中纵向受力钢筋的保护层厚度不应小于40mm，当无垫层时不应小于70mm。
③ 板、墙、壳中分布钢筋的保护层厚度不应小于表中相应数值减10mm，且不小于10mm；梁、柱中箍筋和构造钢筋的保护层厚度不应小于15mm。
④ 有可靠工程经验时，二(a)类环境混凝土强度等级可采用C20，受力钢筋的混凝土保护层厚度：板、墙、壳为25mm，梁、柱为35mm。

(2)钢筋的锚固长度。

钢筋种类	混凝土强度等级				
	C20	C25	C30	C35	C40
HPB300(ϕ)	31d	27d	24d	22d	20d
HRB335(⊉)	39d	34d	30d	27d	25d
HRB400(⊉)	46d	40d	36d	33d	30d

注：① 当钢筋的直径大于25mm时，其锚固长度应乘以修正系数1.1。
② 钢筋的锚固长度不应小于250mm，HPB300级钢筋的末端应做180°弯钩。

(3)钢筋的连接。
① 纵向受力钢筋的搭接长度L_l。

纵向钢筋搭接接头面积百分率/%	≤25	50	100
钢筋的搭接长度L_l	$1.2L_a$	$1.4L_a$	$1.6L_a$

注：钢筋的搭接长度不应小于300mm。
② 纵向受力钢筋接头最大百分率。

受力钢筋的接头应相互错开；当采用绑扎搭接时，1.3倍搭接长度的连接区段内，或当采用机械连接及焊接时，连接长度为35d且不小于500mm的连接区段内，构件同一截面钢筋接头面积最大百分率应符合以下规定。

接头形式	梁、板、墙	柱	备注
绑扎搭接	≤25%	≤50%	1. d为最大纵筋直径。
机械连接	≤50%	≤50%	2. 受拉及小偏心受拉构件(如拉杆、吊柱等)不得采用绑扎搭接。
焊接	≤50%	≤50%	3. 钢筋直径≥28mm时不宜采用绑扎搭接。

(4)梁、柱、板构造。
① 梁钢筋构造见国标图集16G101—1。
② 当梁高不等时中间支座纵筋构造见国标图集16G101—1。
③ 井字梁钢筋构造见国标图集16G101—1。
④ 梁箍筋、纵向构造钢筋、附加箍筋、吊筋等构造见国标图集16G101—1。
⑤ 柱纵向钢筋连接构造见国标图集16G101—1。
⑥ 梁上起柱，混凝土墙上起柱纵向钢筋及箍筋构造见国标图集16G101—1。
⑦ 梁、柱主筋搭接长度范围内箍筋加密，间距100mm且不大于搭接钢筋较小直径的5倍。梁上部钢筋不宜在支座处搭接，下部钢筋不宜在跨中搭接。折梁主筋搭接长度范围内箍筋加密如图(一)所示。
⑧ 梁、柱节点内设水平箍筋，间距同柱非加密区箍筋间距；主、次梁(包括井字梁)节点内设同主梁(一个方向井字梁)箍筋。
⑨ 当梁在柱处错位或梁宽度改变时，如两边纵向钢筋直径相同则应尽量拉通，拉不通的钢筋在柱内锚固，锚固长度不应小于L_a。

⑩ 当梁与柱边齐平时，梁纵筋应在离柱边800mm处向柱内侧弯折伸入梁柱节点内，如图(二)所示。
⑪ 梁未注箍筋加密区长度为1.5倍梁高。
⑫ 除图中注明外，梁上预留套管加强见图(三)，并尽量设在受力较小处。
⑬ 当板底与梁底平时，板下部钢筋应放在梁下部钢筋之上。
⑭ 当次梁与主梁底平时，次梁下部钢筋应放在主梁下部钢筋之上。
⑮ 悬挑梁钢筋构造见图(四)，斜梁与柱相交节点构造图见图(五)。
⑯ 墙体构造柱应先砌墙(留马牙槎)后浇柱，构造柱与上部梁或现浇板连接处预埋与构造柱相同的钢筋[马牙槎示意见图(六)]。
⑰ 现浇楼板开洞，当孔洞直径或宽度不大于300mm时，可不设附加钢筋，将受力筋沿孔洞边绕过，不得切断；当孔洞直径或宽度大于300mm时，除图中注明外，洞口加强筋见图(七)。
⑱ 现浇板上部钢筋伸入支座的锚固长度不应小于L_a；现浇板负筋长度均从梁或墙边算起，现浇板负筋遇柱长度均从柱边算起，下部钢筋伸入支座的锚固长度应伸至墙或梁中心线且不小于5d。
⑲ 现浇板短向钢筋(较粗钢筋)放于外皮，现浇板中未注分布筋均为ϕ8@200。
⑳ 悬臂梁板的底部支撑须待混凝土强度达到100%后方可拆除，梁底模应按施工规范要求起拱。
㉑ 房屋山墙转角(包括伸缩缝两侧的房屋转角)及板短跨≥3600mm的房间，在板转角处四角设置焊接钢筋网片，规格为ϕ5@50×50，两侧长度应大于板短跨的1/3，且不得小于1500mm，保护层厚度应不小于15mm，不大于20mm。

(5)砌体。
① 砌体应上下错缝、内外搭砌，采用一顺一丁的砌筑形式，砌体灰缝砂浆应饱满。
② 圈梁：圈梁每层设置，截面240mm(b)×240mm(h)，配4⊉12，ϕ6@200，于"L""T"字形转角处，每边设2⊉12角筋[图(九)]。圈梁顶与楼面现浇板面平；圈梁遇到其他梁时，圈梁取消；圈梁主筋与其他梁钢筋搭接500mm。当圈梁与窗顶之间间距小于300mm时，圈梁截面加高至窗顶，每边伸过窗边240mm，见图(十)。
③ 墙体与钢筋混凝土柱(包括构造柱)、墙连接处沿竖向设置拉结筋，见图(十一)。
④ 填充墙长度大于层高的2倍时，应在中间位置设钢构造柱，柱宽同墙厚，高240mm，配4⊉12，箍筋ϕ6@200；填充墙高度超过4m时，应在门窗顶增设一道圈梁，梁宽同墙厚，高240mm，配4⊉12，箍筋ϕ6@200。
⑤ 门窗洞口均设C20钢筋混凝土过梁，过梁配筋见图(十二)，搁置长度为每边240mm。洞口在柱边时，须在柱内预留插筋，插筋构造见图(十三)。
⑥ 填充墙不砌至梁板底时，在墙顶设一道通长圈梁，圈梁做法同上。
⑦ 墙体开设管线槽时应使用开槽机，不得在墙体上凿槽打洞，小洞、小槽用M10水泥砂浆填充，大洞、大槽用C20细石混凝土填塞。

(10)其他。

①使用中未经设计许可不得改变使用环境和使用功能。

②施工中应加强现场管理，严格按照图纸及有关规范要求进行施工，并确保各工种之间的配合。

③施工单位应采取有效措施防止大体积混凝土水化热、冬季低温、夏季高温等情况对工程的不利影响，采用纤维(掺聚丙烯腈)混凝土/砂浆。

④在工程施工期内，应加强混凝土保湿养护，使其处于湿润状态。

⑤凡卫生间、空调机板、女儿墙等浸水部位的现浇板均设150mm高素混凝土翻边，宽同墙厚。

⑥凡管道井待设备管道安装后，每一层设钢筋混凝土现浇板隔断(板厚80mm，配ϕ8@200双向双层)；凡通风井、排烟井道内壁应随砌随抹光。

⑦楼梯平台梁支柱TZ位置详见结构平面图，其截面$b\times h$=250mm×250mm，主筋4Φ14，箍筋ϕ6@200。

⑧主筋锚入承托梁或基础内400mm，见图(十五)。

⑨女儿墙应设置构造柱，构造柱间距不大于4m，构造柱应伸至女儿墙顶并与钢筋混凝土压顶整浇在一起。

⑩开窗的砌体外墙其顶层、次顶层和底层应通长设置现浇钢筋混凝土窗台梁，其尺寸不应小于240mm×120mm，内配4Φ10+ϕ6@200，混凝土C20；其他楼层在窗台标高处应设置通长现浇钢筋混凝土板带，构造尺寸不小于240mm×80mm，纵筋3ϕ8，混凝土C20。现浇钢筋混凝土窗台梁或板带应一次浇筑完成。

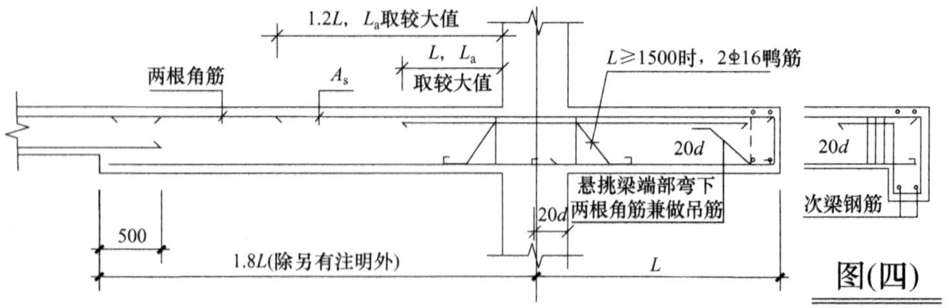

图(四)

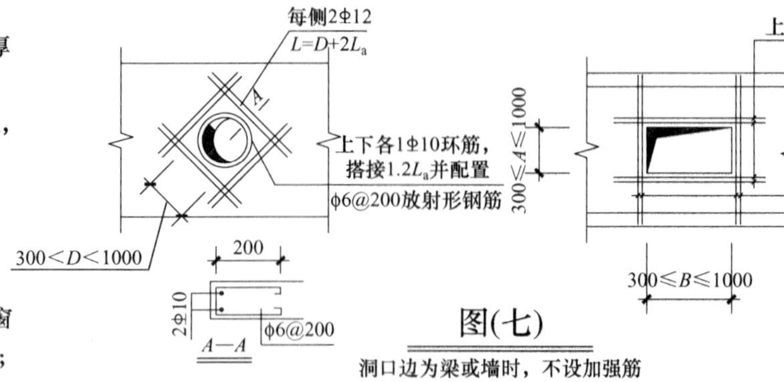

图(七)
洞口边为梁或墙时，不设加强筋

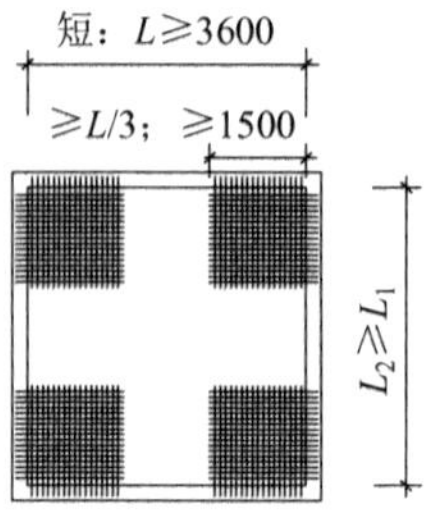

图(八)
板四角加筋大样

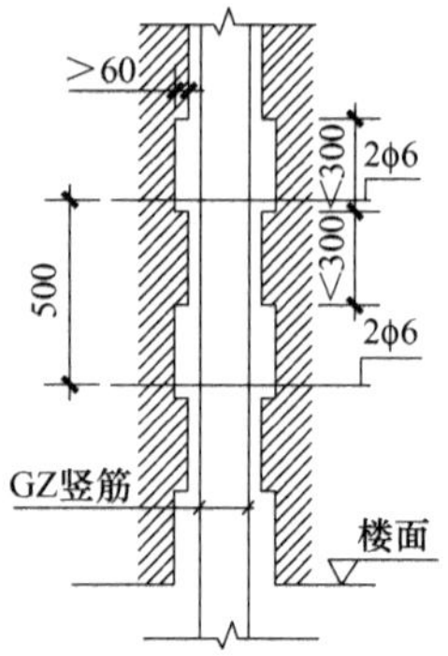

图(六)
马牙槎示意图

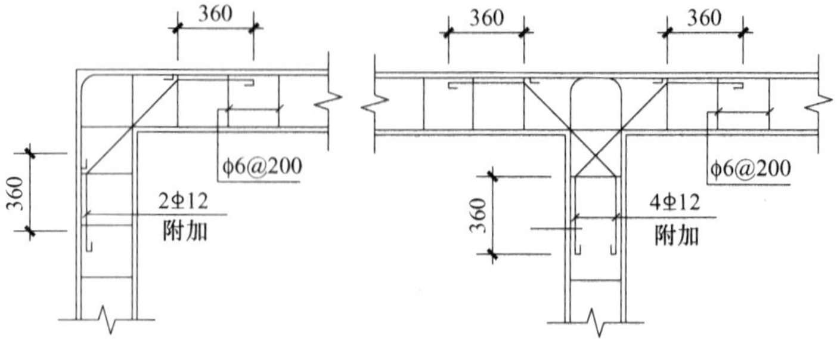

图(九)

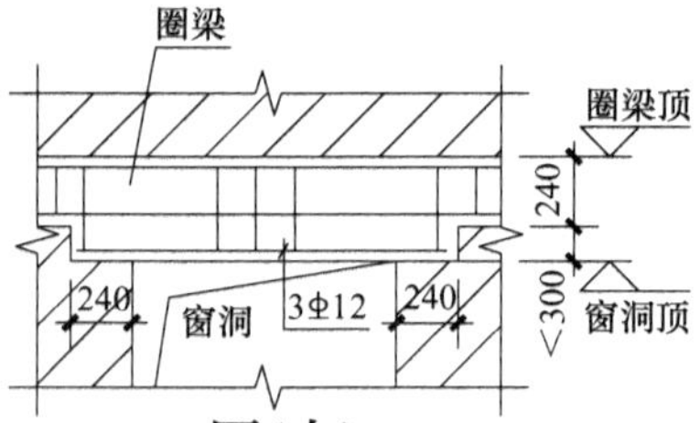

图(十)

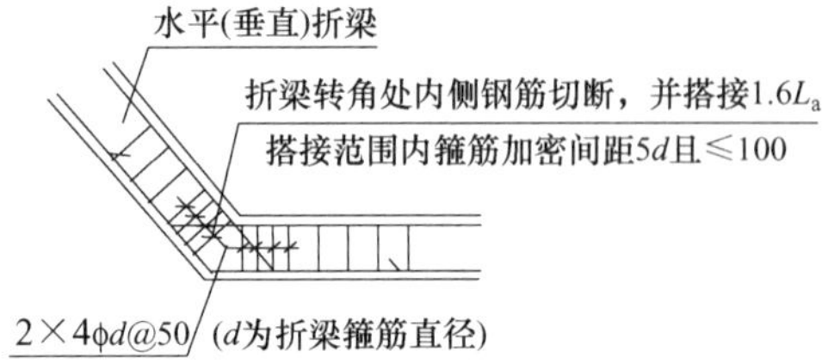

图(一)
折梁转角大样

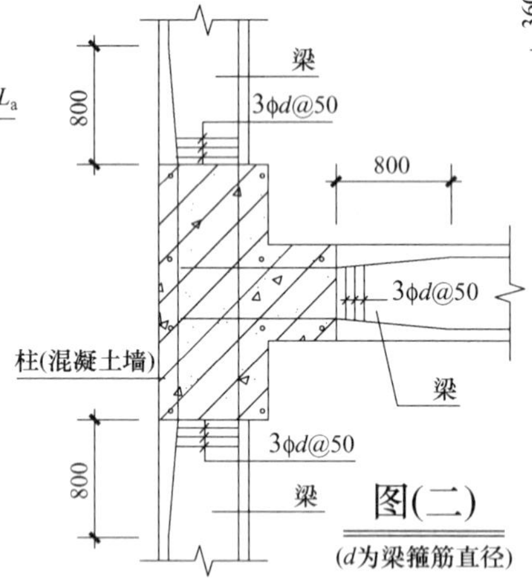

图(二)
(d为梁箍筋直径)

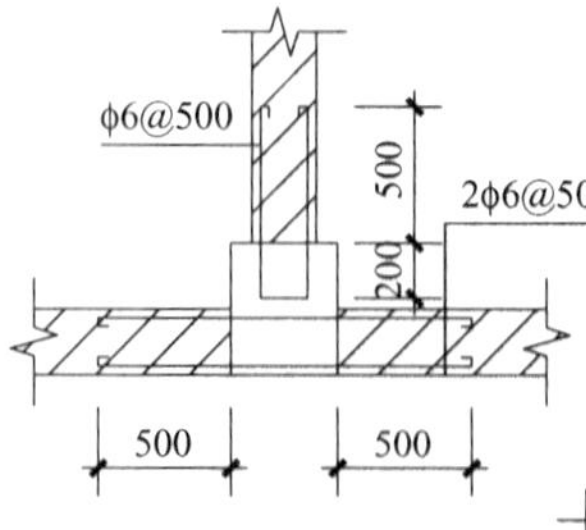

图(十一)

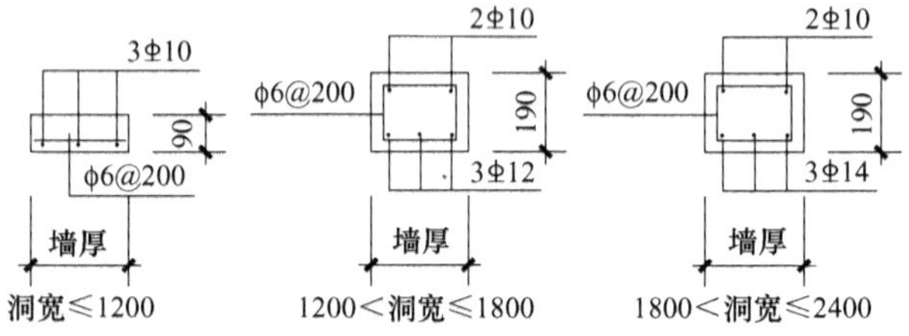

图(十二)

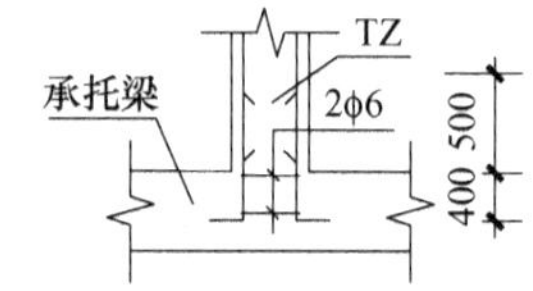

图(十五)
楼梯支柱

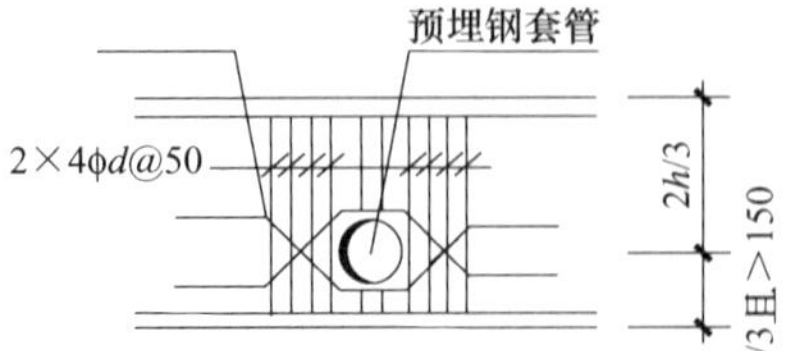

图(三)
D≤150

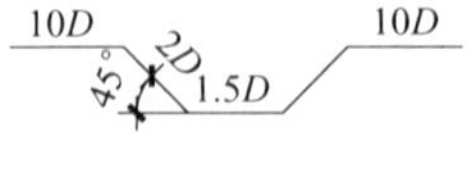

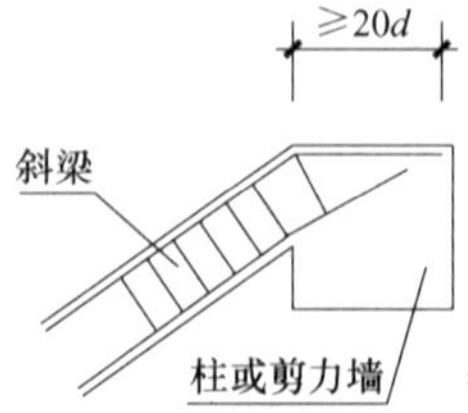

图(五)

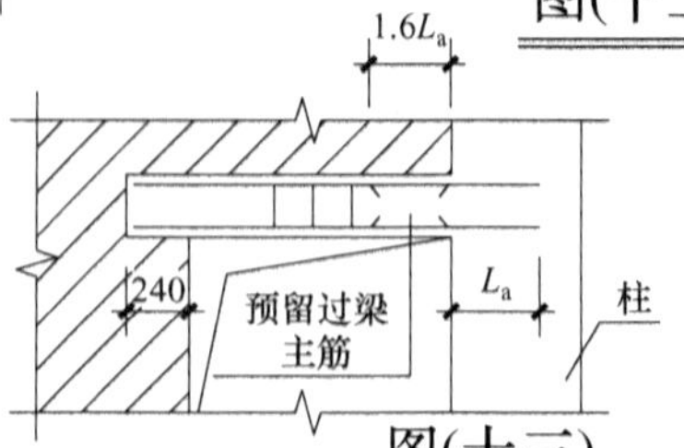

图(十三)

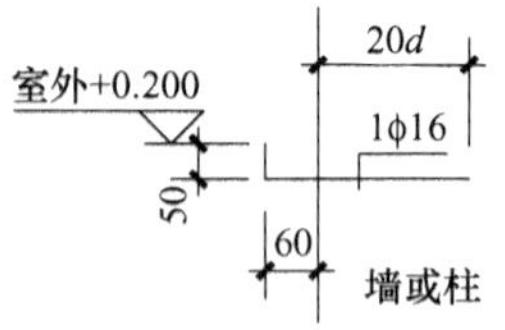

图(十四)

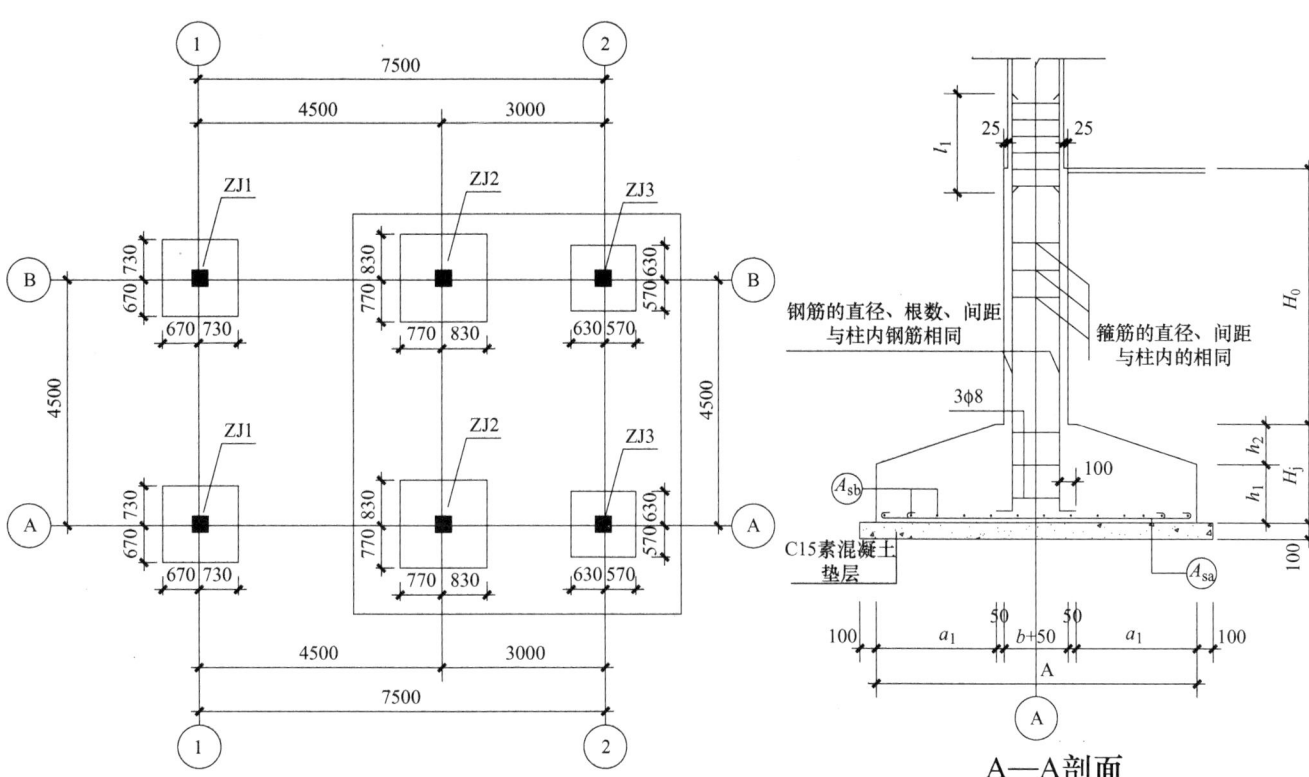
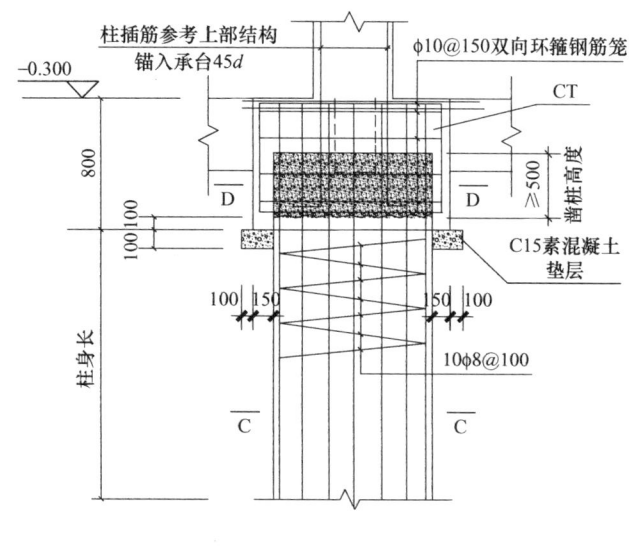
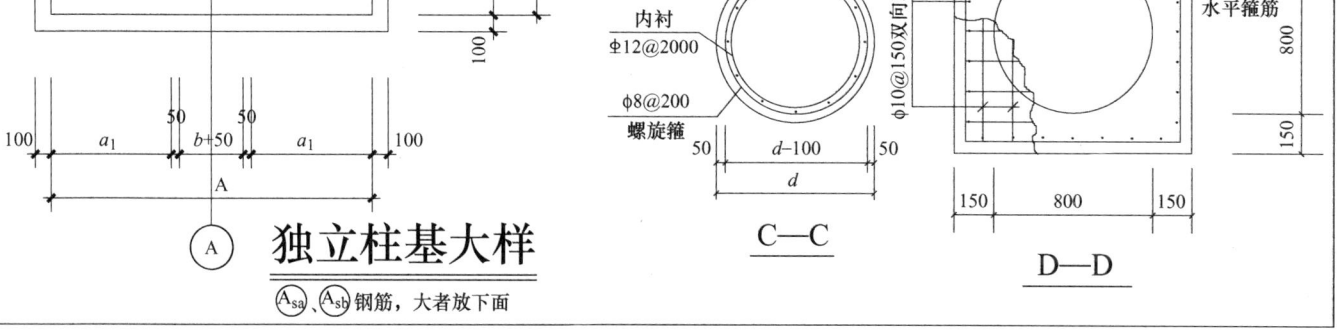

基础设计说明

一、工程地质情况

由于无具体的地质材料，考虑到是山脚，取地基承载力特征值 $f_{ak}=150kPa$。

二、基础材料

钢筋混凝土独立基础采用C25混凝土。

除注明外，基础中心线即为柱及墙体中心线。

基础部分的砌体采用MU10页岩黏土砖，M10.0水泥砂浆砌筑。

砖砌体两侧采用20mm厚1:2.5水泥砂浆双面粉刷。

三、模拟承台及桩身

模拟承台尺寸为1100mm×1100mm，高为800mm；模拟桩身直径为800mm，长为700mm。配筋具体见详图。

基础平面图 1:100

注：
1. 虚线框内基础底标高为-2.000m，其余部分基础底标高为-0.900m。
2. 虚线框内柱子在±0.000～-1.500m处做模拟的承台和桩身。

柱基明细表

单位：mm

基础编号	柱断面 $b×h$	基础平面尺寸		基础高度				基础底板配筋		备注
		A	B	h_1	h_2	H_j	H_0	A_{sa}	A_{sb}	
ZJ1	300×300	1400	1400	300	100	400	按实际高度	φ12@180	φ12@180	单柱基础
ZJ2	300×300	1600	1600	300	100	400	按实际高度	φ12@150	φ12@150	单柱基础
ZJ3	300×300	1200	1200	300	100	400	按实际高度	φ10@150	φ10@150	单柱基础

A—A剖面

独立柱基大样

A_{sa}、A_{sb} 钢筋，大者放下面

桩身

C—C

D—D

11

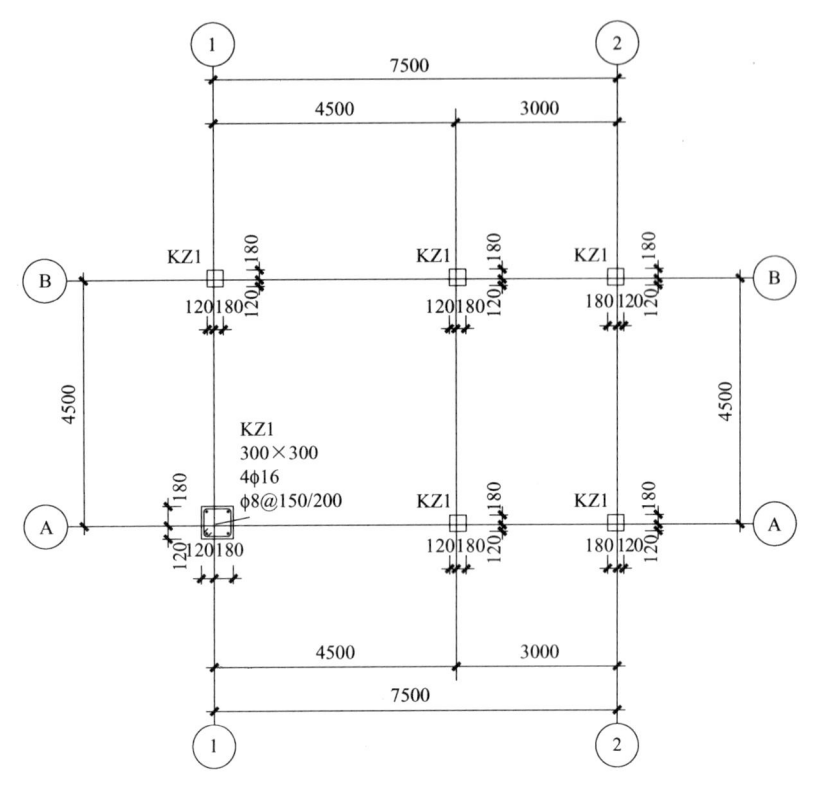

柱子钢筋图 1:100

注：1.①轴柱顶层标高为3.270m，其余柱标高同坡屋面板标高。
2.②轴柱子做钢筋笼模型，截面高可由300mm增至450mm，外贴钢筋。

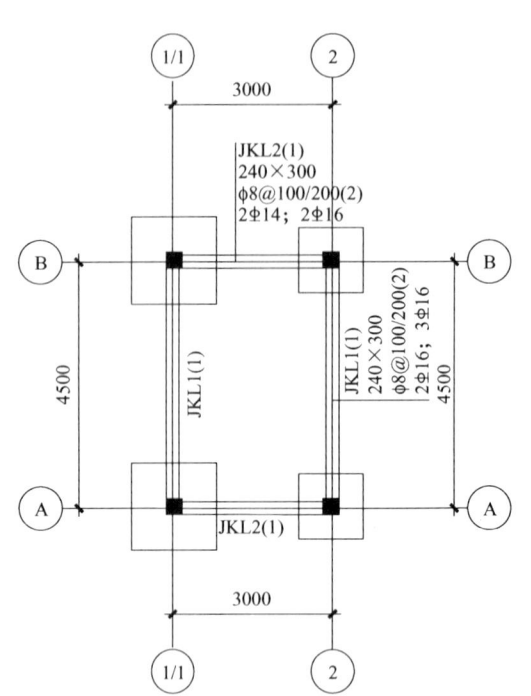

基础局部梁钢筋图 1:100

注：本层未注明梁顶面结构标高为-1.530m。

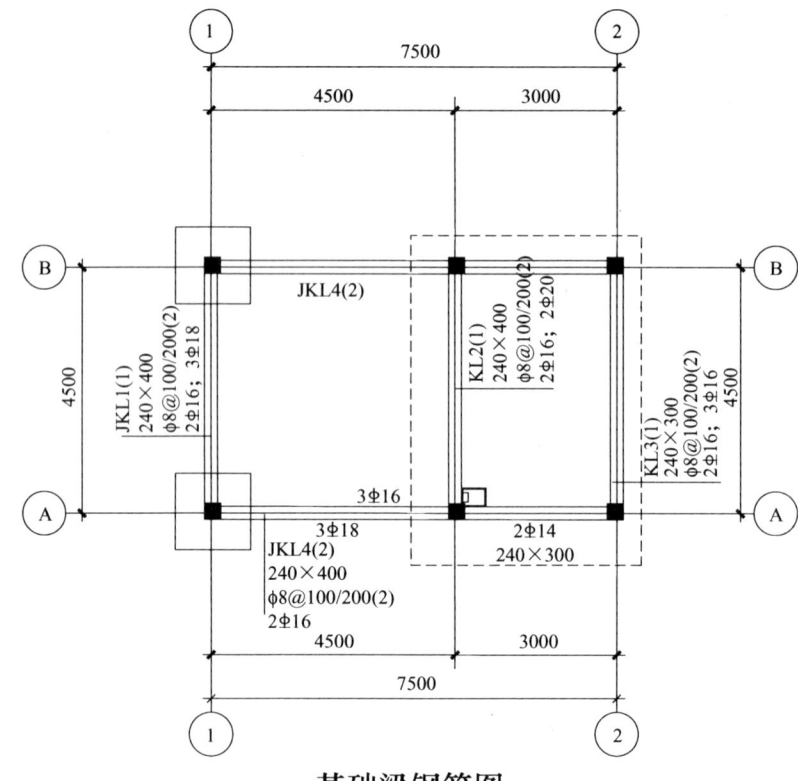

基础梁钢筋图 1:100

注：1.本层未注明梁顶面结构标高为-0.030m。
2.除虚线框内，其余部分梁均为地梁。
3.②轴梁做钢筋笼模型，截面高可由300mm增至400mm，外贴钢筋。

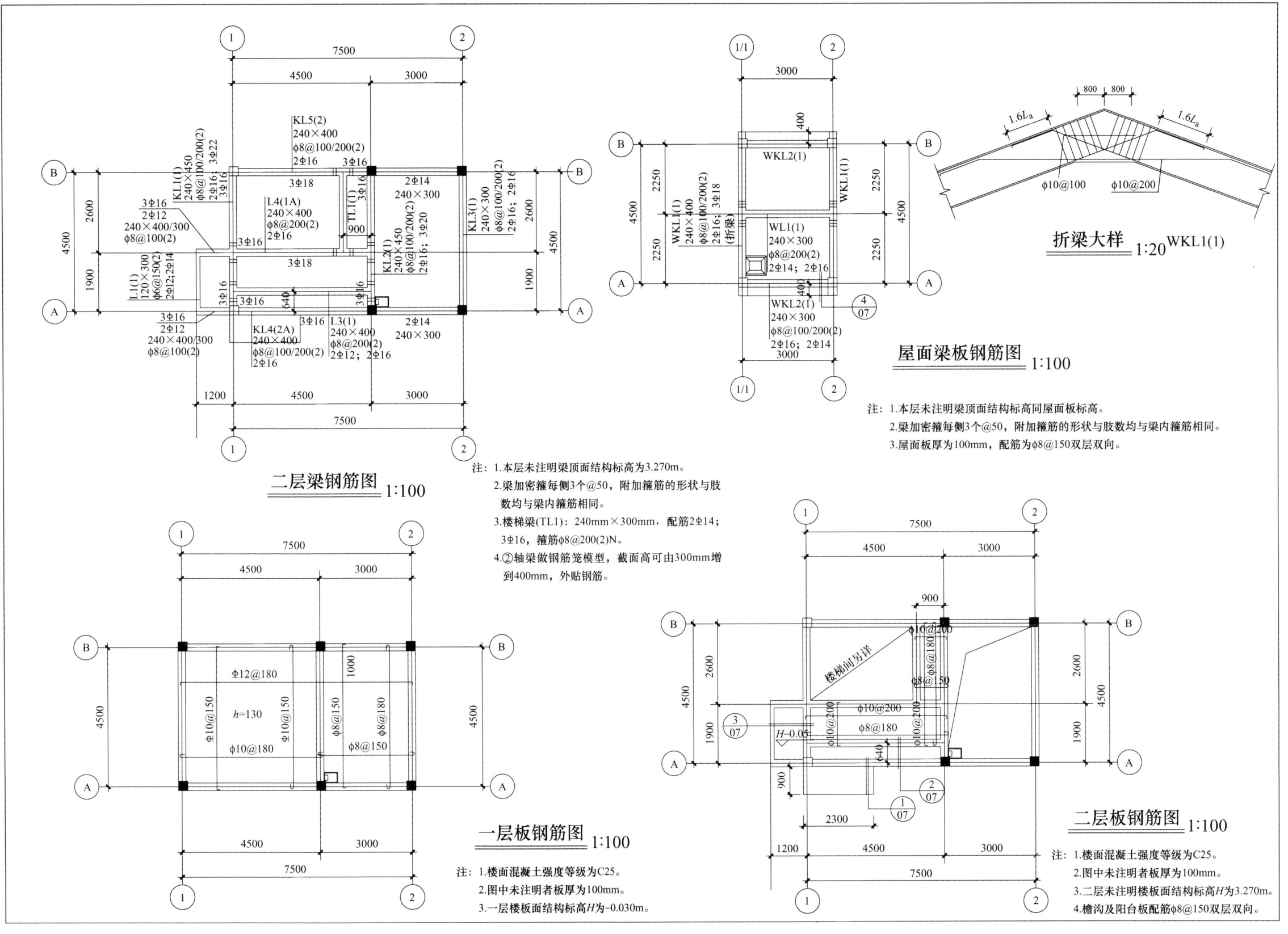

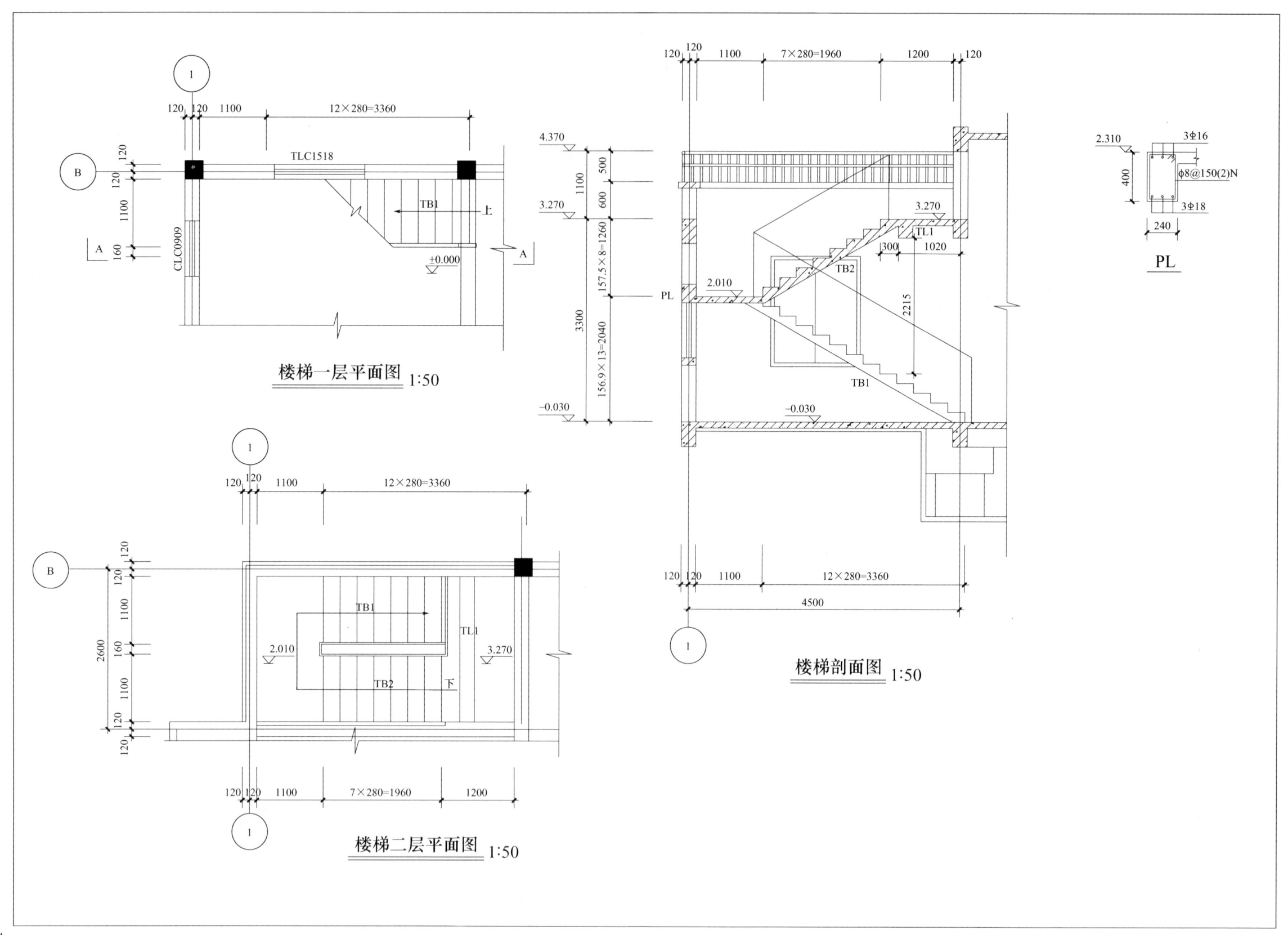

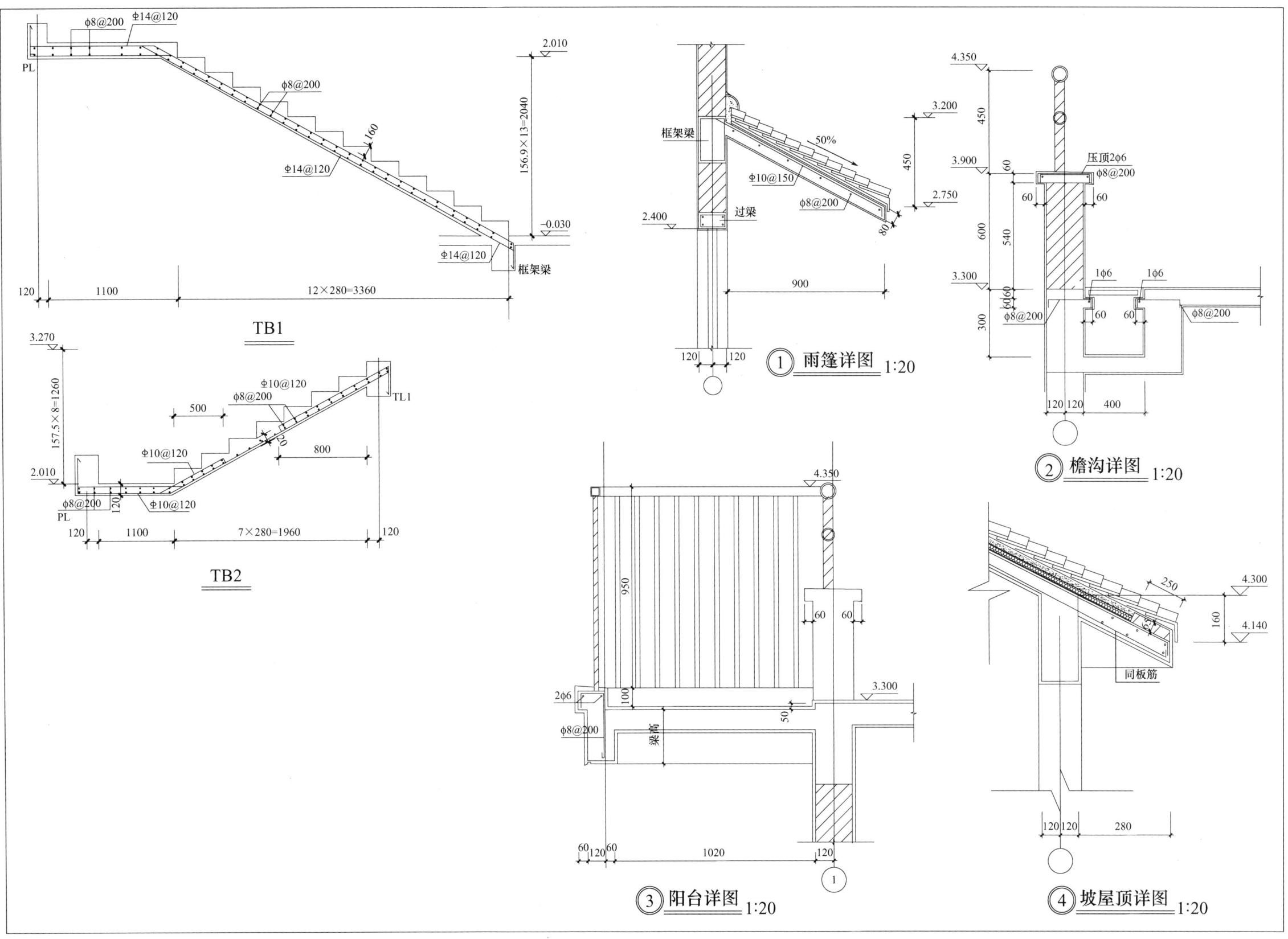